面向计算机科学家的
量子计算

[美] 诺森 · S. 亚诺夫斯基（Noson S. Yanofsky）
米尔科 · A. 曼努奇（Mirco A. Mannucci） 著

何红梅 朱振环 译

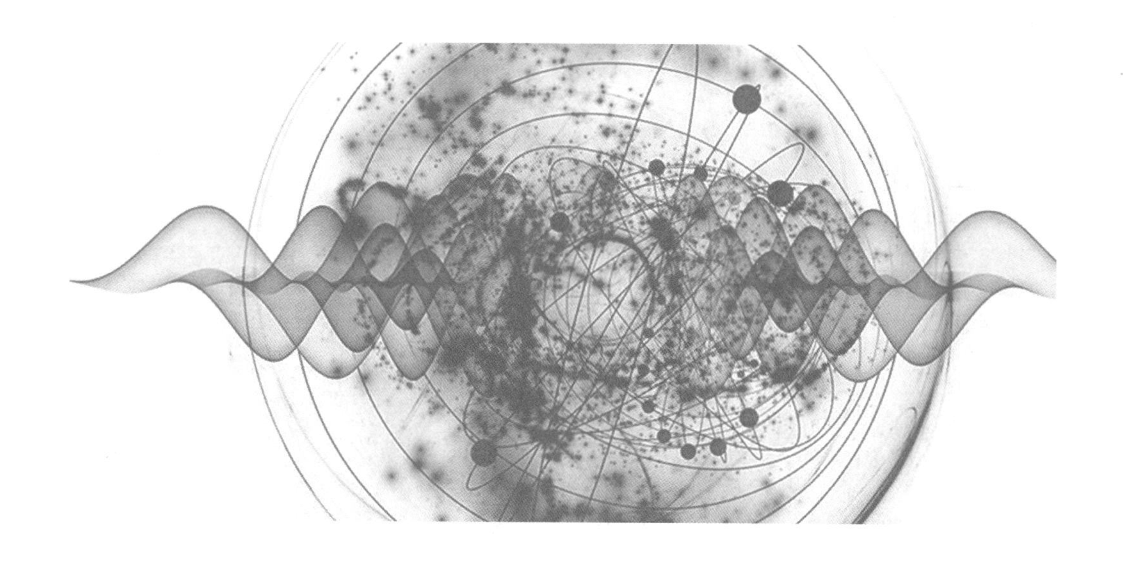

清华大学出版社
北 京

北京市版权局著作权合同登记号 图字：01-2024-1478
This is a simplified Chinese edition of the following title published by Cambridge University Press：
Quantum Computing for Computer Scientists ISBN 9780521879965
This simplified Chinese edition for the People's Republic of China（excluding Hong Kong，Macau and Taiwan）is published by arrangement with the Press Syndicate of the University of Cambridge，Cambridge，United Kingdom.

图书在版编目(CIP)数据

面向计算机科学家的量子计算/(美)诺森·S.亚诺夫斯基(Noson S. Yanofsky)，(美)米尔科·A.曼努奇(Mirco A. Mannucci)著；何红梅，朱振环译. —北京：清华大学出版社，2024.4
书名原文：Quantum Computing for Computer Scientists
ISBN 978-7-302-65972-3

Ⅰ.①面… Ⅱ.①诺… ②米… ③何… ④朱… Ⅲ.①量子计算机 Ⅳ.①TP385

中国国家版本馆 CIP 数据核字(2024)第 065556 号

责任编辑：白立军 常建丽
封面设计：杨玉兰
责任校对：刘惠林
责任印制：宋 林

出版发行：清华大学出版社
网 址：https://www.tup.com.cn，https://www.wqxuetang.com
地 址：北京清华大学学研大厦 A 座 **邮 编**：100084
社 总 机：010-83470000 **邮 购**：010-62786544
投稿与读者服务：010-62776969，c-service@tup.tsinghua.edu.cn
质量反馈：010-62772015，zhiliang@tup.tsinghua.edu.cn
课件下载：https://www.tup.com.cn，010-83470236
印 装 者：三河市铭诚印务有限公司
经 销：全国新华书店
开 本：185mm×260mm **印 张**：18.75 **字 数**：458 千字
版 次：2024 年 5 月第 1 版 **印 次**：2024 年 5 月第 1 次印刷
定 价：79.00 元

产品编号：097776-01

前　言

量子计算是一个交叉学科领域引人入胜的新领域，涉及计算机科学、数学和物理学，努力利用量子力学的一些不可思议的方面以拓宽我们的计算视野。本书介绍了量子计算中一些最令人兴奋和有趣的话题。一路走来，将会有一些关于我们生活的宇宙中的惊人事实，以及关于信息和计算的概念。

本书与目前大多数其他关于量子计算的可用书籍有不同的风格。首先，本书不要求读者有很多数学或物理背景。计算机科学课程二年级或以上的任何人都可以阅读本书。我们专门为计算机科学家编写了这本书，并相应地对其进行了调整：数学复杂度最低要求是，离散结构的第一门课程，以及健康的好奇心。因为本书是专门为计算机人员编写的，所以在整本书中除有许多练习外，还添加了许多编程练习。这些练习提供一个有趣的方式来学习相关的材料，并使得读者获得对该主题的真实感受。

有微积分恐惧症的读者知道导数和积分几乎没有出现在我们的文本中会很高兴。我们尽量避免微分、积分和所有高等数学，仔细选择那些对量子计算的基本介绍至关重要的主题。因为我们专注于量子计算的基础，所以可以将自己限制在有限维所需要的数学。令人惊讶的是，量子计算的最大份额可以在没有复杂的高等数学的情况下完成。

尽管如此，我们还是要强调这是一本技术教科书。

该领域的大多数书籍都提供了关于量子力学的所有内容启蒙。许多书籍要求读者对经典力学有一定的了解，本书没有这些要求。我们只讨论基本理解，量子计算本身只是一个研究领域所需的东西，尽管我们引用了更多关于高级主题的学习资源。

有人认为量子计算仅在物理学范畴内。其他人则认为该主题纯粹是数学。而我们强调的是量子计算的计算机科学方面。

我们无意让这本书成为量子计算的终结。有几个话题甚至没有触及，还有几个话题只是简要介绍它们的内容。在撰写本书时，量子计算的圣经是 Nielsen 和 Chuang 的优秀作品[1]——《量子计算和量子信息》。他们的书中包含了当时几乎所有已知的量子计算。我们希望本书可以作为那本书的预读本。

本书的特点

这本书几乎是完全独立的。我们不要求读者拥有大量技能，甚至对于复数的主题，高中所学的复数概念已经给予了相当全面的评价。

这本书包含许多已解决的问题和易于理解的描述。我们不只是介绍理论，我们还通过几个例子解释它。这本书还包含许多练习，强烈推荐读者尝试完成练习。

我们还加入了大量的编程练习。这些是可以在笔记本电脑上进行的动手练习，以更好地理解概念(这也是一个很好的学习方法)。需要指出，这里的练习完全与编程语言无关。

学生应该用自己最熟悉的语言编写程序。我们也不要求编程规范。如果声明式编程是你最喜欢的方法,那就去用它。如果面向对象编程是你的游戏,那就使用它。编程练习建立在彼此之上。上一次编程练习中创建的功能在以后的练习中可以使用并修改。此外,在附录C中,我们展示了如何用MATLAB制作一个小型量子计算仿真器,或如何使用现成的仿真器。(之所以选择MATLAB,是因为它非常易于构建快速而基本的原型,这要归功于其大量的内置数学工具)

本书似乎是第一个以重要的方式来处理量子编程语言。到目前为止,只有一些关于这个话题的研究论文和综述文献。第7章描述了这个不断扩展的领域的基础知识。也许一些读者将会受到启发,为量子编程做出贡献!

本书还包含几个附录,它们对进一步学习是很重要的。

- 附录A带领读者浏览量子计算领域的主要论文。这篇参考书目文章由Jill Cirasella撰写,她毕业于布鲁克林学院,是图书馆的计算科学专家。Jill除拥有硕士学位,还拥有图书馆和信息科学专业的逻辑学硕士学位,她的硕士论文是关于经典和量子图的算法。这种独特的双背景使她有资格提出建议,有能力进一步描述阅读材料。
- 附录B包含课文中一些练习的答案。其他解决方案也可以在本书的网页上找到。我们强烈敦促学生自己做练习,然后将他们的答案与我们的答案进行核对。
- 附录C使用MATLAB和已建立的行业标准展示本书中描述的大部分数学运算。MATLAB有许多用于操作复杂矩阵的例程:我们简要回顾最有用的矩阵并展示读者使用免费提供的MATLAB量子仿真器Quack,快速而毫不费力地完成一些量子计算实验。
- 附录D同样由Jill Cirasella撰写,描述了如何使用在线资源来跟随量子计算的发展。量子计算是一个快速发展的领域,附录D提供了查找相关信息和公告的指南。
- 附录E是学生可能演讲的主题列表。这里不仅简要介绍学生在课堂上可能演讲的不同主题,还提供了一些寻找演讲材料的方法。

本书的组织结构

本书以两章数学预备知识开始。第1章介绍复数的基础知识,第2章介绍复向量空间。虽然第1章的大部分内容在高中已经学过,但我们认为有必要复习一下。第2章的大部分内容对于学过线性代数课程的学生来说是已知的。我们故意没有将这些章节放入本书的附录部分,因为数学对理解到底发生了什么是必需的。读者可以放心地跳过前两章,也可以略读这些章节,然后再返回这两章参考,使用索引和目录查找特定主题。

第3章温和地介绍了一些在整个文本的其余部分可能遇到的概念。使用简单的模型和简单的矩阵乘法,我们展示了量子力学的一些基本概念,然后在第4章中正式展开。第5章介绍量子计算的一些基本架构。在这里可以看到量子比特的概念(一般化的量子比特)和逻辑门的量子模拟。

一旦理解了第5章,读者就可以放心地继续选择阅读第6~11章。每章的标题均取自计算机科学系一门典型的课程。这些章节从给定课程的角度着眼于量子计算的那个子领域。这几章彼此独立。我们鼓励读者研究与自己喜欢的课程相对应的特定章节。首先学习你喜欢的主题,然后从那里再继续阅读其他章节。

本书中最难解决的问题之一是如何将两个量子系统组合起来，或“纠缠”的量子系统。这个系统的数学运算在第 2.7 节中已经介绍。但在第 3.4 节中又进一步提出，并在第 4.5 节中再次介绍。读者可以把这些部分关联在一起阅读。图 0.1 总结了各章的依赖关系。

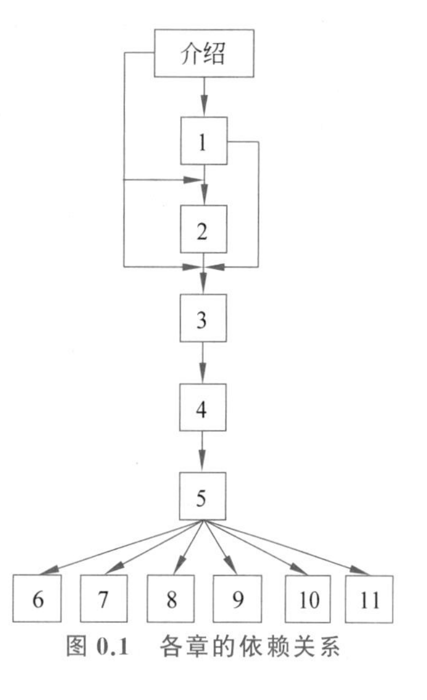

图 0.1 各章的依赖关系

本书可以采取多种方式用作课程教材。我们希望导师自己找方法。以下三个计划供参考：

(1) 提供一定深度的课程，可能涉及以下内容：第 1～5 章。在此背景下，深刻学习第 6 章（“算法”）。至少可以花一个学期的三分之一时间学习第 6 章。之后，学生对整个量子计算会有一个很好的感觉。

(2) 如果喜欢广度，则可以从每部分中挑选一个或两个高阶章节学习。

(3) 对于更高级的课程（需要线性代数和一些数学复杂性的知识），建议学生自己阅读第 1～3 章，然后从第 4 章开始学习本书其余的大部分内容。

如果本书作为课程教材，我们强烈建议学生进行演讲。附录 E 中提到了选择的主题。

尽管我们试图在本书中包含尽量多的主题，但不可避免地，有些主题不得不排除。由于篇幅原因，我们省略了以下内容：

- 第 8 章中许多复杂的证明；
- 关于预言机计算的结果；
- （量子）傅里叶变换的细节，以及最新的硬件实现。

我们为进一步研究这些主题以及其他主题提供参考，并贯穿本书始终。

辅助资源

本书链接：

http://spider.sci.brooklyn.cuny.edu/～noson/qctext.html

该网页包含

- 定期更新书籍；
- 链接到有关量子计算的有趣书籍和文章；
- 附录 B 中未解决的某些习题的答案，以及勘误表。

鼓励读者将所有更正发送至原作者，Yanofsky 教授：

noson@sci.brooklyn.cuny.edu

或者本书的译者，何红梅教授

maryhhe@yahoo.com

帮助我们改进这本书！

致谢

我们俩有幸在亚历克斯·海勒温文尔雅的指导下撰写了我们的博士论文。海勒教授写

了以下[①]关于他的老师 Samuel(Sammy)Eilenberg 和 Sammy 的数学：

正如我所理解的那样，Sammy 认为数学的最高价值在于，不是在似是而非的深度，也不是在克服压倒性的困难，而是提供明确的清晰度来阐明潜在的秩序。

为揭示数学结构的潜在秩序而进行的永无止境的斗争一直是海勒教授永恒的目标，他竭尽全力传递他的思想给他的学生。我们从他清晰的数学视野和观点中获益良多，也看到体现在一个人身上的最佳状态——古典而沉思的生活理念。我们永远感激他。

在纽约期间，我们也有幸与世界上重要的逻辑学家之一——Rohit Parikh 教授互动，他对该领域的开创性贡献相匹配于他持久的承诺——促进年轻研究人员的工作。除了为我们打开迷人的前景，Parikh 教授不止一次鼓励我们遵循新的思想方向。非常感谢他的指导。

我们都获得了纽约城市大学研究生院的数学系博士学位。我们感谢他们为我们提供了一个温暖友好的环境来学习，并学习到了真正的数学。第一作者还感谢整个布鲁克林学院大家庭，特别是计算机和信息科学系对这项工作的支持和大力帮助，以及布鲁克林学院和研究生中心的几位教职员工。

欢迎阅读和评论本书的部分内容：Michael Anshel, David Arnow, Jill Cirasella, Dayton Clark, Eva Cogan, Jim Cox, Scott Dexter, Edgar Feldman, Fred Gardiner, Murray Gross, Chaya Gurwitz, Keith Harrow, Jun Hu, Yedidyah Langsam, Peter Lesser, Philipp Rothmaler, Chris Steinsvold, Alex Sverdlov, Aaron Tenenbaum, Micha Tomkiewicz, Al Vasquez, Gerald Weiss, and Paula Whitlock。他们的评论成就了这本书。谢谢你们！

很幸运有很多布鲁克林学院的学生和研究生中心阅读并评论早期的草稿：Shira Abraham, Rachel Adler, Ali Assarpour, Aleksander Barkan, Sayeef Bazli, Cheuk Man Chan, Wei Chen,Evgenia Dandurova, Phillip Dreizen, C. S. Fahie, Miriam Gutherc, Rave Harpaz, David Herzog, Alex Hoffnung, Matthew P. Johnson, Joel Kammet, Serdar Kara, Karen Kletter, Janusz Kusyk, Tiziana Ligorio, Matt Meyer, James Ng, Severin Ngnosse, Eric Pacuit, Jason Schanker, Roman Shenderovsky, Aleksandr Shnayderman, Rose B. Sigler, Shai Silver, Justin Stallard, Justin Tojeira, John Ma Sang Tsang, Sadia Zahoor, Mark Zelcer, and Xiaowen Zhang。感谢他们的帮助。

许多人参与审查了部分或全部文本：Scott Aaronson, Stefano Bettelli, Adam Brandenburger, Juan B. Climent, Anita Colvard, Leon Ehrenpreis, Michael Greenebaum, Miriam Klein, Eli Kravits, Raphael Magarik, John Maiorana, Domenico Napoletani, Vaughan Pratt, Suri Raber, Peter Selinger, Evan Siegel, Thomas Tradler, and Jennifer Whitehead。他们的批评和有益意见深受赞赏。

感谢 Peter Rohde 创建并向所有人提供他的 MATLAB q-emulator Quack，也让我们在附录中使用它。我们很乐意使用这个 MATLAB q-emulator，且希望我们的读者也乐意。

除了写两个精彩的附录，我们友好的邻里图书管理员 Jill Cirasella 始终用一封电子邮件提供有用的建议和支持，谢谢 Jill!

非常感谢剑桥大学出版社的编辑 Heather Bergman，她从一开始就相信我们的项目，指

---

① 请阅读 Bass 等的文献的 1349 页[2]。

导我们完成这本书，并在所有问题上提供无尽的支持。没有她，这本书不会存在。谢谢 Heather！我们有幸让一位真正出色的编辑多次检查大部分文本。Karen Kletter 是一位好朋友，做得非常出色。我们也欣赏每次我们递给她修改过的草稿时，她都没有否定我们的工作。

当然，所有的错误都是我们自己导致的。

如果没有我女儿 Hadassah 的帮助，这本书是不可能写成的。

她增加了我写这本书的意义、目的和快乐。

N.S.Y

我亲爱的妻子罗斯（Rose），以及我们的两只奇妙而不知疲倦的猫 Ursula and Buster，在漫长的写作过程中缓解了我的压力。写作和编辑的痛苦时光：我对他们表示感谢和爱。（Ursula 是一个科学家猫，会读这本书。Buster 会用它有力的爪子把它撕碎。）

M.A.M

译者感谢

我们非常感谢 Noson S. Yanofsky 教授——原作的第一作者，感谢他给了我们本书的电子版，这大大减轻了我们翻译工作者的负担。在翻译后期，他将纠错表发给我们，帮助我们提高了翻译的质量。当然，其中肯定还有被忽略的错误。我们将继续核查并纠正发现的任何错误。我们也感谢读者对本书感兴趣。如果读者发现错误，也请联系我们，并给予指正。还要感谢清华大学出版社的老师的指导和帮助！

何红梅，朱振环

简介

量子世界的特征

要想学好量子计算，首先要熟悉关于量子世界的一些基本事实。在本介绍中，通过一些独特的功能介绍了量子力学，以及它们影响我们即将讲述的故事的方式[①]。

从实数到复数

量子力学与大多数其他科学分支的不同之处在于它使用复数的基本方法。最初创建复数作为数学好奇心：$i=\sqrt{-1}$是多项式方程 $x^2=-1$ 确认的“虚构”解。随着时间的推移，一整座数学大厦用这些“虚构”的数字构成。复数一直孤独地让数学家忙了几个世纪，而物理学家却成功地忽略了这些抽象创作。然而，随着对波力学的系统研究，情况发生了变化。

引入傅里叶分析后，研究人员了解到，紧凑型表示波的方法是使用复数函数。已经证明，这是在量子理论中使用复数的重要一步。早期的量子力学主要基于波动力学。

乍一看，我们似乎没有在“实数”世界中体验复数。一个杆的长度是实数，而不是复数。今天外面的温度是 73℉，而不是$(32-14i)^\circ$。化学过程的时间量需要 32.543 秒，而不是

① 本简介不适合介绍技术细节。一些概念包含在文本中，其中一些只能在量子力学教科书中找到。第 4 章结尾有一些简单而详细的量子物理学介绍。

-14.65i 秒。有人可能想知道复数在任何物理世界的讨论中担任什么角色。很快就会变成显然,它们在量子力学中发挥着重要的,甚至是必不可少的作用。我们将在本书的第 1 章和第 2 章中探讨复数。

从单一状态到状态叠加

为了在这个世界上生存,人在婴儿时期必须明白每一个对象存在于一个独特的位置并处于一个明确定义的状态,即使我们不看着它。虽然这对于大物体来说是正确的,但量子力学告诉我们,对于非常小的物体,这是错误的。一个微观物体可以"模糊地"一次存在不止一个地方。而不是一个物体处于一个位置或另一个位置,我们说它处于"叠加态",即在某种意义上,它同时在多个位置。不仅空间位置受制于这种"朦胧",其他熟悉的物理特性也是如此,如能量、动量,以及量子世界独有的某些属性,如"自旋"。

我们实际上并没有看到状态的叠加。每次我们看,或更多正确地"测量",状态的叠加,它"坍缩"成一个单一的明确定义的状态。然而,在我们测量它之前,它同时处于多态。有人对这些说法持怀疑态度是有道理的。毕竟怎么可能相信不同于每个婴儿都知道的事实?然而,我们将用某些实验表明这正是发生的情况。

从地方性到非地方性

现代科学的核心是这样一种观念,即物体只直接受附近物体或力量的影响。为了确定一个现象为什么会发生在某个地方,必须检查那个地方附近①的所有现象和力量。这被称为"局部性",即物理定律以局部方式起作用。其中量子力学比较显著的方面之一是定律预测某些以非本地方式工作的效应。

两个粒子可以这种方式连接或"纠缠",对其中一个执行的操作可以立即产生影响。

在光年之外的另一个粒子上,这种"幽灵般的远距离动作",使用爱因斯坦丰富多彩的表达,是量子力学令人震惊的发现之一。

从确定性定律到概率定律

测量时,状态叠加会崩溃到哪个特定状态?而在物理学的其他分支中,定律是确定性的②,即每个实验都有一个独特的结果,量子力学定律表明我们只能知道结果的概率。再次,这似乎是可疑的。它受到当时主要研究人员的质疑。爱因斯坦本人对此持怀疑态度并创造了丰富多彩的表达方式,通过"上帝不会掷骰子"来表达这一点。然而,反复的实验证实,概率量子力学的本质不再是问题。

从确定到不确定

量子力学定律也告诉我们对可以确定的关于物理系统的知识量存在固有的局限性。这种限制的主要例子是著名的"海森堡(Heisenberg)不确定性原理"。

量子世界还有其他一些我们不会探索的重要特征。这些不同的特点都是推动量子计算

---

① "附近"是指任何足够接近以影响对象的东西,用物理术语来说,即过去的任何事情物体的光锥。

② 统计力学是一个例外。

的力量,而不是对这些功能如何影响量子计算的历史回顾。让我们看看计算机科学的几个领域,看看上述特征是如何影响这些领域的[①]。

量子世界对计算机科学的影响

结构

叠加的概念用于将比特的概念推广到其量子模拟、量子比特。而位可以处于两种状态中的任何一种,叠加将允许一个量子比特同时处于两种状态。将许多量子比特放在一起构成量子寄存器。这种叠加是量子计算实力的基础。量子计算机不是一次处于一种状态,可以同时处于多个状态。

在概括了比特的概念之后,操纵比特的门的概念将扩展到量子设置。我们将拥有操纵的量子门、量子比特。量子门必须遵循量子操作的动态。特别是某些量子操作是可逆的,因此某些量子门必须是可逆的[②]。

算法

量子算法领域以一种基本的方式使用叠加。人们使用了量子世界的某个方面将一台量子计算机同时置于多个状态。人们可能将其视为大规模并行性。这需要特别注意:我们无法衡量当计算机处于这种叠加状态时的情况,因为测量它会使它崩溃一个位置。我们的算法首先从量子计算机开始于一个单个状态。然后,我们巧妙地将其置于许多状态的叠加中。从那里,我们以特定的方式操纵量子比特。最后,(一些)量子位被测量。测量会将量子比特坍塌到期待的比特,这将成为我们的输出。

纠缠也将在量子计算中发挥作用。因为量子比特可以纠缠,通过测量其中一些,其他的会自动达到期待的状态。

考虑在无序数组中搜索特定对象。经典算法检查数组中的第一个元素,然后检查第二个元素,以此类推。当找到对象或到达数组末尾时,算法停止。

因此,对于具有 n 个元素的数组,在最坏的情况下,算法可以查看数组的 n 个元素。

现在想象一台使用叠加的计算机。相比于一台机器查看这个或那个元素,让它同时查看所有元素。这将使得计算机有惊人的加速。事实证明,这样的量子计算机将能够对 n 元数组查询时,在$\sqrt{n}$次查询找到对象。这是第一个量子算法,被称为"Grover 算法"。

另一种展示量子强大和有用性的算法是进行数字因式分解的 Shor 算法。一个数字的因式分解的算法涉及查看该数字的许多可能的因素,直到一个真实的因子被发现。Shor 算法使用叠加(以及一些数论)同时查看许多可能的因素。Shor 算法部分基于早期的量子算法创建用于解决稍微做作的问题。虽然这些早期的算法(Deutch、Deutch-Joza 和 Simon 的周期性算法)解决了人工问题,我们将研究它们,以便可以学习量子软件的不同技术设计。

编程语言

如果算法在实际应用中有用,则它们最终必须发展成具体的软件。使这一步成为可能

---

① 从发起量子计算的主要论文中看到的量子计算的历史观点,见附录 A。

② 碰巧可逆计算早于量子计算有很长的历史。这段历史将在适当的时候进行考察。

的桥梁是编程。量子计算也不例外。该领域的研究人员已经开始设计量子编程语言，以使下一代程序员可能控制量子硬件，并实施新的量子算法。

我们将简要介绍一下编程语言（第一次，我们的计算机编程知识出现在一本量子计算教科书中），从量子汇编器开始并进入高级量子编程，特别是量子函数编程。

理论计算机科学

理论计算机科学的目标是将工程师所做的工作形式化，更重要的是，将工程师不能做的事情正式化。这样的分析通过描述和分类计算的理论模型进行。量子力学的叠加有一种模糊的不确定性，感觉计算机科学家使用过（当然，非确定性纯属虚构概念和叠加是物理世界的既定事实）。不确定性叠加将崩溃到哪个状态与概率有关。我们被引导将图灵机的定义推广到量子图灵机的定义。有了明确的定义，我们将能够对所有这些不同的想法进行分类和关联。

我们不仅对量子图灵机能做什么感兴趣，对效率问题也很感兴趣。这给我们带来了量子复杂性理论。将给出量子复杂性类别的定义，并将与其他众所周知的复杂性类别有关。

密码学

不确定性和叠加将用于公钥分发的量子版本协议。测量扰乱量子态的事实用于检测是否存在窃听（测量）通信的窃听者渠道。这种检测在经典密码学中不容易实现。而经典的公钥分发协议依赖于这样一个事实，即某些逆函数在计算上难以计算，量子密钥分布协议基于这样一个事实，即某些量子物理定律是正确的。这种力量使量子密码学如此有趣和强大。还有一个公钥协议在基上使用纠缠方法。与密码学相关的是隐形传态。在瞬移中，系统传送的是一种状态，而不是消息。隐形传输协议使用纠缠可以在宇宙中分离粒子。

量子密码学最令人惊奇的部分是它不仅是一种理论好奇心。事实上，当前已经有实际商用的量子密码学。

信息论

没有提及信息，我们将无法讨论压缩、传输、存储等话题。信息论，现在是一个成熟的领域，由克劳德·香农（Claude Shannon）在20世纪40年代发明，他还开发了一系列在计算机科学和工程中使用的技术和想法。因为这本书涉及量子计算，所以我们必须要问：有没有令人满意的量子信息概念？通过量子比特流编码的信息内容是什么？事实证明，这样的概念是存在的。如同经典信息与秩序的度量（所谓的信号源的熵）有关，量子信息与量子熵的概念配对。我们将主要通过一些例子探索量子领域的秩序和信息如何不同于熟悉的概念，以及如何利用这些差异实现数据存储、传输和压缩方面的新成果。

硬件

没有量子计算机，量子计算就没有未来。我们要识别实施量子机器背后的挑战，特别是一种嵌入量子世界本质的东西：退相干。我们还将描述期望的、有用的、必须展示的、量子机器的理想特征。我们将展示一些关于量子硬件的提案。这里的重点不是关于技术细节的（这是一本写给计算机科学家的书，而不是量子工程手册）。相反，我们的目标是传达这些提案的要点，以及目前评估的成功机会。

部分符号列表：

符号	说明
i	复数虚部符号，工程上有时也用 j 表示虚部
$\times$	标量乘：向量的伸缩，标量乘以向量的所有项，结果是一个向量。$\times$也用于表示数值相乘，这个数可以是实数，也可以是复数。在意义非常明确时，$\times$可以省略
$\cdot$	点乘（内积，标量积）：$\boldsymbol{A}\cdot\boldsymbol{B}=\sum_{i=1}^{n}\boldsymbol{A}_i\boldsymbol{B}_i$，即对这两个向量对应的元素一一相乘之后求和，点乘的结果是一个标量
$\times$	叉乘（外积或向量积）：$\boldsymbol{A}\times\boldsymbol{B}$ 结果是一个向量，向量模长是向量 $\boldsymbol{A}$，$\boldsymbol{B}$ 组成的平行四边形的面积；向量方向垂直于向量 $\boldsymbol{A}$，$\boldsymbol{B}$ 组成的平面
$\times$	矩阵相乘：$\boldsymbol{A}$，$\boldsymbol{B}$ 是矩阵，$(\boldsymbol{A}\times\boldsymbol{B})[j,k]$是将 $\boldsymbol{A}$ 的第 j 行元素乘以 $\boldsymbol{B}$ 的第 k 列上对应元素，然后求和所得，即$(\boldsymbol{A}\times\boldsymbol{B})[j,k]=\boldsymbol{A}[j,-]\cdot\boldsymbol{B}[-,k]$。$\boldsymbol{A}$ 的列数和 $\boldsymbol{B}$ 的行数必须是相同的
$\times$	笛卡儿积（直积）：$\boldsymbol{A}\times\boldsymbol{B}=\{(x,y)\mid x\in\boldsymbol{A}$，且 $y\in\boldsymbol{B}\}$，这里 $\boldsymbol{A}$，$\boldsymbol{B}$ 是两个集合
$\otimes$	张量积：$\boldsymbol{A}\otimes\boldsymbol{B}=\{(xy)\mid x\in\boldsymbol{A}$ 且 $y\in\boldsymbol{B}\}$，可以应用于不同的上下文中，如向量、矩阵、向量空间、代数、拓扑向量空间和模
$*$	串行操作：$\boldsymbol{A}*\boldsymbol{B}$ 表示 $\boldsymbol{A}$ 操作执行后，$\boldsymbol{B}$ 操作再执行，等价于两个矩阵相乘 $\boldsymbol{A}\times\boldsymbol{B}$，矩阵 $\boldsymbol{A}$ 代表逻辑门 $\boldsymbol{A}$，矩阵 $\boldsymbol{B}$ 代表逻辑门 $\boldsymbol{B}$
$\otimes$	并行操作：$\boldsymbol{A}\otimes\boldsymbol{B}$ 表示操作 $\boldsymbol{A}$ 和操作 $\boldsymbol{B}$ 同时进行，等价于矩阵 $\boldsymbol{A}$ 和矩阵 $\boldsymbol{B}$ 的张量积，矩阵 $\boldsymbol{A}$ 代表逻辑门操作 $\boldsymbol{A}$，矩阵 $\boldsymbol{B}$ 代表逻辑门操作 $\boldsymbol{B}$
$\circ$	$U_M\circ U_M$ 表示图灵机连续的两步操作，U_M 代表图灵机配置矩阵
$\mathbb{C}^n$	n 维复向量空间
$\mathbb{P}_n$	一个复向量空间，每个复向量代表一个多项式，变量的次幂小于或等于 n，它们的系数是复数域$\mathbb{C}$中的元素
$\in$	$r\in\boldsymbol{R}$，即 r 属于 $\boldsymbol{R}$，或 r 是 $\boldsymbol{R}$ 的一个元素
$\mapsto$	$\boldsymbol{A}\mapsto\boldsymbol{B}$，$\boldsymbol{A}$ 映射到 $\boldsymbol{B}$
$\overline{\boldsymbol{A}}$	$\boldsymbol{A}=a+b\mathrm{i}$ 是一个复数，则 $\overline{\boldsymbol{A}}=a-b\mathrm{i}$，代表 $\boldsymbol{A}$ 的共轭复数。$\boldsymbol{A}$ 和 $\overline{\boldsymbol{A}}$ 互为共轭
$\lvert\boldsymbol{A}\rvert$	$\boldsymbol{A}=a+b\mathrm{i}$ 是一个复数，则$\lvert\boldsymbol{A}\rvert$代表复数 $\boldsymbol{A}$ 的模量，$\lvert\boldsymbol{A}\rvert=\sqrt{a^2+b^2}$
$\boldsymbol{A}^\dagger$	$\boldsymbol{A}$ 是一个复数矩阵，则 $\boldsymbol{A}^\dagger$ 代表 $\boldsymbol{A}$ 的伴随，$\boldsymbol{A}^\dagger=(\overline{\boldsymbol{A}})^{\mathrm{T}}$，复数矩阵的伴随是它的共轭矩阵的转置。（注意：复数矩阵的伴随和实数矩阵的伴随意义是不同的）

目 录

第1章

复　数

你真理解了所有这些东西吗？什么？虚数的故事？

摘自 Robert Musil 于 1907 年出版的书《年轻无所事事的困惑》[①]

复数是量子力学的核心，因此对量子计算的基本理解是绝对必要的。本章从代数和几何的角度介绍这个重要的数字系统。1.1 节提出一些动机和基本定义。复数的代数结构和运算在 1.2 节中给出。本章以 1.3 节结束，其中从几何角度呈现复数并讨论了高级主题。我们希望本章能帮助你更接近罗杰·彭罗斯爵士(Sir Roger Penrose)所著的《复数的魔力》[3]。

读者提示：许多读者会发现，他们已经熟悉本章中介绍的一些内容。对复数的基本知识、基本运算及其属性的理解充满信心的读者可以安全地进入后面的章节。但是，建议浏览一下这一章的主题。在需要时返回到第 1 章参考。

1.1　基本定义

引入复数的最初目的是理解代数方程理论，在代数中寻求多项式方程解。很明显，在很多情况下，在熟悉的数字中找不到解决方案。最简单的例子是方程(1.1)：

$$x^2+1=0 \tag{1.1}$$

事实上，任何可能的 x^2 都将是正数或零。x^2+1 最终会得到一些严格的正数；因此，方程(1.1)没有解。

练习 1.1.1　验证等式 $x^4+2x^2+1=0$ 在实数中没有解。(提示：对多项式进行分解。)

上述论点似乎破灭了解决方程(1.1)的任何希望。但事实果真如此吗？在构建任何新的数字系统之前，我们需要了解以下通常使用的数字集。

- 正整数，$\mathbb{P}=\{1,2,3,\cdots\}$；
- 自然数，$\mathbb{N}=\{0,1,2,3,\cdots\}$；

① 对于德语读者来说，开头翻译的一句原文是 Du，hast du das vorhin ganz verstanden? Was? Die Geschichte mit den imaginaren Zahlen? 这是一本了不起的书。其中很大一部分着重描述了一个无所事事的年轻人为掌握数学和自己的命运的奋斗历程。绝对推荐！

- 整数，$\mathbb{Z}=\{\cdots,-3-2,-1,0,1,2,3,\cdots\}$；
- 有理数$\mathbb{Q}=\left\{\frac{m}{n} \mid m\in \mathbb{Z}, n\in P\right\}$；
- 实数$\mathbb{R}=\mathbb{Q}\cup\left\{\cdots,\sqrt{2},\cdots,\mathrm{e},\cdots,\pi,\cdots,\frac{\mathrm{e}}{\pi},\cdots\right\}$。

在这些熟悉的数字系统中，都找不到方程(1.1)的有效解。数学通常通过简单地假设这样的解决方案(尽管未知)存在于某个地方可用来绕过困难。因此，让我们大胆地假设这个神秘的解决方案确实存在，并确定它的形式：方程(1.1)等价于

$$x^2=-1 \tag{1.2}$$

这说明了什么？方程(1.1)的解是一个数字，使得它的平方是-1，即一个数字i，使得

$$\mathrm{i}^2=-1 \text{ 或 } \mathrm{i}=\sqrt{-1} \tag{1.3}$$

当然，我们知道在已知的(即实数)数字中不存在这样的数字，但我们已经说过，这不会阻止我们。我们将简单地允许这个新生物进入既定的数字领域，并随心所欲地使用它。因为它是虚构的，所以它被表示为i，即单词imaginary的第一个字母。我们给i施加一个重要的限制：除了它的平方不同于普通数字外，i的特征和一个普通的数字一样。

例 1.1.1 i^3的值是多少？我们将i视为合法的数字，因此，

$$\mathrm{i}^3=\mathrm{i}\times\mathrm{i}\times\mathrm{i}=(\mathrm{i}^2)\times\mathrm{i}=-1\times\mathrm{i}=-\mathrm{i} \tag{1.4}$$

练习 1.1.2 找到i^{15}的值。(提示：计算$\mathrm{i},\mathrm{i}^2,\mathrm{i}^3,\mathrm{i}^4$和$\mathrm{i}^5$)

在为我们的新朋友i打开大门时，我们现在被一整个新数字宇宙所淹没：从i的实数倍开始，比如$2\times\mathrm{i}$。这些数字，类似于i，还是虚数。但加上一个实数和一个虚数，例如$3+5\times\mathrm{i}$，就会得到一个既不是实数，也不是虚数的数字。这样的数字为一个混合实体，确切地称为复数。

定义 1.1.1 复数是一个表达式：

$$c=a+b\times\mathrm{i}=a+b\mathrm{i} \tag{1.5}$$

其中a、b是两个实数；a称为c的实部，而b是其虚部。所有复数的集合将记作$\mathbb{C}$。不难理解，$\times$是乘号，可以省略。

复数可以相加和相乘，如下所示。

例 1.1.2 设$c_1=3-\mathrm{i}$和$c_2=1+4\mathrm{i}$。计算c_1+c_2和$c_1\times c_2$。

$$c_1+c_2=3-\mathrm{i}+1+4\mathrm{i}=(3+1)+(-1+4)\mathrm{i}=4+3\mathrm{i} \tag{1.6}$$

乘法不像加法那么容易，必须将第一个复数的每一项乘以第二个复数的每一项。另外，请注意$\mathrm{i}^2=-1$。

$$\begin{aligned}c_1\times c_2&=(3-\mathrm{i})\times(1+4\mathrm{i})=(3\times1)+(3\times4\mathrm{i})+(-\mathrm{i}\times1)+(-\mathrm{i}\times4\mathrm{i})\\&=(3+4)+(-1+12)\mathrm{i}=7+11\mathrm{i}\end{aligned} \tag{1.7}$$

练习 1.1.3 设$c_1=-3+\mathrm{i}$和$c_2=2-4\mathrm{i}$，计算c_1+c_2和$c_1\times c_2$。

通过加法和乘法，可以得到所有的多项式。我们开始寻找方程(1.1)的解；事实证明，复数足以为所有多项式方程提供解。

命题 1.1.1(代数基本定理) 一个具有复系数的变量的每个多项式方程都有一个复解。

练习 1.1.4 验证复数$-1+\mathrm{i}$是多项式方程$x^2+2x+2=0$的解。

这个非平凡的结果表明，复数非常值得我们关注。在接下来的两节中将进一步探讨这个复杂的王国。

编程练习 1.1.1 编写一个接受两个复数并输出其和以及其乘积的程序。

1.2 复数的代数

诚然，我们知道如何处理复数并不能解释复数的奇异之处。复数是什么？i平方等于-1是什么意思？

在下一节中，几何视角将极大地有助于我们的直观理解。同时，我们希望通过仔细观察复数在几何空间是如何构建的，从而将复数转换为更熟悉的对象。

定义 1.2.1 告诉我们两个实数对应于一个复数：它的实部和虚部。因此，复数是一个双端实体，伴随着它的两个组成部分。将复数定义为一对有序实数会怎样呢？

$$c \mapsto (a,b) \tag{1.8}$$

普通实数可以用有序对$(a,0)$表示：

$$a \mapsto (a,0) \tag{1.9}$$

而虚数可以用$(0,b)$表示。特别地，

$$\mathrm{i} \mapsto (0,1) \tag{1.10}$$

很明显，加法可以按组件分别相加：

$$(a_1,b_1)+(a_2,b_2)=(a_1+a_2,b_1+b_2) \tag{1.11}$$

乘法有点棘手：

$$(a_1,b_1)\times(a_2,b_2)=(a_1,b_1)(a_2,b_2)=(a_1a_2-b_1b_2,a_1b_2+a_2b_1) \tag{1.12}$$

这行得通吗？将i本身相乘得到：

$$\mathrm{i}\times\mathrm{i}=(0,1)\times(0,1)=(0-1,0+0)=(-1,0) \tag{1.13}$$

这就是我们想要的。

使用加法和乘法，可以将任意一个有序对转换成复数的表达式：

$$c=(a,b)=(a,0)+(0,b)=(a,0)+(b,0)\times(0,1)=a+b\mathrm{i} \tag{1.14}$$

我们用一个新奇的概念表达另一个非寻常的概念：i以前很神秘，而现在它只是$(0,1)$。复数只不过是普通实数的一个有序对。然而，乘法是相当不同的：也许读者会期望一个组件相乘方法，就像加法一样。我们稍后将看到，通过另一个观察镜观察复数，我们将不会对乘法规则感到陌生了。

例 1.2.1 设$c_1=(3,-2)$和$c_2=(1,2)$，利用上述规则求这两个复数的乘积：

$$\begin{aligned} c_1\times c_2 &= (3\times1-(-2)\times2,\ -2\times1+2\times3) \\ &= (3+4,\ -2+6)=(7,4)=7+4\mathrm{i} \end{aligned} \tag{1.15}$$

练习 1.2.1 设$c_1=(-3,-1)$和$c_2=(1,-2)$，计算它们的积。

到目前为止，有一组数字和两个运算：加法和乘法。这两个运算都是可交换的，这意味着对于任意复数c_1和c_2，都有

$$c_1+c_2=c_2+c_1 \tag{1.16}$$

和

$$c_1 \times c_2 = c_2 \times c_1 \tag{1.17}$$

以下这两个操作也是关联的。

$$(c_1 + c_2) + c_3 = c_1 + (c_2 + c_3) \tag{1.18}$$

和

$$(c_1 \times c_2) \times c_3 = c_1 \times (c_2 \times c_3) \tag{1.19}$$

练习 1.2.2 验证复数的乘法是否具有关联性。

此外，乘法分布在加法上：对于所有 c_1, c_2, c_3，有

$$c_1 \times (c_2 + c_3) = (c_1 \times c_2) + (c_1 \times c_3) \tag{1.20}$$

下面验证这个属性：首先，将复数写为 $c_1=(a_1,b_1)$，$c_2=(a_2,b_2)$ 和 $c_3=(a_3,b_3)$。现在，展开左侧

$$\begin{aligned} c_1(c_2+c_3) &= (a_1,b_1) \times ((a_2 \times b_2) + (a_3,b_3)) \\ &= (a_1,b_1) \times (a_2+a_3, b_2+b_3) \\ &= (a_1 \times (a_2+a_3) - b_1 \times (b_2+b_3)), \\ &\quad (a_1 \times (b_2+b_3) + b_1 \times (a_2+a_3)) \\ &= (a_1 \times a_2 + a_1 \times a_3 - b_1 \times b_2 - b_1 \times b_3, \\ &\quad a_1 \times b_2 + a_1 \times b_3 + b_1 \times a_2 + b_1 \times a_3) \end{aligned} \tag{1.21}$$

转到式(1.20)的右侧，每一项得到

$$c_1 \times c_2 = (a_1 \times a_2 - b_1 \times b_2, a_1 \times b_2 + a_2 \times b_1) \tag{1.22}$$

$$c_1 \times c_3 = (a_1 \times a_3 - b_1 \times b_3, a_1 \times b_3 + a_3 \times b_1) \tag{1.23}$$

将式(1.22)和式(1.23)相加，得到

$$\begin{aligned} c_1 \times c_2 + c_1 \times c_3 = (&a_1 \times a_2 - b_1 \times b_2 + a_1 \times a_3 - b_1 \times b_3, \\ &a_1 \times b_2 + a_2 \times b_1 + a_1 \times b_3 + a_3 \times b_1) \end{aligned} \tag{1.24}$$

这正是在式(1.21)中得到的。有了加法和乘法，我们需要它们的互补运算：减法和除法。

减法很简单：

$$c_1 - c_2 = (a_1,b_1) - (a_2,b_2) = (a_1 - a_2, b_1 - b_2) \tag{1.25}$$

换句话说，减法是按组件定义的，正如预期的那样。

至于除法，我们必须做一点工作。如果

$$(x,y) = \frac{(a_1,b_1)}{(a_2,b_2)} \tag{1.26}$$

根据除法的定义，式(1.26)为乘法的逆数

$$(a_1,b_1) = (x,y) \times (a_2,b_2) \tag{1.27}$$

或

$$(a_1,b_1) = (a_2x - b_2y, a_2y + b_2x) \tag{1.28}$$

最终得到

$$(1)\ a_1 = a_2x - b_2y \tag{1.29}$$

$$(2)\ b_1 = a_2y + b_2x \tag{1.30}$$

为了确定答案，必须求解 x 和 y 的这一对方程。将(1)的两边乘以 a_2，将(2)的两边乘以 b_2。最终得到

$$(1')\ a_1a_2 = a_2^2x - b_2a_2y \tag{1.31}$$

$$(2')\ b_1b_2 = a_2b_2y + b_2^2x \tag{1.32}$$

现在，添加(1′)和(2′)，以获得式(1.33)。

$$a_1a_2 + b_1b_2 = (a_2^2 + b_2^2)x \tag{1.33}$$

求解 x，有

$$x = \frac{a_1a_2 + b_1b_2}{a_2^2 + b_2^2} \tag{1.34}$$

我们可以对 y 采取相同的技巧，分别将(1)和(2)乘以 b_2 和 $-a_2$，然后求和，最后获得

$$y = \frac{a_2b_1 - a_1b_2}{a_2^2 + b_2^2} \tag{1.35}$$

用更紧凑的表达，可以将式(1.35)表示为

$$\frac{a_1 + b_1\mathrm{i}}{a_2 + b_2\mathrm{i}} = \frac{a_1a_2 + b_1b_2}{a_2^2 + b_2^2} + \frac{a_2b_1 - a_1b_2}{a_2^2 + b_2^2}\mathrm{i} \tag{1.36}$$

注意，x 和 y 都是使用相同的分母计算的，即 $a_2^2 + b_2^2$。我们将看到这个量目前意味着什么。现在这里有一个具体的例子。

例 1.2.2 设 $c_1 = -2 + \mathrm{i}$ 和 $c_2 = 1 + 2\mathrm{i}$，计算$\frac{c_1}{c_2}$。在本例中，$a_1 = -2, b_1 = 1, a_2 = 1, b_2 = 2$，因此

$$a_2^2 + b_2^2 = 1^2 + 2^2 = 5 \tag{1.37}$$

$$a_1a_2 + b_1b_2 = -2 \times 1 + 1 \times 2 = 0 \tag{1.38}$$

$$a_2b_1 - a_1b_2 = 1 \times 1 - (-2) \times 2 = 1 + 4 = 5 \tag{1.39}$$

因此答案是$\left(\frac{0}{5}, \frac{5}{5}\right) = (0,1) = \mathrm{i}$

练习 1.2.3 设 $c_1 = 3\mathrm{i}, c_2 = -1 - \mathrm{i}$，计算$\frac{c_1}{c_2}$。

回到式(1.36)中商公式中的神秘分母。实数有个一元运算，绝对值由式(1.40)给出：

$$|a| = +\sqrt{a^2} \tag{1.40}$$

可以将此运算[①]的定义推广到复数域，方法是：

$$|c| = |a + b\mathrm{i}| = +\sqrt{a^2 + b^2} \tag{1.41}$$

这个量被称为复数的模量。

例 1.2.3 $c = 1 - \mathrm{i}$ 的模量是多少？

$$|c| = |1 - \mathrm{i}| = +\sqrt{1^2 + (-1)^2} = \sqrt{2} \tag{1.42}$$

模量的几何含义将在1.3节中讨论。现在，我们注意到两个复数的商的分母中的量只不过是除数的模平方：

$$|c|^2 = a^2 + b^2 \tag{1.43}$$

---

① 式(1.40)中给出的定义完全等同于更熟悉的定义：如果 $a \geqslant 0$，则 $|a| = a$，如果 $a < 0$，则 $|a| = -a$。

此模量必须不等于零，除非除数本身为零，否则这总是会发生的。

练习 1.2.4 计算 $c=4-3\mathrm{i}$ 的模量。

练习 1.2.5 验证给定任意两个复数 c_1 和 c_2，式(1.44)始终成立。

$$|c_1||c_2|=|c_1c_2| \tag{1.44}$$

练习 1.2.6 证明

$$|c_1+c_2|\leqslant|c_1|+|c_2| \tag{1.45}$$

练习 1.2.7 证明，对于所有 $c\in\mathbb{C}$，有 $c+(0,0)=(0,0)+c=c$，即$(0,0)$是累加恒等式。

练习 1.2.8 证明，对于所有 $c\in\mathbb{C}$，有 $c\times(1,0)=(1,0)\times c=c$，即$(1,0)$是乘法恒等式。

总之，我们定义了一组新的数字ℂ，赋予了四个运算，验证了以下属性：

(ⅰ) 加法是可交换的和结合的。

(ⅱ) 乘法是可交换的和结合的。

(ⅲ) 加法具有一个恒等式：(0,0)。

(ⅳ) 乘法具有一个恒等式：(1,0)。

(ⅴ) 乘法相对于加法进行分配。

(ⅵ) 减法(即加法的逆运算)在任何地方都有定义。

(ⅶ) 除法(即乘法的逆运算)在任何地方都有定义，除非除数为零。

具有满足所有这些属性的运算的集合称为域。ℂ是一个域，就像ℝ一样，为实数域。实际上，通过将实数与以 0 作为虚数分量的复数相关联，可以将ℝ视为ℂ的子集[①]。ℝ位于ℂ内部；但ℂ是一个广阔的域，如此之广，以至于所有系数在ℂ中的多项式方程在ℂ本身都有一个解。ℝ也是一个宽敞的域，但不足以拥有最后一个属性(见式(1.1))。包含其任何多项式方程的所有解的域称为代数完备域。ℂ是代数完备域，但ℝ不是。

有一个一元操作在复数域中起着至关重要的作用。读者熟悉实数的“变化符号”。但是，在这里，有两个实数附加到复数上。因此，有三种方法可以更改符号：更改实部的符号或更改虚部的符号，或两者兼而有之。下面逐一分析它们。

更改复数的两个符号是通过乘以数字$-1=(-1,0)$完成的。

练习 1.2.9 验证乘以$(-1,0)$是否会改变复数的实数和虚部的符号。

仅更改虚部的符号称为共轭[②]。如果 $c=a+b\mathrm{i}$ 是任意复数，则 c 的共轭为 $\overline{c}=a-b\mathrm{i}$。两个通过共轭相关的数字被称为彼此的共轭复数。

改变实部的符号($c\mapsto-\overline{c}$)没有特定的名称，至少在代数上下文中是这样[③]。以下练习将指导你了解共轭最重要的属性。

练习 1.2.10 证明共轭遵循加法规则，即

$$\overline{c_1}+\overline{c_2}=\overline{c_1+c_2} \tag{1.46}$$

---

① 域的子集本身就是一个域，称为子域：ℝ是ℂ的子域。

② 它的“几何”名称是实轴反射。该名称将在 1.3 节中变得明显。

③ 在几何视点中，它被称为虚轴反射。阅读 1.3 节后，我们邀请你进一步研究此操作。

练习 1.2.11 证明共轭遵循乘法规则，即

$$\overline{c_1} \times \overline{c_2} = \overline{c_1 \times c_2} \tag{1.47}$$

请注意，该函数

$$c \mapsto \overline{c} \tag{1.48}$$

由共轭给出的是双射的，即是一对一和 映射。事实上，两个不同的复数永远不会通过共轭映射到同一个数字。此外，每个数字都是某个数字的复数共轭。从域到双射且遵循加法和乘法规则的域函数称为域同构。因此，共轭是ℂ到ℂ的域同构。

练习 1.2.12 考虑通过翻转实部的符号给出的操作。这是ℂ的域同构吗？如果是，请证明这一点，否则，请显示为什么不是？

为了解释后续的工作，我们不能不提到共轭的另一个性质：

$$c \times \overline{c} = |c|^2 \tag{1.49}$$

换句话说，复数的模量平方是通过将数字与其共轭项相乘而获得的。例如

$$(3+2\mathrm{i}) \times (3-2\mathrm{i}) = 3^2 + 2^2 = 13 = |3+2\mathrm{i}|^2 \tag{1.50}$$

我们已经从代数的角度涵盖了我们需要的东西。在 1.3 节中将看到，几何方法为这里涉及的几乎所有主题提供了一些启示。

编程练习 1.2.1 采用编程练习 1.1.1 中编写的程序，并使其也执行复数的减法和除法。此外，让用户输入一个复数，并让计算机返回其模数和共轭数。

1.3 复数的几何

就代数而言，复数是一个代数上完全的域，正如 1.2 节中描述的那样。仅此一点，就使它们成为一种无价的数学工具。事实证明，它们的重要性远远超出代数领域，使它们在几何学中同样有用，因此在物理学中同样有用。要了解为什么会这样，需要以另一种方式看待复数。在 1.2 节的开头，我们了解到复数是一对实数。

这暗示了一种自然的表示方式：实数被放置在直线上，因此实数对对应于平面上的点，或者等效地对应于从原点开始并指向该点的向量（见图 1.1）。

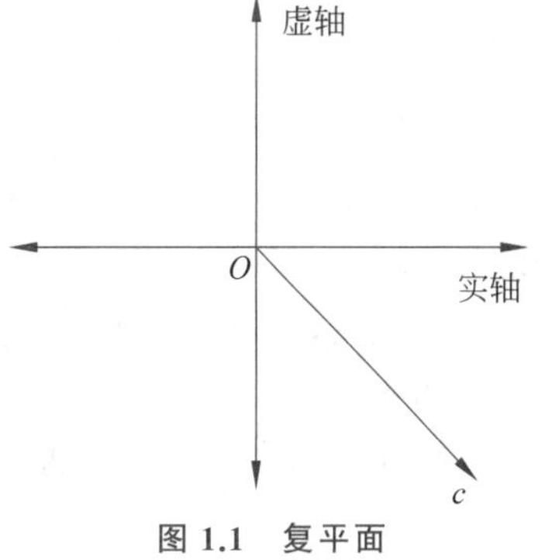

图 1.1 复平面

在此表示中，实数（即没有虚部的复数）位于水平轴上，虚数位于垂直轴上。此平面称为复平面或 Argand 平面。

通过这种表示，复数的代数性质可以从新的角度看出来。让我们从模量开始：它只不过是向量的长度。事实上，通过勾股定理，向量的长度是其边的平方和的平方根，正如 1.2 节中所定义的模量。

例 1.3.1 考虑图 1.2 中描述的复数 $c=3+4\mathrm{i}$。向量的长度是直角三角形的斜边，其边的长度分别为 3 和 4。勾股定理给出斜边的长度为

$$c = \sqrt{4^2+3^2} = \sqrt{16+9} = \sqrt{25} = 5 \tag{1.51}$$

这正是 c 的模量。

可以使用如图 1.3 所示的所谓平行四边形法则添加向量。用文字来说，绘制平行四边形，其平行边是要添加的两个向量；它们的总和是对角线。

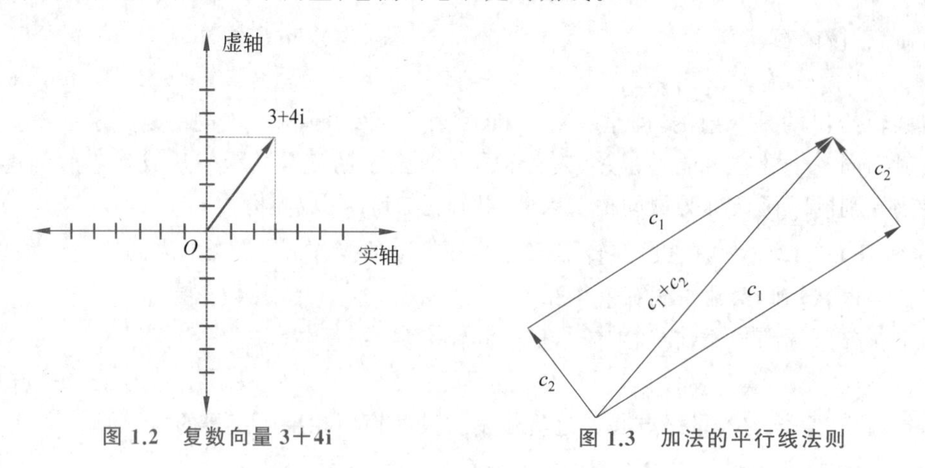

图 1.2 复数向量 3+4i　　图 1.3 加法的平行线法则

练习 1.3.1 在复平面中绘制复数 $c_1=2-\mathrm{i}$ 和 $c_2=1+\mathrm{i}$，并使用平行四边形法则将它们相加。验证是否会得到与代数相加相同的结果(在 1.2 节中学到的方法)。

减法也具有明确的几何意义：从 c_1 中减去 c_2 与将 c_2 的否定(即 $-c_2$)加到 c_1 相同。但什么是向量的否定呢？它只是指向相反方向的相同长度的向量(见图 1.4)。

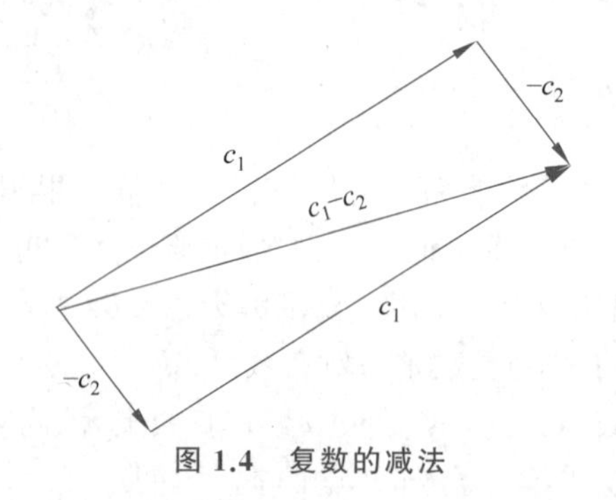

图 1.4 复数的减法

练习 1.3.2 设 $c_1=2-\mathrm{i}$ 和 $c_2=1+\mathrm{i}$，从 c_1 中减去 c_2，首先绘制 $-c_2$，然后使用平行四边形法则将其添加到 c_1 中。

为了给乘法赋予简单的几何意义，需要开发复数的另一种表征。我们刚才看到，对于每个复数，我们都可以绘制一个直角三角形，其边的长度是数字的实部和虚部，其斜边的长度是模量。现在，假设有人告诉我们数字的模量，我们还需要知道什么才能画出三角形？答案是原点的角度。

模数 ρ 和角度 θ(注意：两个实数，如前所述)足以唯一地确定复数。

$$(a,b)\mapsto(\rho,\theta) \tag{1.52}$$

我们知道如何从 a,b 计算 ρ：

$$\rho=\sqrt{(a^2+b^2)} \tag{1.53}$$

θ 也很容易，通过三角学：

$$\theta = \arctan\left(\frac{b}{a}\right) \tag{1.54}$$

该(a,b)表示被称为复数的笛卡儿表示，而(ρ,θ)是极坐标表示。可以从极坐标表示回到笛卡儿表示，再次使用三角学：

$$a = \rho\cos(\theta), b = \rho\sin(\theta) \tag{1.55}$$

例 1.3.2　设 $c = 1 + \mathrm{i}$，它的极坐标表示什么？

$$\rho = \sqrt{1^2 + 1^2} = \sqrt{2} \tag{1.56}$$

$$\theta = \arctan\left(\frac{1}{1}\right) = \arctan(1) = \frac{\pi}{4} \tag{1.57}$$

$\boldsymbol{c}$ 是距原点$\sqrt{2}$的向量，角度为 $\frac{\pi}{4}$ 弧度，即 $45°$。

练习 1.3.3　绘制极坐标 $\rho = 3$ 和 $\theta = \frac{\pi}{3}$给出的复数，计算其笛卡儿坐标。

编程练习 1.3.1　编写一个程序，将复数从笛卡儿表示转换为极坐标表示，反之亦然。

首先思考一下：极坐标表示给了我们什么样的洞察力？与其提供现成的答案，不如从一个问题开始：有多少复数共享完全相同的模量？稍加思考就会知道，对于固定模量，例如$\rho = 1$，有一个完整的圆以原点为中心(见图 1.5)。

所以，从极坐标的角度看，把圆圈想象成你的手表，把复数想象成针。角度 θ 告诉我们“时间”。“时间”在物理学和工程学中被称为相位，而“针”的长度(即模量)是数字的大小。

定义 1.3.1　复数是一个模量和一个相位。

普通的正实数仅是相位为零的复数。负实数具有相位 π。出于同样的原因，虚数是恒定相位等于 $\frac{\pi}{2}$(正虚数)或 $\frac{3\pi}{2}$ (负虚数)的数字。

给定一个恒定相位，有一整行复数具有该相位，如图 1.6 所示。观察复数，只有将相位限制在 0 和 2π 之间且 $\rho \geqslant 0$ 时才具有唯一的极坐标表示：

$$0 \leqslant \theta < 2\pi \tag{1.58}$$

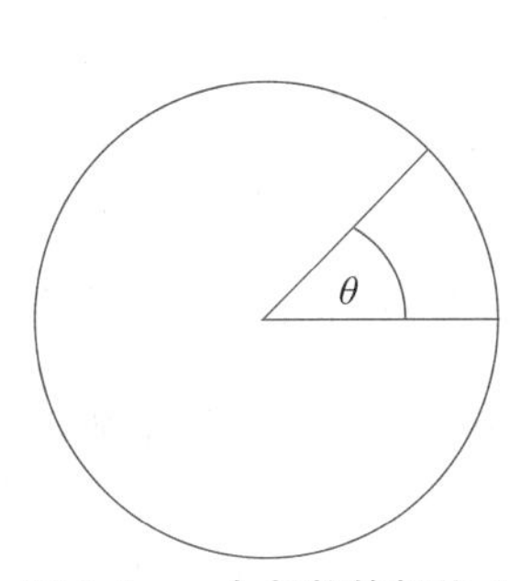

图 1.5　一个复数的相位 $\boldsymbol{\theta}$

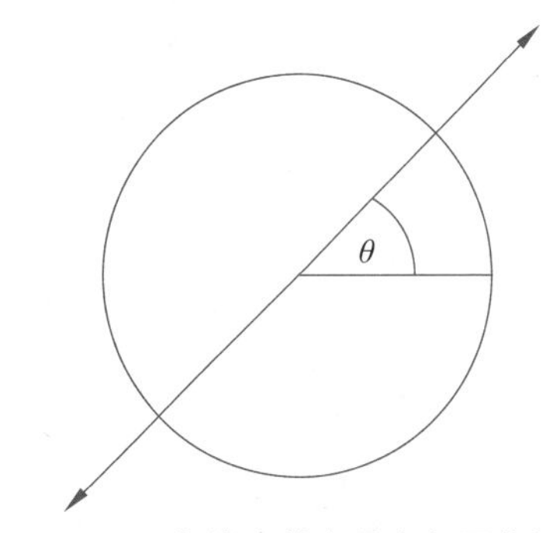

图 1.6　一条线上的点具有相同的相位

但是，如果以这种方式限制 θ，通常角度不能相加(总和可能大于 2π)。更好的做法是让角度任意，并将其模数减少为 2π：

对于某些整数 k，当且仅当 $\theta_2 = \theta_1 + 2\pi k$ 时，有

$$\theta_1 = \theta_2 \tag{1.59}$$

如果极坐标表示中的两个复数的大小相同，并且角度的模数相同，都为 2π，则它们将是相同的，如例 1.3.3 所示。

例 1.3.3 数字 $(3,-\pi)$ 和 $(3,\pi)$ 是否相同？事实上，它们的幅度是相同的，它们的相位相差 $(-\pi)-\pi=-2\pi=(-1)2\pi$。

我们现在已经准备好乘法了：给定极坐标中的两个复数 (ρ_1,θ_1) 和 (ρ_2,θ_2)，它们的乘积可以通过简单地乘以它们的幅度并加它们的相位来获得：

$$(\rho_1,\theta_1)\times(\rho_2,\theta_2)=(\rho_1\rho_2,\theta_1+\theta_2) \tag{1.60}$$

例 1.3.4 设 $c_1=1+\mathrm{i}$ 和 $c_2=-1+\mathrm{i}$，根据代数规则，它们的乘积是

$$c_1c_2=(1+\mathrm{i})(-1+\mathrm{i})=-2+0\mathrm{i}=-2 \tag{1.61}$$

现在，让我们看它们的极坐标表示

$$c_1=\left(\sqrt{2},\frac{\pi}{4}\right),c_2=\left(\sqrt{2},\frac{3\pi}{4}\right) \tag{1.62}$$

因此，使用前面描述的规则，它们的积是

$$c_1c_2=\left(\sqrt{2}\times\sqrt{2},\frac{\pi}{4}+\frac{3\pi}{4}\right)=(2,\pi) \tag{1.63}$$

如果恢复到其笛卡儿坐标，可以得到

$$(2\times\cos(\pi),2\times\sin(\pi))=(-2,0) \tag{1.64}$$

这正是在式(1.61)中的代数计算中得到的答案。

图 1.7 是两个复数及其乘积的图形表示。我们只是将第一个向量旋转了一个角度，该角度等于第二个向量的相位，并将其长度乘以第二个向量的长度。

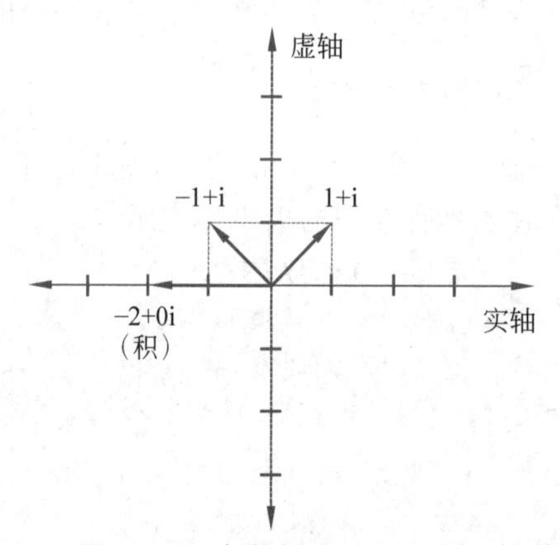

图 1.7 两个复数以及它们的积

练习 1.3.4 使用代数和几何方法将 $c_1=-2-\mathrm{i}$ 和 $c_2=-1-2\mathrm{i}$ 相乘；验证结果是否相同。

读者提示：本章其余大部分内容都是复数的基本思想；但是，它们不会真正在文本中使用。关于单位根的部分将出现在我们对 Shor 算法的讨论中(6.5 节)。为了完整起见，剩余部分被包括进来了。读者可以在第一次阅读时浏览本章的剩余部分。

我们已经隐式地学到一个重要事实：复域中的乘法与复平面的旋转有关。事实上，观察左乘 i 或右乘 i 会发现：

$$c\mapsto c\times\mathrm{i} \tag{1.65}$$

i的模量为1，因此结果的大小正好等于起始点的大小。i的相位是$\frac{\pi}{2}$，因此乘以i的净结果是将原始复数旋转90°，即旋转一个直角。当乘以任何复数时，也会出现同样的情况；因此，我们可以得出结论，乘以i是复平面的向量逆时针旋转$\frac{\pi}{2}$，如图1.8所示。

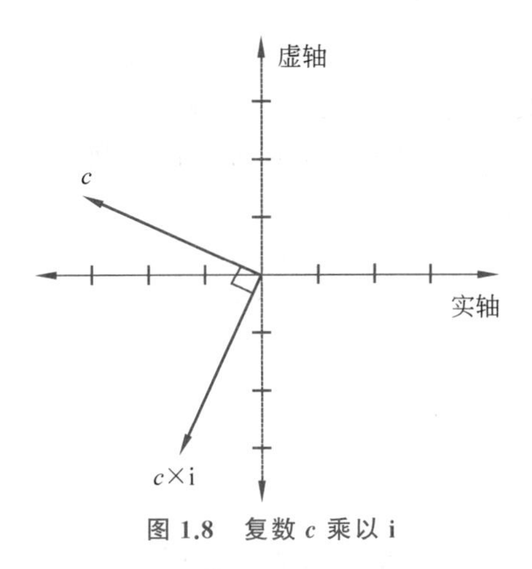

图 1.8 复数 c 乘以 i

练习 1.3.5 描述通过乘以实数(即函数)获得的平面上的几何效果

$$c \mapsto c \times r_0 \tag{1.66}$$

其中，r_0是固定实数。

练习 1.3.6 描述通过乘以一般复数(即函数)获得的平面上的几何效果

$$c \mapsto c \times c_0 \tag{1.67}$$

其中，c_0是固定复数。

编程练习 1.3.2 如果你喜欢图形，编写一个程序，它能够绘制一个复平面，设定一个原点，接受并绘制围绕原点的复数。程序应通过将图的每个点乘以复数来更改绘图。

现在我们已经用一种几何方式看待乘法，也可以解决除法问题。毕竟，除法只不过是乘法的逆运算。假设

$$c_1=(\rho_1,\theta_1),c_2=(\rho_2,\theta_2) \tag{1.68}$$

是两个极坐标形式的复数；$\frac{c_1}{c_2}$的极坐标形式是什么？一瞬间的思考告诉我们，这是数字

$$\frac{c_1}{c_2}=\left(\frac{\rho_1}{\rho_2},\theta_1-\theta_2\right) \tag{1.69}$$

用文字表述为：对$\frac{c_1}{c_2}$，我们将其幅度相除，辐角相减。

例 1.3.5 设$c_1=-1+3\mathrm{i}$和$c_2=-1-4\mathrm{i}$，计算它们的极坐标：

$$\begin{aligned}c_1&=\left(\sqrt{(-1)^2+(-3)^2},\arctan\left(\frac{3}{-1}\right)\right)=(\sqrt{10},\arctan(-3))\\&=(3.1623,1.8925)\end{aligned} \tag{1.70}$$

$$c_2=\left(\sqrt{(-1)^2+(-4)^2},\arctan\left(\frac{-4}{-1}\right)\right)=(\sqrt{17},\arctan(4))$$

$$=(4.1231, -1.8158) \tag{1.71}$$

因此,在极坐标系中,商为

$$\frac{c_1}{c_2}=\left(\frac{3.1623}{4.1231}, 1.8925-(-1.8158)\right)=(0.7670, 3.7083) \tag{1.72}$$

练习 1.3.7 使用代数和几何方法将 $2+2\mathrm{i}$ 除以 $1-\mathrm{i}$,并验证结果是否相同。

你可能已经注意到,在 1.2 节中,我们遗漏了两个重要的操作:幂和根。原因是,在目前的几何环境中处理它们比从代数的角度要容易得多。

下面从幂开始。如果 $c=(\rho,\theta)$ 是极坐标形式的复数,n 是一个正整数,则其第 n 次幂为

$$c^n=(\rho^n, n\theta) \tag{1.73}$$

因为提高到第 n 次方是乘以 n 倍。图 1.9 显示了一个复数及其一次、二次和三次幂。

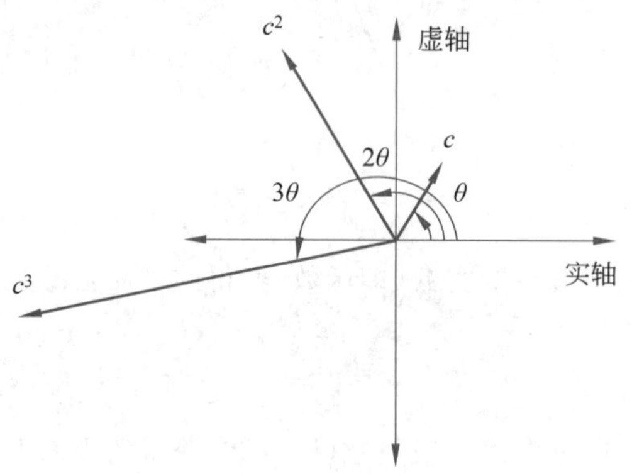

图 1.9 一个复数和它的平方及立方

练习 1.3.8 设 $c=1-\mathrm{i}$,将其转换为极坐标,计算其五次方,并将答案还原为笛卡儿坐标。

当基数的大小为 1 时会发生什么?它的幂大小也将为 1;因此,它们将停留在同一个单位圆上。你可以想到各种幂 1,2,…作为时间单位,并且一根针以恒定的速度逆时针移动(它完全覆盖 θ 每个时间单位的弧度,其中 θ 是基的相位)。

让我们继续讨论根源问题。正如你从高中代数中已经知道的那样,根是分数幂。例如,平方根意味着将基数提高到一半的幂,立方根正在上升到三分之一的幂,等等。这里也是如此,所以可以取复数的根:如果 $c=(\rho,\theta)$ 是极坐标形式的复数,则其第 n 个根为

$$c^{\frac{1}{n}}=\left(\rho^{\frac{1}{n}}, \frac{1}{n}\theta\right) \tag{1.74}$$

但是,事情变得更加复杂。请记住,相位最多定义为 2π 的倍数。因此,我们必须将式(1.74)重写为

$$c^{\frac{1}{n}}=\left(\sqrt[n]{\rho}, \frac{1}{n}(\theta+k2\pi)\right) \tag{1.75}$$

式(1.75)似乎有多个相同数字的根。关于这个事实,我们不应该感到惊讶:事实上,即使在实数中,根也并不总是唯一的。以数字 2 为例,请注意它有 $\sqrt{2}$ 和 $-\sqrt{2}$ 两个平方根。那么,它有多少个 n 次根?对于复数,恰好有 n 个根。为什么?让我们回到式(1.75)。

$$\frac{1}{n}(\theta+2k\pi)=\frac{1}{n}\theta+\frac{k}{n}2\pi \tag{1.76}$$

通过改变 k 可以生成多少个不同的解决方案？它们分别是：

$k=0$	$\frac{1}{n}\theta$
$k=1$	$\frac{1}{n}\theta+\frac{1}{n}2\pi$
⋮	⋮
$k=n-1$	$\frac{1}{n}\theta+\frac{n-1}{n}2\pi$

(1.77)

这就是全部：当 $k=n$ 时，我们得到第一个解；当 $k=n+1$ 时，得到第二个解；等等。

为了看看发生了什么，我们假设 $\rho=1$；换句话说，让我们在单位圆上找到复数 $c=(1,\theta)$ 的第 n 个根。式(1.77)中的 n 个解可以通过以下方式解释：绘制单位圆，以及相位 $\frac{1}{n}\theta$，$\frac{1}{n}\theta$ 加上 $\frac{k}{n}$ 等于整个圆的角度的向量，其中 $k=1,2,\cdots,n$。我们可以精确地得到具有 n 条边的正多边形的顶点。图 1.10 是 $n=3$ 时的示例。

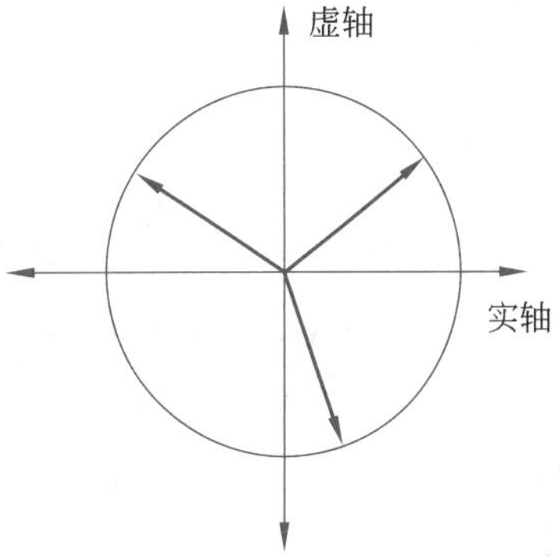

图 1.10 单位圆上的三个立方根

练习 1.3.9 查找 $c=1+\mathrm{i}$ 的所有立方根。

到现在为止，我们对极坐标表示非常满意：任何复数通过极坐标都可得到笛卡儿函数，都可以写成

$$c=\rho(\cos\theta+\mathrm{i}\sin\theta) \tag{1.78}$$

下面介绍另一种表示。在许多情况下证明将非常方便。起点是式(1.79)，该式称为欧拉公式。

$$\mathrm{e}^{\mathrm{i}\theta}=\rho(\cos\theta+\mathrm{i}\sin\theta) \tag{1.79}$$

欧拉公式的正确性证明不在本书范围之内①。但是，我们至少可以提供一些证据来证实其有效性。

$$\mathrm{e}^{x}=1+x+\frac{x^{2}}{2}+\cdots+\frac{x^{n}}{n!}+\cdots \tag{1.80}$$

$$\sin(x)=x-\frac{x^{3}}{3!}+\cdots+\frac{(-1)^{n}}{(2n+1)!}x^{2n+1}+\cdots \tag{1.81}$$

$$\cos(x)=1-\frac{x^{2}}{2}+\cdots+\frac{(-1)^{n}}{(2n)!}x^{2n}+\cdots \tag{1.82}$$

假设它们适用于 x 的复数值。现在，将 $\sin(x)$ 乘以 i，并加上分量 $\cos(x)$ 即可得到欧拉公式。

首先，如果 $\theta=0$，则我们可以得到预期的结果，即 1。其次，

① 对于精通微积分的读者：可以使用众所周知的泰勒展开式。

$$\begin{aligned} e^{i(\theta_1+\theta_2)} &= \cos(\theta_1+\theta_2)+i\sin(\theta_1+\theta_2) \\ &= \cos\theta_1\cos\theta_2-\sin\theta_1\sin\theta_2+i[(\sin\theta_1\cos\theta_2)+(\sin\theta_2\cos\theta_1)] \\ &= (\cos\theta_1+i\sin\theta_1)(\cos\theta_2+i\sin\theta_2) \\ &= e^{i\theta_1}\times e^{i\theta_2} \end{aligned} \tag{1.83}$$

换句话说，指数函数将总和转换为乘积，就像在实际情况下一样。

练习 1.3.10 证明棣莫弗公式：

$$(e^{\theta i})^n=\cos(n\theta)+i\sin(n\theta) \tag{1.84}$$

（提示：前面使用的三角恒等式，在 n 上进行归纳，将完成这项工作。）

现在我们已经知道如何取虚数的指数，定义任意复数的指数就没有问题了：

$$e^{a+bi}=e^a\times e^{bi}=e^a(\cos b+i\sin b) \tag{1.85}$$

欧拉公式使我们能够以更紧凑的形式重写式(1.78)：

$$c=\rho e^{i\theta} \tag{1.86}$$

通常将式(1.86)称为复数的指数形式。

练习 1.3.11 以指数形式写出 $c=3-4i$。

指数表示法简化了执行乘法时的问题：

$$c_1c_2=\rho_1e^{i\theta_1}\rho_2e^{i\theta_2}=\rho_1\rho_2e^{i(\theta_1+\theta_2)} \tag{1.87}$$

练习 1.3.12 重写以指数形式除以复数的定律。

使用这种表示，可以查看复数 $1=(1,0)=1+0i$ 的根。设 n 为固定数字，则有 n 种不同的单位根。在式(1.75)中设置 $c=(1,0)$，可以得到：

$$c^{\frac{1}{n}}=(1,0)^{\frac{1}{n}}=\left(\sqrt[n]{1},\frac{1}{n}(0+2k\pi)\right)=\left(1,\frac{2k\pi}{n}\right) \tag{1.88}$$

通过允许 $k=0,1,2,\cdots,n-1$，我们得到 n 个不同的单位根。请注意，如果设置 $k=n$，即以 n 为周期，所有的单位根都回归到第一个周期的根。指数形式的第 k 个单位根是 $e^{2k\pi i/n}$。通过以下方式可以表示这 n 个不同的单位根：

$$w_n^0=1,w_n^1,w_n^2,\cdots,w_n^{n-1} \tag{1.89}$$

从几何上讲，这 n 个单位根对应将单位圆分成 n 部分，其中第一个分区为(1,0)。图 1.11 显示了第 7 个单位根及其所有的幂。

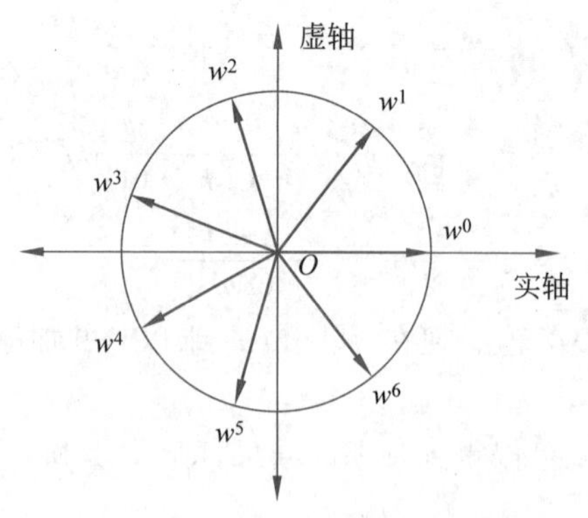

图 1.11 单位圆的 7 次根以及它的指数

如果将两个单位根相乘，可以得到

$$w_n^j w_n^k = e^{2\pi ij/n} e^{2\pi ik/n} = e^{2\pi i(j+k)/n} = w_n^{j+k} \tag{1.90}$$

另请注意

$$w_n^j w_n^{n-j} = w_n^n = 1 \tag{1.91}$$

因此

$$\overline{w_n^j} = w_n^{n-j} \tag{1.92}$$

练习 1.3.13 绘制所有的五个单位根。

我们现在能够从几何上表征复数的任何函数。除初等运算之外，人们可以想到的最简单的函数是多项式。具有复系数的任意**多项式**如下所示：

$$P(x) = c_n x^n + c_{n-1} x^{n-1} + \cdots + c_0 \tag{1.93}$$

其中 $c_0, c_1, \cdots, c_{n-1}$ 在$\mathbb{C}$中。$P(x)$可以看作从$\mathbb{C}$到$\mathbb{C}$的函数。

$$P(x): \mathbb{C} \to \mathbb{C} \tag{1.94}$$

要在多项式上建立一些几何直觉，可以尝试以下两个练习。

练习 1.3.14 描述下列函数的几何含义。

$$c \mapsto c^n \tag{1.95}$$

练习 1.3.15 描述下列函数的几何含义。

$$c \mapsto c + c_0 \tag{1.96}$$

在多项式之后，下一组函数是有理函数或多项式的商：

$$R(x) = \frac{P_0(x)}{P_1(x)} = \frac{c_n x^n + c_{n-1} x^{n-1} + \cdots + c_0}{d_m x^m + d_{m-1} x^{m-1} + \cdots + d_0} \tag{1.97}$$

一般来说，描述有理函数在平面上的作用不是一件简单的事情。然而，最简单的情况虽然相对容易，但也非常重要：

$$R_{a,b,c,d}(x) = \frac{ax+b}{cx+d} \tag{1.98}$$

其中 a,b,c,d 属于$\mathbb{C}$，且 $ad-bc \neq 0$ 被称为**莫比乌斯变换**。以下一组练习介绍了莫比乌斯变换的一些基本属性。(特别是，我们证明了莫比乌斯变换的集合形成了一个群[①]。)

练习 1.3.16 当 $a=d=0$ 且 $b=c=1$ 时，得到 $R(x)=\frac{1}{x}$。描述此转换的几何效果。(提示：查看半径 1 的圆圈内外的点会发生什么情况。)

练习 1.3.17 证明两个莫比乌斯变换的合成是一个莫比乌斯变换。换句话说，如果 $R_{a,b,c,d}$ 和 $R_{a',b',c',d'}$ 是两个莫比乌斯变换，则变换 $R_{a',b',c',d'} \circ R_{a,b,c,d}$ 也是莫比乌斯变换。

$$R_{a',b',c',d'} \circ R_{a,b,c,d}(x) = R_{a',b',c',d'}(R_{a,b,c,d}(x)) \tag{1.99}$$

练习 1.3.18 证明恒等变换，即使每个点固定地变换，是莫比乌斯变换。

练习 1.3.19 证明每个莫比乌斯变换都有一个逆变换，该变换也是一个莫比乌斯变换，即对于每个 $R_{a,b,c,d}$，你都可以找到 $R_{a',b',c',d'}$，使得

$$R_{a',b',c',d'} \circ R_{a,b,c,d}(x) = x \tag{1.100}$$

---

① 莫比乌斯变换是一个真正引人入胜的话题，也许是复数几何学的最佳入口。你可以从 Schwerdtfeger(1980)中了解有关它们的更多信息。

复数域中还有很多函数,但要介绍它们,需要来自复分析的工具,即复数上的微积分。主要思想很简单:用幂级数替换多项式,即用无限个项替换多项式。

人们研究的函数是所谓的分析函数,这些函数可以从小部分连贯地拼凑在一起,每部分都由一个系列表示。

编程练习 1.3.3 扩展程序。添加用于乘法、除法和返回数字极坐标的函数。

我们已经介绍了复数的基本语言。在开始量子之旅之前,需要另一种工具:复数场上的向量空间。

参考文献:

本章中的大多数材料都可以在任何微积分或线性代数教科书中找到。本章末尾提出的一些更高级材料的参考资料可以在下列作者的文献中找到:Bak and Newman[4],Needham[5],Schwerdtfeger[6]和 Silverman[7]。

复数的历史可以追溯到 16 世纪中叶意大利文艺复兴时期。Tartaglia,Cardano,Bombelli 的故事以及他们解决代数方程的努力非常值得一读。这个引人入胜的故事中有一些在 Nahin[8],Mazur[9]和 Penrose[10]中的几个精彩部分。

第2章

复向量空间

宇宙如同一本巨著，它的哲学不断地展现在我们面前。但是，在学会理解这本书中的语言和符号之前，人们无法理解这本书。它是用数学语言写的，符号是三角形、圆形和其他几何图形。没有这些手段，人类就不可能理解一个词。没有这些手段，在黑暗的迷宫中只有徒劳的绊脚石[①]。

伽利略的量子理论是用复向量空间的语言架构的。这些是基于复数的数学结构。我们在第1章中学到了关于这些数字的所有信息。有了这些知识，现在就可以处理复数的向量空间。

2.1节以教程的进度介绍(有限维)复向量空间的主要示例。2.2节提供了正式的定义、基本属性和更多的示例。2.3～2.7节中的每一节都讨论了一个高级主题。

读者提示：读者可能会发现这一章的某些内容“只是无聊的数学”。如果你渴望进入量子世界，建议在进入第3章之前阅读前两三节。需要时返回到第2章作为参考(使用索引和目录查找特定主题)。

复向量空间

一个小小的免责声明：复向量空间理论是一门广阔而美丽的学科。关于数学这一重要领域的长篇教科书已经写好了。除了在这一章中对这个主题的美丽和深刻进行小小的一瞥外，不可能提供任何东西。我们不是“教”读者复向量空间，而是旨在涵盖启动量子计算所需的最低限度的概念、术语和符号。我们真诚地希望，本章的阅读能激发读者对这一非凡主题的进一步研究。

2.1 $\mathbb{C}^n$ 作为主要示例

复向量空间可以表示为一个具有固定长度向量(一维数组)的复数项集合。这些向量将描述量子系统和量子计算机的状态。为了修正我们的想法并看清这个集合的结构类型，让我们仔细考查一个具体的例子：一个长度为4的向量集合。我们将这个集合表示为$\mathbb{C}^4=\mathbb{C}\times\mathbb{C}\times\mathbb{C}\times\mathbb{C}$，这提醒我们每个向量都是四个复数的有序列表。$\mathbb{C}^4$的一个典型元素如下所示：

---

① 见原文(Opere Il Saggiatore p171)。

$$\begin{bmatrix} 6-4i \\ 7+3i \\ 4.2-8.1i \\ -3i \end{bmatrix} \tag{2.1}$$

通常称为向量 $\boldsymbol{V}$。$\boldsymbol{V}$ 的第 j 个元素表示为 $\boldsymbol{V}[j]$。顶行是行号 0(不是 1)[①],即第 0 行;因此,$\boldsymbol{V}[1]=7+3i$。用这些向量可以执行哪些类型的操作?一个看似显而易见的操作是两个向量的加法。例如,给定$\mathbb{C}^4$两个向量:

$$\boldsymbol{V}=\begin{bmatrix} 6-4i \\ 7+3i \\ 4.2-8.1i \\ -3i \end{bmatrix} \text{和 } \boldsymbol{W}=\begin{bmatrix} 16+2.3i \\ -7i \\ 6 \\ -4i \end{bmatrix} \tag{2.2}$$

可以通过把它们对应的复数项相加产生 $\boldsymbol{V}+\boldsymbol{W}\in\mathbb{C}^4$ 的各项:

$$\begin{bmatrix} 6-4i \\ 7+3i \\ 4.2-8.1i \\ -3i \end{bmatrix}+\begin{bmatrix} 16+2.3i \\ -7i \\ 6 \\ -4i \end{bmatrix}=\begin{bmatrix} (6-4i)+(16+2.3i) \\ (7+3i)+(-7i) \\ (4.2-8.1i)+(6) \\ (-3i)+(-4i) \end{bmatrix}=\begin{bmatrix} 22-1.7i \\ 7-4i \\ 10.2-8.1i \\ -7i \end{bmatrix} \tag{2.3}$$

从形式上讲,此操作相当于

$$(\boldsymbol{V}+\boldsymbol{W})[j]=\boldsymbol{V}[j]+\boldsymbol{W}[j] \tag{2.4}$$

练习 2.1.1 将以下两个向量相加:

$$\begin{bmatrix} 5+13i \\ 6+2i \\ 0.53-6i \\ 12 \end{bmatrix}+\begin{bmatrix} 7-8i \\ 4i \\ 2 \\ 9.4+3i \end{bmatrix} \tag{2.5}$$

加法操作满足某些属性。例如,由于复数的加法是可交换的,因此复数向量的加法也是可交换的。

$$\begin{aligned}\boldsymbol{V}+\boldsymbol{W}&=\begin{bmatrix} (6-4i)+(16+2.3i) \\ (7+3i)+(-7i) \\ (4.2-8.1i)+(6) \\ (-3i)+(-4i) \end{bmatrix}=\begin{bmatrix} 22-1.7i \\ 7-4i \\ 10.2-8.1i \\ -7i \end{bmatrix} \\ &=\begin{bmatrix} (16+2.3i)+(6-4i) \\ (-7i)+(7+3i) \\ (6)+(4.2-8.1i) \\ (-4i)+(-3i) \end{bmatrix}=\boldsymbol{W}+\boldsymbol{V}\end{aligned} \tag{2.6}$$

类似地,复向量的加法也是可结合的,即给定三个向量 $\boldsymbol{V}$、$\boldsymbol{W}$ 和 $\boldsymbol{X}$,可以将它们的和表示为$(\boldsymbol{V}+\boldsymbol{W})+\boldsymbol{X}$ 或 $\boldsymbol{V}+(\boldsymbol{W}+\boldsymbol{X})$。结合律表示所得到的关联式的和是相同的:

$$(\boldsymbol{V}+\boldsymbol{W})+\boldsymbol{X}=\boldsymbol{V}+(\boldsymbol{W}+\boldsymbol{X}) \tag{2.7}$$

---

① 计算机科学家通常从 0 开始索引它们的行和列。相比之下,数学家和物理学家倾向于从 1 开始索引。这种差异是无关紧要的。我们通常遵循计算机科学的惯例(毕竟,这是计算机科学文本)。

练习 2.1.2　正式证明结合律。

还有一个称为零的特殊向量：

$$\mathbf{0}=\begin{bmatrix}0\\0\\0\\0\end{bmatrix} \tag{2.8}$$

它满足以下属性：对于所有向量 $\mathbf{V}\in\mathbb{C}^4$，有

$$\mathbf{V}+\mathbf{0}=\mathbf{V}=\mathbf{0}+\mathbf{V} \tag{2.9}$$

形式上，$\mathbf{0}$ 定义为 $0[j]=0$。每个向量也有一个（加法）逆（或负）。考虑下列向量

$$\mathbf{V}=\begin{bmatrix}6-4i\\7+3i\\4.2-8.1i\\-3i\end{bmatrix} \tag{2.10}$$

$\mathbb{C}^4$ 中存在另一个向量

$$-\mathbf{V}=\begin{bmatrix}-6+4i\\-7-3i\\-4.2+8.1i\\3i\end{bmatrix}\in\mathbb{C}^4 \tag{2.11}$$

使得

$$\mathbf{V}+(-\mathbf{V})=\begin{bmatrix}6-4i\\7+3i\\4.2-8.1i\\-3i\end{bmatrix}+\begin{bmatrix}-6+4i\\-7-3i\\-4.2+8.1i\\3i\end{bmatrix}=\begin{bmatrix}0\\0\\0\\0\end{bmatrix}=\mathbf{0} \tag{2.12}$$

一般来说，每个向量 $\mathbf{W}\in\mathbb{C}^4$，都存在一个向量 $-\mathbf{W}\in\mathbb{C}^4$，使得 $\mathbf{W}+(-\mathbf{W})=(-\mathbf{W})+\mathbf{W}=0$。

$$(-\mathbf{W})[j]=-(\mathbf{W}[j]) \tag{2.13}$$

具有加法、逆运算和零的集合 $\mathbb{C}^4$，且加法符合结合律和交换律，此类集合被称为阿贝尔群。

我们的集合 $\mathbb{C}^4$ 还有哪些其他结构？取一个任意复数，例如，$c=3+2i$，将此复数称为标量。取一个向量：

$$\mathbf{V}=\begin{bmatrix}6+3i\\0+0i\\5+1i\\4\end{bmatrix} \tag{2.14}$$

我们可以通过将标量与向量中每个复数项相乘实现该向量与标量相乘，即

$$(3+2i)\times\begin{bmatrix}6+3i\\0+0i\\5+1i\\4\end{bmatrix}=\begin{bmatrix}12+21i\\0+0i\\13+13i\\12+8i\end{bmatrix} \tag{2.15}$$

形式上，对于复数 c 和向量 $\mathbf{V}$，我们构造 $c\times\mathbf{V}$，其定义为

$$(c\times\mathbf{V})[j]=c\times\mathbf{V}[j] \tag{2.16}$$

其中×是复数乘法。当理解标量乘法时，将省略符号×。

练习 2.1.3 求 $8-2i$ 和 $\begin{bmatrix}16+2.3i\\-7i\\6\\5-4i\end{bmatrix}$的标量积。

标量乘法满足以下属性：对于所有 $c,c_1,c_2\in\mathbb{C}$以及所有 $\mathbf{V},\mathbf{W}\in\mathbb{C}^4$，有

- $1\times\mathbf{V}=\mathbf{V}$；
- $c_1\times(c_2\times\mathbf{V})=(c_1\times c_2)\times\mathbf{V}$；
- $c\times(\mathbf{V}+\mathbf{W})=c\times\mathbf{V}+c\times\mathbf{W}$；
- $(c_1+c_2)\times\mathbf{V}=c_1\times\mathbf{V}+c_2\times\mathbf{V}$。

练习 2.1.4 正式证明 $(c_1+c_2)\times\mathbf{V}=c_1\times\mathbf{V}+c_2\times\mathbf{V}$。

满足这些属性的标量乘法的阿贝尔群称为复向量空间。注意，我们一直在使用大小为 4 的向量。但是，我们所说的关于大小为 4 的向量的所有内容对任意大小的向量也适用。因此，一个确定的任意数 n 的集合$\mathbb{C}^n$也具有复向量空间的结构。事实上，这些向量空间将是我们在本书其余部分使用的主要示例。

编程练习 2.1.1 编写三个函数，用于执行$\mathbb{C}^n$的加法、逆运算和标量乘法运算，即编写一个函数，该函数接受每个运算的相应输入并输出向量。

2.2 定义、属性和示例

还有许多其他复向量空间的例子。我们需要拓宽视野，并提出复向量空间的正式定义。

定义 2.2.1 复向量空间是一个非空集合$\mathbb{V}$，其中的元素我们称之为向量。复向量空间中具有三种运算。

加+：$\mathbb{V}+\mathbb{V}\to\mathbb{V}$，复向量空间两个向量相加后仍旧是一个属于复向量空间的向量。

减−：$\mathbb{V}-\mathbb{V}\to\mathbb{V}$，复向量空间的任一个向量其反向量仍旧属于复向量空间。

标量积·：$c\times\mathbb{V}\to\mathbb{V}$，复数空间的任一标量和复向量空间中的向量相乘依然是复向量空间的一个向量。

一个称为零向量 $\mathbf{0}$ 的特殊元素，$\mathbf{0}\in\mathbb{V}$。这些运算和零必须满足以下属性：对于所有 $\mathbf{V}$，$\mathbf{W},\mathbf{X}\in\mathbb{V}$以及所有 $c,c_1,c_2\in\mathbb{C}$：

(i) 加法的可交换性：$\mathbf{V}+\mathbf{W}=\mathbf{W}+\mathbf{V}$；

(ii) 加法的结合性：$(\mathbf{V}+\mathbf{W})+\mathbf{X}=\mathbf{V}+(\mathbf{W}+\mathbf{V})$；

(iii) 零满足加法恒等式：$\mathbf{V}+\mathbf{0}=\mathbf{V}=\mathbf{0}+\mathbf{V}$；

(iv) 每个向量都有一个反向量：$\mathbf{V}+(-\mathbf{V})=\mathbf{0}=(-\mathbf{V})+\mathbf{V}$；

(v) 标量乘法的单位为：$1\times\mathbf{V}=\mathbf{V}$；

(vi) 标量乘法遵循复数乘法：$c_1\times(c_2\times\mathbf{V})=(c_1\times c_2)\times\mathbf{V}$ (2.17)

(vii) 标量乘法分配在加法上：$c\times(\mathbf{V}+\mathbf{W})=c\times\mathbf{V}+c\times\mathbf{W}$ (2.18)

(viii) 标量乘法分配在复数加法上：$(c_1+c_2)\times\mathbf{V}=c_1\times\mathbf{V}+c_2\times\mathbf{V}$ (2.19)

回顾一下，任何具有加法运算、反运算和满足属性（ⅰ），（ⅱ），（ⅲ）和（ⅳ）的零元素的集合都称为阿贝尔群。此外，如果存在满足所有属性的标量乘法运算，则具有这些运算的集合称为复向量空间。虽然我们主要关注的是复向量空间，但我们可以从实向量空间中获得很多直觉。

定义 2.2.2　实向量空间是一个非空集合$\mathbb{V}$（它的元素被称为向量），满足加法运算和反运算规则。需要注意的是，向量空间的标量乘法使用$\mathbb{R}$，而不是$\mathbb{C}$，即

$$\mathbb{R}\times\mathbb{V}\to\mathbb{V} \tag{2.20}$$

这个向量空间的和运算必须满足复向量空间的类似性质。

简言之，实向量空间类似一个复向量空间，除了需要为$\mathbb{R}\subset\mathbb{C}$中的标量定义标量乘法，从$\mathbb{R}\subset\mathbb{C}$的事实中很容易看出，对于$\mathbb{V}$的每个向量，都有$\mathbb{R}\times\mathbb{V}\subset\mathbb{C}\times\mathbb{V}$，即

$$\mathbb{C}\times\mathbb{V}\to\mathbb{V} \tag{2.21}$$

可以写成

$$\mathbb{R}\times\mathbb{V}\hookrightarrow\mathbb{C}\times\mathbb{V}\to\mathbb{V} \tag{2.22}$$

得出的结论：每个复向量空间都可以用一个实向量空间结构表达。

下面从抽象的高度看一些具体的例子。

例 2.2.1　$\mathbb{C}^n$是一个具有 n 个复数项的向量集合，是一个复向量空间，用于本书其余部分。在 2.1 节中，我们展示了复数运算并描述了它们所满足的属性。

例 2.2.2　$\mathbb{C}^n$是一个有 n 项复数的向量集合，也可以是一个实向量空间，因为每个复向量空间也可以是一个实向量空间。这些操作与例 2.2.1 中的操作相同。

例 2.2.3　$\mathbb{R}^n$是一个具有 n 个实数项的向量集，是一个实向量空间。注意，没有明显的方法可以将其转换为复向量空间。那么，复数与实向量的标量乘法结果是什么呢？

在第 1 章中，我们讨论了$\mathbb{C}=\mathbb{C}^1$的几何形状，展示了如何将每个复数视为二维平面中的一个点。对于$\mathbb{C}^2$来说，事情变得更加复杂。$\mathbb{C}^2$ 的每个元素都涉及两个复数或四个实数。人们可以将其想象为四维空间的元素。然而，人脑没有能力可视化四维空间。我们最多可以处理三个维度。在本书中，我们将多次讨论$\mathbb{C}^n$，然后返回到$\mathbb{R}^3$，因此可以直观地表达发生的事情。

深入了解$\mathbb{R}^3$的几何形状是值得的。$\mathbb{R}^3$ 的每个向量都可以被认为是三维空间中的一个点，或者等效地用一个从$\mathbb{R}^3$ 原点到这个点的箭头表示。

因此，图 2.1 中所示的向量$\begin{bmatrix}5\\-7\\6.3\end{bmatrix}$在 x 方向上为 5 个单位，在 y 方向上为-7 个单位，在 z 方向上为 6.3 个单位。

给定$\mathbb{R}^3$的两个向量 $\mathbf{V}=\begin{bmatrix}r_0\\r_1\\r_2\end{bmatrix}$和 $\mathbf{V}'=\begin{bmatrix}r_0'\\r_1'\\r_2'\end{bmatrix}$，将它们相加得到$\begin{bmatrix}r_0+r_0'\\r_1+r_1'\\r_2+r_2'\end{bmatrix}$。

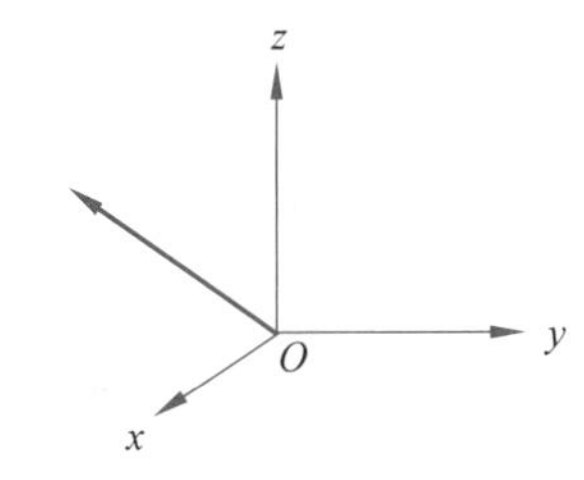

图 2.1　三维空间的一个向量

加法可以看作在$\mathbb{R}^3$中先形成一个平行四边形，接着将一个箭头的开头附加到另一个箭头的末尾。加法的结果是这些向量的合成(参见图 2.2)。我们不关心两个箭头中哪个箭头先出现，这证明了加法的交换性属性。

给定$\mathbb{R}^3$中的一个向量$\mathbf{V}=\begin{bmatrix} r_0 \\ r_1 \\ r_2 \end{bmatrix}$，通过查看相对于所有维度的相反方向的箭头形成反向量$-\mathbf{V}=\begin{bmatrix} -r_0 \\ -r_1 \\ -r_2 \end{bmatrix}$，如图 2.3 所示。

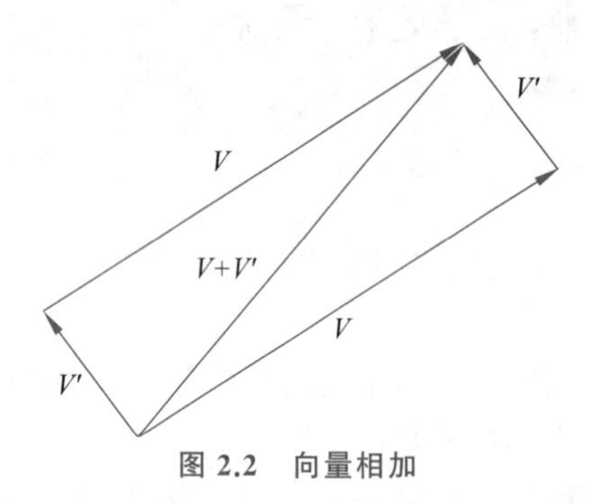

图 2.2 向量相加

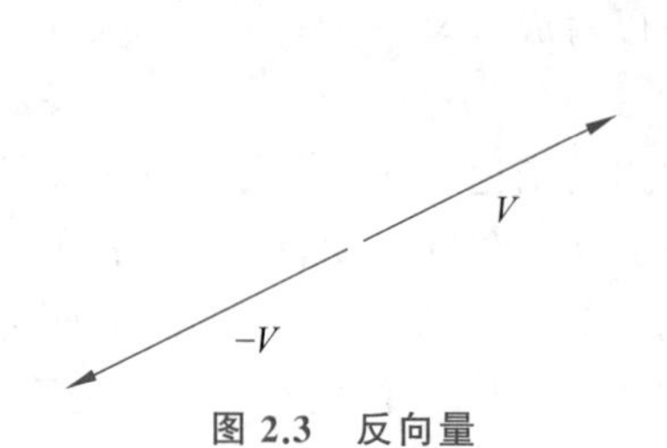

图 2.3 反向量

最后，实数 r 和向量的标量乘法 $\mathbf{V}=\begin{bmatrix} r_0 \\ r_1 \\ r_2 \end{bmatrix}$是 $r\times\mathbf{V}=\begin{bmatrix} rr_0 \\ rr_1 \\ rr_2 \end{bmatrix}$，它只是 $\mathbf{V}$ 拉伸或缩小的向量，如图 2.4 所示。

从几何角度查看向量空间的某些属性很有用。例如，考虑属性 $r\times(\mathbf{V}+\mathbf{W})=r\times\mathbf{V}+r\times\mathbf{W}$，这对应于图 2.5。

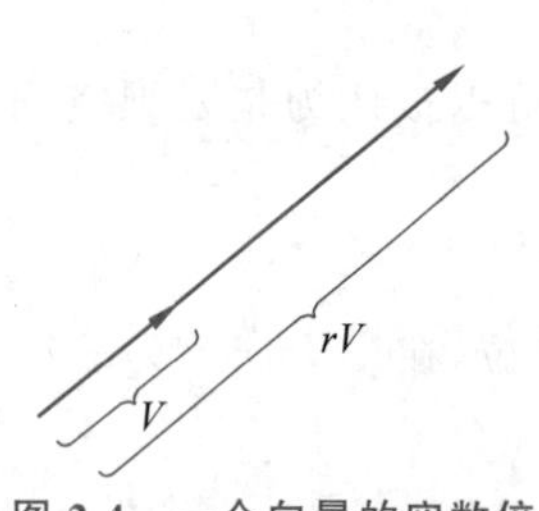

图 2.4 一个向量的实数倍

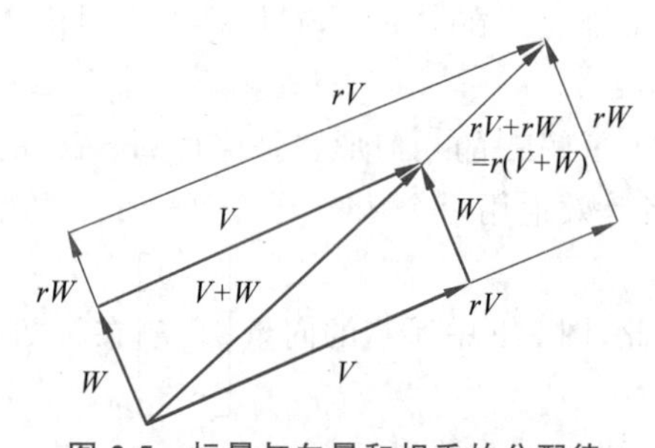

图 2.5 标量与向量和相乘的分配律

练习 2.2.1 令 $r_1=2$，$r_2=3$ 以及 $\mathbf{V}=\begin{bmatrix} 2 \\ -4 \\ 1 \end{bmatrix}$。验证属性(ⅵ)，即计算 $r_1\times(r_2\times\mathbf{V})$ 并计算$(r_1\times r_2)\times\mathbf{V}$，显示它们的结果相同。

注意：在本书的符号定义中，× 是标量乘符号，也是数值乘法符号。

练习 2.2.2 在$\mathbb{R}^3$中绘制图形，解释实向量空间中定义的属性(ⅵ)和(ⅷ)。

让我们继续看一些例子。

例 2.2.4　$\mathbb{C}^{m\times n}$是一个复向量空间,一个具有 $m\times n$ 复数项(二维数组)的集合。

对于给定的 $\mathbf{A}\in\mathbb{C}^{m\times n}$,将第 j 行和第 k 列中的复数项表示为 $\mathbf{A}[j,k]$或 $c_{j,k}$。将第 j 行表示为 $\mathbf{A}[j,-]$,将第 k 列表示为 $\mathbf{A}[-,k]$。在本书中,我们将多次在方括号的左侧和顶部显式显示行号和列号:

$$\mathbf{A}=\begin{matrix} & \begin{matrix}\mathbf{0} & \mathbf{1} & \cdots & \boldsymbol{n-1}\end{matrix} \\ \begin{matrix}\mathbf{0}\\ \mathbf{1}\\ \vdots \\ \boldsymbol{m-1}\end{matrix} & \begin{bmatrix} c_{0,0} & c_{0,1} & \cdots & c_{0,n-1} \\ c_{1,0} & c_{1,1} & \cdots & c_{1,n-1} \\ \vdots & \vdots & & \vdots \\ c_{m-1,0} & c_{m-1,1} & \cdots & c_{m-1,n-1} \end{bmatrix}\end{matrix} \tag{2.23}$$

两个$\mathbb{C}^{m\times n}$的加法运算如下:

$$\begin{bmatrix} c_{0,0} & c_{0,1} & \cdots & c_{0,n-1} \\ c_{1,0} & c_{1,1} & \cdots & c_{1,n-1} \\ \vdots & \vdots & & \vdots \\ c_{m-1,0} & c_{m-1,1} & \cdots & c_{m-1,n-1} \end{bmatrix}+\begin{bmatrix} d_{0,0} & d_{0,1} & \cdots & d_{0,n-1} \\ d_{1,0} & d_{1,1} & \cdots & d_{1,n-1} \\ \vdots & \vdots & & \vdots \\ d_{m-1,0} & d_{m-1,1} & \cdots & d_{m-1,n-1} \end{bmatrix}=$$

$$\begin{bmatrix} c_{0,0}+d_{0,0} & c_{0,1}+d_{0,1} & \cdots & c_{0,n-1}+d_{0,n-1} \\ c_{1,0}+d_{1,0} & c_{1,1}+d_{1,1} & \cdots & c_{1,n-1}+d_{1,n-1} \\ \vdots & \vdots & & \vdots \\ c_{m-1,0}+d_{m-1,0} & c_{m-1,1}+d_{m-1,1} & \cdots & c_{m-1,n-1}+d_{m-1,n-1} \end{bmatrix} \tag{2.24}$$

反运算如下:

$$-\begin{bmatrix} c_{0,0} & c_{0,1} & \cdots & c_{0,n-1} \\ c_{1,0} & c_{1,1} & \cdots & c_{1,n-1} \\ \vdots & \vdots & & \vdots \\ c_{m-1,0} & c_{m-1,1} & \cdots & c_{m-1,n-1} \end{bmatrix}=\begin{bmatrix} -c_{0,0} & -c_{0,1} & \cdots & -c_{0,n-1} \\ -c_{1,0} & -c_{1,1} & \cdots & -c_{1,n-1} \\ \vdots & \vdots & & \vdots \\ -c_{m-1,0} & -c_{m-1,1} & \cdots & -c_{m-1,n-1} \end{bmatrix} \tag{2.25}$$

标量乘法为

$$c\times\begin{bmatrix} c_{0,0} & c_{0,1} & \cdots & c_{0,n-1} \\ c_{1,0} & c_{1,1} & \cdots & c_{1,n-1} \\ \vdots & \vdots & & \vdots \\ c_{m-1,0} & c_{m-1,1} & \cdots & c_{m-1,n-1} \end{bmatrix}=\begin{bmatrix} c\times c_{0,0} & c\times c_{0,1} & \cdots & c\times c_{0,n-1} \\ c\times c_{1,0} & c\times c_{1,1} & \cdots & c\times c_{1,n-1} \\ \vdots & \vdots & & \vdots \\ c\times c_{m-1,0} & c\times c_{m-1,1} & \cdots & c\times c_{m-1,n-1} \end{bmatrix} \tag{2.26}$$

规范地说,这些运算可以用式(2.27)描述:对于两个矩阵 $\mathbf{A},\mathbf{B}\in\mathbb{C}^{m\times n}$,两个矩阵的加法可以表示为

$$(\mathbf{A}+\mathbf{B})[j,k]=\mathbf{A}[j,k]+\mathbf{B}[j,k] \tag{2.27}$$

$\mathbf{A}$ 的反矩阵为

$$(-\mathbf{A})[j,k]=-(\mathbf{A}[j,k]) \tag{2.28}$$

$\mathbf{A}$ 与复数 $c\in\mathbb{C}$的标量乘法为

$$(c\times\mathbf{A})[j,k]=c\times\mathbf{A}[j,k] \tag{2.29}$$

练习 2.2.3　令 $c_1=2\mathrm{i}, c_2=1+2\mathrm{i}$ 以及 $\mathbf{A}=\begin{bmatrix}1-\mathrm{i} & 3\\ 2+2\mathrm{i} & 4+\mathrm{i}\end{bmatrix}$。给定的$\mathbb{C}^{2\times 2}$是一个复向

量空间，验证其属性（vi）和（viii）。

练习 2.2.4 表明$\mathbb{C}^{m\times n}$上的这些运算满足作为复向量空间的性质（v），（vi）和（viii）。

编程练习 2.2.1 将函数从上次编程演练转换为接受$\mathbb{C}^{m\times n}$元素，而不是接受$\mathbb{C}^n$的元素。

当 $n=1$ 时，矩阵$\mathbb{C}^{m\times n}=\mathbb{C}^{m\times 1}=\mathbb{C}^m$，我们在 2.1 节中处理了这些矩阵。因此，可以将向量视为特殊类型的矩阵。

当 $m=n$ 时，向量空间$\mathbb{C}^{n\times n}$具有比复数向量空间更多的运算和更多的结构。矩阵 $\boldsymbol{A}\in\mathbb{C}^{n\times n}$，可以执行以下三个操作。

- $\boldsymbol{A}$ 的转置（表示为 $\boldsymbol{A}^{\mathrm{T}}$）定义为

$$\boldsymbol{A}^{\mathrm{T}}[j,k]=\boldsymbol{A}[k,j] \tag{2.30}$$

- $\boldsymbol{A}$ 的共轭（表示为 $\overline{\boldsymbol{A}}$）是这样的矩阵，其中每个元素都是原始矩阵中相应元素的共轭复数[①]，即

$$\overline{\boldsymbol{A}}[j,k]=\overline{\boldsymbol{A}[j,k]}$$

- 转置操作和共轭操作组合在一起，形成伴随操作。$\boldsymbol{A}$ 的伴随项表示为 $\boldsymbol{A}^{\dagger}$，定义为

$$\boldsymbol{A}^{\dagger}=(\overline{\boldsymbol{A}})^{\mathrm{T}}=\overline{(\boldsymbol{A}^{\mathrm{T}})} \text{ 或 } \boldsymbol{A}^{\dagger}[j,k]=\overline{\boldsymbol{A}[k,j]}$$

练习 2.2.5 找到式(2.31)中所示矩阵的转置、共轭和伴随。

$$\begin{bmatrix} 6-3\mathrm{i} & 2+12\mathrm{i} & -19\mathrm{i} \\ 0 & 5+2.1\mathrm{i} & 17 \\ 1 & 2+5\mathrm{i} & 3-4.5\mathrm{i} \end{bmatrix} \tag{2.31}$$

即使当 $m\neq n$ 时，这三个操作也有效。转置和伴随都是从$\mathbb{C}^{m\times n}$到$\mathbb{C}^{n\times m}$的函数。

对所有 $c\in\mathbb{C}$以及所有 $\boldsymbol{A},\boldsymbol{B}\in\mathbb{C}^{m\times n}$，这些操作都满足以下属性。

（i）转置是幂等的：$(\boldsymbol{A}^{\mathrm{T}})^{\mathrm{T}}=\boldsymbol{A}$。

（ii）转置遵循加法规则：$(\boldsymbol{A}+\boldsymbol{B})^{\mathrm{T}}=\boldsymbol{A}^{\mathrm{T}}+\boldsymbol{B}^{\mathrm{T}}$。

（iii）转置遵循标量乘法规则：$(c\times\boldsymbol{A})^{\mathrm{T}}=c\times\boldsymbol{A}^{\mathrm{T}}$。

（iv）共轭是幂等的：$\overline{\overline{\boldsymbol{A}}}=\boldsymbol{A}$。

（v）共轭遵循加法规则：$\overline{\boldsymbol{A}+\boldsymbol{B}}=\overline{\boldsymbol{A}}+\overline{\boldsymbol{B}}$。

（vi）共轭遵循标量乘法规则：$\overline{c\times\boldsymbol{A}}=\overline{c}\times\overline{\boldsymbol{A}}$。

（vii）伴随是幂等的：$(\boldsymbol{A}^{\dagger})^{\dagger}=\boldsymbol{A}$。

（viii）伴随遵循加法规则：$(\boldsymbol{A}+\boldsymbol{B})^{\dagger}=\boldsymbol{A}^{\dagger}+\boldsymbol{B}^{\dagger}$。

（ix）伴随与标量乘法有关：$(c\times\boldsymbol{A})^{\dagger}=\overline{c}\times\boldsymbol{A}^{\dagger}$。

练习 2.2.6 证明共轭遵循标量乘法规则，即$\overline{c\times\boldsymbol{A}}=\overline{c}\times\overline{\boldsymbol{A}}$。

练习 2.2.7 使用属性（i）到（vi）证明属性（vii），（viii）和（ix）。

为节省篇幅，在正文中经常使用转置，而不是写作

$$\begin{bmatrix} c_0 \\ c_1 \\ \vdots \\ c_{n-1} \end{bmatrix} \tag{2.32}$$

① 此表示法已重载。此运算对复数和复矩阵可用。

由于这需要更多的空间，因此我们写成$[c_0, c_1, \cdots, c_{n-1}]^{\mathrm{T}}$。当 $m=n$ 时，矩阵乘法是另一个二元运算。请考虑以下两个 3×3 矩阵：

$$\boldsymbol{A}=\begin{bmatrix}3+2\mathrm{i} & 0 & 5-6\mathrm{i}\\ 1 & 4+2\mathrm{i} & \mathrm{i}\\ 4-\mathrm{i} & 0 & 4\end{bmatrix}, \boldsymbol{B}=\begin{bmatrix}5 & 2-\mathrm{i} & 6-4\mathrm{i}\\ 0 & 4+5\mathrm{i} & 2\\ 7-4\mathrm{i} & 2+7\mathrm{i} & 0\end{bmatrix} \tag{2.33}$$

$\boldsymbol{A}$ 和 $\boldsymbol{B}$ 的矩阵积记作 $\boldsymbol{A}\times\boldsymbol{B}$。$\boldsymbol{A}\times\boldsymbol{B}$ 也将是 3×3 的矩阵。$(\boldsymbol{A}\times\boldsymbol{B})[0,0]$可以通过将 $\boldsymbol{A}$ 第 0 行的每个元素与 $\boldsymbol{B}$ 的第 0 列的相应元素相乘，然后求和得到：

$$\begin{aligned}(\boldsymbol{A}\times\boldsymbol{B})[0,0] &= ((3+2\mathrm{i})\times 5)+(0\times 0)+((5-6\mathrm{i})\times(7-4\mathrm{i}))\\ &=(15+10\mathrm{i})+(0)+(11-62\mathrm{i})=26-52\mathrm{i}\end{aligned} \tag{2.34}$$

一般地，$(\boldsymbol{A}\times\boldsymbol{B})[j,k]$项可以通过将 $\boldsymbol{A}[j,-]$的每个元素乘以相应的元素 $\boldsymbol{B}[-,k]$，并对其结果求和来得到，所以

$$(\boldsymbol{A}\times\boldsymbol{B})=\begin{bmatrix}26-52\mathrm{i} & 60+24\mathrm{i} & 26\\ 9+7\mathrm{i} & 1+29\mathrm{i} & 14\\ 48-21\mathrm{i} & 15+22\mathrm{i} & 20-22\mathrm{i}\end{bmatrix} \tag{2.35}$$

练习 2.2.8　验证 $\boldsymbol{B}\times\boldsymbol{A}$ 是否等于 $\boldsymbol{A}\times\boldsymbol{B}$？

矩阵乘法是在更一般的设置中定义的。矩阵不必是正方形。相反，第一个矩阵中的列数必须与第二个矩阵中的行数相同。矩阵乘法是二元运算：

$$\mathbb{C}^{m\times n}\times\mathbb{C}^{n\times p}\rightarrow\mathbb{C}^{m\times p} \tag{2.36}$$

形式上，给定$\mathbb{C}^{m\times n}$中的 $\boldsymbol{A}$ 和$\mathbb{C}^{n\times p}$中的 $\boldsymbol{B}$，在$\mathbb{C}^{m\times p}$中构造 $\boldsymbol{A}\times\boldsymbol{B}$ 为

$$(\boldsymbol{A}\times\boldsymbol{B})[j,k]=\sum_{h=0}^{n-1}(\boldsymbol{A}[j,h]\times\boldsymbol{B}[h,k])=\boldsymbol{A}[j,-]\cdot\boldsymbol{B}[-,k] \tag{2.37}$$

这里，× 表示矩阵乘法，当理解乘法时，将省略 ×。计算方法是：两个矩阵的行与列的内积。

对于每个 n，都有一个特殊的 $n\times n$ 矩阵，通常称之为单位矩阵。

$$\boldsymbol{I}_n=\begin{bmatrix}1 & 0 & \cdots & 0\\ 0 & 1 & \cdots & 0\\ \vdots & \vdots & & \vdots\\ 0 & 0 & \cdots & 1\end{bmatrix} \tag{2.38}$$

它起着矩阵乘法单位的作用。当理解 n 时，可以省略下标 n。

对于$\mathbb{C}^{n\times n}$中的所有 $\boldsymbol{A}$、$\boldsymbol{B}$ 和 $\boldsymbol{C}$，矩阵乘法具有以下属性。

(ⅰ) 矩阵乘法是可结合的：$(\boldsymbol{A}\times\boldsymbol{B})\times\boldsymbol{C}=\boldsymbol{A}\times(\boldsymbol{B}\times\boldsymbol{C})$。

(ⅱ) 矩阵乘法以 I_n 为单位：$\boldsymbol{I}_n\times\boldsymbol{A}=\boldsymbol{A}=\boldsymbol{A}\times\boldsymbol{I}_n$。

(ⅲ) 矩阵乘法分配于加法：

$$\boldsymbol{A}\times(\boldsymbol{B}+\boldsymbol{C})=(\boldsymbol{A}\times\boldsymbol{B})+(\boldsymbol{A}\times\boldsymbol{C}) \tag{2.39}$$

$$(\boldsymbol{B}+\boldsymbol{C})\times\boldsymbol{A}=(\boldsymbol{B}\times\boldsymbol{A})+(\boldsymbol{C}\times\boldsymbol{A}) \tag{2.40}$$

(ⅳ) 矩阵乘法遵循标量乘法规则：$c\times(\boldsymbol{A}\times\boldsymbol{B})=(c\times\boldsymbol{A})\times\boldsymbol{B}=\boldsymbol{A}\times(c\times\boldsymbol{B})$　(2.41)

(ⅴ) 矩阵乘法涉及转置：$(\boldsymbol{A}\times\boldsymbol{B})^{\mathrm{T}}=\boldsymbol{B}^{\mathrm{T}}\times\boldsymbol{A}^{\mathrm{T}}$　(2.42)

(ⅵ) 矩阵乘法遵循共轭规则：$\overline{\boldsymbol{A}\times\boldsymbol{B}}=\overline{\boldsymbol{A}}\times\overline{\boldsymbol{B}}$　(2.43)

(ⅶ) 矩阵乘法的伴随：$(\boldsymbol{A}\times\boldsymbol{B})^{\dagger}=\boldsymbol{B}^{\dagger}\times\boldsymbol{A}^{\dagger}$ (2.44)

注意，交换性不是矩阵乘法的基本属性。这一事实在量子力学中非常重要。

练习 2.2.9 证明上面列表中的属性(ⅴ)。

练习 2.2.10 使用式(2.33)中的 $\boldsymbol{A}$ 和 $\boldsymbol{B}$，并证明 $(\boldsymbol{A}\times\boldsymbol{B})^{\dagger}=\boldsymbol{B}^{\dagger}\times\boldsymbol{A}^{\dagger}$。

练习 2.2.11 用属性(ⅴ)和(ⅵ)证明属性(ⅶ)。

定义 2.2.3 具有乘法前四个属性的复向量空间$\mathbb{V}$称为**复代数**。

编程练习 2.2.2 编写一个函数，使其接受两个大小适当的复数矩阵。该函数将执行矩阵乘法并返回结果。

设 $\boldsymbol{A}$ 是$\mathbb{C}^{n\times n}$中的任一矩阵。对于任一向量 $\boldsymbol{B}\in\mathbb{C}^{n}$，都有 $\boldsymbol{A}\times\boldsymbol{B}\in\mathbb{C}^{n}$。换句话说，$\boldsymbol{A}$ 乘以 $\boldsymbol{B}$ 可以得到一个从$\mathbb{C}^{n}$到$\mathbb{C}^{n}$的函数。从式(2.39)和式(2.41)中，可以看到此函数保留了加法和标量乘法。我们将这个映射写成 $\boldsymbol{A}:\mathbb{C}^{n}\mapsto\mathbb{C}^{n}$。

让我们向前看一会儿，看看这种抽象数学与量子计算有什么关系。正如$\mathbb{C}^{n}$扮演着重要的角色一样，复数代数$\mathbb{C}^{n\times n}$也将出现在我们的特征描述符中。$\mathbb{C}^{n}$的元素是描述量子系统状态的方式。$\mathbb{C}^{n\times n}$的某些合适的元素将对应量子系统状态的变化。给定一个状态 $\boldsymbol{X}\in\mathbb{C}^{n}$ 和一个矩阵 $\boldsymbol{A}\in\mathbb{C}^{n\times n}$，将形成系统 $\boldsymbol{A}\times\boldsymbol{X}$ 的另一个状态，它是$\mathbb{C}^{n}$的一个元素[①]。正式地，$\times$在本例中具有一个功能，$\mathbb{C}^{n\times n}\times\mathbb{C}^{n}\mapsto\mathbb{C}^{n}$。我们说矩阵的代数“作用”在向量上以产生新的向量。我们将在后面各章中看到这一操作。

编程练习 2.2.3 编写一个函数，使其接受向量和矩阵，并输出由叉乘生成的向量。

回到我们的示例列表。

例 2.2.5 $\mathbb{C}^{m\times n}$是所有具有复数项的 $m\times n$ 矩阵(二维数组)的集合，是一个实向量空间。(请记住：每个复向量空间也可能是一个实向量空间。)

例 2.2.6 $\mathbb{R}^{m\times n}$是所有具有实数项的 $m\times n$ 矩阵(二维数组)的集合，是一个实向量空间。

定义 2.2.4 给定两个复向量空间$\mathbb{V}$和$\mathbb{V}'$，如果$\mathbb{V}$是$\mathbb{V}'$的子集，则称$\mathbb{V}$是$\mathbb{V}'$的**复子空间**，并且$\mathbb{V}$的运算受$\mathbb{V}'$的运算的限制。

等价地，如果$\mathbb{V}$是集合$\mathbb{V}'$的子集，则$\mathbb{V}$是$\mathbb{V}'$的复子空间，并且

(ⅰ) 对于加法，$\mathbb{V}$是封闭的：对于$\mathbb{V}$中的所有 $\boldsymbol{V}_1$ 和 $\boldsymbol{V}_2$，$\boldsymbol{V}_1+\boldsymbol{V}_2\in\mathbb{V}$。

(ⅱ) 对于标量乘法，$\mathbb{V}$是封闭的：对于所有 $c\in\mathbb{C}$和 $\boldsymbol{V}\in\mathbb{V}$，$c\times\boldsymbol{V}\in\mathbb{V}$。

事实证明，对于加法和乘法，$\mathbb{V}$是闭合的意味着其反操作也是闭合的，并且 $\boldsymbol{0}\in\mathbb{V}$。

注意：所谓一个集合是闭合的或该集合是封闭集，意思是该集合中的元素在实施给定的操作后，其操作结果跳不出该集合。

例 2.2.7 考虑$\mathbb{C}^{9}$的所有向量的集合，其中第二、第五和第八位置的元素都为 0：

$$[c_0\quad c_1\quad 0\quad c_3\quad c_4\quad 0\quad c_6\quad c_7\quad 0]^{\mathrm{T}} \tag{2.45}$$

不难看出，这是$\mathbb{C}^{9}$的一个复子空间。我们稍后会看到这个子空间与$\mathbb{C}^{6}$“相同”。

例 2.2.8 考虑集合$\mathbb{P}_n$，包含所有多项式 $P(x)$，带有一个变量，且变量具有 n 次或更小

---

① 这容易让人想起计算机图形学。事实上，当讨论布洛赫球(将在第 5 章中介绍)和酉矩阵时，将看到一种模糊的关系。

次幂，它们的系数是复数域$\mathbb{C}$中的元素。

$$P(x)=c_0+c_1x+c_2x^2+\cdots+c_nx^n \tag{2.46}$$

$\mathbb{P}_n$形成一个复向量空间。

为了完整起见，让我们来看多项式的操作。

两个多项式加法表达为

$$\begin{aligned}P(x)+Q(x)&=(c_0+c_1x+c_2x^2\cdots+c_nx^n)+(d_0+d_1x+d_2x^2+\cdots+d_nx^n)\\&=(c_0+d_0)+(c_1+d_1)x+(c_2+d_2)x^2+\cdots+(c_n+d_n)x^n\end{aligned} \tag{2.47}$$

多项式反操作可以表达为

$$-P(x)=-c_0-c_1x-c_2x^2-\cdots-c_nx^n \tag{2.48}$$

$c\in\mathbb{C}$的多项式标量乘法表达如下：

$$c\times P(\boldsymbol{x})=c\times c_0+c\times c_1x+c\times c_2x^2+\cdots+c\times c_nx^n \tag{2.49}$$

练习 2.2.12　证明具有这些运算的多项式 $P(x)$满足向量空间的性质。

练习 2.2.13　证明 $P(x)_{n=5}$是 $P(x)_{n=7}$的一个复子空间。

例 2.2.9　具有 n 次或更小次幂的一元变量带有复数系数的多项式，也可能形成实向量空间。

注：实数是复数域的特例。

例 2.2.10　具有 n 次或更小次幂的一元变量的多项式，系数 $r_i\in\mathbb{R}$

$$P(x)=r_0+r_1x+r_2x^2+\cdots+r_nx^n \tag{2.50}$$

形成一个实向量空间。

定义 2.2.5　令$\mathbb{V}$和$\mathbb{V}'$是两个复向量空间。从$\mathbb{V}$到$\mathbb{V}'$的线性映射是一个函数 $f:\mathbb{V}\rightarrow\mathbb{V}'$，使得对于所有 $V,V_1,V_2\in\mathbb{V}$和 $c\in\mathbb{C}$：

（ⅰ）f 遵循加法规则：$f(\mathbf{V}_1+\mathbf{V}_2)=f(\mathbf{V}_1)+f(\mathbf{V}_2)$；

（ⅱ）f 遵循标量乘法规则：$f(c\times\mathbf{V})=c\times f(\mathbf{V})$。

在本书中，几乎所有将要处理的映射都是线性映射。我们已经看到，当矩阵作用于向量空间时，它是一个线性映射。我们将任何从复向量空间到自身的线性映射称为算子。如果 $f:\mathbb{C}^n\rightarrow\mathbb{C}^n$是$\mathbb{C}^n$上的运算符，而 $\mathbf{A}$ 是 $n\times n$ 的矩阵，使得对于所有 $\mathbf{V}$，都有 $f(\mathbf{V})=\mathbf{A}\times\mathbf{V}$，那么我们称 f 由 $\mathbf{A}$ 表示。几个不同的矩阵可能表示同一个运算。计算机科学家通常将多项式存储为其系数数组，即具有 $n+1$ 复系数的多项式存储为 $n+1$ 向量。因此，$\mathbb{P}_n$与$\mathbb{C}^{n+1}$“相同”也就不足为奇了。现在，我们将制定两个向量空间为“相同”的含义。

定义 2.2.6　两个复向量空间$\mathbb{V}$和$\mathbb{V}'$是同构的，如果线性映射 $f:\mathbb{V}\rightarrow\mathbb{V}'$上存在一对一的关系，则这样的映射称为同构。当两个向量空间同构时，意味着向量空间的元素名称被重命名，但两个向量空间的结构相同。两个这样的向量空间“本质上相同”或“在同构上相同”。

练习 2.2.14　显示以下形式的所有实矩阵

$$\begin{bmatrix}x & y\\ -y & x\end{bmatrix} \tag{2.51}$$

构成一个$\mathbb{R}^{2\times 2}$的实数子空间。然后证明这个子空间同构于$\mathbb{C}$，它们之间的映射 $f:\mathbb{C}\rightarrow\mathbb{R}^{2\times 2}$定义为

$$f(x+\mathrm{i}y)=\begin{bmatrix}x & y\\ -y & x\end{bmatrix} \tag{2.52}$$

例 2.2.11 考虑从自然数ℕ到复数ℂ的函数的集合 Func(ℕ,ℂ)。给定两个函数 f：ℕ→ℂ和 g：ℕ→ℂ,可以将它们相加形成

$$(f+g)(n)=f(n)+g(n) \tag{2.53}$$

f 的反操作为

$$(-f)(n)=-(f(n)) \tag{2.54}$$

$c\in\mathbb{C}$和 f 的标量乘法是函数：

$$(c\times f)(n)=c\times f(n) \tag{2.55}$$

由于操作是根据它们在输入中的每个"点"处的值确定的,因此构造的函数称为逐点构造的。

练习 2.2.15 证明具有这些运算的 Func(ℕ,ℂ)构成一个复杂的向量空间。

例 2.2.12 可以将 Func(ℕ,ℂ)推广到其他函数集。对于ℝ中的任何 $a<b$,从区间$[a,b]\subseteq\mathbb{R}$到ℂ的函数集表示为 Func($[a,b]$,ℂ)是一个复向量空间。

练习 2.2.16 证明 Func(ℕ,ℝ)和 Func($[a,b]$,ℝ)是实向量空间。

例 2.2.13 有几种方法可以从现有向量空间构造新的向量空间。在这里,我们看到一种方法,2.7 节描述了另一种方法。设$(\mathbb{V},+,-,0,\times)$和$(\mathbb{V}',+',-',0',\times')$是两个复向量空间。我们构造了一个新的复向量空间$(\mathbb{V}\times\mathbb{V}',+'',-'',0'',\times'')$,称为笛卡儿积[①]或𝕍和𝕍′的直积,即向量是向量的有序对：$(\mathbf{V},\mathbf{V}')\in\mathbb{V}\times\mathbb{V}'$。操作是逐点执行的：

$$(\mathbf{V}_1,\mathbf{V}'_1)+''(\mathbf{V}_2,\mathbf{V}'_2)=(\mathbf{V}_1+\mathbf{V}_2,\mathbf{V}'_1+\mathbf{V}'_2) \tag{2.56}$$

$$-''(\mathbf{V},\mathbf{V}')=(-\mathbf{V},-'\mathbf{V}') \tag{2.57}$$

$$\mathbf{0}''=(\mathbf{0},\mathbf{0}') \tag{2.58}$$

$$c\times''(\mathbf{V},\mathbf{V}')=(c\times\mathbf{V},c\times'\mathbf{V}') \tag{2.59}$$

练习 2.2.17 证明$\mathbb{C}^m\times\mathbb{C}^n$与$\mathbb{C}^{mn}$同构。

练习 2.2.18 证明$\mathbb{C}^m$和$\mathbb{C}^n$都是$\mathbb{C}^m\times\mathbb{C}^n$的复数子空间。

2.3 基和维度

向量空间的基是该向量空间的一组向量,从某种意义上说,所有的其他向量都可以用这些基向量唯一地表达。

定义 2.3.1 设𝕍为复数(实数)向量空间。$\mathbf{V}\in\mathbb{V}$是𝕍中的向量 $\mathbf{V}_0,\mathbf{V}_1,\cdots,V_{n-1}$ 的线性组合,表示为

$$\mathbf{V}=c_0\times\mathbf{V}_0+c_1\times\mathbf{V}_1+\cdots+c_{n-1}\times\mathbf{V}_{n-1} \tag{2.60}$$

$$c_0,c_1,\cdots,c_{n-1}\in\mathbb{C}(\mathbb{R})$$

让我们回到$\mathbb{R}^3$以其作为示例。

例 2.3.1 将如下矩阵：

$$3\begin{bmatrix}5\\-2\\3\end{bmatrix}+5\begin{bmatrix}0\\1\\4\end{bmatrix}-4\begin{bmatrix}-6\\1\\0\end{bmatrix}+2\times1\begin{bmatrix}3\\1\\1\end{bmatrix}=\begin{bmatrix}45.3\\-2.9\\31.1\end{bmatrix} \tag{2.61}$$

---

① 给细致的读者的注释：这里用×表示集合的笛卡儿积和向量空间的笛卡儿积。

写成转置矩阵：

$$[45.3 \quad -2.9 \quad 31.1]^{\mathrm{T}} \tag{2.62}$$

$$\begin{bmatrix}5\\-2\\3\end{bmatrix},\begin{bmatrix}0\\1\\4\end{bmatrix},\begin{bmatrix}-6\\1\\0\end{bmatrix}\text{和}\begin{bmatrix}3\\1\\1\end{bmatrix} \tag{2.63}$$

定义 2.3.2 $\mathbb{V}$中的向量集$\{\mathbf{V}_0,\mathbf{V}_1,\cdots,\mathbf{V}_{n-1}\}$称为线性无关的，如果满足

$$\mathbf{0}=c_0\times\mathbf{V}_0+c_1\times\mathbf{V}_1+\cdots+c_{n-1}\times\mathbf{V}_{n-1} \tag{2.64}$$

则$c_0=c_1=\cdots=c_{n-1}=0$。这意味着向量的线性组合可以成为零向量的唯一方法是所有c_j都为零。

可以证明，这个定义等价于说，对于任何非零$\mathbf{V}\in\mathbb{V}$，$\mathbb{C}$中存在唯一系数$c_0,c_1,\cdots,c_{n-1}$，使得

$$\mathbf{V}=c_0\times\mathbf{V}_0+c_1\times\mathbf{V}_1+\cdots+c_{n-1}\times\mathbf{V}_{n-1} \tag{2.65}$$

这些向量称为线性独立的向量，因为集合$\{\mathbf{V}_0,\mathbf{V}_1,\cdots,V_{n-1}\}$中的每个向量都不能写为集合中其他向量的组合。

例 2.3.2 向量集

$$\left\{\begin{bmatrix}1\\1\\1\end{bmatrix},\begin{bmatrix}0\\1\\1\end{bmatrix},\begin{bmatrix}0\\0\\0\end{bmatrix}\right\} \tag{2.66}$$

是线性独立的，因为使得

$$\mathbf{0}=\begin{bmatrix}0\\0\\0\end{bmatrix}=x\begin{bmatrix}1\\1\\1\end{bmatrix}+y\begin{bmatrix}0\\1\\1\end{bmatrix}+z\begin{bmatrix}0\\0\\1\end{bmatrix} \tag{2.67}$$

成立的唯一方式是$0=x$，$0=x+y$且$0=x+y+z$。通过替换，可以看到$x=y=z=0$。

例 2.3.3 向量集

$$\left\{\begin{bmatrix}1\\1\\1\end{bmatrix},\begin{bmatrix}0\\1\\1\end{bmatrix},\begin{bmatrix}2\\-1\\-1\end{bmatrix}\right\} \tag{2.68}$$

不是线性独立（称为线性依赖）的，

$$\mathbf{0}=\begin{bmatrix}0\\0\\0\end{bmatrix}=x\begin{bmatrix}1\\1\\1\end{bmatrix}+y\begin{bmatrix}0\\1\\1\end{bmatrix}+z\begin{bmatrix}2\\-1\\-1\end{bmatrix} \tag{2.69}$$

因为当$x=2$，$y=-3$且$z=-1$时，式(2.69)成立，这意味着一个向量可以是其他向量的组合。

练习 2.3.1 显示向量集（见式(2.70)）不是线性独立的。

$$\left\{\begin{bmatrix}1\\2\\3\end{bmatrix},\begin{bmatrix}3\\0\\2\end{bmatrix},\begin{bmatrix}1\\-4\\-4\end{bmatrix}\right\} \tag{2.70}$$

定义 2.3.3 一组向量$\mathcal{B}=\{V_0,V_1,\cdots,V_{n-1}\}\subseteq\mathbb{V}$，如果具备以下两点：

（i）每个$\mathbf{V}\in\mathbb{V}$可以写成来自$\mathcal{B}$的线性组合；

（ⅱ）$\mathcal{B}$是线性独立的。

则称$\mathcal{B}$为（复）向量空间$\mathbb{V}$的基。

例 2.3.4 $\mathbb{R}^3$有一个基

$$\left\{\begin{bmatrix}1\\1\\1\end{bmatrix},\begin{bmatrix}0\\1\\1\end{bmatrix},\begin{bmatrix}0\\0\\1\end{bmatrix}\right\} \tag{2.71}$$

练习 2.3.2 验证前三个向量实际上是$\mathbb{R}^3$的基。

可能有许多集合，每个集合都构成特定向量空间的基，但也有一个基更容易使用，称为规范基或标准基。我们将要处理的许多例子都涉及规范基。下面看一些规范基的例子。

- $\mathbb{R}^3$：

$$\left\{\begin{bmatrix}1\\0\\0\end{bmatrix},\begin{bmatrix}0\\1\\0\end{bmatrix},\begin{bmatrix}0\\0\\1\end{bmatrix}\right\} \tag{2.72}$$

- $\mathbb{C}^n$（以及$\mathbb{R}^n$）：

$$E_0=\begin{bmatrix}1\\0\\\vdots\\0\end{bmatrix},E_1=\begin{bmatrix}0\\1\\\vdots\\0\end{bmatrix},\cdots,E_i=\begin{bmatrix}1\\\vdots\\1\\0\end{bmatrix},\cdots,E_{n-1}=\begin{bmatrix}1\\0\\\vdots\\1\end{bmatrix} \tag{2.73}$$

每个向量$[c_0,c_1,\cdots,c_{n-1}]^{\mathrm{T}}$都可以写为

$$\sum_{j=0}^{n-1}(c_j\times E_j) \tag{2.74}$$

- $\mathbb{C}^{m\times n}$：此向量空间的规范基由以下形式的矩阵组成：

$$\boldsymbol{E}_{j,k}=\begin{matrix} \\ 0\\1\\\vdots\\j\\\vdots\\m-1\end{matrix}\begin{matrix}\begin{matrix}0&1&\cdots&k&\cdots&n-1\end{matrix}\\ \begin{bmatrix}0&0&\cdots&0&\cdots&0\\0&0&\cdots&0&\cdots&0\\\vdots&\vdots&&\vdots&&\vdots\\0&0&\cdots&1&\cdots&0\\\vdots&\vdots&&\vdots&&\vdots\\0&0&\cdots&0&\cdots&0\end{bmatrix}\end{matrix} \tag{2.75}$$

其中$\boldsymbol{E}_{j,k}$在j行k列中具有1，在其他所有位置都是0。对于$j=0,1,\cdots,m-1$和$k=0,1,\cdots,n-1$，有一个$\boldsymbol{E}_{j,k}$。不难看出，对于每个$m\times n$矩阵，$\boldsymbol{A}$都可以写为总和：

$$\boldsymbol{A}=\sum_{j=0}^{m-1}\sum_{k=0}^{n-1}A[j,k]\times E_{j,k} \tag{2.76}$$

- $\mathbb{P}_n$：规范基由以下一组单项式组成：

$$1,x,x^2,\cdots,x^n \tag{2.77}$$

- Func($\mathbb{N}$,$\mathbb{C}$)：规范基由可数无穷[①]个函数$f_j(j=0,1,2,\cdots)$组成，其中f_j定义为

---

① 如果读者不知道“可数”和“不可数”无限之间的区别，不要害怕。这些概念在我们讲述的故事中并没有发挥主要作用。我们大部分时间将停留在有限的世界中。只要声明一个无限集合是可数的就足够了，如果该集合可以与自然数$\mathbb{N}$的集合一对一对应。如果一个集合是无限的，并且不能被放入这样的对应关系中，那么它就是不可数无限的。

$$f_j(n)=\begin{cases}1, & j=n\\0, & \text{其他}\end{cases} \tag{2.78}$$

先前给出的有限线性组合的定义可以很容易地推广到无限线性组合。不难看出，任何函数 $f \in \text{Func}(\mathbb{N},\mathbb{C})$ 都可以写成无穷和

$$f=\sum_{j=0}^{\infty} c_j \times f_j \tag{2.79}$$

其中 $c_j=f_j$。也不难看出，这些函数是线性独立的。因此，它们构成了 $\text{Func}(\mathbb{N},\mathbb{C})$ 的基。

（对于精通微积分的读者）$\text{Func}([a,b],\mathbb{C})$：规范基由 $r\in[a,b]\subseteq\mathbb{R}$ 的无数个函数 f_r 组成，其定义为

$$f_r(x)=\begin{cases}1, & r=x\\0, & \text{其他}\end{cases} \tag{2.80}$$

这些函数是线性独立的。类似于式(2.79)中给出的最后一个可数离散和，可以将任何函数 $f\in\text{Func}([a,b],\mathbb{C})$ 写为积分：

$$f=\int_a^b c_r \times f_r \tag{2.81}$$

其中 $c_r=f_r$。因此，f_r 构成了 $\text{Func}([a,b],\mathbb{C})$ 的基。很容易为两个向量空间的笛卡儿积构造一个基。如果 $\mathcal{B}=\{\boldsymbol{V}_0,\boldsymbol{V}_1,\cdots,\boldsymbol{V}_{m-1}\}$ 是 $\mathbb{V}$ 的基，$\mathcal{B}'=\{\boldsymbol{V}'_0,\boldsymbol{V}'_1,\cdots,\boldsymbol{V}'_{m-1}\}$ 是 $\mathbb{V}'$ 的基，那么 $\mathcal{B}\cup\mathcal{B}'=\{\boldsymbol{V}_0,\boldsymbol{V}_1,\cdots,\boldsymbol{V}_{m-1},\boldsymbol{V}'_0,\boldsymbol{V}'_1,\cdots,\boldsymbol{V}'_{m-1}\}$ 是 $\mathbb{V}\times\mathbb{V}'$ 的基。进一步看 $\mathbb{R}^3$，其规范基是

$$\mathcal{B}=\left\{\begin{bmatrix}1\\0\\0\end{bmatrix},\begin{bmatrix}0\\1\\0\end{bmatrix},\begin{bmatrix}0\\0\\1\end{bmatrix}\right\} \tag{2.82}$$

然而，$\mathbb{R}^3$ 还有许多其他基，例如，

$$\mathcal{B}_1=\left\{\begin{bmatrix}1\\1\\1\end{bmatrix},\begin{bmatrix}0\\1\\1\end{bmatrix},\begin{bmatrix}0\\0\\1\end{bmatrix}\right\} \tag{2.83}$$

$$\mathcal{B}_2=\left\{\begin{bmatrix}1\\0\\-1\end{bmatrix},\begin{bmatrix}2\\1\\2\end{bmatrix},\begin{bmatrix}3\\-2\\0\end{bmatrix}\right\} \tag{2.84}$$

所有这些基都具有相同数量的向量，并非巧合。

命题 2.3.1 对于每个向量空间，每个基都有相同数量的向量。

定义 2.3.4 （复数）向量空间的维数是向量空间基中的元素个数。

这与“维度”一词的常用用法不谋而合。下面看一些例子：

(1) $\mathbb{R}^3$ 是一个实向量空间，维度为 3。

(2) 通常，$\mathbb{R}^n$ 的维数为 n，是一个实向量空间。

(3) $\mathbb{C}^n$ 的维数为 n，是一个复向量空间。

(4) $\mathbb{C}^n$ 的维数为 $2n$，是一个实向量空间，因为每个复数都由两个实数描述。

(5) $\mathbb{P}_n$ 与 $\mathbb{C}^{n+1}$ 同构。不难看出，$\mathbb{P}_n$ 的维数也是 $n+1$。

(6) $\mathbb{C}^{m\times n}$：维数为 mn，是一个复向量空间。

(7) $\mathrm{Func}(\mathbb{N},\mathbb{C})$具有可数的无限维数。

(8) $\mathrm{Func}([a,b],\mathbb{C})$具有不可数的无限维数。

(9) $\mathbb{V}\times\mathbb{V}'$的维数是$\mathbb{V}$的维数加上$\mathbb{V}'$的维数。

命题 2.3.2 任何两个具有相同维数的复向量空间都是同构的。特别是，对于每个n，本质上只有一个维度为n的复向量空间：$\mathbb{C}^n$。(很容易看出为什么这是真的。设$\mathbb{V}$和$\mathbb{V}'$是具有相同维数的任意两个向量空间。每个$\boldsymbol{V}\in\mathbb{V}$都可以以独特的方式写为$\mathbb{V}$中基向量的线性组合。采用这些唯一系数并将它们用作$\mathbb{V}'$任何基的基元素的线性组合的系数，为我们提供了从$\mathbb{V}$到$\mathbb{V}'$的良好同构。)

因为我们将专注于有限维向量空间，所以只关注$\mathbb{C}^n$。有时我们会为单个向量空间使用多个基。

例 2.3.5 考虑$\mathbb{R}^2$的基

$$\mathcal{B}=\left\{\begin{bmatrix}1\\-3\end{bmatrix},\begin{bmatrix}-2\\4\end{bmatrix}\right\} \tag{2.85}$$

向量$\boldsymbol{V}=\begin{bmatrix}7\\-17\end{bmatrix}$可以写为

$$\begin{bmatrix}7\\-17\end{bmatrix}=3\begin{bmatrix}1\\-3\end{bmatrix}-2\begin{bmatrix}-2\\4\end{bmatrix} \tag{2.86}$$

$\boldsymbol{V}$相对于基$\mathcal{B}$的系数分别为3和-2。我们将其写为$\boldsymbol{V}_{\mathcal{B}}=\begin{bmatrix}3\\-2\end{bmatrix}$。

如果$\boldsymbol{C}$是$\mathbb{R}^2$的规范基，则

$$\begin{bmatrix}7\\-17\end{bmatrix}=7\begin{bmatrix}1\\0\end{bmatrix}-17\begin{bmatrix}0\\1\end{bmatrix} \tag{2.87}$$

即$\boldsymbol{V}_C=\boldsymbol{V}=\begin{bmatrix}7\\-17\end{bmatrix}$。

考虑$\mathbb{R}^2$的另一个基：

$$\mathcal{D}=\left\{\begin{bmatrix}-7\\9\end{bmatrix},\begin{bmatrix}-5\\7\end{bmatrix}\right\} \tag{2.88}$$

$\boldsymbol{V}$相对于$\mathcal{D}$的系数是多少？什么是$\boldsymbol{V}_{\mathcal{D}}$？基矩阵的变化或从基$\mathcal{B}$到基$\mathcal{D}$的转移矩阵是矩阵$\boldsymbol{M}_{\mathcal{D}\leftarrow\mathcal{B}}$，使得对于任何向量$\boldsymbol{V}$，有

$$\boldsymbol{V}_{\mathcal{D}}=\boldsymbol{M}_{\mathcal{D}\leftarrow\mathcal{B}}\times\boldsymbol{V}_{\mathcal{B}} \tag{2.89}$$

换句话说，$\boldsymbol{M}_{\mathcal{D}\leftarrow\mathcal{B}}$是一种从一个基的系数中获取另一个基的系数的方法。对于上述基$\mathcal{B}$和$\mathcal{D}$，转移矩阵为

$$\boldsymbol{M}_{\mathcal{D}\leftarrow\mathcal{B}}=\begin{bmatrix}2 & -\frac{3}{2}\\ -3 & \frac{5}{2}\end{bmatrix} \tag{2.90}$$

所以

$$V_{\mathcal{D}}=M_{\mathcal{D}\leftarrow\mathcal{B}}V_{\mathcal{B}}=\begin{bmatrix}2 & -\frac{3}{2}\\ -3 & \frac{5}{2}\end{bmatrix}\begin{bmatrix}3\\ -2\end{bmatrix}=\begin{bmatrix}9\\ -14\end{bmatrix} \tag{2.91}$$

通过检查，可以得到

$$\begin{bmatrix}7\\ -17\end{bmatrix}=9\begin{bmatrix}-7\\ 9\end{bmatrix}-14\begin{bmatrix}-5\\ 7\end{bmatrix} \tag{2.92}$$

给定有限维向量空间的两个基，有标准算法可以找到从一个基到另一个基的过渡矩阵。(我们不需要知道如何找到这些矩阵。)在$\mathbb{R}^2$中，从规范基

$$\left\{\begin{bmatrix}1\\ 0\end{bmatrix},\begin{bmatrix}0\\ 1\end{bmatrix}\right\} \tag{2.93}$$

到另一个基

$$\left\{\begin{bmatrix}\frac{1}{\sqrt{2}}\\ \frac{1}{\sqrt{2}}\end{bmatrix},\begin{bmatrix}\frac{1}{\sqrt{2}}\\ -\frac{1}{\sqrt{2}}\end{bmatrix}\right\} \tag{2.94}$$

的转移矩阵是阿达马矩阵：

$$\boldsymbol{H}=\frac{1}{\sqrt{2}}\begin{bmatrix}1 & 1\\ 1 & -1\end{bmatrix}=\begin{bmatrix}\frac{1}{\sqrt{2}} & \frac{1}{\sqrt{2}}\\ \frac{1}{\sqrt{2}} & -\frac{1}{\sqrt{2}}\end{bmatrix} \tag{2.95}$$

练习 2.3.3　证明 $\boldsymbol{H}$ 乘以本身得到单位矩阵。因为 $\boldsymbol{H}$ 与自身相乘给出了单位矩阵，所以我们观察到从一个基回到规范基的转换也是阿达马矩阵。我们可以设想这些转变，如图 2.6 所示。

事实证明，阿达马矩阵在量子计算中起着重要作用。在物理学中，我们经常面临一个问题：在非规范基础上计算某些东西更容易。例如，考虑一个滚下斜坡的球，如图 2.7 所示。球不会在规范基础的方向上移动。相反，它将在+45°、−45°基础上向下滚动。假设想计算这个球什么时候到达斜坡的底部或者球的速度是多少。为此，我们将规范基上的问题变为另一个基上的问题。在另一个基上，计算会更容易。

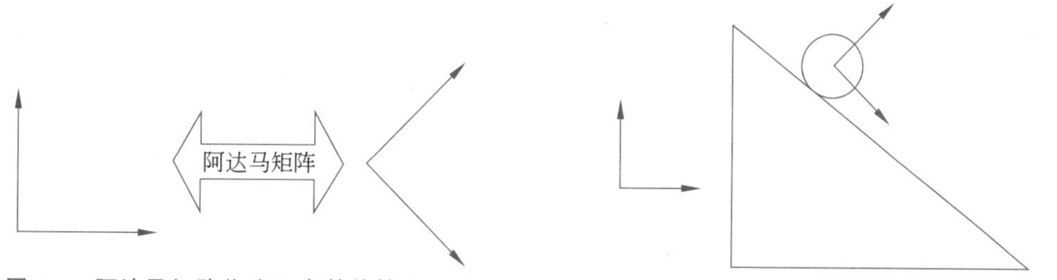

图 2.6　阿达马矩阵作为两个基的转移矩阵

图 2.7　一个向下滚动的球和两个相关的基

完成计算后，我们将结果更改为更易于理解的规范基，并产生期待的答案。我们可以将其设想为图 2.8 所示的流程图。

变换 ⇒ 计算 ⇒ 逆变换 ⇒

图 2.8 问题解决流程

本章将从一个基转到另一个基进行一些计算，最后恢复到原始基。阿达马矩阵成为改变基的常用手段。

可以这样理解图 2.8：将时域信号通过傅里叶变换到频域，变换后，计算简单、方便。计算后，通过逆变换返回时域。

2.4 内积和希尔伯特空间

我们对具有附加结构的复数向量空间比较感兴趣。回想一下，量子系统的状态对应复数向量空间中的向量。需要比较系统的不同状态；因此，需要比较相应的向量或测量向量空间中的一个向量与另一个向量。考虑以下我们可以在$\mathbb{R}^3$中对两个向量执行的操作：

$$\left\langle \begin{bmatrix} 5 \\ 3 \\ -7 \end{bmatrix}, \begin{bmatrix} 6 \\ 2 \\ 0 \end{bmatrix} \right\rangle = [5,3,-7] \cdot \begin{bmatrix} 6 \\ 2 \\ 0 \end{bmatrix} = (5\times 6)+(3\times 2)+(-7\times 0)=36 \quad (2.96)$$

注：$\langle \boldsymbol{A},\boldsymbol{B}\rangle = \boldsymbol{A}^{\mathrm{T}} \cdot \boldsymbol{B}$ 这个定义能推广到一般情况吗？

一般来说，对于$\mathbb{R}^3$中任意两个向量 $\boldsymbol{V}_1=[r_0,r_1,r_2]^{\mathrm{T}}$ 和 $\boldsymbol{V}_2=[r'_0,r'_1,r'_2]^{\mathrm{T}}$，可以通过执行以下操作形成实数：

$$\langle \boldsymbol{V}_1,\boldsymbol{V}_2\rangle = \boldsymbol{V}_1^{\mathrm{T}} \cdot \boldsymbol{V}_2 = \sum_{j=0}^{2} r_j r'_j \quad (2.97)$$

这是两个向量的内积的示例。复数(实数)向量空间中的内积是接受两个向量作为输入并输出复数(实数)的二元运算。此操作必须满足以下说明的某些属性。

定义 2.4.1 复向量空间$\mathbb{V}$上的内积(也称为点积或标量积)是一个函数。

$$<-,->:\mathbb{V}\cdot\mathbb{V}\rightarrow\mathbb{C} \quad (2.98)$$

注：叉乘(又称向量乘)和点积是不一样的。

$\mathbb{V}$中的所有 $\boldsymbol{V}$,$\boldsymbol{V}_1$,$\boldsymbol{V}_2$ 和 $\boldsymbol{V}_3$，以及 $c\in\mathbb{C}$，都满足以下条件：

(1) 非退化：

$$\langle \boldsymbol{V},\boldsymbol{V}\rangle \geqslant 0 \quad (2.99)$$

$$\langle \boldsymbol{V},\boldsymbol{V}\rangle = 0\text{，当且仅当 } \boldsymbol{V}=\boldsymbol{0} \quad (2.100)$$

即它唯一“退化”的时候是当它为 0 时。

(2) 遵循加法规则：

$$\langle \boldsymbol{V}_1+\boldsymbol{V}_2,\boldsymbol{V}_3\rangle = \langle \boldsymbol{V}_1,\boldsymbol{V}_3\rangle + \langle \boldsymbol{V}_2,\boldsymbol{V}_3\rangle \quad (2.101)$$

$$\langle \boldsymbol{V}_1,\boldsymbol{V}_2+\boldsymbol{V}_3\rangle = \langle \boldsymbol{V}_1,\boldsymbol{V}_2\rangle + \langle \boldsymbol{V}_1,\boldsymbol{V}_3\rangle \quad (2.102)$$

(3) 遵循标量乘法：

$$\langle c\times\boldsymbol{V}_1,\boldsymbol{V}_2\rangle = \bar{c}\times\langle \boldsymbol{V}_1,\boldsymbol{V}_2\rangle \quad (2.103)$$

$$\langle \boldsymbol{V}_1,c\times\boldsymbol{V}_2\rangle = c\times\langle \boldsymbol{V}_1,\boldsymbol{V}_2\rangle \quad (2.104)$$

(4) 偏斜对称：

$$\langle \boldsymbol{V}_1, \boldsymbol{V}_2 \rangle = \overline{\langle \boldsymbol{V}_2, \boldsymbol{V}_1 \rangle} \tag{2.105}$$

$$\boldsymbol{V}_1 = \begin{bmatrix} a_1 \\ \vdots \\ a_n \end{bmatrix}, \boldsymbol{V}_2 = \begin{bmatrix} b_1 \\ \vdots \\ b_n \end{bmatrix}$$

证明：$\langle \boldsymbol{V}_1, \boldsymbol{V}_2 \rangle = \boldsymbol{V}_1^{\mathrm{T}} \cdot \boldsymbol{V}_2 = [a_1 \cdots a_n] \cdot \begin{bmatrix} b_1 \\ \vdots \\ b_n \end{bmatrix} = \sum_{i=1}^{n} a_i \cdot b_i = \sum_{i=1}^{n} b_i \cdot a_i$

$$= [b_1 \cdots b_n] \times \begin{bmatrix} a_1 \\ \vdots \\ a_n \end{bmatrix} = \boldsymbol{V}_2^{\mathrm{T}} \cdot \boldsymbol{V}_1 = \langle \boldsymbol{V}_2, \boldsymbol{V}_1 \rangle = \overline{\langle \boldsymbol{V}_2, \boldsymbol{V}_1 \rangle}$$

实向量空间上的内积$<-,->$：$\mathbb{V} \cdot \mathbb{V} \to \mathbb{R}$必须满足相同的性质。因为任何$r \in \mathbb{R}$都满足$\bar{r} = r$，所以属性(ⅲ)和(ⅳ)对于实向量空间更简单。

定义 2.4.2　(复)内积空间是(复)向量空间以及内积。

下面列出一些内积空间的例子。

$$\mathbb{R}^n\text{：内积产生}\mathbb{R}^n\text{：}\langle \boldsymbol{V}_1, \boldsymbol{V}_2 \rangle = \boldsymbol{V}_1^{\mathrm{T}} \cdot \boldsymbol{V}_2 \tag{2.106}$$

$$\mathbb{C}^n\text{：内积产生结果}\mathbb{C}^n\text{：}\langle \boldsymbol{V}_1, \boldsymbol{V}_2 \rangle = \boldsymbol{V}_1^{\dagger} \cdot \boldsymbol{V}_2 \tag{2.107}$$

$\mathbb{R}^{n \times n}$有一个矩阵$\boldsymbol{A}$和$\boldsymbol{B}$的内积，$\boldsymbol{A}, \boldsymbol{B} \in \mathbb{R}^{n \times n}$，表达为

$$\langle \boldsymbol{A}, \boldsymbol{B} \rangle = \mathrm{Trace}(\boldsymbol{A}^{\mathrm{T}} \cdot \boldsymbol{B}) \tag{2.108}$$

这里，方阵$\boldsymbol{C}$的轨迹是对角线元素的总和，即

$$\mathrm{Trace}(\boldsymbol{C}) = \sum_{i=0}^{n-1} \boldsymbol{C}[i, i] \tag{2.109}$$

$\mathbb{C}^{n \times n}$有一个矩阵$\boldsymbol{A}$和$\boldsymbol{B}$的内积，$\boldsymbol{A}, \boldsymbol{B} \in \mathbb{C}^{n \times n}$为

$$\langle \boldsymbol{A}, \boldsymbol{B} \rangle = \mathrm{Trace}(\boldsymbol{A}^{\dagger} \cdot \boldsymbol{B}) \tag{2.110}$$

$\mathrm{Func}(\mathbb{N}, \mathbb{C})$：

$$\langle f, g \rangle = \sum_{j=0}^{\infty} \overline{f(J)} g(j) \tag{2.111}$$

$\mathrm{Func}([a, b], \mathbb{C})$：

$$\langle f, g \rangle = \int_a^b \overline{f(t)} g(t) \mathrm{d}t \tag{2.112}$$

练习 2.4.1　设$\boldsymbol{V}_1 = [2,1,3]^{\mathrm{T}}, \boldsymbol{V}_2 = [6,2,4]^{\mathrm{T}}, \boldsymbol{V}_3 = [0,-1,2]^{\mathrm{T}}$。显示内积在$\mathbb{R}^3$遵循加法规则，即式(2.101)和式(2.102)。

练习 2.4.2　参照式(2.106)给出的函数，表明$<-,->$：$\mathbb{R}^n \times \mathbb{R}^n \to \mathbb{R}$满足内积的所有性质$\mathbb{R}^n$。

练习 2.4.3　令$\boldsymbol{A} = \begin{bmatrix} 1 & 2 \\ 0 & 1 \end{bmatrix}, \boldsymbol{B} = \begin{bmatrix} 0 & -1 \\ -1 & 0 \end{bmatrix}$和$\boldsymbol{C} = \begin{bmatrix} 2 & 1 \\ 1 & 3 \end{bmatrix}$。证明$\mathbb{R}^{2 \times 2}$中的内积遵循这些矩阵的加法(见式(2.101)和式(2.102))。

练习 2.4.4　证明实矩阵对给出的函数满足内积属性，并将实向量空间$\mathbb{R}^{n \times n}$转换为实内积空间。

编程练习 2.4.1 编写一个函数，接受两个长度为 n 的复向量，并计算其内积。

复向量与自身的内积是实数。我们可以从所有 $\mathbf{V}_1,\mathbf{V}_2$ 的属性中观察到这一点，内积必须满足

$$\langle \mathbf{V}_1,\mathbf{V}_2\rangle=\overline{\langle \mathbf{V}_2,\mathbf{V}_1\rangle} \tag{2.113}$$

因此，如果 $\mathbf{V}_2=\mathbf{V}_1$，那么有

$$\langle \mathbf{V}_1,\mathbf{V}_1\rangle=\overline{\langle \mathbf{V}_1,\mathbf{V}_1\rangle} \tag{2.114}$$

因此，它是实数。

定义 2.4.3 对于每个复内积空间 $\mathbb{V}$，$<-,->$，我们可以定义一个范数或长度，它是一个函数：

$$|\ |:\mathbb{V}\to\mathbb{R} \tag{2.115}$$

定义为 $|\mathbf{V}|=\sqrt{<\mathbf{V},\mathbf{V}>}$。

例 2.4.1 在 $\mathbb{R}^3$ 中，向量 $[3,\ \ -6,\ \ 2]^{\mathrm{T}}$ 的范数为

$$\left|\begin{bmatrix}3\\-6\\2\end{bmatrix}\right|=\sqrt{\left\langle\begin{bmatrix}3\\-6\\2\end{bmatrix},\begin{bmatrix}3\\-6\\2\end{bmatrix}\right\rangle}=\sqrt{3^2+(-6)^2+2^2}=\sqrt{49}=7 \tag{2.116}$$

注：所谓范数，就是模。

练习 2.4.5 计算 $[4+3\mathrm{i},\ \ 6-4\mathrm{i},\ \ 12-7\mathrm{i},\ \ 13\mathrm{i}]^{\mathrm{T}}$ 的范数。

练习 2.4.6 让 $\boldsymbol{A}=\begin{bmatrix}3&5\\2&3\end{bmatrix}\in\mathbb{R}^{2\times2}$，计算标准 $|A|=\sqrt{<\boldsymbol{A},\boldsymbol{A}>}$。

$$\left|\begin{bmatrix}x\\y\\z\end{bmatrix}\right|=\sqrt{\left\langle\begin{bmatrix}x\\y\\z\end{bmatrix},\begin{bmatrix}x\\y\\z\end{bmatrix}\right\rangle}=\sqrt{x^2+y^2+z^2} \tag{2.117}$$

这就是毕达哥拉斯公式，用于计算向量的长度。人们的直觉是，在任何向量空间中，向量的范数就是向量的长度。从内积空间的性质可以看出，范数对于所有 $V,W\in\mathbb{V}$ 和 $c\in\mathbb{C}$，都具有以下性质。

（ⅰ）范数是非退化的：如果 $\mathbf{V}\neq0$ 并且 $|\mathbf{0}|=0$，则有 $|\mathbf{V}|>0$。

（ⅱ）范数满足三角形不等式：$|\mathbf{V}+\boldsymbol{W}|\leqslant|\mathbf{V}|+|\boldsymbol{W}|$。

（ⅲ）范数遵循标量乘法：$|c\cdot\mathbf{V}|=|c|\times|\mathbf{V}|$。

编程练习 2.4.2 编写一个用来计算给定复向量的范数的函数。给定一个范数，我们可以继续定义一个距离函数。

定义 2.4.4 对于每个复杂的内积空间（$\mathbb{V}$，$<,>$），我们可以定义一个距离函数：

$$d(,):\mathbb{V}\cdot\mathbb{V}\to\mathbb{R} \tag{2.118}$$

这里，

$$d(\mathbf{V}_1,\mathbf{V}_2)=|\mathbf{V}_1-\mathbf{V}_2|=\sqrt{\langle\mathbf{V}_1-\mathbf{V}_2,\mathbf{V}_1-\mathbf{V}_2\rangle} \tag{2.119}$$

练习 2.4.7 让 $\mathbf{V}_1=\begin{bmatrix}3\\1\\2\end{bmatrix}$和 $\mathbf{V}_2=\begin{bmatrix}2\\2\\-2\end{bmatrix}$。计算这两个向量之间的距离。

直觉为 $d(\mathbf{V}_1,\mathbf{V}_2)$是从向量 $\mathbf{V}_1$ 的末端到向量 $\mathbf{V}_2$ 的末端的距离。从内积空间的性质看，不难看出距离函数对于所有 $\boldsymbol{U},\boldsymbol{V},\boldsymbol{W}\in\mathbb{V}$，都具有以下性质：$d(\mathbf{V}_1,\mathbf{V}_2)$。

（ⅰ）距离为非退化：如果 $\mathbf{V}\neq\boldsymbol{W}$ 且 $d(\mathbf{V},\mathbf{V})=0$，则 $d(\mathbf{V},\boldsymbol{W})>0$。

（ⅱ）距离满足三角形不等式：$d(\boldsymbol{U},\mathbf{V})\leqslant d(\boldsymbol{U},\boldsymbol{W})+d(\boldsymbol{W},\mathbf{V})$。

（ⅲ）距离对称：$d(\mathbf{V},\boldsymbol{W})\leqslant d(\boldsymbol{W},\mathbf{V})$。

编程练习 2.4.3 编写一个用来计算两个给定复向量的距离的函数。

定义 2.4.5 两个向量 $\mathbf{V}_1$ 和 $\mathbf{V}_2$ 在内积空间$\mathbb{V}$中是正交的，如果$<\mathbf{V}_1,\mathbf{V}_2>=0$，要记在脑海里的画面是：若两个向量彼此垂直，则它们是正交的。

定义 2.4.6 $\boldsymbol{B}=\{\mathbf{V}_0,\mathbf{V}_1,\cdots,\mathbf{V}_{n-1}\}$，如果向量彼此两两正交，则内积空间$\mathbb{V}$的基称为正交基，即 $j\neq k$，暗示$<\mathbf{V}_j,\mathbf{V}_k>=0$。正交基称为标准正交基，如果基中的每个向量都是范数 1，即

$$\langle\mathbf{V}_j,\mathbf{V}_k\rangle=\delta_{j,k}=\begin{cases}1, & j=k\\0, & j\neq k\end{cases}\tag{2.120}$$

$\delta_{j,k}$被称为克罗内克 δ 函数或克罗内克函数。

例 2.4.2 考虑图 2.9 中所示$\mathbb{R}^2$的三个基。形式上讲，这些基是

(a)$\begin{bmatrix}1\\1\end{bmatrix},\begin{bmatrix}1\\0\end{bmatrix}$，(b)$\begin{bmatrix}1\\1\end{bmatrix},\begin{bmatrix}1\\-1\end{bmatrix}$，(c)$\frac{1}{\sqrt{2}}\begin{bmatrix}1\\1\end{bmatrix},\frac{1}{\sqrt{2}}\begin{bmatrix}1\\-1\end{bmatrix}$。

在$\mathbb{R}^3$中，可以证明标准内积$<\mathbf{V},\mathbf{V}'>=\mathbf{V}^{\mathrm{T}}\mathbf{V}'$等价于

$$\langle\mathbf{V},\mathbf{V}'\rangle=|\mathbf{V}||\mathbf{V}'|\cos\theta\tag{2.121}$$

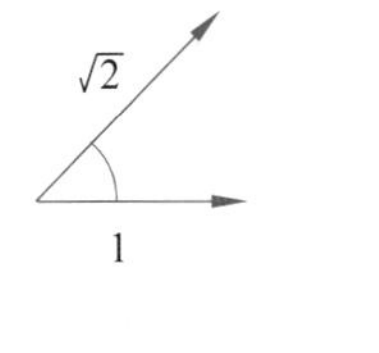

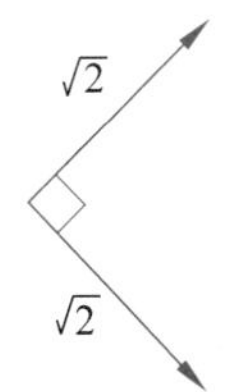

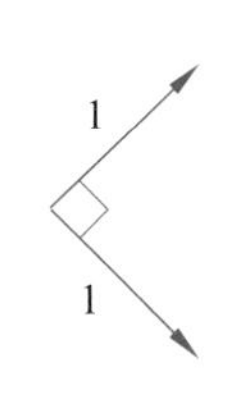

(a) 非正交　(b) 正交基但非标准　(c)标准正交基

图 2.9　$\mathbb{R}^2$的三个基

其中 θ 是 $\mathbf{V}$ 和 $\mathbf{V}'$之间的角度。当$|\mathbf{V}'|=1$，式(2.121)简化为

$$\langle\mathbf{V},\mathbf{V}'\rangle=|\mathbf{V}|\cos\theta\tag{2.122}$$

练习 2.4.8 设 $\mathbf{V}=[3,\quad -1,\quad 0]^{\mathrm{T}}$ 和 $\mathbf{V}'=[2,\quad -2,\quad 1]^{\mathrm{T}}$。计算这两个向量之间的角度 θ。

初等三角学告诉我们，当$|\mathbf{V}'|=1$ 时，$<\mathbf{V},\mathbf{V}'>$是 $\mathbf{V}$ 投射到 $\mathbf{V}'$方向上的长度(见图 2.10)。

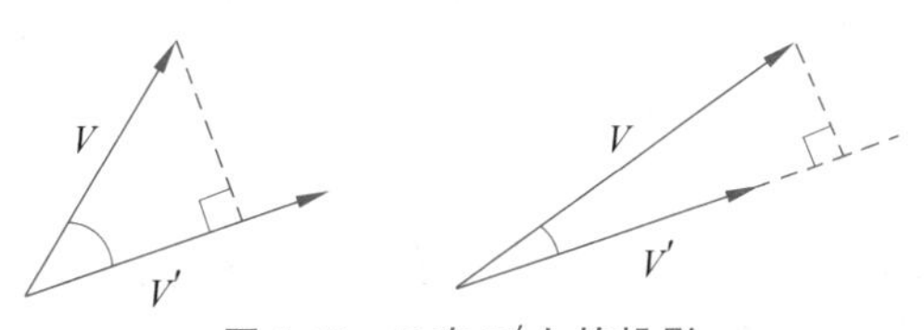

图 2.10　$\boldsymbol{V}$ 在 $\boldsymbol{V}'$上的投影

$<V,V'> \cdot V'$是向量V'的扩展(或缩小),以满足V在向量V'的投影。根据$\mathbb{R}^3$,这意味着什么呢?设$V=[r_0,\ \ r_1,\ \ r_2]^T$为$\mathbb{R}^3$中的任意向量。设$E_0$、$E_1$和$E_2$为$\mathbb{R}^3$的规范基,那么,

$$V=\begin{bmatrix}r_0\\r_1\\r_2\end{bmatrix}=\langle E_0,V\rangle\begin{bmatrix}1\\0\\0\end{bmatrix}+\langle E_1,V\rangle\begin{bmatrix}0\\1\\0\end{bmatrix}+\langle E_2,V\rangle\begin{bmatrix}0\\0\\1\end{bmatrix} \tag{2.123}$$

一般来说,对于任何$V\in\mathbb{R}^n$,

$$V=\sum_{j=0}^{n-1}\langle E_j,V\rangle E_j \tag{2.124}$$

$\mathbb{R}^3$和$\mathbb{R}^n$提供的直觉可以帮助我们理解这种将向量分解为其他向量空间的规范向量之和。

命题 2.4.1 在$\mathbb{C}^n$中,任何V都写成:

$$V=\langle E_0,V\rangle E_0+\langle E_1,V\rangle E_1+\cdots+\langle E_{n-1},V\rangle E_{n-1} \tag{2.125}$$

必须强调的是,这适用于任何正交基,而不仅仅是规范基。Func(ℕ,ℂ)对于任意函数$g:\mathbb{N}\to\mathbb{C}$和典范基函数$f_j:\mathbb{N}\to\mathbb{C}$,都有

$$\langle f_j,g\rangle=\sum_{k=0}^{\infty}\overline{f_j(k)}g(k)=1\times g(j)=g(j) \tag{2.126}$$

因此,任何$g:\mathbb{N}\to\mathbb{C}$都可以写为

$$g=\sum_{k=0}^{\infty}(\langle f_k,g\rangle f_k) \tag{2.127}$$

读者提示:以下定义对我们来说不是必需的,但这些内容能够帮助读者理解其他文本。在我们的文本中,没有理由担心它们,因为我们将自己限制在有限维的内积空间中,并且它们自动满足这些属性。

定义 2.4.7 在内积空间$\mathbb{V}$,$<.>$(具有派生范数和距离函数)中,对于每个$\varepsilon>0$,都存在这样一个向量序列,$V_0,V_1,V_2,\cdots,N_0\in\mathbb{N}$,满足式(2.128),这个序列称为柯西序列。

$$\forall m,n\geqslant N_0,d(V_m,V_n)\leqslant\varepsilon \tag{2.128}$$

定义 2.4.8 一个复数内积空间被称为完备的,如果对于任何柯西向量序列$V_0,V_1,V_2,\cdots$,存在一个向量$\bar{V}\in\mathbb{V}$,使得

$$\lim_{n\to\infty}|V_n-\bar{V}|=0 \tag{2.129}$$

这意味着,如果在某处累积的任何序列收敛到一个点,则具有内积的向量空间是完备的(见图 2.11)。

定义 2.4.9 希尔伯特空间是一个完备的复数内积空间。如果完备性是一个过于复杂的概念,请不要害怕。由于有命题 2.4.2(我们将不证明),因此不必担心完备性。

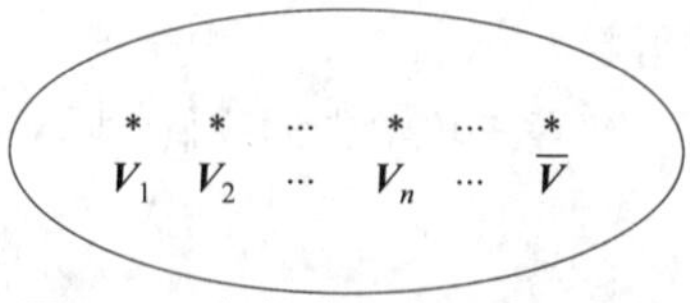

图 2.11 复数内积空间的完备性

命题 2.4.2 由于有限维复向量空间上的每个内积都是自动完备的,因此每个具有内积的有限维复向量空间都自动成为希尔伯特空间。

我们文本中的量子计算将只处理有限维向量空间,因此我们不必关注完备性的概念。

然而，在量子力学和量子计算的文化中，你会遇到"希尔伯特空间"这个词，这应该不会再引起任何焦虑。

2.5　特征值和特征向量

例 2.5.1　考虑一个简单的 2×2 实数矩阵：

$$\begin{bmatrix} 4 & -1 \\ 2 & 1 \end{bmatrix} \tag{2.130}$$

请注意，

$$\begin{bmatrix} 4 & -1 \\ 2 & 1 \end{bmatrix}\begin{bmatrix} 1 \\ 1 \end{bmatrix}=\begin{bmatrix} 3 \\ 3 \end{bmatrix}=3\begin{bmatrix} 1 \\ 1 \end{bmatrix} \tag{2.131}$$

从图 2.12 中可以看到，这个矩阵乘以一个向量只不过是将这个向量乘以标量。

换句话说，当这个矩阵作用于这个向量时，它不会改变向量的方向，只会改变它的长度。

例 2.5.2　考虑以下矩阵和向量：

$$\begin{bmatrix} 4 & -1 \\ 2 & 1 \end{bmatrix}\begin{bmatrix} 1 \\ 2 \end{bmatrix}=\begin{bmatrix} 2 \\ 4 \end{bmatrix}=2\begin{bmatrix} 1 \\ 2 \end{bmatrix} \tag{2.132}$$

同样，作用于此向量的矩阵不会改变向量的方向，而是改变其长度，如图 2.13 所示。

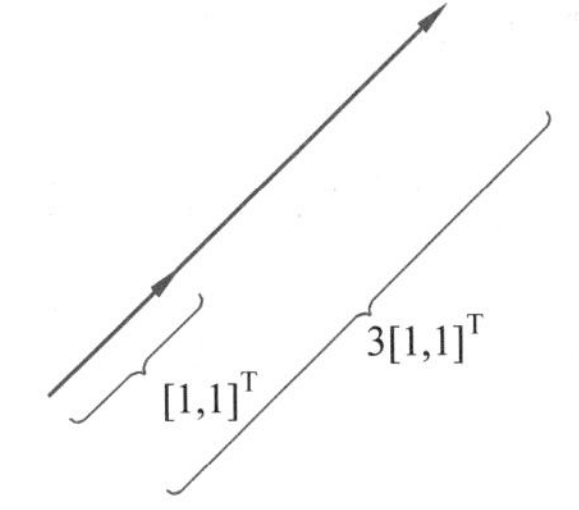

图 2.12　矩阵计算前后的向量

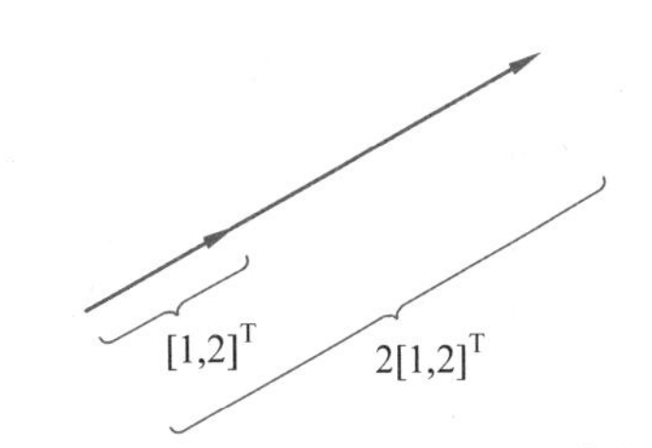

图 2.13　矩阵计算前后的另一个向量

然而，这对每个向量并不是都正确，每个矩阵并不是都这样。当它为真时，我们赋予这样的标量和向量特殊名称。

定义 2.5.1　对于 $\mathbb{C}^{n\times n}$ 中的矩阵 $\mathbf{A}$，如果 $\mathbb{C}$ 中存在一个数字 c，且向量 $\mathbf{V}\neq 0, \mathbf{V}\in\mathbb{C}^n$，使得

$$\mathbf{AV}=c\times\mathbf{V}=c\mathbf{V} \tag{2.133}$$

则 c 被称为 $\mathbf{A}$ 的特征值，$\mathbf{V}$ 被称为与 c 关联的 $\mathbf{A}$ 的特征向量（"eigen-"是一个德语前缀，表示拥有。）

练习 2.5.1　以下向量：

$$\left\{\begin{bmatrix} 1 \\ 1 \\ 0 \end{bmatrix},\begin{bmatrix} 1 \\ 0 \\ -1 \end{bmatrix},\begin{bmatrix} 1 \\ 1 \\ 2 \end{bmatrix}\right\} \tag{2.134}$$

是下列矩阵的特征向量：

$$\begin{bmatrix} 1 & -3 & 3 \\ 3 & -5 & 3 \\ 6 & -6 & 4 \end{bmatrix} \tag{2.135}$$

查找特征值。

如果矩阵 $\mathbf{A}$ 具有特征值 c_0 和特征向量 $\mathbf{V}_0$，则对于任何 $c \in \mathbb{C}$，都有

$$\mathbf{A}(c\mathbf{V}_0) = c\mathbf{A}\mathbf{V}_0 = cc_0\mathbf{V}_0 = c_0(c\mathbf{V}_0) \tag{3.136}$$

这表明 $c\mathbf{V}_0$ 也是具有特征值 c_0 的 $\mathbf{A}$ 的特征向量。如果 $c\mathbf{V}_0$ 和 $c'\mathbf{V}_0$ 是两个这样的特征向量，则

$$\begin{aligned} \mathbf{A}(c\mathbf{V}_0 + c'\mathbf{V}_0) &= \mathbf{A}c\mathbf{V}_0 + \mathbf{A}c'\mathbf{V}_0 = c\mathbf{A}\mathbf{V}_0 + c'\mathbf{A}\mathbf{V}_0 \\ &= c(c_0\mathbf{V}_0) + c'(c_0\mathbf{V}_0) = (c + c')(c_0\mathbf{V}_0) = c_0(c + c')\mathbf{V}_0 \end{aligned} \tag{3.137}$$

可以看到，两个这样的特征向量的和也是一个特征向量。总结见命题 2.5.1。

命题 2.5.1 每个特征向量决定向量空间的复子向量空间。此空间被称为与给定特征向量关联的特征空间。有些矩阵有许多特征值和特征向量，而有些矩阵没有。

2.6 厄米矩阵和酉矩阵

我们需要讨论某些重要类型的方阵及其性质。

如果 $\mathbf{A}^{\mathrm{T}} = \mathbf{A}$，则矩阵 $\mathbf{A} \in \mathbb{R}^{n \times n}$ 被称为对称矩阵。换句话说，$\mathbf{A}[j,k] = \mathbf{A}[k,j]$。下面将这个概念从实数域推广到复数域。

定义 2.6.1 如果 $\mathbf{A}^{\dagger} = \mathbf{A}$，则 $n \times n$ 矩阵 $\mathbf{A}$ 称为厄米矩阵。换句话说，$\mathbf{A}[j,k] = \overline{\mathbf{A}[k,j]}$。

定义 2.6.2 如果 $\mathbf{A}$ 是厄米矩阵，则它所表示的运算符被称为自伴随。

例 2.6.1 下列矩阵是厄米矩阵：

$$\begin{bmatrix} 5 & 4+5\mathrm{i} & 6-16\mathrm{i} \\ 4-5\mathrm{i} & 13 & 7 \\ 6+16\mathrm{i} & 7 & -2.1 \end{bmatrix} \tag{2.138}$$

练习 2.6.1 显示下列矩阵是厄米矩阵：

$$\begin{bmatrix} 7 & 6+5\mathrm{i} \\ 6-5\mathrm{i} & -3 \end{bmatrix} \tag{2.139}$$

练习 2.6.2 证明 $\mathbf{A}$ 是厄米矩阵，当且仅当 $\mathbf{A}^{\mathrm{T}} = \mathbf{A}$。

请注意，根据定义，厄米矩阵对角线的元素必须是实数。对称矩阵是厄米矩阵的一种特殊情况，仅限于实数矩阵。

命题 2.6.1 如果 $\mathbf{A}$ 是一个 $n \times n$ 的厄米矩阵，则对于所有 $\mathbf{V}, \mathbf{V}' \in \mathbb{C}^n$，都有

$$\langle \mathbf{A}\mathbf{V}, \mathbf{V}' \rangle = \langle \mathbf{V}, \mathbf{A}\mathbf{V}' \rangle \tag{2.140}$$

很容易证明上述等式：

$$\langle \mathbf{A}\mathbf{V}, \mathbf{V}' \rangle = (\mathbf{A}\mathbf{V})^{\dagger} \cdot \mathbf{V}' = \mathbf{V}^{\dagger}\mathbf{A}^{\dagger}\mathbf{V}' = \mathbf{V}^{\dagger} \cdot \mathbf{A}\mathbf{V}' = \langle \mathbf{V}, \mathbf{A}\mathbf{V}' \rangle \tag{2.141}$$

其中第一个等式和第四个等式来自内积的定义，第二个等式来自 † 的性质，第三个等式来自厄米矩阵的定义。

练习 2.6.3　为对称实矩阵证明相同的命题：式(2.140)成立。

命题 2.6.2　如果 $\mathbf{A}$ 是厄米矩阵，则所有特征值都是实数。

为了证明这一点，设 $\mathbf{A}$ 是一个具有特征值 $c\in\mathbb{C}$ 且特征向量为 $\mathbf{V}$ 的厄米矩阵。考虑以下等式序列：

$$c\langle\mathbf{V},\mathbf{V}\rangle=\langle\mathbf{V},c\mathbf{V}\rangle=\langle\mathbf{V},\mathbf{A}\mathbf{V}\rangle=\langle\mathbf{A}\mathbf{V},\mathbf{V}\rangle=\langle c\mathbf{V},\mathbf{V}\rangle=\overline{c}\langle\mathbf{V},\mathbf{V}\rangle \tag{2.142}$$

第一个等式和第五个等式是内积的性质。第二个等式和第四个等式来自特征值的定义。第三个等式来自命题 2.6.1。因为 $\mathbf{V}$ 是非零的，且 $c=\overline{c}$，因此 c 一定是实数。

练习 2.6.4　证明对称矩阵的特征值是实数。

命题 2.6.3　对于给定的厄米矩阵 $\mathbf{A}$，具有不同特征值的不同特征向量是正交的。通过观察 $\mathbf{V}_1$ 和 $\mathbf{V}_2$ 可以证明这一点，它们是厄米矩阵 $\mathbf{A}$ 的不同特征向量。

$$\mathbf{A}\mathbf{V}_1=c_1\mathbf{V}_1 \text{ 且 } \mathbf{A}\mathbf{V}_2=c_2\mathbf{V}_2 \tag{2.143}$$

那么，有以下相等序列：

$$\begin{aligned}c_2\langle\mathbf{V}_1,\mathbf{V}_2\rangle&=\langle\mathbf{V}_1,c_2\mathbf{V}_2\rangle=\langle\mathbf{V}_1,\mathbf{A}\mathbf{V}_2\rangle=\langle\mathbf{A}\mathbf{V}_1,\mathbf{V}_2\rangle\\&=\langle c_1\mathbf{V}_1,\mathbf{V}_2\rangle=\overline{c}_1\langle\mathbf{V}_1,\mathbf{V}_2\rangle=c_1\langle\mathbf{V}_1,\mathbf{V}_2\rangle\end{aligned} \tag{2.144}$$

其中第一个等式和第五个等式来自内积的性质，第二个等式和第四个等式来自特征向量的定义，第三个等式来自 $\mathbf{A}$ 是厄米的事实，最后一个等式来自厄米矩阵的特征值是实数的事实。由于左侧等于右侧，因此可以用右侧减去左侧得到 0：

$$c_1\langle\mathbf{V}_1,\mathbf{V}_2\rangle-c_2\langle\mathbf{V}_1,\mathbf{V}_2\rangle=(c_1-c_2)\langle\mathbf{V}_1,\mathbf{V}_2\rangle=\mathbf{0} \tag{2.145}$$

因为 c_1 和 c_2 是不同的，所以 $c_1-c_2\neq 0$。因此，$<\mathbf{V}_1,\mathbf{V}_2>=0$ 并且它们是正交的。

我们还需要一个关于自伴随算子的更重要的命题。

定义 2.6.3　对角矩阵是方阵，其唯一的非零条目位于对角线上。偏离对角线的所有元素均为零。

命题 2.6.4　(有限维自伴随算子的谱定理。)有限维复向量空间$\mathbb{V}$上的每个自伴随算子 $\mathbf{A}$ 都可以用对角矩阵表示，其对角线条目是 $\mathbf{A}$ 的特征值，其特征向量形成正交基$\mathbb{V}$(我们将此基称为特征基)。

厄米矩阵及其特征基将在我们的故事中发挥重要作用。我们将在第 4 章中看到，与量子系统的每个物理可观测量相关联，都有一个相应的厄米矩阵。该可观察量的测量始终导致由相关厄米矩阵的特征向量之一表示的状态。

编程练习 2.6.1　编写一个程序，它能输入一个方阵，并且能判断这个方阵是否为厄米矩阵。

另一种基本类型的矩阵是酉矩阵。矩阵 $\mathbf{A}$ 是可逆的，如果存在一个矩阵 $\mathbf{A}^{-1}$，使得

$$\mathbf{A}\cdot\mathbf{A}^{-1}=\mathbf{A}^{-1}\cdot\mathbf{A}=\mathbf{I}_n \tag{2.146}$$

酉矩阵是一种可逆矩阵。它们是可逆的，且它们的逆矩阵是它们的伴随矩阵。这一事实确保了酉矩阵“保留其作用空间的几何形状”。

定义 2.6.4　$n\times n$ 矩阵 $\mathbf{U}$ 是酉矩阵，如果

$$\mathbf{U}\cdot\mathbf{U}^{\dagger}=\mathbf{U}^{\dagger}\cdot\mathbf{U}=\mathbf{I}_n \tag{2.147}$$

重要的是，要认识到并非所有可逆矩阵都是酉矩阵。

例 2.6.2 对于任何 θ，矩阵(2.148)都是一个酉矩阵。(在研究计算机图形学时，你可能已经看到这样的矩阵了。稍后我们会明白为什么)

$$\begin{bmatrix} \cos\theta & -\sin\theta & 0 \\ \sin\theta & \cos\theta & 0 \\ 0 & 0 & 1 \end{bmatrix} \tag{2.148}$$

练习 2.6.5 证明矩阵 (2.148)是酉矩阵。

例 2.6.3 矩阵(2.149)是一个酉矩阵。

$$\begin{bmatrix} \frac{1+\mathrm{i}}{2} & \frac{\mathrm{i}}{\sqrt{3}} & \frac{3+\mathrm{i}}{2\sqrt{15}} \\ \frac{-1}{2} & \frac{1}{\sqrt{3}} & \frac{4+3\mathrm{i}}{2\sqrt{15}} \\ \frac{1}{2} & \frac{-\mathrm{i}}{\sqrt{3}} & \frac{5\mathrm{i}}{2\sqrt{15}} \end{bmatrix} \tag{2.149}$$

练习 2.6.6 证明矩阵(2.149)是酉矩阵。

练习 2.6.7 证明，如果 $\boldsymbol{U}$ 和 $\boldsymbol{U}'$ 是酉矩阵，那么 $\boldsymbol{U} \cdot \boldsymbol{U}'$ 也是酉矩阵。(提示：使用式(2.44))

命题 2.6.5 酉矩阵保持内积，即如果 $\boldsymbol{U}$ 是酉的，那么对于任何 $\boldsymbol{V},\boldsymbol{V}' \in \mathbb{C}^n$，都有 $<\boldsymbol{UV},\boldsymbol{UV}'>=<\boldsymbol{V},\boldsymbol{V}'>$。

这个命题其实很容易证明：

$$\langle \boldsymbol{UV},\boldsymbol{UV}' \rangle = (\boldsymbol{UV})^\dagger \cdot \boldsymbol{UV}' = \boldsymbol{V}^\dagger \boldsymbol{U}^\dagger \cdot \boldsymbol{UV}' = \boldsymbol{V}^\dagger \cdot \boldsymbol{I} \cdot \boldsymbol{V}' = \boldsymbol{V}^\dagger \cdot \boldsymbol{V}' = \langle \boldsymbol{V},\boldsymbol{V}' \rangle \tag{2.150}$$

其中第一个等式和第五个等式来自内积的定义，第二个等式来自伴随的性质，第三个等式来自酉矩阵的定义，第四个等式来自 $\boldsymbol{I}$ 是单位矩阵的事实。因为酉矩阵保留了内积，所以它们也保留了范数。

$$|\boldsymbol{UV}| = \sqrt{\langle \boldsymbol{UV},\boldsymbol{UV} \rangle} = \sqrt{\langle \boldsymbol{V},\boldsymbol{V} \rangle} = |\boldsymbol{V}| \tag{2.151}$$

特别是，如果 $|\boldsymbol{V}|=1$，则 $|\boldsymbol{UV}|=1$。考虑长度为 1 的所有向量的集合。它们在原点(向量空间的零点)周围形成一个球。我们将这个球称为单位球体，并将其想象为图 2.14。

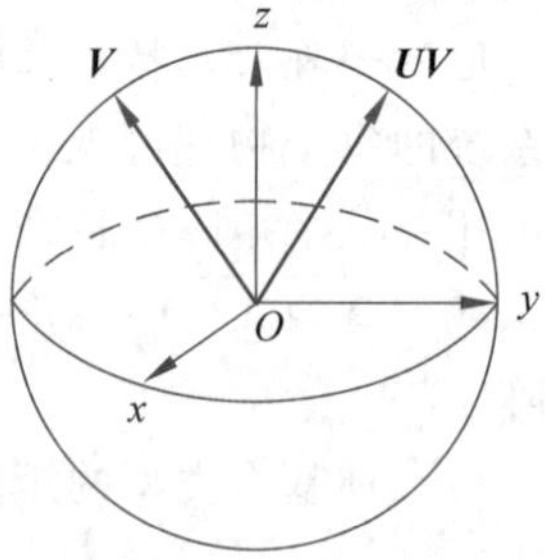

如果 $\boldsymbol{V}$ 是单位球面上的向量(在任何维度上)，则 $\boldsymbol{UV}$ 也在单位球面上。我们可以理解为酉矩阵是旋转单位球体的一种方式。[①]

图 2.14 单位球体以及 $\boldsymbol{U}$ 在 $\boldsymbol{V}$ 上的作用

练习 2.6.8 证明，如果 $\boldsymbol{U}$ 是酉矩阵，并且 $\boldsymbol{V}_1$ 和 $\boldsymbol{V}_2 \in \mathbb{C}^n$，则

$$d(\boldsymbol{UV}_1,\boldsymbol{UV}_2) = d(\boldsymbol{V}_1,\boldsymbol{V}_2) \tag{2.152}$$

即 $\boldsymbol{U}$ 保留距离。(保留距离的算子称为等距算子)

酉的真正含义是什么？正如我们所看到的，这意味着它保留了几何形状。但它也意味

① 单位球体的这些运动在计算机图形学中很重要。

着其他的含义：如果 $\boldsymbol{U}$ 是酉矩阵，$\boldsymbol{UV}=V'$，那么可以很容易地形成 $\boldsymbol{U}^\dagger$ 并将方程的两边乘以 $\boldsymbol{U}^\dagger$ 得到 $\boldsymbol{U}^\dagger\boldsymbol{UV}=\boldsymbol{U}^\dagger\boldsymbol{V}'$ 或 $\boldsymbol{V}=\boldsymbol{U}^\dagger\boldsymbol{V}'$。换句话说，因为 $\boldsymbol{U}$ 是酉矩阵，所以有一个相关的矩阵可以“撤销”$\boldsymbol{U}$ 执行的操作。$\boldsymbol{U}^\dagger$ 取 $\boldsymbol{U}$ 动作的结果并取回原始向量。在量子世界中，所有行为(不是测量)都是以这种方式“不可撤销”或“可逆”的。

厄米矩阵和酉矩阵在本书中非常重要。图 2.15 所示的维恩图对我们理解矩阵类型很有帮助。

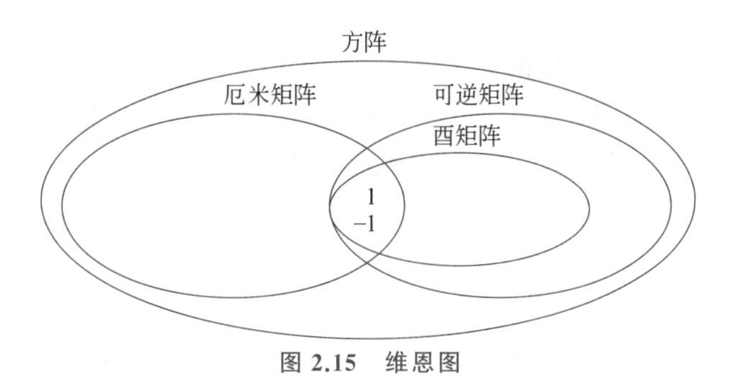

图 2.15 维恩图

练习 2.6.9 显示 $\boldsymbol{I}_n$ 和 $-1\cdot\boldsymbol{I}_n$ 都是厄米矩阵和酉矩阵。

编程练习 2.6.2 编写一个接受方阵并检验它是否为酉矩阵的函数。

2.7 向量空间的张量积

在 2.2 节结束时，我们介绍了笛卡儿积，这是一种组合向量空间的方法。本节我们将研究张量积，这是另一种更重要的向量空间组合方法。如果$\mathbb{V}$描述一个量子系统，$\mathbb{V}'$描述另一个量子系统，那么它们的张量积将两个量子系统描述为一个。张量积是量子系统的基本构建操作。

读者提示：两个向量空间的张量积是本章中较为困难的主题之一，也是重要的主题之一。如果您第一次阅读时不理解它，请不要被吓倒。每个人学习张量积时都有困难。建议结合 3.4 节和 4.5 节阅读本节。这三部分从不同角度介绍了张量积。

给定两个向量空间$\mathbb{V}$和$\mathbb{V}'$，形成两个向量空间的张量积，并表示为$\mathbb{V}\otimes\mathbb{V}'$。张量积由所有向量的“张量”集合生成：

$$\{\boldsymbol{V}\otimes\boldsymbol{V}' \mid \boldsymbol{V}\in\mathbb{V}\text{且}\boldsymbol{V}'\in\mathbb{V}'\} \tag{2.153}$$

其中$\otimes$只是一个符号。$\mathbb{V}\otimes\mathbb{V}'$的典型表达式如下所示。

$$c_0(\boldsymbol{V}_0\otimes\boldsymbol{V}'_0)+c_1(\boldsymbol{V}_1\otimes\boldsymbol{V}'_1)+\cdots+c_{p-1}(\boldsymbol{V}_{p-1}\otimes\boldsymbol{V}'_{p-1}) \tag{2.154}$$

其中 $\boldsymbol{V}_0,\boldsymbol{V}_1,\cdots,\boldsymbol{V}_{p-1}$是$\mathbb{V}$的元素，$\boldsymbol{V}'_0,\boldsymbol{V}'_1,\cdots,\boldsymbol{V}'_{p-1}$是$\mathbb{V}'$的元素。可以这样写：

$$\sum_{i=0}^{p-1}c_i(\boldsymbol{V}_i\otimes\boldsymbol{V}'_i) \tag{2.155}$$

对此向量空间的操作非常简单。对于给定的$\sum_{i=0}^{p-1}c_i(\boldsymbol{V}_i\otimes\boldsymbol{V}'_i)$ 和$\sum_{i=0}^{q-1}c'_i(\boldsymbol{W}_i\otimes\boldsymbol{W}'_i)$，加法

只是简单地求和,即

$$\sum_{i=0}^{p-1} c_i(\boldsymbol{V}_i \otimes \boldsymbol{V}'_i) + \sum_{i=0}^{q-1} c'_i(\boldsymbol{W}_i \otimes \boldsymbol{W}'_i) \tag{2.156}$$

给定 $c \in \mathbb{C}$,标量乘法为

$$c \times \sum_{i=0}^{p-1} c_i(\boldsymbol{V}_i \otimes \boldsymbol{V}'_i) = \sum_{i=0}^{p-1} (c \times c_i)(\boldsymbol{V}_i \otimes \boldsymbol{V}'_i) \tag{2.157}$$

我们为此向量空间强加以下重要的重写规则。

(ⅰ)张量必须遵循$\mathbb{V}$和$\mathbb{V}'$中的加法规则:

$$(\boldsymbol{V}_i + \boldsymbol{V}_j) \otimes \boldsymbol{V}'_k = \boldsymbol{V}_i \otimes \boldsymbol{V}'_k + \boldsymbol{V}_j \otimes \boldsymbol{V}'_k \tag{2.158}$$

$$\boldsymbol{V}_i \otimes (\boldsymbol{V}'_j + \boldsymbol{V}'_k) = \boldsymbol{V}_i \otimes \boldsymbol{V}'_j + \boldsymbol{V}_i \otimes \boldsymbol{V}'_k \tag{2.159}$$

(ⅱ)张量必须遵循$\mathbb{V}$和$\mathbb{V}'$中的标量乘法规则:

$$c \times (\boldsymbol{V}_j \otimes \boldsymbol{V}'_k) = (c \times \boldsymbol{V}_j) \otimes \boldsymbol{V}'_k = \boldsymbol{V}_j \otimes (c \times \boldsymbol{V}'_k) \tag{2.160}$$

通过遵循这些重写规则并设置元素彼此相等的规则,就形成了$\mathbb{V} \otimes \mathbb{V}'$。

让我们首先找$\mathbb{V} \otimes \mathbb{V}'$的基,假设$\mathbb{V}$有一个基$\boldsymbol{B} = \{\boldsymbol{B}_0, \boldsymbol{B}_1, \cdots, \boldsymbol{B}_{m-1}\}$,$\mathbb{V}'$有一个基$\boldsymbol{B}' = \{\boldsymbol{B}'_0, \boldsymbol{B}'_1, \cdots, \boldsymbol{B}'_{n-1}\}$。每个$\boldsymbol{V}_i \in \mathbb{V}$和$\boldsymbol{V}'_i \in \mathbb{V}'$都可以以一个独特的方式用这些基来表达,我们可以使用重写规则“分解”$\sum_{i=0}^{p-1} c_i(\boldsymbol{V}_i \otimes \boldsymbol{V}'_i)$张量积中的每个元素。这将为我们提供$\mathbb{V} \otimes \mathbb{V}'$的基。具体地,$\mathbb{V} \otimes \mathbb{V}'$的基将是向量的集合

$$\{\boldsymbol{B}_j \otimes \boldsymbol{B}'_k \mid j = 0, 1, \cdots, m-1; k = 0, 1, \cdots, n-1\} \tag{2.161}$$

每个$\sum_{i=0}^{p-1} c_i(\boldsymbol{V}_i \otimes \boldsymbol{V}'_i) \in \mathbb{V} \otimes \mathbb{V}'$都可以写成

$$c_{0,0}(\boldsymbol{B}_0 \otimes \boldsymbol{B}'_0) + c_{1,0}(\boldsymbol{B}_1 \otimes \boldsymbol{B}'_0) + \cdots + c_{m-1,n-1}(\boldsymbol{B}_{m-1} \otimes \boldsymbol{B}'_{n-1}) \tag{2.162}$$

$\mathbb{V} \otimes \mathbb{V}'$的维度是$\mathbb{V}$的维度乘以$\mathbb{V}'$的维度。(请记住,笛卡儿积$\mathbb{V} \times \mathbb{V}'$的维度是$\mathbb{V}$的维度加上$\mathbb{V}'$的维度。因此,两个向量空间的张量积通常比它们的笛卡儿积大①)。人们应该将$\mathbb{V} \otimes \mathbb{V}'$视为向量空间,其状态是系统$\mathbb{V}$或系统$\mathbb{V}'$,或它们两者的状态。$\mathbb{V} \otimes \mathbb{V}'$被认为是向量空间,其基本状态是成对的状态,一个来自系统$\mathbb{V}$,一个来自系统$\mathbb{V}'$。

给定$\mathbb{V}'$的一个向量

$$c_0\boldsymbol{B}_0 + c_1 B_1 + \cdots + c_{m-1}\boldsymbol{B}_{m-1} \tag{2.163}$$

和$\mathbb{V}'$的一个向量

$$c'_0\boldsymbol{B}'_0 + c'_1\boldsymbol{B}'_1 + \cdots + c'_{n-1}\boldsymbol{B}'_{n-1} \tag{2.164}$$

可以将$\mathbb{V} \otimes \mathbb{V}'$的向量相结合②:

$$(c_0 \times c'_0)(\boldsymbol{B}_0 \otimes \boldsymbol{B}'_0) + (c_0 \times c'_1)(\boldsymbol{B}_0 \otimes \boldsymbol{B}'_1) + \cdots + (c_{m-1} \times c'_{n-1})(\boldsymbol{B}_{m-1} \otimes \boldsymbol{B}'_{n-1}) \tag{2.165}$$

让我们从抽象的高度走下来,看看$\mathbb{C}^m \otimes \mathbb{C}^n$到底是什么样子。$\mathbb{C}^m \otimes \mathbb{C}^n$的维度为$mn$,因此它与$\mathbb{C}^{n \times m}$同构。重要的是,$\mathbb{C}^m \otimes \mathbb{C}^n$如何同构于$\mathbb{C}^{n \times m}$。如果$\boldsymbol{E}_j$是每个向量空间的规范基的一个元素,那么可以用$\boldsymbol{E}_{j \times k}$标识$\boldsymbol{E}_j \otimes \boldsymbol{E}_k$。从式(2.165)的关联性不难看出,向量的张量积被定义如下:

---

① 但并非总是如此!请记住 $1\times1<1+1$ 和 $1\times2<1+2$ 等。

② 重要的是,这种“关联”不是线性映射,它是一种双线性映射。

$$\begin{bmatrix} a_0 \\ a_1 \\ a_2 \\ a_3 \end{bmatrix} \otimes \begin{bmatrix} b_0 \\ b_1 \\ b_2 \end{bmatrix} = \begin{bmatrix} a_0 \cdot \begin{bmatrix} b_0 \\ b_1 \\ b_2 \end{bmatrix} \\ a_1 \cdot \begin{bmatrix} b_0 \\ b_1 \\ b_2 \end{bmatrix} \\ a_2 \cdot \begin{bmatrix} b_0 \\ b_1 \\ b_2 \end{bmatrix} \\ a_3 \cdot \begin{bmatrix} b_0 \\ b_1 \\ b_2 \end{bmatrix} \end{bmatrix} = \begin{bmatrix} a_0 b_0 \\ a_0 b_1 \\ a_0 b_2 \\ a_1 b_0 \\ a_1 b_1 \\ a_1 b_2 \\ a_2 b_0 \\ a_2 b_1 \\ a_2 b_2 \\ a_3 b_0 \\ a_3 b_1 \\ a_3 b_2 \end{bmatrix} \tag{2.166}$$

一般来说，$\mathbb{C}^m \times \mathbb{C}^n$ 比 $\mathbb{C}^m \otimes \mathbb{C}^n$ 小得多。

例 2.7.1　例如，考虑 $\mathbb{C}^2 \times \mathbb{C}^3$ 和 $\mathbb{C}^2 \otimes \mathbb{C}^3 = \mathbb{C}^6$。

考虑向量

$$\begin{bmatrix} 8 \\ 12 \\ 6 \\ 12 \\ 18 \\ 9 \end{bmatrix} \in \mathbb{C}^6 = \mathbb{C}^2 \otimes \mathbb{C}^3 \tag{2.167}$$

不难看出，这只是

$$\begin{bmatrix} 2 \\ 3 \end{bmatrix} \otimes \begin{bmatrix} 4 \\ 6 \\ 3 \end{bmatrix} \tag{2.168}$$

例 2.7.2　与上述例子相比，

$$\begin{bmatrix} 8 \\ 0 \\ 0 \\ 0 \\ 0 \\ 18 \end{bmatrix} \in \mathbb{C}^6 = \mathbb{C}^2 \otimes \mathbb{C}^3 \tag{2.169}$$

向量(2.169)不能写成向量 $\mathbb{C}^2$ 和 $\mathbb{C}^3$ 的张量积。为了看到这一点，请考虑变量

$$\begin{bmatrix} x \\ y \end{bmatrix} \otimes \begin{bmatrix} a \\ b \\ c \end{bmatrix} = \begin{bmatrix} xa \\ xb \\ xc \\ ya \\ yb \\ yc \end{bmatrix} \tag{2.170}$$

对于该变量,没有这个变量的解可以为你提供所需的结果。但是,我们可以将式(2.169)中的向量分解为

$$\begin{bmatrix} 8 \\ 0 \\ 0 \\ 0 \\ 0 \\ 18 \end{bmatrix} = \begin{bmatrix} 1 \\ 0 \end{bmatrix} \otimes \begin{bmatrix} 8 \\ 0 \\ 0 \end{bmatrix} + \begin{bmatrix} 0 \\ 6 \end{bmatrix} \otimes \begin{bmatrix} 0 \\ 0 \\ 3 \end{bmatrix} \tag{2.171}$$

这是两个向量的总和。

出于 3.4 节和 4.5 节中明确说明的原因,一个向量可以写为可分离的两个向量的张量。相反,不能写成两个向量的张量(但可以写成这些张量的非平凡和)的向量将被称为纠缠。

练习 2.7.1 计算张量积$\begin{bmatrix} 3 \\ 4 \\ 7 \end{bmatrix} \otimes \begin{bmatrix} -1 \\ 2 \end{bmatrix}$。

练习 2.7.2 说明$[5 \quad 6 \quad 3 \quad 2 \quad 0 \quad 1]^{\mathrm{T}}$是否来自$\mathbb{C}^3$和$\mathbb{C}^2$的较小向量的张量积。我们不仅需要知道如何取两个向量的张量积,还需要知道如何确定两个矩阵的张量积①。考虑两个矩阵:

$$\boldsymbol{A} = \begin{bmatrix} a_{0,0} & a_{0,1} \\ a_{1,0} & a_{1,1} \end{bmatrix}, \boldsymbol{B} = \begin{bmatrix} b_{0,0} & b_{0,1} & b_{0,2} \\ b_{1,0} & b_{1,1} & b_{1,2} \\ b_{2,0} & b_{2,1} & b_{2,2} \end{bmatrix} \tag{2.172}$$

从式(2.165)可以看出,张量积$\boldsymbol{A} \otimes \boldsymbol{B}$是具有$\boldsymbol{A}$的每个元素的矩阵、标量乘以整个矩阵$\boldsymbol{B}$。那么,

$$\boldsymbol{A} \otimes \boldsymbol{B} = \begin{bmatrix} a_{0,0} \times \begin{bmatrix} b_{0,0} & b_{0,1} & b_{0,2} \\ b_{1,0} & b_{1,1} & b_{1,2} \\ b_{2,0} & b_{2,1} & b_{2,2} \end{bmatrix} & a_{0,1} \times \begin{bmatrix} b_{0,0} & b_{0,1} & b_{0,2} \\ b_{1,0} & b_{1,1} & b_{1,2} \\ b_{2,0} & b_{2,1} & b_{2,2} \end{bmatrix} \\ a_{1,0} \times \begin{bmatrix} b_{0,0} & b_{0,1} & b_{0,2} \\ b_{1,0} & b_{1,1} & b_{1,2} \\ b_{2,0} & b_{2,1} & b_{2,2} \end{bmatrix} & a_{1,1} \times \begin{bmatrix} b_{0,0} & b_{0,1} & b_{0,2} \\ b_{1,0} & b_{1,1} & b_{1,2} \\ b_{2,0} & b_{2,1} & b_{2,2} \end{bmatrix} \end{bmatrix}$$

$$= \begin{bmatrix} a_{0,0} \times b_{0,0} & a_{0,0} \times b_{0,1} & a_{0,0} \times b_{0,2} & a_{0,1} \times b_{0,0} & a_{0,1} \times b_{0,1} & a_{0,1} \times b_{0,2} \\ a_{0,0} \times b_{1,0} & a_{0,0} \times b_{1,1} & a_{0,0} \times b_{1,2} & a_{0,1} \times b_{1,0} & a_{0,1} \times b_{1,1} & a_{0,1} \times b_{1,2} \\ a_{0,0} \times b_{2,0} & a_{0,0} \times b_{2,1} & a_{0,0} \times b_{2,2} & a_{0,1} \times b_{2,0} & a_{0,1} \times b_{2,1} & a_{0,1} \times b_{2,2} \\ a_{1,0} \times b_{0,0} & a_{1,0} \times b_{0,1} & a_{1,0} \times b_{0,2} & a_{1,1} \times b_{0,0} & a_{1,1} \times b_{0,1} & a_{1,1} \times b_{0,2} \\ a_{1,0} \times b_{1,0} & a_{1,0} \times b_{1,1} & a_{1,0} \times b_{1,2} & a_{1,1} \times b_{1,0} & a_{1,1} \times b_{1,1} & a_{1,1} \times b_{1,2} \\ a_{1,0} \times b_{2,0} & a_{1,0} \times b_{2,1} & a_{1,0} \times b_{2,2} & a_{1,1} \times b_{2,0} & a_{1,1} \times b_{2,1} & a_{1,1} \times b_{2,2} \end{bmatrix} \tag{2.173}$$

形式上,矩阵的张量积是一个函数

① 应该清楚的是,两个向量的张量积只是两个矩阵的张量积的一个特例。

$$\otimes:\mathbb{C}^{m\times m'}\otimes\mathbb{C}^{n\times n'}\to\mathbb{C}^{mn\times m'n'} \tag{2.174}$$

它被定义为

$$(\boldsymbol{A}\otimes\boldsymbol{B})[j,k]=\boldsymbol{A}\left[\frac{j}{n},\frac{k}{m}\right]\times\boldsymbol{B}[j \text{ Mod } n,k \text{ Mod } m] \tag{2.175}$$

练习 2.7.3 计算

$$\begin{bmatrix}3+2i & 5-i & 2i\\ 0 & 12 & 6-3i\\ 2 & 4+4i & 9+3i\end{bmatrix}\otimes\begin{bmatrix}1 & 3+4i & 5-7i\\ 10+2i & 6 & 2+5i\\ 0 & 1 & 2+9i\end{bmatrix} \tag{2.176}$$

练习 2.7.4 证明张量积“几乎”是可交换的。取两个 2×2 的矩阵 $\boldsymbol{A}$ 和 $\boldsymbol{B}$，计算 $\boldsymbol{A}\otimes\boldsymbol{B}$ 和 $\boldsymbol{B}\otimes\boldsymbol{A}$。通常，尽管它们不相等，但它们确实具有相同的成员项，通过一个精妙的行列变化将一个张量积转换为另一个张量积。

练习 2.7.5 设 $\boldsymbol{A}=\begin{bmatrix}1&2\\0&1\end{bmatrix}$，$\boldsymbol{B}=\begin{bmatrix}3&2\\-1&0\end{bmatrix}$和 $\boldsymbol{C}=\begin{bmatrix}6&5\\3&2\end{bmatrix}$，计算 $\boldsymbol{A}\otimes(\boldsymbol{B}\otimes\boldsymbol{C})$和$(\boldsymbol{A}\otimes\boldsymbol{B})\otimes\boldsymbol{C}$ 并证明它们相等。

练习 2.7.6 证明张量积是可结合的，即对于任意矩阵 $\boldsymbol{A}$，$\boldsymbol{B}$ 和 $\boldsymbol{C}$，都有

$$\boldsymbol{A}\otimes(\boldsymbol{B}\otimes\boldsymbol{C})=(\boldsymbol{A}\otimes\boldsymbol{B})\otimes\boldsymbol{C} \tag{2.177}$$

练习 2.7.7 设 $\boldsymbol{A}=[2\quad 3]$且 $\boldsymbol{B}=\begin{bmatrix}1&2\\3&4\end{bmatrix}$，计算$(\boldsymbol{A}\otimes\boldsymbol{B})^\dagger$ 和 $\boldsymbol{A}^\dagger\otimes\boldsymbol{B}^\dagger$，并证明它们相等。

练习 2.7.8 对于任意矩阵 $\boldsymbol{A}$ 和 $\boldsymbol{B}$，证明$(\boldsymbol{A}\otimes\boldsymbol{B})^\dagger=\boldsymbol{A}^\dagger\otimes\boldsymbol{B}^\dagger$。

练习 2.7.9 设 $\boldsymbol{A}$，$\boldsymbol{A}'$，$\boldsymbol{B}$ 和 $\boldsymbol{B}'$为适当大小的矩阵，证明

$$(\boldsymbol{A}\cdot\boldsymbol{A}')\otimes(\boldsymbol{B}\cdot\boldsymbol{B}')=(\boldsymbol{A}\otimes\boldsymbol{B})\cdot(\boldsymbol{A}'\otimes\boldsymbol{B}') \tag{2.178}$$

如果 $\boldsymbol{A}$ 作用于 $\mathbf{V}$，而 $\boldsymbol{B}$ 作用于 $\mathbf{V}'$，则定义作用于它们的张量积为

$$(\boldsymbol{A}\otimes\boldsymbol{B})\cdot(\mathbf{V}\otimes\mathbf{V}')=\boldsymbol{A}\cdot\mathbf{V}\otimes\boldsymbol{B}\cdot\mathbf{V}' \tag{2.179}$$

这种“平行”行动将会不断出现。

编程练习 2.7.1 编写一个接受两个矩阵并构造其张量积的函数。

参考文献：

基本线性代数有很多很好的参考文献。许多更基本的，如下列作者的著作：Gilbert J 和 Gilbert L[11]，Lang[12] 和 Penney[13]，都包含许多例子和直观的图示。复向量空间在 Nicholson[14] 和 O'Nan[15] 中进行了讨论。张量积只存在于更高级的文本中，例如 Lang 的著作[16]。该主题的发展历史可以在 Crowe 的著作[17]中找到。

第3章

从经典计算到量子计算的飞跃

每个人都失去了理智！

匿名

在正式呈现量子力学的所有奇迹之前，我们将花时间提供其核心方法和思想背后的一些基本知识。因为计算机科学家对图和矩阵比较熟悉，所以我们将用图论和矩阵理论术语表达量子力学思想。每个参加过离散结构课程的人都知道如何将(加权)图表示为邻接矩阵。我们将把这个基本思想用几种直观的方式概括出来。同时，我们将提出一些量子力学核心的概念。3.1 节给出一种无权重的图，这种图将被用来对经典确定性系统进行建模。3.2 节介绍的一种实数加权图可用于建立经典概率系统模型。3.3 节介绍复数加权图，这种图将被用于对量子系统进行建模。我们用双缝实验的计算机科学/图论版本来结束 3.3 节。这也许是量子力学中最重要的实验。3.4 节讨论组合系统以生成更大系统的方法。

本章首先用玩具模型的形式提出一个想法，然后将其推广到一个抽象的点，最后讨论它与量子力学的联系，再提出下一个想法。

3.1 经典确定性系统

下面从一个简单的系统开始，该系统由一个图和一些玩具弹珠描述。想象一下，相同的弹珠被放置在图的顶点上。系统的状态由每个顶点上有多少个弹珠描述。

例 3.1.1 假设一个图中有 6 个顶点和 27 个弹珠。可以在顶点 0 上放置 6 个弹珠，在顶点 1 上放置 2 个弹珠，其余顶层情况如下所示。

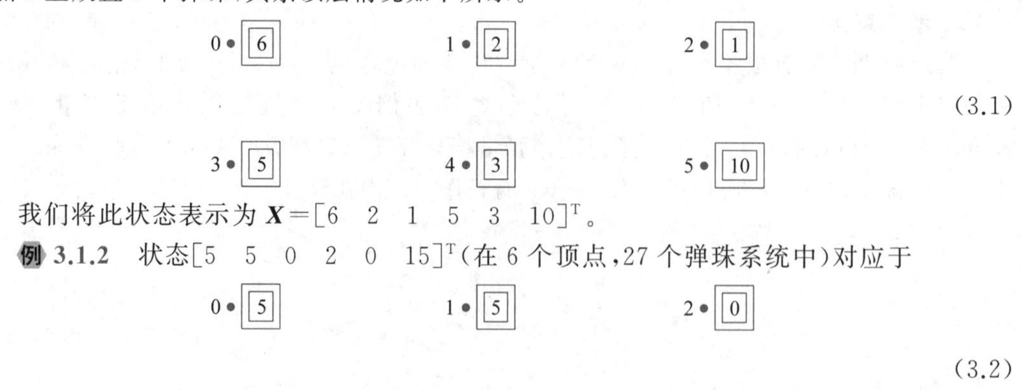

(3.1)

我们将此状态表示为 $X=[6 \quad 2 \quad 1 \quad 5 \quad 3 \quad 10]^{T}$。

例 3.1.2 状态$[5 \quad 5 \quad 0 \quad 2 \quad 0 \quad 15]^{T}$(在 6 个顶点，27 个弹珠系统中)对应于

0 • 5　　1 • 5　　2 • 0

3 • 2　　4 • 0　　5 • 15

(3.2)

我们不仅关心系统的状态，还关心状态的变化方式。它们的变化情况（或系统的动态性）可以用有向图表示，但不可以是任意图。相反，我们坚持图中的每个顶点都只有一个输出边。这一要求将与我们对系统具有确定性的要求相吻合。换句话说，每个弹珠必须准确地移动到一个地方。

例 3.1.3　一个动态系统的例子可以用下面的有向图描述：

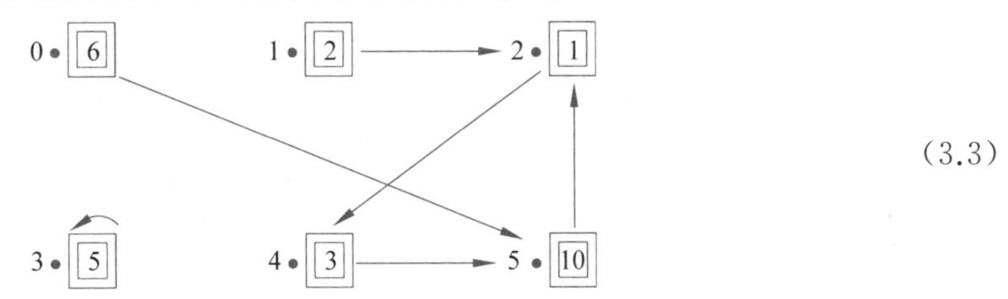

(3.3)

这个想法是：如果从顶点 i 到顶点 j 存在一个箭头，那么在一次单击后，顶点 i 上的所有弹珠都将移动到顶点 j。

此图易于存储在计算机中作为布尔邻接矩阵 $\boldsymbol{M}$（表示"弹珠"）：

$$\boldsymbol{M}=\begin{matrix}\mathbf{0}\\\mathbf{1}\\\mathbf{2}\\\mathbf{3}\\\mathbf{4}\\\mathbf{5}\end{matrix}\begin{bmatrix}0&0&0&0&0&0\\0&0&0&0&0&0\\0&1&0&0&0&1\\0&0&0&1&0&0\\0&0&1&0&0&0\\1&0&0&0&1&0\end{bmatrix}\tag{3.4}$$

其中 $\boldsymbol{M}[i,j]=1$ 当且仅当有一个从顶点 j 到顶点 i 的箭头①。每个顶点仅有一个输出边的要求对应这个事实——布尔邻接矩阵的每一列仅包含一个 1。

假设将 M 乘以系统的状态 $\boldsymbol{X}=[6\quad 2\quad 1\quad 5\quad 3\quad 10]^{\mathrm{T}}$，则有

$$\boldsymbol{MX}=\begin{bmatrix}0&0&0&0&0&0\\0&0&0&0&0&0\\0&1&0&0&0&1\\0&0&0&1&0&0\\0&0&1&0&0&0\\1&0&0&0&1&0\end{bmatrix}\begin{bmatrix}6\\2\\1\\5\\3\\10\end{bmatrix}=\begin{bmatrix}0\\0\\12\\5\\1\\9\end{bmatrix}=\boldsymbol{Y}\tag{3.5}$$

这与什么对应呢？如果 $\boldsymbol{X}$ 描述系统在时间 t 时的状态，则 $\boldsymbol{Y}$ 是系统在 $t+1$ 时的状态，即单击一次后的状态。根据矩阵乘法的公式，可以清楚地看到：

$$\boldsymbol{Y}[i]=(\boldsymbol{MX})[i]=\sum_{k=0}^{5}\boldsymbol{M}[i,k]\boldsymbol{X}[k]\tag{3.6}$$

这表明，在一个时间步之后，将到达顶点 i 的弹珠的数量是在边连接到顶点 i 的顶点上的所有弹珠的总和。注意，$\boldsymbol{Y}$ 的前两项是 0。这对应没有箭头指向顶点 0 或顶点 1 的事实。

练习 3.1.1　使用式(3.4)给出的动力学，如果系统从状态$[5\quad 5\quad 0\quad 2\quad 0\quad 15]^{\mathrm{T}}$开始，请确定系统的下一个状态。

---

① 当且仅当有一个从顶点 i 到顶点 j 的箭头，大多数文献认为 $M[i,j]=1$，但我们需要有另一种表达方式。理由会在后续中澄清。

通常,任何具有 n 个顶点的简单有向图都可以由 $n\times n$ 的矩阵 M 表示,其元素为

$$M[i,j]=1 \text{ 当且仅当有从顶点 } j \text{ 到顶点 } i \text{ 的边缘,或当且仅当存在从顶点 } j \text{ 到顶点 } i \text{ 的长度为 1 的路径。} \tag{3.7}$$

如果 $\boldsymbol{X}=[x_0 \quad x_1 \quad \cdots \quad x_{n-1}]^{\mathrm{T}}$ 对应在顶点 i 上放置 x_i 弹珠的列向量,并且如果 $\boldsymbol{MX}=\boldsymbol{Y}$,其中 $\boldsymbol{Y}=[y_0 \quad y_1 \quad \cdots \quad y_{n-1}]^{\mathrm{T}}$,则在单击一次后顶点 j 上存在 y_j 弹珠。因此,$\boldsymbol{M}$ 是一种描述弹珠状态如何从时间 t 到时间 $t+1$ 变化的方式。

正如我们很快就会看到的,(有限维的)量子力学也以同样的方式工作。系统的状态由列向量表示,系统在一次单击中更改的方式由矩阵表示。将矩阵与列向量相乘可生成系统的后续状态。

查看布尔矩阵乘法的公式

$$\boldsymbol{M}^2[i,j]=\bigvee_{k=0}^{n-1} \boldsymbol{M}[i,k] \wedge \boldsymbol{M}[k,j] \tag{3.8}$$

其中,∨是逻辑或,∧是逻辑与。

可以观察到,它确实展示了在两次点击中如何从顶点 j 到顶点 i。下图可以帮助我们理解:

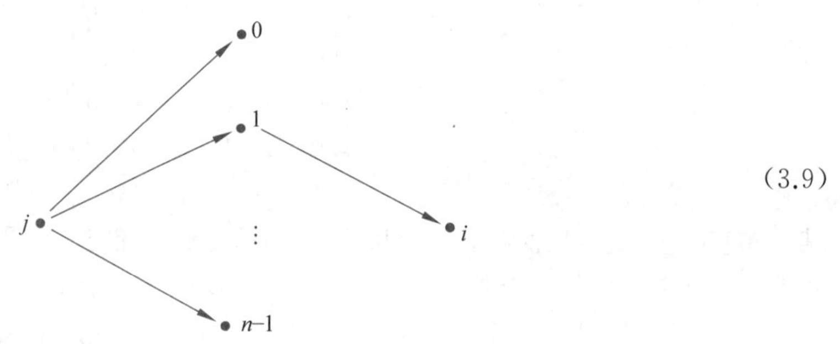

(3.9)

从节点 j 到节点 i 存在一个长度为 2 的路径,如果存在(∨)某个节点 k,既有一个箭头从节点 j 指向节点 k,且(∧)一个箭头从节点 k 指向节点 i。

因此,有

$$\boldsymbol{M}^2[i,j]=1,\text{当且仅当从顶点 } j \text{ 到顶点 } i \text{ 的路径长度为 2} \tag{3.10}$$

对于任意 k,有

$$\boldsymbol{M}^k[i,j]=1,\text{当且仅当有一条从顶点 } j \text{ 到顶点 } i \text{ 长度为 } k \text{ 的路径} \tag{3.11}$$

练习 3.1.2 对于式(3.4)中给出的矩阵 $\boldsymbol{M}$,计算 $\boldsymbol{M}^2$,M^3 和 $\boldsymbol{M}^6$。如果所有弹珠都从顶点 2 开始,那么在 6 个时间步长后,所有弹珠将到达哪里?

通常,将一个 $n\times n$ 的矩阵自乘几次后产生另一个矩阵,其第 i,j 项将指示在多次单击后是否有路径。考虑 $\boldsymbol{X}=[x_0 \quad x_1 \quad \cdots \quad x_{n-1}]^{\mathrm{T}}$ 是考虑将 x_0 弹珠放置在顶点 0 上,将 x_1 弹珠放置在顶点 1 上……将 x_{n-1} 弹珠放置在顶点 $n-1$ 上的状态。然后,经过 k 步后,弹珠的状态为 $\boldsymbol{Y}$,其中 $\boldsymbol{Y}=[y_0 \quad y_1 \quad \cdots \quad y_{n-1}]^{\mathrm{T}}=\boldsymbol{M}^k\boldsymbol{X}$。换句话说,$y_j$ 是顶点 j 上 k 步后弹珠的数量。

在量子力学中,如果有两个或多个矩阵操纵状态,则一个矩阵后跟另一个矩阵的作用由它们的乘积描述。我们将采用系统的不同状态,并将状态乘以各种适当类型的矩阵以获得其他矩阵。这些新状态将再次乘以其他矩阵,直到达到所需的最终状态。在量子计算中,我们将从一个初始状态开始,由一个数字向量描述。初始状态实质上是系统的输入。量子计

算机中的操作对应于将向量与矩阵相乘。输出将是我们完成所有操作时系统的状态。

综上所述,可总结为以下几点：

- 系统的状态对应列向量(状态向量)。
- 系统的动力学对应矩阵。
- 要在一个时间步长内从一个状态发展到另一个状态,必须将状态向量乘以矩阵。
- 通过矩阵乘法获得多步长动力学。

练习 3.1.3　如果放宽每个顶点仅有一条边输出的要求,会出现什么情况？也就是说,如果允许任何图形,会出现什么情况？

练习 3.1.4　如果不仅允许邻接矩阵中使用 0 和 1,还允许使用 -1,会出现什么情况？请用弹珠解释这种情况。

练习 3.1.5　考虑以下表示城市街道的图。单向箭头(→)对应单向街道,双向箭头(↔)对应双向街道。

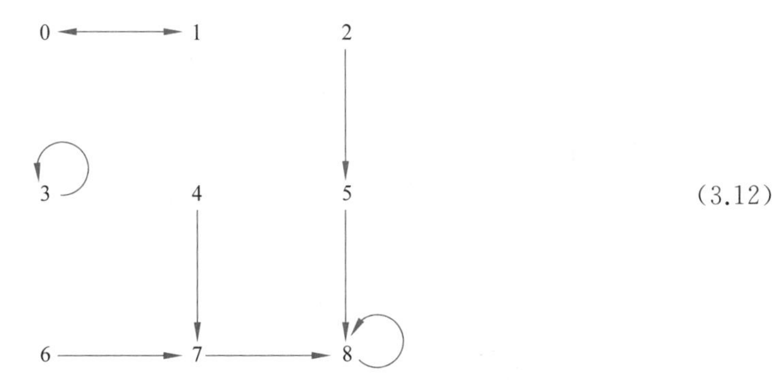

(3.12)

想象一下,单击一次即可遍历一个箭头。可以假定,单击时,每个人都必须移动。如果每个角落都以一个人开始,那么一次单击后,每个人都会在哪里？单击两次后呢？单击四次后呢？

编程练习 3.1.1　编写一个程序,执行我们的小弹珠实验。该程序允许用户输入一个布尔矩阵,该矩阵描述了弹珠的移动方式。确保矩阵符合我们的要求。还允许用户输入每个顶点上有多少弹珠的起始状态。然后,用户输入连续单击的次数。最后,计算机计算并输出系统在单击之后的状态。我们将在本章后面的部分更改此程序。

3.2　概率系统

在量子力学中,我们对物理状态的认识存在固有的不确定性。此外,状态随着概率法则而变化。这仅仅意味着,通过描述如何以一定的可能性从一个状态过渡到另一个状态,给出了支配系统演化的规律。

为了捕获这些概率场景,可以修改我们在 3.1 节中所做的操作。我们不是处理一堆移动的弹珠,而是使用一个弹珠。系统的状态将告诉我们弹珠在每个顶点上的概率。对于三顶点图,典型状态可能看起来像 $\boldsymbol{X}=(1/5\quad 3/10\quad 1/2)^{\mathrm{T}}$。这将对应这样一个事实,即弹珠在顶点 0 上有 1/5 的概率[①],弹珠在顶点 1 上有 3/10 的概率,以及弹珠在顶点 2 上有一半的

① 尽管该理论适用于任何 $r\in[0,1]$,但我们只处理分数。

概率。因为弹珠必须位于图形上的某个地方，所以概率之和为 1。

我们还必须改变动态性。我们将有几个箭头从每个顶点射出，而不是每个顶点只有一个箭头，其权重为 0～1 的实数。这些权重描述了弹珠在一次点击中从一个顶点移动到另一个顶点的概率。我们将注意力限制在满足以下两个条件的加权图上：①离开顶点的所有权重的总和为 1；②进入顶点的所有权重的总和为 1。这将对应弹珠必须既离开又来自某个地方的事实(可能有循环)。

例 3.2.1 如下图所示的一个例子：

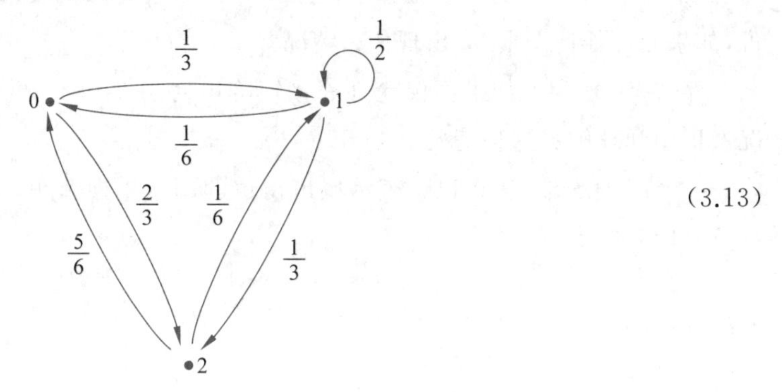

(3.13)

它的邻接矩阵为

$$\boldsymbol{M}=\begin{bmatrix} 0 & \frac{1}{6} & \frac{5}{6} \\ \frac{1}{3} & \frac{1}{2} & \frac{1}{6} \\ \frac{2}{3} & \frac{1}{3} & 0 \end{bmatrix} \tag{3.14}$$

图的邻接矩阵将具有介于 0～1 的实数项，其中行和列的总和均为 1。这样的矩阵被称为双重随机矩阵。

下面看看状态是如何与动态相互作用的。假设有一个状态 $\boldsymbol{X}=(1/6,\quad 1/6,\quad 2/3)^{\mathrm{T}}$，表示关于弹珠位置的不确定性：弹珠位于顶点 0 的概率为 1/6，弹珠位于顶点 1 的概率为 1/6，弹珠位于顶点 2 的概率为 2/3。基于这种解释，我们将计算状态如何变化：

$$\boldsymbol{M}=\begin{bmatrix} 0 & \frac{1}{6} & \frac{5}{6} \\ \frac{1}{3} & \frac{1}{2} & \frac{1}{6} \\ \frac{2}{3} & \frac{1}{3} & 0 \end{bmatrix}\begin{bmatrix} \frac{1}{6} \\ \frac{1}{6} \\ \frac{2}{3} \end{bmatrix}=\begin{bmatrix} \frac{21}{36} \\ \frac{9}{36} \\ \frac{6}{36} \end{bmatrix}=\boldsymbol{Y} \tag{3.15}$$

注意，$\boldsymbol{Y}$ 的所有项之和为 1。可以这样解释：如果弹珠的位置在顶点 0 上的概率是 1/6，顶点 1 上的概率是 1/6，以及顶点 2 上的概率是 2/3，那么，在跟随箭头之后，弹珠位置的概率变为：顶点 0 上的概率是 21/36，顶点 1 上的概率是 9/36，以及顶点 2 上的概率是 6/36。

也就是说，如果让 $\boldsymbol{X}$ 表示弹珠位置的概率，$\boldsymbol{M}$ 表示弹珠移动方式的概率，那么 $\boldsymbol{MX}=\boldsymbol{Y}=(21/36,\quad 9/36,\quad 6/36)^{\mathrm{T}}$ 表示弹珠移动后位置的概率。如果 $\boldsymbol{X}$ 是时间 t 时弹珠的概率，则 $\boldsymbol{MX}$ 是时间 $t+1$ 时弹珠的概率。

练习 3.2.1　设 $\boldsymbol{M}$ 如式(3.14)，设 $\boldsymbol{X}=(1/2\quad 0\quad 1/2)^{\mathrm{T}}$。显示 $\boldsymbol{Y}=\boldsymbol{MX}$ 的所有项的总和为 1。

练习 3.2.2　设 $\boldsymbol{M}$ 是任意 $n\times n$ 的双重随机矩阵。设 $\boldsymbol{X}$ 为 $n\times 1$ 的列向量。令结果为 $\boldsymbol{MX}=\boldsymbol{Y}$。

a) 如果 $\boldsymbol{X}$ 的所有项之和为 1，则证明 $\boldsymbol{Y}$ 的所有项之和为 1。

b) 更一般地说，证明如果 $\boldsymbol{X}$ 的所有项的总和是 x，那么 $\boldsymbol{Y}$ 的所有项的总和也是 x，即当 $\boldsymbol{M}$ 右乘以 $\boldsymbol{X}$ 时，$\boldsymbol{M}$ 保留了列向量 $\boldsymbol{X}$ 的所有项之和。

我们不仅要在矩阵的右边乘以向量，还要在左边乘以向量。假设一个行向量也对应系统的状态。取一个行向量，其中所有项的总和为 1，$\boldsymbol{W}=\begin{bmatrix}\frac{1}{3} & 0 & \frac{2}{3}\end{bmatrix}$。

如果 $\boldsymbol{M}$ 左乘以这个行向量，那么有

$$\boldsymbol{WM}=\begin{bmatrix}\frac{1}{3} & 0 & \frac{2}{3}\end{bmatrix}\begin{bmatrix}0 & \frac{1}{6} & \frac{5}{6}\\ \frac{1}{3} & \frac{1}{2} & \frac{1}{6}\\ \frac{2}{3} & \frac{1}{3} & 0\end{bmatrix}=\begin{bmatrix}\frac{4}{9} & \frac{5}{18} & \frac{5}{18}\end{bmatrix}=\boldsymbol{Z} \tag{3.16}$$

练习 3.2.3　设 $\boldsymbol{M}$ 是任意 $n\times n$ 的双重随机矩阵，$\boldsymbol{W}$ 为 $1\times n$ 的行向量，那么得到的结果

$$\boldsymbol{WM}=\boldsymbol{Z} \tag{3.17}$$

a) 如果 $\boldsymbol{W}$ 的所有项之和为 1，则证明 $\boldsymbol{Z}$ 的所有项之和为 1。

b) 更一般地说，证明如果 $\boldsymbol{W}$ 的所有项之和是 w，那么 $\boldsymbol{Z}$ 的所有项之和也是 w，即当 $\boldsymbol{M}$ 左乘以一个行向量后，$\boldsymbol{M}$ 保留了该行向量的所有项之和。

这可能意味着什么呢？$\boldsymbol{M}$ 的转置

$$\boldsymbol{M}^{\mathrm{T}}=\begin{bmatrix}0 & \frac{1}{3} & \frac{2}{3}\\ \frac{1}{6} & \frac{1}{2} & \frac{1}{3}\\ \frac{5}{6} & \frac{1}{6} & 0\end{bmatrix} \tag{3.18}$$

对应箭头反转的有向图：

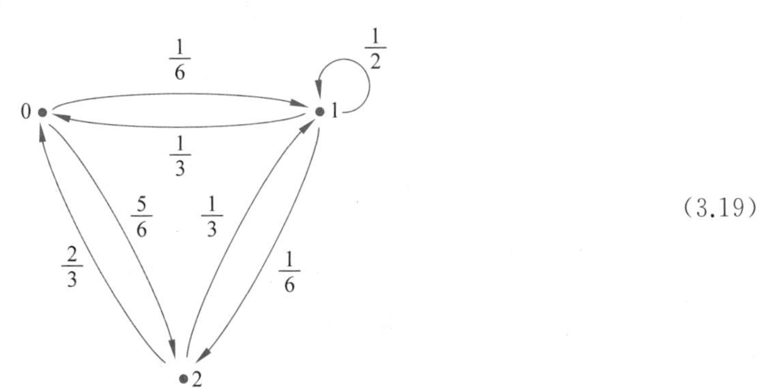

(3.19)

反转箭头就像回到过去或让弹珠向后滚动。简单的计算表明

$$\boldsymbol{M}^{\mathrm{T}}\boldsymbol{W}^{\mathrm{T}}=\begin{bmatrix}0 & \frac{1}{3} & \frac{2}{3}\\ \frac{1}{6} & \frac{1}{2} & \frac{1}{3}\\ \frac{5}{6} & \frac{1}{6} & 0\end{bmatrix}\begin{bmatrix}\frac{1}{3}\\ 0\\ \frac{2}{3}\end{bmatrix}=\begin{bmatrix}\frac{4}{9}\\ \frac{5}{18}\\ \frac{5}{18}\end{bmatrix}=\boldsymbol{Z}^{\mathrm{T}} \tag{3.20}$$

即

$$\boldsymbol{M}^{\mathrm{T}}\boldsymbol{W}^{\mathrm{T}}=(\boldsymbol{W}\boldsymbol{M})^{\mathrm{T}}=\boldsymbol{Z}^{\mathrm{T}} \tag{3.21}$$

因此，如果 $\boldsymbol{M}$ 右乘法取时间 t 到时间 $t+1$ 的状态，则 $\boldsymbol{M}$ 左乘法取时间 t 到时间 $t-1$ 的状态。这种时间对称性是量子力学和量子计算的基本概念之一。我们对系统动力学的描述是完全对称的：通过用行向量替换列向量，向前演化及时伴随向后进化，动力学定律仍然成立。我们将在第 4 章中讨论行向量，并揭示它们的作用。但现在我们回到矩阵 $\boldsymbol{M}$。

将 $\boldsymbol{M}$ 乘以它本身，$\boldsymbol{M}\boldsymbol{M}=\boldsymbol{M}^2$：

$$\begin{bmatrix}0 & \frac{1}{6} & \frac{5}{6}\\ \frac{1}{3} & \frac{1}{2} & \frac{1}{6}\\ \frac{2}{3} & \frac{1}{3} & 0\end{bmatrix}\begin{bmatrix}0 & \frac{1}{6} & \frac{5}{6}\\ \frac{1}{3} & \frac{1}{2} & \frac{1}{6}\\ \frac{2}{3} & \frac{1}{3} & 0\end{bmatrix}=\begin{bmatrix}\frac{11}{18} & \frac{13}{36} & \frac{1}{36}\\ \frac{1}{18} & \frac{13}{36} & \frac{13}{36}\\ \frac{1}{9} & \frac{5}{18} & \frac{11}{18}\end{bmatrix} \tag{3.22}$$

下图可以帮助理解带有概率项的矩阵乘法：

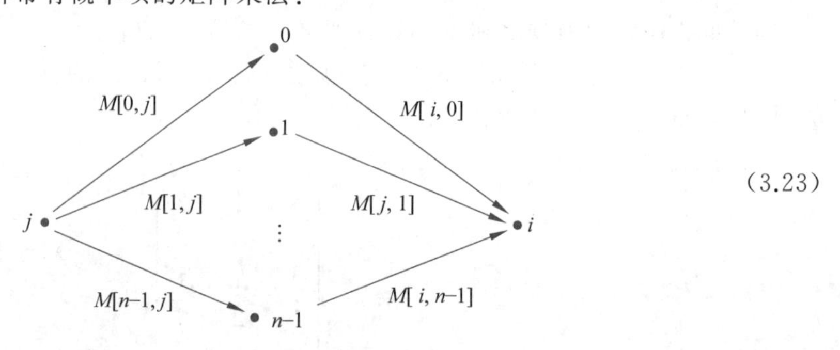

(3.23)

为了分两步从顶点 j 到顶点 i：

可以从顶点 j 到顶点 0，然后(乘)转到顶点 i 或(加)

可以从顶点 j 到顶点 1，然后(乘)转到顶点 i 或(加)

⋮

或(加)

可以从顶点 j 到顶点 $n-1$，然后(乘)转到顶点 i。

这正是式(2.37)中矩阵相乘的公式。

因此，可以声明

$$\boldsymbol{M}^2[i,j]=\text{在 2 次单击中从顶点 } j \text{ 到顶点 } i \text{ 的概率} \tag{3.24}$$

一般来说，对于任意正整数 k，有

$$\boldsymbol{M}^k[i,j]=\text{在 } k \text{ 次单击中从顶点 } j \text{ 到顶点 } i \text{ 的概率} \tag{3.25}$$

如果 $\boldsymbol{M}$ 是一个 $n\times n$ 的双重随机矩阵，$\boldsymbol{X}$ 是一个 $n\times 1$ 的列向量，其所有元素总和为 1，则 $\boldsymbol{M}^k\boldsymbol{X}=\boldsymbol{Y}$ 表示在 k 次单击后弹珠位置的概率。也就是说，如果 $\boldsymbol{X}=[x_0 \quad x_1 \quad \cdots \quad x_{n-1}]^{\mathrm{T}}$ 意味着一个弹珠在顶点 j 上的概率为 x_j，那么 $\boldsymbol{M}^k\boldsymbol{X}=\boldsymbol{Y}=[y_0 \quad y_1 \quad \cdots \quad y_{n-1}]^{\mathrm{T}}$ 表示在 k 次单击后，弹珠在顶点 i 上的概率为 y_i。

我们不限于将 $\boldsymbol{M}$ 自身相乘。也可以将 $\boldsymbol{M}$ 乘以另一个双重随机矩阵。设 $\boldsymbol{M}$ 和 $\boldsymbol{N}$ 是两个 $n\times n$ 的双重随机矩阵，分别对应 n 个顶点加权图 G_M 和 G_N，则 $\boldsymbol{M}\times\boldsymbol{N}$ 对应一个 n 顶点图，其权重为

$$(\boldsymbol{M}\times\boldsymbol{N})[i,j]=\sum_{k=0}^{n-1}\boldsymbol{M}[i,k]\boldsymbol{N}[k,j] \tag{3.26}$$

就一个弹珠而言，这个 n 顶点图对应它在 G_N 中从顶点 j 移动到某个顶点 k，然后在 G_M 中从顶点 k 移动到顶点 i 的概率之和。因此，如果 $\boldsymbol{M}$ 和 $\boldsymbol{N}$ 各自描述了从一个时间单击到下一个时间的某个概率转换，则 $\boldsymbol{M}\times\boldsymbol{N}$ 将描述从时间 t 到 $t+1$ 再到 $t+2$ 的概率转换。

练习 3.2.4　设

$$\boldsymbol{M}=\begin{bmatrix}\frac{1}{3} & \frac{2}{3}\\ \frac{2}{3} & \frac{1}{3}\end{bmatrix} \text{和 } \boldsymbol{N}=\begin{bmatrix}\frac{1}{2} & \frac{1}{2}\\ \frac{1}{2} & \frac{1}{2}\end{bmatrix},$$

是两个双重随机矩阵。计算 $\boldsymbol{MN}$ 并证明这是一个双重随机矩阵。

练习 3.2.5　证明一个双重随机矩阵与另一个双重随机矩阵的乘积也是一个双重随机矩阵。

例 3.2.2　下面处理一个实际的例子：随机台球。考虑图表

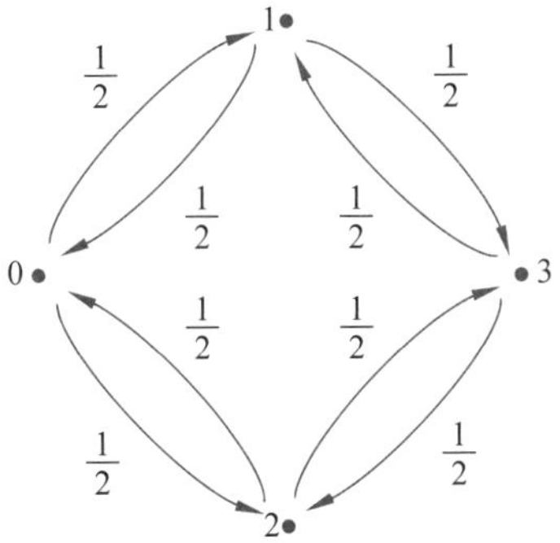

(3.27)

此图对应的邻接矩阵是

$$\boldsymbol{A}=\begin{bmatrix}0 & \frac{1}{2} & \frac{1}{2} & 0\\ \frac{1}{2} & 0 & 0 & \frac{1}{2}\\ \frac{1}{2} & 0 & 0 & \frac{1}{2}\\ 0 & \frac{1}{2} & \frac{1}{2} & 0\end{bmatrix} \tag{3.28}$$

注意，$\boldsymbol{A}$ 是一个双重随机矩阵。让我们从顶点 0 上的单个弹珠开始；也就是说，我们将

从状态$[1\quad 0\quad 0\quad 0]^{\mathrm{T}}$开始。单击一次后，系统将处于状态

$$\left[0,\frac{1}{2},\frac{1}{2},0\right]^{\mathrm{T}} \tag{3.29}$$

快速计算显示，另一次单击时，系统将处于状态

$$\left[\frac{1}{2},0,0,\frac{1}{2}\right]^{\mathrm{T}} \tag{3.30}$$

继续这种方式，可以发现弹珠就像一个台球，并继续在顶点 1，2 和 0，3 之间来回反弹。3.3 节将介绍此示例的量子版。

练习 3.2.6 考虑以下情况：假设一所大学中，30%的数学专业的学生一年后成为计算机科学专业的学生。另有 60%的数学专业的学生一年后成为物理学专业的学生。一年后，70%的物理专业成为数学专业，10%的物理专业成为计算机科学专业。与其他系相比，计算机科学专业的学生通常非常高兴：只有 20%的学生一年后成为数学专业的学生，20%的学生成为物理专业的学生。

a）绘制一张描述状态的图。

b）提供相应的邻接矩阵。注意，它是一个双重随机矩阵。

c）如果学生主修这三个领域之一，请说明其在 2 年、4 年和 8 年后可能从事的专业。

在继续 3.3 节之前，我们先考查一个有趣的例子。图 3.1 展示了一个子弹双缝实验，这被称为概率双缝实验。

墙上有两个狭缝。射手总有一个足够好的射击方法，让子弹通过两个狭缝中的一个。子弹有 50%的概率穿过顶部狭缝。同样，子弹有 50%的概率穿过底部狭缝。一旦子弹穿过狭缝，每个狭缝的右侧就会有三个目标，子弹可以相等的概率击中它们。中间目标可以通过以下两种方式之一被击中：从顶部狭缝向下或从底部狭缝向上。

图 3.1 子弹双缝实验

假设子弹需要一次单击才能从枪移动到墙壁，一次单击才能从墙壁移动到目标。该图对应以下加权图：

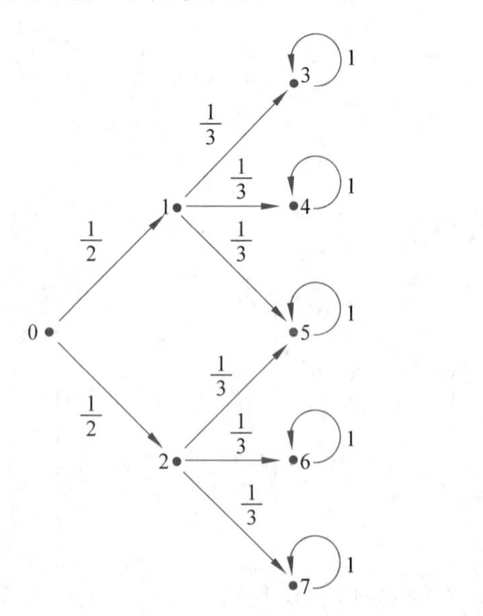

(3.31)

请注意，标记为 5 的顶点可以从两个狭缝中的任何一个接收子弹。另请注意，一旦子弹位于位置 3、4、5、6 或 7，它将以概率 1 停留在那里。

与此图对应的是邻接矩阵 $\boldsymbol{B}$（用于“子弹”）：

$$\boldsymbol{B}=\begin{bmatrix} 0 & 0 & 0 & 0 & 0 & 0 & 0 & 0 \\ \frac{1}{2} & 0 & 0 & 0 & 0 & 0 & 0 & 0 \\ \frac{1}{2} & 0 & 0 & 0 & 0 & 0 & 0 & 0 \\ 0 & \frac{1}{3} & 0 & 1 & 0 & 0 & 0 & 0 \\ 0 & \frac{1}{3} & 0 & 0 & 1 & 0 & 0 & 0 \\ 0 & \frac{1}{3} & \frac{1}{3} & 0 & 0 & 1 & 0 & 0 \\ 0 & 0 & \frac{1}{3} & 0 & 0 & 0 & 1 & 0 \\ 0 & 0 & \frac{1}{3} & 0 & 0 & 0 & 0 & 1 \end{bmatrix} \tag{3.32}$$

$\boldsymbol{B}$ 描述了子弹在单击一次后移动的方式。矩阵 $\boldsymbol{B}$ 不是双重随机矩阵。进入顶点 0 的权重之和不是 1。离开顶点 3、4、5、6 和 7 的权重之和大于 1。为了将其转换为双重随机矩阵，需要子弹能够从右到左移动。换句话说，目标和狭缝必须由某种类型的弹性材料制成，这些弹性材料可能导致子弹弹跳，就像我们的随机台球示例一样。与其考虑如此复杂的场景，不如坚持使用这个简化的版本。下面计算两次单击后子弹位置的概率。

$$\boldsymbol{B}\times\boldsymbol{B}=\boldsymbol{B}^2=\begin{bmatrix} 0 & 0 & 0 & 0 & 0 & 0 & 0 & 0 \\ 0 & 0 & 0 & 0 & 0 & 0 & 0 & 0 \\ 0 & 0 & 0 & 0 & 0 & 0 & 0 & 0 \\ \frac{1}{6} & \frac{1}{3} & 0 & 1 & 0 & 0 & 0 & 0 \\ \frac{1}{6} & \frac{1}{3} & 0 & 0 & 1 & 0 & 0 & 0 \\ \frac{1}{3} & \frac{1}{3} & \frac{1}{3} & 0 & 0 & 1 & 0 & 0 \\ \frac{1}{6} & 0 & \frac{1}{3} & 0 & 0 & 0 & 1 & 0 \\ \frac{1}{6} & 0 & \frac{1}{3} & 0 & 0 & 0 & 0 & 1 \end{bmatrix} \tag{3.33}$$

因此，$\boldsymbol{B}^2$ 表示两次单击后子弹位置的概率。

如果确定从位置 0 的子弹开始，即

$$\boldsymbol{X}=[1,0,0,0,0,0,0,0]^{\mathrm{T}} \tag{3.34}$$

则单击两次后，子弹的状态将是

$$B^2X=\left[0,0,0,\frac{1}{6},\frac{1}{6},\frac{1}{3},\frac{1}{6},\frac{1}{6}\right]^{\mathrm{T}} \tag{3.35}$$

关键思路是要注意 $B^2[5,0]=\frac{1}{6}+\frac{1}{6}=\frac{1}{3}$，因为枪从位置 0 射出子弹；因此，子弹有两种方式可以到达位置 5，可能性之和为 1/3，这是我们所期望的。我们将在 3.3 节中重温这个例子，奇怪的事情开始发生！

总结本节内容：

- 表示概率物理系统状态的向量表达了一种关于系统的确切物理状态的不确定性。
- 表示动力学的矩阵表达了一种关于物理系统随时间变化的不确定性。它们的元素使我们能够计算从一个状态转换到下一个状态的可能性。
- 不确定性进展的方式是通过矩阵乘法模拟的，就像在确定性场景中一样。

编程练习 3.2.1 修改编程练习 3.1.1 的程序，以便矩阵中的元素可以是分数，而不是布尔值。

编程练习 3.2.2 如果有两个以上的狭缝，会发生什么情况？编写一个程序，要求用户设计一个多狭缝实验。用户记录狭缝的数量和目标的数量来测量子弹。然后，用户输入子弹从每个狭缝移动到每个目标的概率。首先设置适当的矩阵，然后将矩阵本身相乘，最后打印相应的结果矩阵和向量。

3.3 量子系统

我们现在准备离开经典概率的世界进入量子的世界。如前所述，量子力学适用于复数。权重不是作为 0 到 1 的实数 p 给出的，而是作为复数 c 给出的，使得 $|c|^2$ 是 0 和 1 之间的实数。

给出概率的方式有什么不同？如果概率直接给出为 0～1 的实数，或间接给出为模平方为 0～1 的实数的复数，这有什么关系？不同之处在于——这正是量子理论的核心——实数概率只有在相加时才会增加。相反，复数可以相互抵消并降低它们的概率。例如，如果 p_1 和 p_2 是 0～1 的两个实数，则 $(p_1+p_2)\geqslant p_1$ 和 $(p_1+p_2)\geqslant p_2$。下面来看这种复杂的情况。设 c_1 和 c_2 是两个复数，具有相关的模量平方 $|c_1|^2$ 和 $|c_2|^2$。$|c_1+c_2|^2$ 不必大于 $|c_1|^2$，也不需要大于 $|c_2|^2$。

例 3.3.1 例如[①]，如果 $c_1=5+3\mathrm{i}$ 和 $c_2=-3-2\mathrm{i}$，则 $|c_1|^2=34$ 和 $|c_2|^2=13$，但 $|c_1+c_2|^2=|2+\mathrm{i}|^2=5$。5 小于 34，而且 5 小于 13。

复数相加时可能相互抵消的事实在量子力学（以及经典波力学）中具有明确的物理含义。它被称为干涉[②]，是量子理论中重要的概念之一。

下面概括 3.2 节中的状态和图。对于量子的状态，与其坚持列向量中元素的总和为 1，不如要求元素的模量平方和为 1。（这是有道理的，因为我们正在考虑概率作为模量的平方。）式(3.36)是这种状态的一个例子。

---

① 这里重点是模量平方是正的。为了简化计算，我们选择了简单的复数。

② 聪明的读者可能已经考虑过用“负概率”之类的东西执行与复数相同的任务。事实证明，许多量子力学实际上都可以这样做。然而，这不是引入量子理论的标准方式，我们不会走这条路。

$$\boldsymbol{X}=\left[\frac{1}{\sqrt{3}},\frac{2\mathrm{i}}{\sqrt{15}},\sqrt{\frac{2}{5}}\right]^{\mathrm{T}} \tag{3.36}$$

与其谈论具有实数权重的图形，不如讨论具有复数权重的图形。我们没有坚持这种图的邻接矩阵是双重随机矩阵，而是要求邻接矩阵是酉的[①]。

例如，考虑图(3.37)

$$\frac{1}{\sqrt{2}}\quad \frac{-\mathrm{i}}{\sqrt{2}}\quad \frac{\mathrm{i}}{\sqrt{2}}\quad 0\quad 1\quad \frac{1}{\sqrt{2}}\quad \mathrm{i}\quad 2 \tag{3.37}$$

相应的酉邻接矩阵为

$$\boldsymbol{U}=\begin{bmatrix}\frac{1}{\sqrt{2}} & \frac{1}{\sqrt{2}} & 0\\ \frac{-\mathrm{i}}{\sqrt{2}} & \frac{\mathrm{i}}{\sqrt{2}} & 0\\ 0 & 0 & \mathrm{i}\end{bmatrix} \tag{3.38}$$

酉矩阵与双重随机矩阵相关，如下所示：$\boldsymbol{U}$ 中所有复数项的模量平方形成双随机矩阵[②]。$\boldsymbol{U}$ 中的第$[i,j]$个元素记作 $\boldsymbol{U}[i,j]$，其模量平方表示为$|\boldsymbol{U}[i,j]|^2$。通过借用符号，可以表示模平方的整个矩阵$|\boldsymbol{U}[i,j]|^2$：

$$|\boldsymbol{U}[i,j]|^2=\begin{bmatrix}\frac{1}{2} & \frac{1}{2} & 0\\ \frac{1}{2} & \frac{1}{2} & 0\\ 0 & 0 & 1\end{bmatrix} \tag{3.39}$$

很容易看出，这是一个双重随机矩阵。

练习 3.3.1　已知酉矩阵

$$\boldsymbol{U}=\begin{bmatrix}\cos\theta & -\sin\theta & 0\\ \sin\theta & \cos\theta & 0\\ 0 & 0 & 1\end{bmatrix}$$

求任意 θ 的酉矩阵的$|\boldsymbol{U}[i,j]|^2$。检查它是否为双重随机的。

练习 3.3.2　给定任何酉矩阵，证明每个元素的模量平方形成一个双重随机矩阵。

下面来看酉矩阵是如何作用于状态的。计算 $\boldsymbol{UX}=\boldsymbol{Y}$，可以得到

---

① 我们在 2.6 节中定义了一个“酉矩阵”。请记住：如果 $\boldsymbol{U}\times\boldsymbol{U}^{\dagger}=\boldsymbol{I}=\boldsymbol{U}^{\dagger}\times\boldsymbol{U}$，则矩阵 $\boldsymbol{U}$ 是酉的。

② 事实上，它是一个对称的双随机矩阵。

$$\begin{bmatrix} \frac{1}{\sqrt{2}} & \frac{1}{\sqrt{2}} & 0 \\ \frac{-\mathrm{i}}{\sqrt{2}} & \frac{\mathrm{i}}{\sqrt{2}} & 0 \\ 0 & 0 & \mathrm{i} \end{bmatrix} \begin{bmatrix} \frac{1}{\sqrt{3}} \\ \frac{2\mathrm{i}}{\sqrt{15}} \\ \sqrt{\frac{2}{5}} \end{bmatrix} = \begin{bmatrix} \frac{5+2\mathrm{i}}{\sqrt{30}} \\ \frac{-2-\sqrt{5}\mathrm{i}}{\sqrt{30}} \\ \sqrt{\frac{2}{5}}\mathrm{i} \end{bmatrix} \tag{3.40}$$

练习 3.3.3 证明酉矩阵保留了在其右边相乘的列向量的模平方和。

从图论的角度看，很容易看出酉的含义：$\boldsymbol{U}$ 矩阵的共轭转置是

$$\boldsymbol{U}^{\dagger} = \begin{bmatrix} \frac{1}{\sqrt{2}} & \frac{\mathrm{i}}{\sqrt{2}} & 0 \\ \frac{1}{\sqrt{2}} & \frac{-\mathrm{i}}{\sqrt{2}} & 0 \\ 0 & 0 & -\mathrm{i} \end{bmatrix} \tag{3.41}$$

此矩阵对应图形：

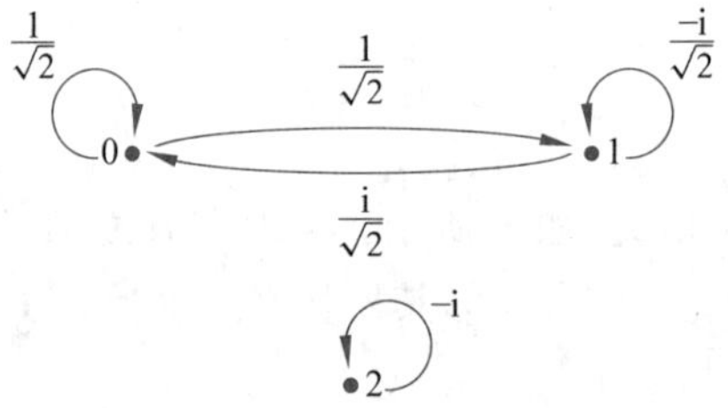

(3.42)

$$V \mapsto UV \mapsto U^{\dagger}UV = I_3V = V \tag{3.43}$$

$\boldsymbol{I}_3$ 对应图形：

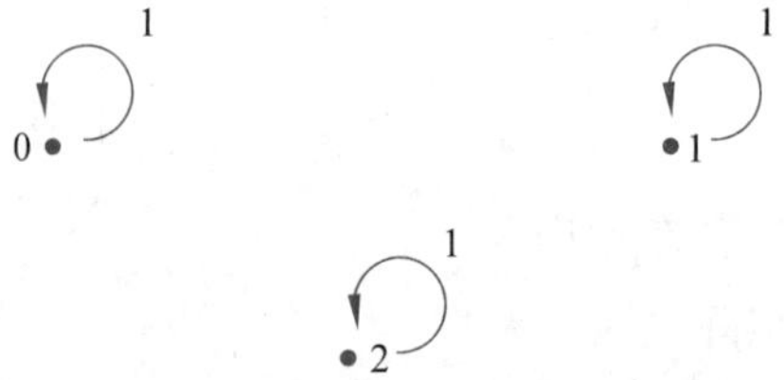

(3.44)

这意味着，如果您执行某些操作，然后“撤销”该操作，将会发现自己（概率为 1）处于与开始时相同的状态。

例 3.3.2 重温随机台球的例子。这一次，我们用它做一个量子系统：量子台球。考虑图(3.45)。

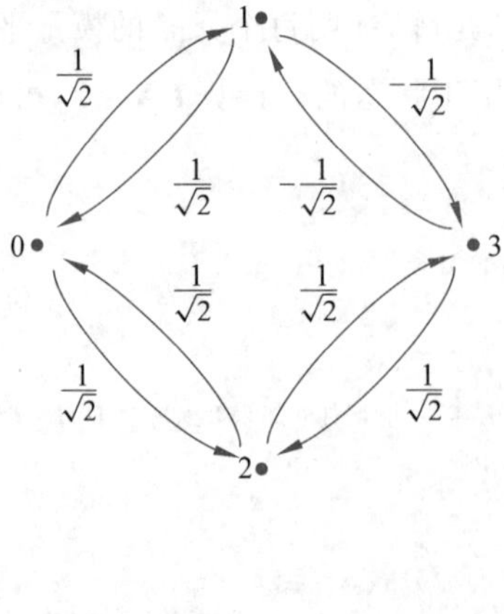

(3.45)

与此图对应的邻接矩阵是

$$\boldsymbol{A}=\begin{bmatrix} 0 & \frac{1}{\sqrt{2}} & \frac{1}{\sqrt{2}} & 0 \\ \frac{1}{\sqrt{2}} & 0 & 0 & -\frac{1}{\sqrt{2}} \\ \frac{1}{\sqrt{2}} & 0 & 0 & \frac{1}{\sqrt{2}} \\ 0 & -\frac{1}{\sqrt{2}} & \frac{1}{\sqrt{2}} & 0 \end{bmatrix} \tag{3.46}$$

请注意,此矩阵是酉的。从顶点 0 上的单个弹珠开始,即状态$[1\quad 0\quad 0\quad 0]^{\mathrm{T}}$,单击一次后,系统将处于以下状态:

$$\left[0,\sqrt{\frac{1}{2}},\sqrt{\frac{1}{2}},0\right]^{\mathrm{T}} \tag{3.47}$$

反映随机台球示例中的 50-50 机会。但是,如果将此向量乘以 A 来确定系统的下一个状态,会发生什么呢? 快速计算将显示,下次单击后,系统将恢复状态

$$[1,0,0,0]^{\mathrm{T}} \tag{3.48}$$

这与随机台球的情况形成鲜明对比。在这里,其他路径相互抵消(干扰)。为了找到单击两次后的状态,必须将起始状态乘以 $\boldsymbol{A}\times\boldsymbol{A}$。但是,$\boldsymbol{A}\times\boldsymbol{A}=\boldsymbol{A}^2=\boldsymbol{I}_4$。

为了更清楚地看到干涉现象,我们将重新审视 3.2 节中的双缝实验。子弹是相对较大的物体,因此遵循经典物理定律。因此,我们研究遵循量子物理定律的微观物体,如用光子代替子弹。我们将用激光发射光子,而不是用枪。(光子是基本粒子,是光的基本成分。我们将通过两个狭缝射出光子,如图 3.2 所示。)

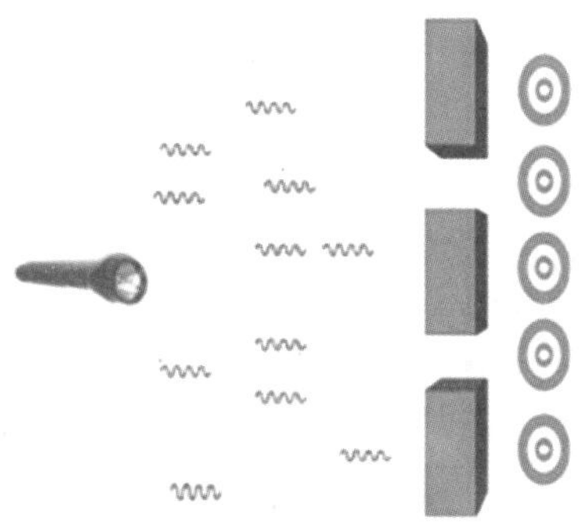

图 3.2　光子的双缝实验

同样,假设光子将穿过两个狭缝中的一个。每个狭缝都有 50%的概率让光子穿过它。每个狭缝的右侧有三个测量装置。假设需要单击一次才能从激光到墙壁,单击一次才能从墙壁到测量设备。我们对狭缝有多大或测量设备与狭缝之间的距离不感兴趣。物理学家非常善于计算这个实验的许多不同方面。我们只对实验的设置感兴趣。

以下加权图描述了实验的设置:

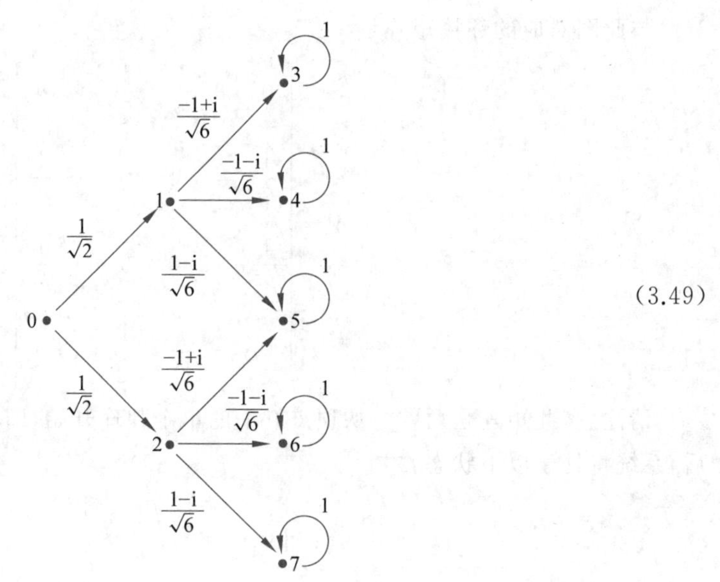

(3.49)

模量$\frac{1}{\sqrt{2}}$的平方是$\frac{1}{2}$，这对应光子通过任何一个狭缝的概率为 50-50。$\left|\frac{\pm 1 \pm i}{\sqrt{6}}\right|^2=\frac{1}{3}$，对应这个事实，即无论光子穿过哪个狭缝，它都有$\frac{1}{3}$的机会击中该狭缝右侧的三个测量装置中的任何一个[①]。

此图的邻接矩阵 $\boldsymbol{P}$（表示"光子"）为

$$\boldsymbol{P}=\begin{bmatrix} 0 & 0 & 0 & 0 & 0 & 0 & 0 & 0 \\ \frac{1}{\sqrt{2}} & 0 & 0 & 0 & 0 & 0 & 0 & 0 \\ \frac{1}{\sqrt{2}} & 0 & 0 & 0 & 0 & 0 & 0 & 0 \\ 0 & \frac{-1+i}{\sqrt{6}} & 0 & 1 & 0 & 0 & 0 & 0 \\ 0 & \frac{-1-i}{\sqrt{6}} & 0 & 0 & 1 & 0 & 0 & 0 \\ 0 & \frac{1-i}{\sqrt{6}} & \frac{-1+i}{\sqrt{6}} & 0 & 0 & 1 & 0 & 0 \\ 0 & 0 & \frac{-1-i}{\sqrt{6}} & 0 & 0 & 0 & 1 & 0 \\ 0 & 0 & \frac{1-i}{\sqrt{6}} & 0 & 0 & 0 & 0 & 1 \end{bmatrix} \tag{3.50}$$

① 实际的复数权重不是我们在这里关注的问题。如果想计算实际数字，必须测量狭缝的宽度、两个狭缝之间的距离、从狭缝到测量设备的距离等。然而，我们在这里的目标是清楚地证明干涉现象，因此选择了上面的复数，仅是因为模量平方与子弹的情况完全相同。

$$|\boldsymbol{P}^2[i,j]|^2=\begin{bmatrix}0&0&0&0&0&0&0&0\\0&0&0&0&0&0&0&0\\0&0&0&0&0&0&0&0\\\frac{1}{6}&\frac{1}{3}&0&1&0&0&0&0\\\frac{1}{6}&\frac{1}{3}&0&0&1&0&0&0\\0&\frac{1}{3}&\frac{1}{3}&0&0&1&0&0\\\frac{1}{6}&0&\frac{1}{3}&0&0&0&1&0\\\frac{1}{6}&0&\frac{1}{3}&0&0&0&0&1\end{bmatrix}\tag{3.53}$$

这个矩阵几乎与3.2节的 B^2 完全相同，但有一个明显的区别。$B^2[5,0]=\frac{1}{3}$，因为从位置0开始和结束于位置5有两种方式。我们添加了非负概率 $\frac{1}{6}+\frac{1}{6}=\frac{1}{3}$。然而，对于遵循量子力学定律的光子，复数被相加，而不是它们的概率。

$$\frac{1}{\sqrt{2}}\left(\frac{-1+\mathrm{i}}{\sqrt{6}}\right)+\frac{1}{\sqrt{2}}\left(\frac{1-\mathrm{i}}{\sqrt{6}}\right)=\frac{-1+\mathrm{i}}{\sqrt{12}}+\frac{1-\mathrm{i}}{\sqrt{12}}=\frac{0}{\sqrt{12}}=0\tag{3.54}$$

从而 $|\boldsymbol{P}^2[5,0]|^2=0$。换句话说，尽管光子从顶点0到顶点5有两种方式，但在顶点5处不会有光子。

如何理解这种现象？数百年来，物理学家对干涉有一个简单的解释：波。例如，将两块鹅卵石扔进水池中，这个例子很容易说服我们，波浪会干扰，有时相互加强，有时相互抵消。因此，双缝实验指出了光的波状性质。与此同时，量子力学中的另一个关键实验，即光电效应，指向不同的方向：光被吸收并以离散量-光子发射。就好像光（和物质）具有双重性质：在某些情况下，它充当粒子束，而在其他时候，它充当波。

重要的是，实验可以用从顶点0射出的单个光子完成。即使在这种情况下，仍然会发生干扰。这是怎么回事？

因此，按照在3.2节的子弹隐喻对光子位置的朴素概率解释并不完全充分。设系统的状态由 $\boldsymbol{X}=[c_0\quad c_1\quad \cdots\quad c_{n-1}]^{\mathrm{T}}\in\mathbb{C}^n$ 给出。说光子在 k 位置的概率是 $|c_k|^2$。相反，处于状态 $\boldsymbol{X}$ 意味着粒子在某种意义上同时处于所有位置。光子同时穿过顶部狭缝和底部狭缝，当它离开两个狭缝时，它可以自我抵消。光子不是在一个单一的位置，而是处于许多位置上的一个叠加状态。

这可能产生一些合理的怀疑。毕竟，我们不会在许多不同的位置上看到事物。日常经验告诉我们，事物处于一种位置或另一种位置。这怎么可能？我们在一个特定位置能看到粒子的原因是因为我们进行了测量。当在量子水平上测量某物时，我们测量的量子物体不再处于状态的叠加状态，而是坍缩成一个单一的经典状态。因此，我们必须重新定义量子系统的状态：一个系统处于状态 $\boldsymbol{X}$ 意味着在测量它之后，它将以概率 $|c_i|^2$ 在位置 i 被找到。

我们该如何看待这些奇怪的想法呢？我们要相信他们吗？理查德·费曼（Richard

Feynman)[18]在讨论双缝实验(费曼,1963 年,第三卷,第 1-1 页)时,充满了抒情:

我们选择研究一种现象,这种现象是不可能的,绝对不可能以任何经典的方式解释,并且具有量子力学的核心。实际上,它包含了唯一的奥秘。我们不能通过"解释"它的工作原理消除这个谜团。我们只会告诉你它是如何工作的。

正是这种状态的叠加,才是量子计算背后的真正力量。经典计算机每时每刻都处于一种状态。想象一下,将计算机同时置于许多不同的经典状态,然后同时处理所有状态。这是并行处理的终极。这样的计算机只能在量子世界中构思。

下面回顾一下我们学到的知识:

- 量子系统中的状态由复数的列向量表示,其模平方和为 1。
- 量子系统的动力学由酉矩阵表示,因此是可逆的。"撤销"是通过代数逆获得的,即表示前向进化的酉矩阵的伴随。
- 量子力学的概率总是复数的模平方。
- 量子态可以叠加,即一个物理系统可以同时处于多个基本状态。

编程练习 3.3.1　修改编程练习 3.2.1 的程序,以便允许元素为复数,而不是分数。

编程练习 3.3.2　修改编程练习 3.2.2 的程序,以便允许从多个狭缝到多个测量设备的转换为复数。你的程序应识别存在干扰现象的位置。

3.4　装配系统

量子力学还处理复合系统,即具有多个部分的系统。本节我们将学习如何将多个系统组合成一个系统。我们将讨论如何组装经典概率系统。然而,无论关于概率系统的说法是什么,对于量子系统来说都是正确的。

考虑两种不同的弹珠。想象一下,一个红色的弹珠遵从图 G_M 的概率:

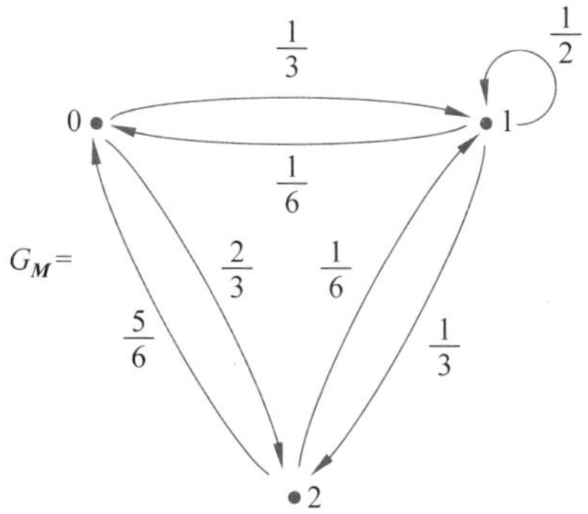

$G_M=$　(3.55)

其对应邻接矩阵为

$$\boldsymbol{M}=\begin{bmatrix} 0 & \frac{1}{6} & \frac{5}{6} \\ \frac{1}{3} & \frac{1}{2} & \frac{1}{6} \\ \frac{2}{3} & \frac{1}{3} & 0 \end{bmatrix} \tag{3.56}$$

此外，还有一个蓝色弹珠，遵循图(3.57)给出的过渡。

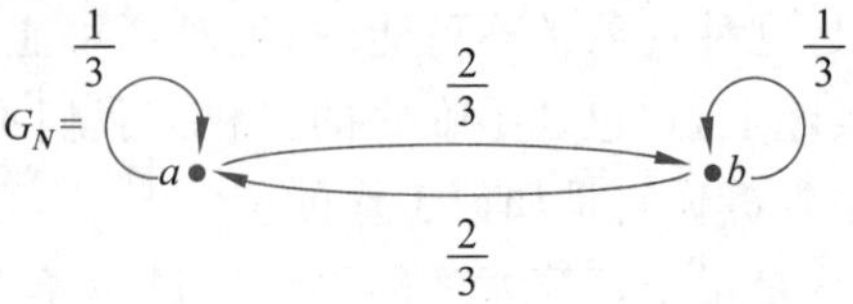

$$G_N = \quad a \underset{\frac{2}{3}}{\overset{\frac{2}{3}}{\rightleftarrows}} b \quad (a \circlearrowleft \tfrac{1}{3},\ b \circlearrowleft \tfrac{1}{3}) \tag{3.57}$$

即矩阵

$$\boldsymbol{N} = \begin{bmatrix} \frac{1}{3} & \frac{2}{3} \\ \frac{2}{3} & \frac{1}{3} \end{bmatrix} \tag{3.58}$$

双弹珠系统的状态如何？由于红色弹珠可以位于三个顶点之一，而蓝色弹珠可以位于两个顶点上，因此组合系统可能有 3×2=6 种状态。这是 3×1 向量与 2×1 向量的张量积。典型状态可能如下所示：

$$\boldsymbol{X} = \begin{matrix} 0a \\ 0b \\ 1a \\ 1b \\ 2a \\ 2b \end{matrix} \begin{bmatrix} \frac{1}{18} \\ 0 \\ \frac{2}{18} \\ \frac{1}{3} \\ 0 \\ \frac{1}{2} \end{bmatrix} \tag{3.59}$$

这将对应一个事实：

红色弹珠在顶点 0 上且蓝色弹珠在顶点 a 上的概率为 1/18；

红色弹珠在顶点 0 上且蓝色弹珠在顶点 b 上的概率为 0；

红色弹珠在顶点 1 上且蓝色弹珠在顶点 a 上的概率为 2/18；

红色弹珠在顶点 1 上且蓝色弹珠在顶点 b 上的概率为 1/3；

红色弹珠位于顶点 2 且蓝色弹珠位于顶点 a 上的概率为 0，并且；

红色弹珠位于顶点 2 且蓝色弹珠位于顶点 b 上的概率为 1/2。

具有这两个弹珠的系统如何变化？它的动态是什么？想象一下，红色弹珠位于顶点 1 上，蓝色弹珠位于顶点 a 上。我们可以将此状态写为"$1a$"。从状态 $1a$ 到状态 $2b$ 的概率是多少？显然，红色弹珠从顶点 1 移动到顶点 2，并且蓝色弹珠必须从顶点 a 移动到顶点 b。概率是 $\frac{1}{3}\times\frac{2}{3}=\frac{2}{9}$。一般来说，一个系统从状态 ij 到状态 $i'j'$ 的概率是从状态 i 到状态 i' 的概率，和从状态 j 到状态 j' 的概率的积。

$$ij \xrightarrow{\boldsymbol{M}[i',i]\times\boldsymbol{N}[j',j]} i'j' \tag{3.60}$$

对于所有状态的更改，我们必须对所有元素执行此操作。我们实际上给出了两个矩阵的张量积，如 2.7 节的方程(2.175)中所定义。

$$
M \otimes N = \begin{array}{c} \\ \mathbf{0} \\ \mathbf{1} \\ \mathbf{2} \end{array}
\begin{array}{c} \begin{array}{ccc} \mathbf{0} & \mathbf{1} & \mathbf{2} \end{array} \\
\begin{bmatrix}
0\begin{bmatrix} \frac{1}{3} & \frac{2}{3} \\ \frac{2}{3} & \frac{1}{3} \end{bmatrix} & \frac{1}{6}\begin{bmatrix} \frac{1}{3} & \frac{2}{3} \\ \frac{2}{3} & \frac{1}{3} \end{bmatrix} & \frac{5}{6}\begin{bmatrix} \frac{1}{3} & \frac{2}{3} \\ \frac{2}{3} & \frac{1}{3} \end{bmatrix} \\
\frac{1}{3}\begin{bmatrix} \frac{1}{3} & \frac{2}{3} \\ \frac{2}{3} & \frac{1}{3} \end{bmatrix} & \frac{1}{2}\begin{bmatrix} \frac{1}{3} & \frac{2}{3} \\ \frac{2}{3} & \frac{1}{3} \end{bmatrix} & \frac{1}{6}\begin{bmatrix} \frac{1}{3} & \frac{2}{3} \\ \frac{2}{3} & \frac{1}{3} \end{bmatrix} \\
\frac{2}{3}\begin{bmatrix} \frac{1}{3} & \frac{2}{3} \\ \frac{2}{3} & \frac{1}{3} \end{bmatrix} & \frac{1}{3}\begin{bmatrix} \frac{1}{3} & \frac{2}{3} \\ \frac{2}{3} & \frac{1}{3} \end{bmatrix} & 0\begin{bmatrix} \frac{1}{3} & \frac{2}{3} \\ \frac{2}{3} & \frac{1}{3} \end{bmatrix}
\end{bmatrix} \end{array}
\tag{3.61}
$$

$$
= \begin{array}{c} \\ 0a \\ 0b \\ 1a \\ 1b \\ 2a \\ 2b \end{array}
\begin{array}{c} \begin{array}{cccccc} 0a & 0b & 1a & 1b & 2a & 2b \end{array} \\
\begin{bmatrix}
0 & 0 & \frac{1}{18} & \frac{2}{18} & \frac{5}{18} & \frac{10}{18} \\
0 & 0 & \frac{2}{18} & \frac{1}{18} & \frac{10}{18} & \frac{5}{18} \\
\frac{1}{9} & \frac{2}{9} & \frac{1}{6} & \frac{2}{6} & \frac{1}{18} & \frac{2}{18} \\
\frac{2}{9} & \frac{1}{9} & \frac{2}{6} & \frac{1}{6} & \frac{2}{18} & \frac{1}{18} \\
\frac{2}{9} & \frac{4}{9} & \frac{1}{9} & \frac{2}{9} & 0 & 0 \\
\frac{4}{9} & \frac{2}{9} & \frac{2}{9} & \frac{1}{9} & 0 & 0
\end{bmatrix} \end{array}
$$

对应于此矩阵的图，$G_M \times G_N$（称为两个加权图的笛卡儿积）有 28 个加权箭头。我们只需填写与 $M \otimes N$ 的第三列相对应的箭头：

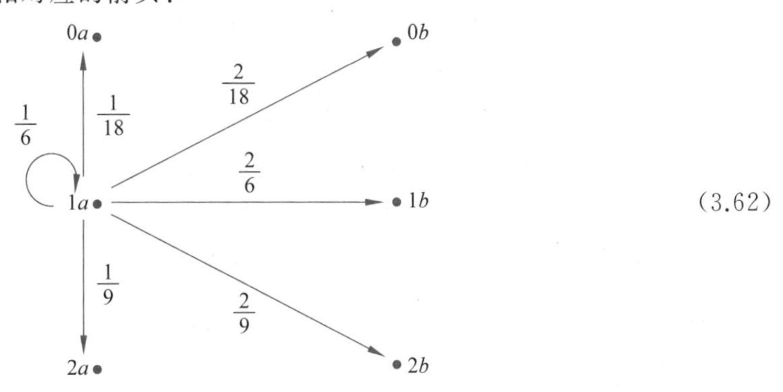

(3.62)

练习 3.4.1　在一张纸上完成式(3.62)中的图。

练习 3.4.2　找到对应 $N \otimes N$ 的矩阵和图。

在量子理论中，两个独立系统的状态可以使用两个向量的张量积进行组合，两个系统的变化可以通过使用两个矩阵的张量积来组合。然后，矩阵的张量积将作用于向量的张量积。

然而,必须强调的是,在量子世界中,除了可以从较小的状态组合在一起的状态外,还有更多可能的状态。事实上,不是较小状态的张量积的状态是更有趣的状态,它们被称为纠缠状态。我们将在 4.5 节中再次看到它们。同样,在组合的量子系统上还有更多的作用,而不仅是单个系统行动的张量积。

通常,具有 n'-顶点图的 n-顶点图的笛卡儿积是 $(n\times n')$-顶点图。如果有一个 n 顶点图 G,并且我们对在这个系统中移动的 m 个不同的弹珠感兴趣,则我们需要看看这个图。

$$G^m=\underbrace{G\times G\times\cdots\times G}_{m\,\text{times}} \tag{3.63}$$

这将具有 n^m 顶点。如果 M_G 是相关的邻接矩阵,那么我们将对

$$M_G^{\otimes m}=\underbrace{M_G\otimes M_G\otimes\cdots\otimes M_G}_{m\,\text{times}} \tag{3.64}$$

这将是一个 $nm\times nm$ 的矩阵。

人们可能认为这有点像双顶点图,其中顶点 0 上有一个弹珠,或者在顶点 1 上有一个弹珠。如果希望用单个弹珠表示 m 位,则需要一个 2^m 的顶点图,或者等效地,需要一个 $2^m\times 2^m$ 的矩阵。因此,我们所讨论的位数所需的资源呈指数级增长。

这种指数级增长实际上是理查德·费曼最初谈论量子计算[19]的主要原因。他意识到,由于这种指数级增长,因此经典计算机很难模拟这样的系统。然后,他问到,具有执行大规模并行处理的固有能力的未来量子计算机是否能够完成这项任务。5.1 节将会再次讨论这种指数级增长。

读者提示:现在你已经对张量积有了一些直觉知识,再次翻阅 2.7 节可能是一个好主意。

总结:

- 复合系统由其子系统的过渡图的笛卡儿积表示。
- 如果两个矩阵独立作用于子系统,则它们的张量积作用于其组合系统的状态。
- 描述越来越大的复合系统所需的资源数量呈指数级增长。

练习 3.4.3 设

$$\boldsymbol{M}=\begin{bmatrix}\frac{1}{3} & \frac{2}{3}\\ \frac{2}{3} & \frac{1}{3}\end{bmatrix} \text{和 } \boldsymbol{N}=\begin{bmatrix}\frac{1}{2} & \frac{1}{2}\\ \frac{1}{2} & \frac{1}{2}\end{bmatrix}$$

计算 $\boldsymbol{M}\otimes\boldsymbol{N}$ 并找到其关联的图。将此图与 $G_{\boldsymbol{M}}\times G_{\boldsymbol{N}}$ 进行比较。

练习 3.4.4 证明一个一般定理:给定两个方阵 $\boldsymbol{M}$ 和 $\boldsymbol{N}$ 以及相关的加权图 $G_{\boldsymbol{M}}$ 和 $G_{\boldsymbol{N}}$,表明这两个图

$$G_{\boldsymbol{M}\otimes\boldsymbol{N}}\cong G_{\boldsymbol{M}}\times G_{\boldsymbol{N}} \tag{3.65}$$

本质上是相同的(加权图的同构)。

练习 3.4.5 证明一个一般定理:给定两个加权图 G 和 H,以及相关的邻接矩阵 $\boldsymbol{M}_G$ 和 $\boldsymbol{M}_H$,显示矩阵的相等性

$$M_{G\times H} = M_G \otimes M_H \tag{3.66}$$

练习 3.4.6　在练习 2.7.4 中证明了矩阵的张量积的本质交换性，即对于矩阵 $\boldsymbol{M}$ 和 $\boldsymbol{N}$，有以下同构性：

$$\boldsymbol{M} \otimes \boldsymbol{N} \cong \boldsymbol{N} \otimes \boldsymbol{M} \tag{3.67}$$

就弹珠在图表上移动而言，这对应什么？

练习 3.4.7　在练习 2.7.9 中证明了对于适当大小的矩阵 $\boldsymbol{M}, \boldsymbol{M}', \boldsymbol{N}$ 和 $\boldsymbol{N}'$，有以下等式：

$$(\boldsymbol{M} \times \boldsymbol{M}') \otimes (\boldsymbol{N} \times \boldsymbol{N}') = (\boldsymbol{M} \otimes \boldsymbol{N}) \times (\boldsymbol{M}' \otimes \boldsymbol{N}') \tag{3.68}$$

就弹珠在图上移动而言，这对应什么呢？

参考文献：

图和矩阵之间的关系可以在任何的离散数学书籍中找到，例如这些作者的著作：Grimaldi[20]，Ross and Wright[21] 和 Rosen[22]。

图中的路径数与矩阵乘法之间的联系可以在许多书籍中找到，例如 Ross and Wright[21] 的 11.3 节。

本章的其余部分包括对这一思想的概括，以期实现基本的量子力学。

要学习基本量子力学，请参阅第 4 章末尾的参考资料。

双缝实验在费曼[18]第 3 卷第 1 章中进行了深入讨论。费曼从这个简单的实验中推导出量子力学的许多性质。

要了解有关向量空间张量积的更多信息，请参阅第 2 章末尾的参考文献。

第4章

基础量子理论

现实是当你不再相信它时，它不会消失。

菲利普·迪克①

在第1章和第2章中，我们开发了必要的数学工具和术语，这些工具和术语将在本书中使用。第3章提供了一些启发式方法，并缓缓地将我们引向量子力学的门槛。现在是时候打开大门介绍量子的基本概念和工具，并继续我们的量子计算之旅②了。

4.1节首先简要地介绍量子力学背后的动机，然后介绍量子态以及它们如何通过观察来区分彼此。4.2节描述量子框架内的可观测物理量。如何测量可观察量是4.3节的主题。量子系统的动力学，即它们在时间上的演变，是4.4节的重点。在4.5节中，我们重新审视张量积，并展示它如何描述从较小的量子系统组装较大的量子系统的方式。在这个过程中，我们遇到了纠缠的关键概念，这是量子世界的一个特征，在未来的章节中会再次出现。

4.1 量子态

为什么是量子力学？要回答这个问题，必须回溯到20世纪初。经典力学仍以双管齐下的方式占据主导地位：粒子和波。物质被认为最终由微观粒子组成，光被认为是在空间中传播的连续电磁波。

几项开创性的实验证明了粒子与波的二分法是错误的。例如，衍射实验表明，一束亚原子粒子撞击晶体会按照波浪状图案衍射，这与光本身的衍射图案完全相似。到20世纪20年代中期，物理学家开始将波与所有已知粒子联系起来，即所谓的物质波(第一个建议是法国物理学家 Louis De Broglie 1924年在他的博士论文中提出的)。

光电效应(Hertz在1887年观察到)表明，被光束击中的原子可能会吸收它，导致一些电子跃迁到更高能量的轨道(即离原子核更远)。稍后，吸收的能量可能以发射光的形式释放，导致激发的电子返回到较低的轨道。光电效应揭示的是光物质交易总是通过离散的能量包发生，称为光子(这个概念是由爱因斯坦在他1905年的开创性论文中引入的，作为解释光电效应的一种方式)。光子充当真正的粒子，可以一次一个地被吸收和发射。

① 引文摘自迪克1978年的讲座《如何构建一个两天后不会分崩离析的宇宙》。

② 我们不会试图以详尽的历史方式呈现这些材料。好奇的读者可以参考本章末尾的参考资料，了解大量关于量子力学的优秀、全面的介绍。

随着时间的推移，来自许多方面的进一步实验证据不断积累，强烈表明旧的二元粒子-波理论必须被一种新的微观世界理论所取代，在这种理论中，物质和光都表现出类粒子和类波的行为。建立量子力学概念框架的时机已经成熟。

第 3 章讨论了双缝实验的玩具版本。事实证明，这是一个实际的实验，实际上是一系列相关的实验，第一个实验是由英国博学家托马斯·杨（Thomas Young）在 1801 年左右用光进行的。在我们继续之前，值得我们花时间简要回顾一下，因为它包含构成量子魔法的大部分主要成分。

一个光子在具有两个非常接近的狭缝的边界处发光。如图 4.1 所示，边界右侧的光模式将具有某些黑暗区域和某些明亮区域。

屏幕上出现无光区域的原因是光波相互干扰。光从其源头以单波形式传播；两个狭缝使该波分裂成两个独立的波，然后在到达屏幕时相互干扰。一些区域会更暗，其他区域会更亮，这取决于两个波是同相（正干涉）还是异相（负干涉）。

如果关闭其中一条缝，会发生什么情况？在这种情况下，没有分裂，因此没有任何干涉图案（见图 4.2）。

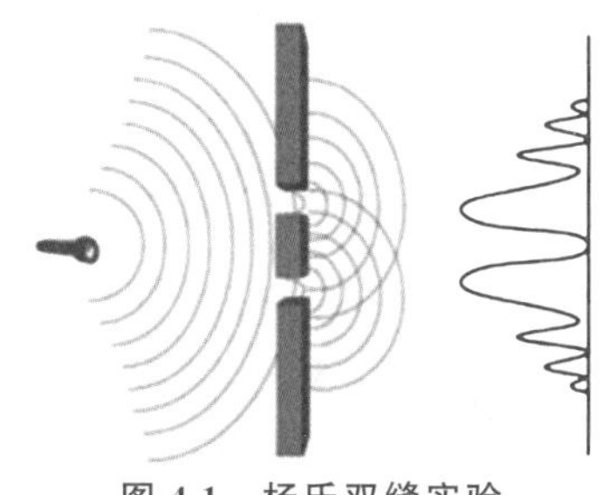

图 4.1 杨氏双缝实验

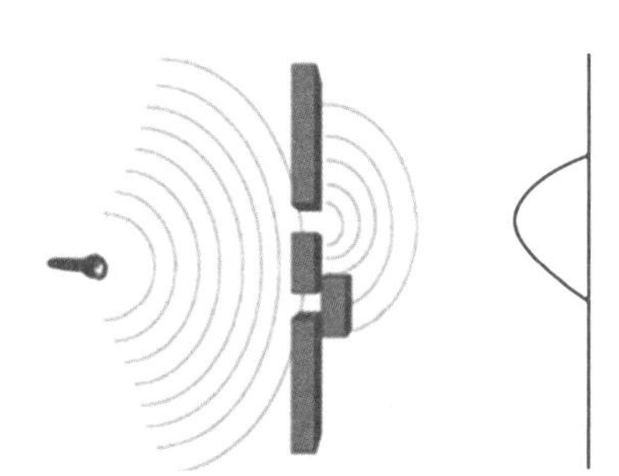

图 4.2 单缝闭合的杨氏双缝实验

关于这个开创性实验，先后有以下两个评论。

- 正如在第 3 章中指出的，双缝实验一次只能用一个光子完成。我们现在不是在屏幕上发现较亮或较暗的光模式，而是在寻找单个光子或多或少可能降落的区域。然后可以将相同的模式视为描述某个区域被光子击中的概率。那么，自然的问题是，如果只有一个光子，为什么会有干涉图案？然而，实验表明存在这样的模式。我们的光子是真正的变色龙：有时它表现为粒子，有时它表现为波，这取决于观察它的方式。
- 双缝实验不仅与光有关：电子、质子甚至原子核都可以同样出色地完成它，它们都将表现出完全相同的干涉行为①。这再次清楚地表明了波和粒子之间的严格区别作为描述物理世界的范式在量子水平上是站不住脚的。

本节的其余部分将介绍量子物理系统的基本数学描述。下面用两个简单的例子说明基本机制：

① 这样的实验确实已经进行了，只是比原版的杨氏双缝实验晚了很久。建议阅读罗杰斯（Rodgers）编辑的文章[23]中关于实验物理学的部分。

- 一个粒子被限制在一条线上的一组离散位置；
- 单粒子自旋系统。

考虑一条线上的亚原子粒子；此外，假设它只能在等间距点$\{x_0, x_1, \cdots, x_{n-1}\}$之一检测到，其中$x_1 = x_0 + \delta_x$，$x_2 = x_1 + \delta_x$，…，$\delta_x$ 是某固定的增量。

$$\begin{array}{ccccccc} x_0 & x_1 & \cdots & x_i & \cdots & x_{n-1} \\ \bullet \text{---} & \bullet \text{---} & & \bullet \text{---} & & \bullet \end{array} \tag{4.1}$$

现实生活中，粒子当然可以占据线的任何点，而不仅仅是其有限的子集。然而，如果遵循这条路线，我们系统的状态空间将是无限维的，需要一个比前几章介绍的更大的数学工具。虽然这样的工具对于量子力学至关重要，但我们不需要用它阐述量子计算[①]。对于我们目前的阐述，可以假设集合$\{x_0, x_1, \cdots, x_{n-1}\}$由很多点（$n$ 足够大）组成，并且 δ_x 很小，从而提供了一个相当好的近似的连续系统。

现在要将 n 维复列向量与粒子的当前状态相关联$[c_0, c_1, \cdots, c_{n-1}]^T$。

位于点 x_i 处的粒子应使用狄拉克 ket 符号表示为$|x_i\rangle$。（不要担心有趣的符号，稍后会解释）对于这 n 个基本状态中的每一个，我们将关联一个列向量：

$$\begin{aligned} |x_0\rangle &\mapsto [1, 0, \cdots, 0]^T \\ |x_1\rangle &\mapsto [0, 1, \cdots, 0]^T \\ &\vdots \\ |x_{n-1}\rangle &\mapsto [0, 0, \cdots, 1]^T \end{aligned} \tag{4.2}$$

可以观察到，这些向量构成了$\mathbb{C}^n$的规范基。从经典力学的角度看，方程(4.2)中的基本状态是我们所需要的。在量子力学中并非如此：实验证据证明了这样一个事实，即粒子可以处于这些状态的奇怪模糊混合中（再想想双缝！）。为了赶上自然界，我们将通过假设$\mathbb{C}^n$中的所有向量代表粒子的合法物理状态进行大胆的飞跃。

这一切可能意味着什么？

表示为$|\psi\rangle$的任意状态将是$|x_0\rangle, |x_1\rangle, \cdots, |x_{n-1}\rangle$的线性组合，通过合适的复数权重$c_0, c_1, \cdots, c_{n-1}$，称为复振幅[②]。

$$|\psi\rangle = c_0 |x_0\rangle + c_1 |x_1\rangle + \cdots + c_{n-1} |x_{n-1}\rangle \tag{4.3}$$

因此，我们系统的每个状态都可以用$\mathbb{C}^n$的元素表示为

$$|\psi\rangle \mapsto [c_0, c_1, \cdots, c_{n-1}]^T \tag{4.4}$$

我们说状态$|\psi\rangle$是基本状态的叠加。$|\psi\rangle$表示粒子同时位于所有$\{x_0, x_1, \cdots, x_{n-1}\}$位置，或所有$|x_i\rangle$的混合。然而，有不同的可能的混合（就像在烤苹果派的食谱中一样，可以改变成分的比例并获得不同的味道）。复数 $c_0, c_1, \cdots, c_{n-1}$ 准确地告诉我们粒子目前处于哪个叠加位置。复数 c_i 的范数平方除以$|\psi\rangle$的范数平方将告诉我们，在观察粒子后我们将在点 x_i 检测到它的概率：

---

① 顺便提一下，在计算机模拟中，人们必须始终将连续的物理系统（经典或量子）变成离散的物理系统：计算机无法处理无限。

② 这个名字来自这样一个事实，即当研究$|\psi\rangle$的时间演变时，它确实是一个（复杂的）波，正如将在 4.3 节末尾看到的那样。波的特征在于它们的振幅（想想声波的强度）——因此得名于上文以及它们的频率（在声波的情况下，它们的音高）。事实证明，$|\psi\rangle$的频率在粒子的动量中起着关键作用。可以将方程(4.3)视为将$|\psi\rangle$描述为 n 个波$|x_i\rangle$的重叠，每个波对振幅 c_i 都有贡献。

$$p(x_i)=\frac{|c_j|^2}{||\psi\rangle|^2}=\frac{|c_j|^2}{\sum_j |c_j|^2} \tag{4.5}$$

观察到 $p(x_i)$ 始终是正实数，$0\leqslant p(x_i)\leqslant 1$，因为任何真实概率都应该如此。

当观察到 $|\psi\rangle$ 时，会发现它处于一种基本状态。可以把它写成[1]

$$|\psi\rangle \rightsquigarrow |x_i\rangle \tag{4.6}$$

例 4.1.1　假设粒子只能位于四个点 $\{x_0, x_1, x_2, x_3\}$。因此，我们关注的是状态空间 $\mathbb{C}^4$。同时假设现在的状态向量是

$$|\psi\rangle=\begin{bmatrix}-3-\mathrm{i}\\-2\mathrm{i}\\\mathrm{i}\\2\end{bmatrix} \tag{4.7}$$

我们将计算粒子在位置 x_2 被发现的概率。$|\psi\rangle$ 的规范由式(4.8)给出：

$$||\psi\rangle|=\sqrt{|-3-\mathrm{i}|^2+|-2\mathrm{i}|^2+|\mathrm{i}|^2+|2|^2}=4.3589 \tag{4.8}$$

因此，概率是

$$\frac{|\mathrm{i}|^2}{(4.3589)^2}=0.052632 \tag{4.9}$$

练习 4.1.1　假设粒子被限制在 $\{x_0, x_1, \cdots, x_5\}$，并且当前状态向量为

$$|\psi\rangle=[2-\mathrm{i}, 2\mathrm{i}, 1, -\mathrm{i}, 1, -2\mathrm{i}, 2]^{\mathrm{T}} \tag{4.10}$$

在位置 x_3 和 x_4 找到粒子的可能性分别有多大？

采用狄拉克 ket 符号：如果

$$|\psi\rangle=c_0|x_0\rangle+c_1|x_1\rangle+\cdots+c_{n-1}|x_{n-1}\rangle=[c_0, c_1, \cdots, c_{n-1}]^{\mathrm{T}} \tag{4.11}$$

和

$$|\psi'\rangle=c_0'|x_0\rangle+c_1'|x_1\rangle+\cdots+c_{n-1}'|x_{n-1}\rangle=[c_0', c_1', \cdots, c_{n-1}']^{\mathrm{T}} \tag{4.12}$$

那么，

$$\begin{aligned}|\psi\rangle+|\psi'\rangle&=(c_0+c_0')|x_0\rangle+(c_1+c_1')|x_1\rangle+\cdots+(c_{n-1}+c_{n-1}')|x_{n-1}\rangle\\&=[c_0+c_0', c_1+c_1', \cdots, c_{n-1}+c_{n-1}']^{\mathrm{T}}\end{aligned} \tag{4.13}$$

此外，对于复数 $c\in\mathbb{C}$，可以将 c 标量乘以 ket：

$$c|\psi\rangle=cc_0|x_0\rangle+cc_1|x_1\rangle+\cdots+cc_{n-1}|x_{n-1}\rangle=[cc_0, cc_1, \cdots, cc_{n-1}]^{\mathrm{T}} \tag{4.14}$$

如果 ket 加它自身，会发生什么情况？

$$\begin{aligned}|\psi\rangle+|\psi\rangle=2|\psi\rangle&=[c_0+c_0, c_1+c_1, \cdots, (c_j+c_j), \cdots, c_{n-1}+c_{n-1}]^{\mathrm{T}}\\&=[2c_0, 2c_1, \cdots, 2c_j, \cdots, 2c_{n-1}]^{\mathrm{T}}\end{aligned} \tag{4.15}$$

式(4.15)的模平方之和为

$$\begin{aligned}S'&=|2c_0|^2+|2c_1|^2+\cdots+|2c_{n-1}|^2\\&=2^2|c_0|^2+2^2|c_1|^2+\cdots+2^2|c_{n-1}|^2\\&=2^2(|c_0|^2+|c_1|^2+\cdots+|c_{n-1}|^2)\end{aligned} \tag{4.16}$$

对于状态 $2|\psi\rangle$，粒子在位置 j 中被发现的概率为

---

① 本章通篇使用摆动线表示量子系统在测量前后的状态。

$$p(x_i)=\frac{|2c_j|^2}{S'}=\frac{2^2|c_j|^2}{2^2(|c_0|^2+|c_1|^2+\cdots+|c_{n-1}|^2)}$$
$$=\frac{|c_j|^2}{|c_0|^2+|c_1|^2+\cdots+|c_{n-1}|^2} \tag{4.17}$$

换句话说，ket$2|\psi\rangle$描述了与$|\psi\rangle$相同的物理系统。注意，可以将 2 替换为任意 $c\in\mathbb{C}$并获得相同的结果。在几何上，向量$|\psi\rangle$及其所有复标量倍数$c|\psi\rangle$，即由$|\psi\rangle$生成的整个子空间，描述了相同的物理状态。就物理学而言，$|\psi\rangle$的长度并不重要。

练习 4.1.2 设$|\psi\rangle$为$[c_0 \quad c_1 \quad \cdots \quad c_{n-1}]^{\mathrm{T}}$。检查$|\psi\rangle$乘以任何复数 c 不会改变概率的计算。(提示：在比率中考虑 c。)

例 4.1.2 向量

$$|\psi_1\rangle=\begin{bmatrix}1+\mathrm{i}\\ \mathrm{i}\end{bmatrix}\text{和}|\psi_2\rangle=\begin{bmatrix}2+4\mathrm{i}\\ 3\mathrm{i}-1\end{bmatrix} \tag{4.18}$$

相差 $3+\mathrm{i}$ 倍(验证它)，因此它们是同一量子态的代表。

练习 4.1.3 向量$[1+\mathrm{i},2-\mathrm{i}]^{\mathrm{T}}$ 和$[2+2\mathrm{i},1-\mathrm{i}]^{\mathrm{T}}$ 是否表示相同的状态？

由于将 ket 乘以(或除以)任何(复)数，仍然代表相同的物理状态，因此也可以使用归一化$|\psi\rangle$，即

$$\frac{|\psi\rangle}{||\psi\rangle|} \tag{4.19}$$

它的长度为 1[①]。

例 4.1.3 向量$[2-3\mathrm{i},1+2\mathrm{i}]^{\mathrm{T}}$ 的长度由式(4.20)给出：

$$\sqrt{|2-3\mathrm{i}|^2+|1+2\mathrm{i}|^2}=4.2426 \tag{4.20}$$

可以通过简单地除以它的长度来规范化它：

$$\frac{1}{4.2426}[2-3\mathrm{i},1+2\mathrm{i}]^{\mathrm{T}}=[0.47140-0.70711\mathrm{i},0.23570+0.47140\mathrm{i}]^{\mathrm{T}} \tag{4.21}$$

练习 4.1.4 规一化 ket

$$|\psi\rangle=[3-\mathrm{i},2+6\mathrm{i},7-8\mathrm{i},6.3+4.9\mathrm{i},13\mathrm{i},0,21.1]^{\mathrm{T}} \tag{4.22}$$

练习 4.1.5 (a)验证两个状态向量$\left[\frac{\sqrt{2}}{2},\frac{\sqrt{2}}{2}\right]^{\mathrm{T}}$和$\left[\frac{\sqrt{2}}{2},-\frac{\sqrt{2}}{2}\right]^{\mathrm{T}}$在$\mathbb{C}^2$中的长度均为 1。(b)在$\mathbb{C}^2$的单位球上找到表示这两种状态的叠加(加法)的向量。

给定一个归一化的 ket$|\psi\rangle$，方程(4.5)的分母为 1，因此，方程简化为

$$p(x_i)=|c_i|^2 \tag{4.23}$$

至此已经完成了第一个激励示例。下面继续讨论第二个问题。为了讨论第二个问题，需要引入亚原子粒子的一种性质——自旋。事实证明，自旋将发挥重要的作用，因为它是实现量子信息位或量子位的典型方式，将在 5.1 节中讨论。

什么是自旋？施特恩-格拉赫(Stern-Gerlach)实验(于 1922 年首次进行)表明，存在于磁场的电子的行为就像带电的旋转陀螺：它将充当小磁铁并努力将自己与外部场对齐。

① 在 3.3 节中，我们将自己限制在归一化的复数向量上。现在你明白为什么了！

Stern-Gerlach 实验(见图 4.3)包括发射一束电子穿过一个非均匀磁场,该磁场定向在某个方向,例如垂直方向(z 方向)。碰巧的是,该场将光束分成两个流,带有相反的自旋。某些电子以一种方式旋转,而另一些电子则以相反的方式旋转。对于经典的旋转陀螺,有两个显著的区别:

首先,电子似乎没有内部结构,它本身只是一个带电点。它充当旋转顶部,但它不是顶部!因此,自旋是量子世界的新属性,没有经典的类似物。

其次,令人惊讶的是,所有电子都可以在屏幕的顶部或底部找到,中间没有。但是,在让它们与磁场相互作用之前,我们没有以任何方式准备"旋转"电子。传统上,人们会期望它们沿垂直轴具有不同的磁性分量,因此受到磁场的不同拉动,屏幕中间应该有一些电子,但是实际没有。结论:当在给定方向测量旋转粒子时,只能发现它处于顺时针或逆时针旋转(见图 4.4)两种状态。

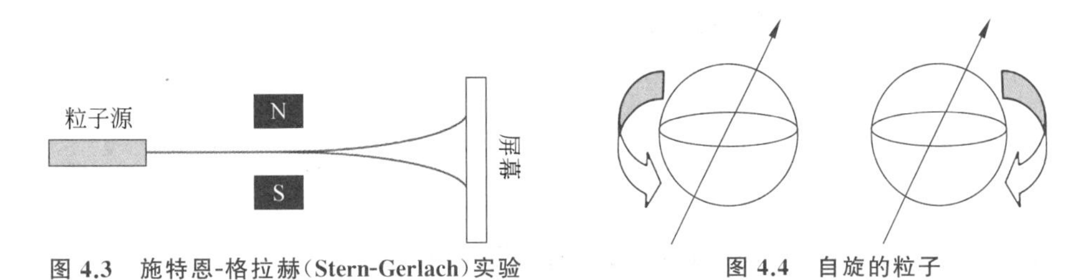

图 4.3　施特恩-格拉赫(Stern-Gerlach)实验　　**图 4.4　自旋的粒子**

对于空间中给定的每个方向,只有两个基本的自旋状态。对于垂直轴,这些状态有一个名称:向上旋转$|\uparrow>$或向下旋转$|\downarrow>$。那么,通常的状态将是向上和向下的叠加,可以表达为

$$|\psi\rangle = c_0|\uparrow\rangle + c_1|\downarrow\rangle \tag{4.24}$$

就像以前一样,c_0 是找到处于上升状态的粒子的振幅,对于 c_1 也是如此。

例 4.1.4　考虑一个粒子,其自旋可以被描述为下列 ket:

$$|\psi\rangle = (3-4\mathrm{i})|\uparrow\rangle + (7+2\mathrm{i})|\downarrow\rangle \tag{4.25}$$

ket 的长度为

$$\sqrt{|3-4\mathrm{i}|^2 + |7+2\mathrm{i}|^2} = 8.8318 \tag{4.26}$$

因此,检测粒子向上自旋的概率为

$$p(\uparrow) = \frac{|3-4\mathrm{i}|^2}{|8.8318|^2} = \frac{25}{78} \tag{4.27}$$

检测粒子向下自旋的概率为

$$p(\downarrow) = \frac{|7+2\mathrm{i}|^2}{8.8318^2} = \frac{53}{78} \tag{4.28}$$

练习 4.1.6　让自旋电子的当前状态为$|\psi\rangle = 3\mathrm{i}|\uparrow\rangle - 2|\downarrow\rangle$。找出它在向上状态下被检测到的概率。

练习 4.1.7　对式(4.25)中给出的 ket 进行规一化。

在第 2 章中,内积作为一个抽象的数学概念被引入。内积将向量空间转换为具有几何形状的空间:角度、正交性和距离被添加到画布中。现在研究一下它的物理含义。状态空

间的内积为我们提供了一种称为跃迁幅度的计算复数的工具。这使我们能够确定在进行测量后，特定测量(开始状态)之前系统状态更改为另一个(结束状态)的可能性。让

$$|\psi\rangle=\begin{bmatrix}c_0\\c_1\\\vdots\\c_{n-1}\end{bmatrix} \text{和} |\psi'\rangle=\begin{bmatrix}c'_0\\c'_1\\\vdots\\c'_{n-1}\end{bmatrix} \tag{4.29}$$

是两个规一化状态。可以通过以下配方提取状态$|\psi\rangle$和状态$|\psi'\rangle$之间的跃迁幅度：$|\psi\rangle$将是我们的起始状态。结束状态将是一个行向量，其坐标将是$|\psi'\rangle$坐标的复共轭。

这种状态称为 bra，用$\langle\psi'|$表示，等效为

$$\langle\psi'|=|\psi'\rangle^{\dagger}=[\overline{c'_0},\overline{c'_1},\cdots,\overline{c'_{n-1}}] \tag{4.30}$$

为了找到过渡幅度，我们将它们作为矩阵相乘(注意，我们将它们并排放置，形成一个 bra-ket 或 bra(c)ket，即它们的内积)：

$$\langle\psi'|\psi\rangle=[\overline{c'_0},\overline{c'_1},\cdots,\overline{c'_{n-1}}]\begin{bmatrix}c_0\\c_1\\\vdots\\c_{n-1}\end{bmatrix}=\overline{c'_0}\times c_0+\overline{c'_1}\times c_1+\cdots+\overline{c'_{n-1}}\times c_{n-1} \tag{4.31}$$

可以将开始状态、结束状态，以及从第一个到第二个的振幅表示为装饰箭头：

$$|\psi'\rangle \overset{\langle\psi'|\psi\rangle}{\rightsquigarrow} |\psi\rangle \tag{4.32}$$

当然，这个配方就是 2.4 节的内积。我们所做的只是简单地将内积分成 bra-ket 形式。虽然这在数学上等同于我们之前的定义，但它对于进行计算非常方便，而且开辟了一个全新的前景：它将焦点从状态转到状态转换①。

注意：两种状态之间的过渡幅度可能为零。事实上，当两种状态彼此正交时，就会发生这种情况。这个简单的事实暗示了正交性的物理内容：正交状态尽可能地相距甚远。可以将它们视为相互排斥的替代方案：例如，电子可以处于上下自旋的任意叠加态，但是在 z 方向上测量它之后，它将始终是向上或向下的，永远不会同时上下。如果电子在 z 方向测量之前已经处于上升状态，那么由于测量的结果，它永远不会过渡到下降状态。

假设我们被赋予了一个规范化的起始状态$|\psi\rangle$和一个正交基$\{|b_0\rangle,|b_1\rangle,\cdots,|b_{n-1}\rangle\}$，表示与系统的某些特定测量相关的互斥的结束状态的最大列表。换句话说，我们事先知道，我们的测量结果必然是基数中的一个或另一个状态，但绝不是其中任何一个状态的叠加。我们在 4.3 节中表明，对于量子系统的每个完整测量，其所有可能的结果都有一个相关的正交基。

可以用基$\{|b_0\rangle,|b_1\rangle,\cdots,|b_{n-1}\rangle\}$表示$|\psi\rangle$：

$$|\psi\rangle=b_0|b_0\rangle+b_1|b_1\rangle+\cdots+b_{n-1}|b_{n-1}\rangle \tag{4.33}$$

我们邀请你检查$b_i=\langle b_i|\psi\rangle$并校验$|b_0|^2+|b_1|^2+\cdots+|b_{n-1}|^2=1$。

---

① 一些研究人员一直在追求这种思路，雄心勃勃地试图对量子力学进行令人满意的解释。例如，Yakhir Aharonov 和他的同事近年来提出一种称为双向量形式的模型，其中单个向量描述被替换为完整的 bra-ket 对。有兴趣的读者可以参考 Aharonov 和 Rohrlich 的著作 Quantum Paradoxes[24]。

因此，很自然地以下列方式理解式(4.33)：每个$|b_i|^2$是在进行测量后最终进入状态$|b_i\rangle$的概率。

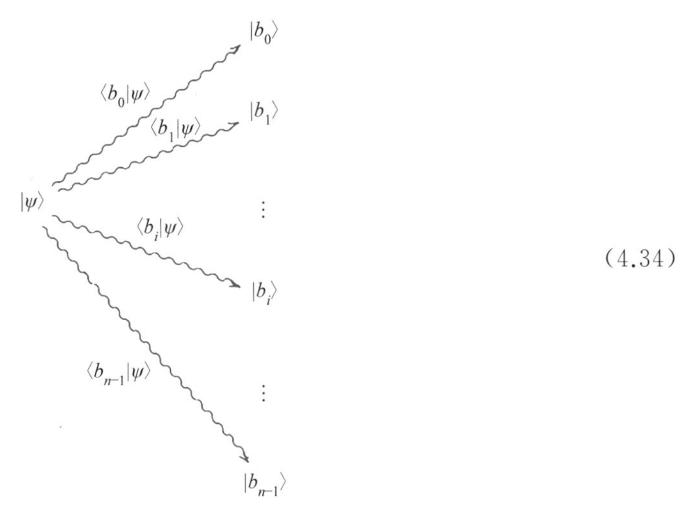

(4.34)

练习 4.1.8 检查集合$\{|x_0\rangle,|x_1\rangle,\cdots,|x_{n-1}\rangle\}$是直线上粒子状态空间的正交基。同样，验证$\{|\uparrow\rangle\},|\downarrow\rangle\}$是单粒子自旋系统的正交基。

从现在开始，将交替使用前面介绍的行列和 bra-ket 表示法，只要认为合适[①]。下面举几个例子。

例 4.1.5 计算对应于 ket $|\psi\rangle=[3,1-2\mathrm{i}]^{\mathrm{T}}$ 的 bra。这很容易，取所有元素的复数共轭，并列出它们：$\langle\psi|=[3,1+2\mathrm{i}]$。

例 4.1.6 计算从$|\psi\rangle=\frac{\sqrt{2}}{2}[1,\mathrm{i}]^{\mathrm{T}}$到$|\phi\rangle=\frac{\sqrt{2}}{2}[\mathrm{i},-1]^{\mathrm{T}}$的跃迁幅度。首先需要写下对应结束状态的 bra：

$$\langle\phi|=\frac{\sqrt{2}}{2}[-\mathrm{i},-1] \tag{4.35}$$

现在可以取它们的内积：

$$\langle\phi,\psi\rangle=-\mathrm{i} \tag{4.36}$$

练习 4.1.9 计算 bra 对应于 ket$|\psi\rangle=[3+\mathrm{i},-2\mathrm{i}]^{\mathrm{T}}$。

练习 4.1.10 计算从$\frac{\sqrt{2}}{2}[\mathrm{i},-1]^{\mathrm{T}}$到$\frac{\sqrt{2}}{2}[1,-\mathrm{i}]^{\mathrm{T}}$的跃迁幅度。

观察一下，在通过内积计算跃迁幅度时，通过简单地将内积除以两个向量的长度的乘积（或者等价地，首先归一化状态向量，然后计算它们的内积），可以很容易地消除归一化状态的要求。下面是一个示例。

例 4.1.7 计算从$|\psi\rangle=[1,-\mathrm{i}]^{\mathrm{T}}$到$|\phi\rangle=[\mathrm{i},1]^{\mathrm{T}}$的跃迁幅度。两个向量的范数都是$\sqrt{2}$。可以先取它们的内积：

---

① 历史记事是：在量子力学中无处不在的 bra-ket 符号是由伟大的物理学家 Paul A.M. Dirac 在 1930 年左右引入的。

$$\langle \phi \mid \psi \rangle = [-\mathrm{i}, 1][1, -\mathrm{i}]^{\mathrm{T}} = -2\mathrm{i} \tag{4.37}$$

然后,将其除以其范数的乘积:

$$\frac{-2\mathrm{i}}{\sqrt{2} * \sqrt{2}} = -\mathrm{i} \tag{4.38}$$

等价地,可以首先规范化它们,然后取它们的内积:

$$\left\langle \frac{1}{\sqrt{2}}\phi \,\middle|\, \frac{1}{\sqrt{2}}\psi \right\rangle = \left[\frac{-\mathrm{i}}{\sqrt{2}}, \frac{1}{\sqrt{2}}\right]\left[\frac{1}{\sqrt{2}}, \frac{-\mathrm{i}}{\sqrt{2}}\right]^{\mathrm{T}} \tag{4.39}$$

当然,结果是一样的。可以简单地把这个计算公式化为

$$\frac{\langle \phi \mid \psi \rangle}{|\,|\phi\rangle\,|\,|\,|\psi\rangle\,|} \tag{4.40}$$

停顿一下,看看我们在哪里。

- 我们已经学会了将向量空间与量子系统联系起来。这个空间的维度反映了系统的基本状态的数量。
- 状态可以叠加,通过将其表示向量相加。
- 如果状态的表示向量乘以复标量,则该状态保持不变。
- 状态空间具有几何形状,由其内积给出。这个几何图形具有物理意义:它告诉我们给定状态在被测量后过渡到另一个状态的可能性。彼此正交的状态是相互排斥的。

在继续 4.2 节之前,先编写一个简单的计算机仿真。

编程练习 4.1.1 编写一个程序,模拟本节中描述的第一个量子系统。用户应该能够指定粒子可以占用多少个点(警告:将最大数量保持在较低水平,否则将很快耗尽内存)。用户还将通过分配其振幅指定 ket 状态向量。当被问及在给定点找到粒子的可能性时,程序将执行例 4.1.1 中描述的计算。如果用户输入两个 ket,则在进行观察后,系统将计算从第一个 ket 转换到第二个 ket 的概率。

4.2 可观察量

总的来说,物理学是关于观察的:质量、动量、速度等物理量只有在可以以可量化的方式观察时才有意义。我们可以认为一个物理系统是由一个双列表指定的:一方面,它的状态空间,即它可能存在的所有状态的集合(参见 4.1 节);另一方面,其可观察量的集合,即在状态空间的每个状态下可以观察到的物理量。

每个可观察量都可以被认为是我们向系统提出的一个特定问题:如果系统当前处于某种给定状态$|\psi\rangle$,我们可以观察到哪些值?

在我们的量子字典中,需要引入可观测量的数学模拟。

假设 4.2.1 每个物理可观测值都有一个厄米算子。

这个假设实际上意味着什么?首先,可观察量是线性算子,这意味着它将状态映射到状态。如果将可观察 $\boldsymbol{\Omega}$ 应用于状态向量$|\psi\rangle$,则生成的状态现在为 $\Omega|\psi\rangle$。

例 4.2.1 设$|\psi\rangle = [-1, -1-\mathrm{i}]^{\mathrm{T}}$ 为二维自旋状态空间中的起始状态。现在,设

$$\boldsymbol{\Omega} = \begin{bmatrix} -1 & -\mathrm{i} \\ \mathrm{i} & 1 \end{bmatrix} \tag{4.41}$$

此矩阵充当$\mathbb{C}^2$上的运算符。因此，可以将其应用于$|\psi\rangle$。结果是向量$|\psi'\rangle=[\mathrm{i},-1-2\mathrm{i}]^{\mathrm{T}}$。注意，$|\psi\rangle$和$|\psi'\rangle$不是彼此的标量倍数，因此它们不代表相同的状态：$\boldsymbol{\Omega}$修改了系统的状态。

其次，正如我们从第2章中已经知道的那样，厄米算子的特征值都是实数。这一事实的物理含义由以下因素确定。

假设 4.2.2 与物理可观测量相关联的厄米算子$\boldsymbol{\Omega}$的特征值是可观测值在任何给定状态下测量它所得出的唯一可能值。此外，$\boldsymbol{\Omega}$的特征向量构成了状态空间的基础。

正如我们之前所说，可观察量可以被认为是我们可以向量子系统提出的合法问题。每个问题都有一组答案：可观察量的特征值。我们将在4.3节中学习如何计算整个集合中出现一个特定答案的可能性。

在深入研究可观察量的更微妙的属性之前，先考虑一些现实生活中的属性。在4.1节的第一个量子系统的情况下，即线上的粒子，最明显的可观测值是位置。正如我们已经说过的，每个可观测值都代表了我们向量子系统提出的一个特定问题。位置询问："在哪里可以找到粒子？哪个厄米算子对应于位置？"下面首先讲述它如何作用于基本状态：

$$\boldsymbol{P}(|x_i\rangle)=x_i|x_i\rangle \tag{4.42}$$

简单来说，$\boldsymbol{P}$相当于做位置乘法。由于基本状态形成了一个基，因此可以将式(4.42)扩展到任意状态：

$$\boldsymbol{P}(|\psi\rangle)=\boldsymbol{P}\left(\sum c_i|x_i\rangle\right)=\sum x_ic_i|x_i\rangle \tag{4.43}$$

以下是标准基中运算符的矩阵表示：

$$\boldsymbol{P}=\begin{bmatrix} x_0 & 0 & \cdots & 0 \\ 0 & x_1 & 0 & 0 \\ \vdots & \vdots & \ddots & \vdots \\ 0 & 0 & \cdots & x_{n-1} \end{bmatrix} \tag{4.44}$$

$\boldsymbol{P}$只是对角矩阵，其条目是x_i坐标。观察到$\boldsymbol{P}$是一个一般的厄米矩阵，它的特征值是x_i值，其归一化特征向量正是我们在4.1节开始时遇到的基本状态向量：$|x_0\rangle,|x_1\rangle,\cdots,|x_{n-1}\rangle$。

练习 4.2.1 验证最后一条语句。[提示：通过强力执行此操作(从泛型向量开始，乘以位置运算符，并假设结果向量是原始向量的标量倍数。结论是：它必须是基向量之一)。]

人们可能对我们的粒子提出第二个自然问题：你的速度是多少？实际上，物理学家提出了一个稍微不同的问题："你的动量是多少?"其中动量被经典地定义为速度乘以质量。这个问题有一个量子类比，它在我们的离散模型中由以下算子表示(回想一下，δx是线上距离的增量)：

$$M(|\psi\rangle)=-i*\hbar*\frac{|\psi(x+\delta x)\rangle-|\psi(x)\rangle}{\delta x} \tag{4.45}$$

换句话说，动量可达到常数$-i*\hbar$，状态向量从一个点到下一个点的变化率[①]。

---

① 支持微积分的读者可以很容易地识别出动量中导数的一步离散版本。事实上，如果δ_x变为零，则动量恰好是相对于$|\psi\rangle$乘以标量$-i\times\hbar$的位置的导数。

我们刚刚提到的常数 ħ(发音为 **h bar**)是量子力学中的一个普遍常数,称为简化的普朗克常数。尽管它在现代物理学中起着根本性的作用(它是自然界的普遍常数之一),但为了本讨论的目的,它可以被忽略。

事实证明,位置和动量是我们可以向粒子提出的最基本的问题:当然还有更多,例如能量、角动量等,但这两者在某种意义上是基本构建块(大多数可观察量可以用位置和动量表示)。在 4.3 节结束时将会再次讨论位置和动量。

我们的第二个可观察量示例来自自旋系统。我们可能向这样一个系统提出的典型问题是:给定空间中的特定方向,粒子以哪种方式旋转?例如,我们可能会问:粒子在 z 方向上是向上旋转还是向下旋转?粒子在 x 方向上是向左旋转还是向右旋转?粒子在 y 方向上是向内旋转还是向外旋转?与这些问题对应的三个自旋算子是

$$S_z=\frac{\hbar}{2}\begin{bmatrix}1 & 0\\ 0 & -1\end{bmatrix},S_y=\frac{\hbar}{2}\begin{bmatrix}0 & -\mathrm{i}\\ \mathrm{i} & 0\end{bmatrix},S_x=\frac{\hbar}{2}\begin{bmatrix}0 & 1\\ 1 & 0\end{bmatrix} \tag{4.46}$$

三个自旋算子中的每一个都配备了其正交基。至此,我们已经认识了 S_z 有上下方向的特征基$\{|\leftarrow\rangle,|\rightarrow\rangle\}$,$S_x$ 有左右方向的特征基$\{|\leftarrow\rangle,|\rightarrow\rangle\}$,$S_y$ 有内外方向的特征基$\{|\swarrow\rangle,|\nearrow\rangle\}$。

练习 4.2.2 考虑初始自旋中的粒子。对其应用 S_x 并确定结果状态仍处于旋转状态的概率。

读者提示:本节的其余部分虽然与一般量子理论非常相关,但与量子计算密切相关,因此可以在第一次阅读中跳过(只查看本节末尾的摘要并继续 4.3 节)。

我们将在一段时间内使用前面描述的运算符进行一些计算;不过,首先,我们需要一些关于可观察量及其相关厄米矩阵的附加事实。到目前为止,给定量子系统上的物理可观察量只是一个集合。然而,即使是对基本物理学的非正式认识,也告诉我们,可观察量可以相加、相乘,或乘以标量以形成其他有意义的物理量,即其他可观察量的例子比比皆是:将动量视为质量乘以速度,功为力乘以位移,运动中的粒子的总能量作为其动能和势能的总和,等等。因此,我们自然而然地关注以下问题:可以在多大程度上操纵量子可观测量来获得其他可观测量?

下面从第一步开始研究,即将可观察量乘以数字(即标量)。执行此操作没有问题:实际上,如果将厄米矩阵乘以实标量(即我们将其所有元素与此实数相乘),则结果仍然是厄米矩阵。

练习 4.2.3 验证上面最后一条语句。

练习 4.2.4 复数标量会怎样呢?尝试找到一个厄米矩阵和一个复数,使得它们的乘积不是厄米矩阵。

让我们采取下一步行动。两个厄米矩阵相加会怎样?假设我们正在查看两个物理可观测值,分别由厄米矩阵 $\boldsymbol{\Omega}_1$ 和 $\boldsymbol{\Omega}_2$ 表示。同样,没问题:它们的总和 $\boldsymbol{\Omega}_1+\boldsymbol{\Omega}_2$ 是可观察的,其代表是相应的厄米算子之和 $\boldsymbol{\Omega}_1+\boldsymbol{\Omega}_2$,恰好是厄米算子。

练习 4.2.5 检查两个任意厄米矩阵的和是否为厄米矩阵。从这两个事实可以看

出，固定维数的厄米矩阵的集合形成了一个实数的（但不是复数的）向量空间。它们的积会怎样？很容易得出结论，两个分别由厄米矩阵 $\boldsymbol{\Omega}_1$ 和 $\boldsymbol{\Omega}_2$ 表示的物理量的乘积是一个可观察的量，表现为 $\boldsymbol{\Omega}_1$ 和 $\boldsymbol{\Omega}_2$ 的乘积（即矩阵）。这里有两个实质性的困难。首先，运算符应用于状态向量的顺序很重要。为什么？仅仅是因为矩阵乘法与普通数字或函数的乘法不同，通常不是可交换的运算。

例 4.2.2 设

$$\boldsymbol{\Omega}_1=\begin{bmatrix}1 & -1-i\\ -1+i & 1\end{bmatrix}\text{和 }\boldsymbol{\Omega}_2=\begin{bmatrix}0 & -1\\ -1 & 2\end{bmatrix} \tag{4.47}$$

它们的乘积 $\boldsymbol{\Omega}_2\times\boldsymbol{\Omega}_1$ 等于

$$\boldsymbol{\Omega}_2\times\boldsymbol{\Omega}_1=\begin{bmatrix}-1+i & -1\\ -3+2i & 3+i\end{bmatrix} \tag{4.48}$$

而 $\boldsymbol{\Omega}_1\times\boldsymbol{\Omega}_2$ 等于

$$\boldsymbol{\Omega}_1\times\boldsymbol{\Omega}_2=\begin{bmatrix}1+i & -3-2i\\ -1 & 3-i\end{bmatrix} \tag{4.49}$$

练习 4.2.6 设 $\boldsymbol{\Omega}_1=\begin{bmatrix}1 & -i\\ i & 1\end{bmatrix}$和 $\boldsymbol{\Omega}_2=\begin{bmatrix}2 & 0\\ 0 & 4\end{bmatrix}$。验证它们两者都是厄米矩阵。它们是否相对于乘法是可交换的？

第二个困难同样重要：一般来说，厄米算子的乘积不能保证是厄米算子。现在，以更严格的方式研究两个厄米算子的乘积成为厄米算子需要什么。注意，有

$$\langle\boldsymbol{\Omega}_1\times\boldsymbol{\Omega}_2\phi,\psi\rangle=\langle\boldsymbol{\Omega}_2\phi,\boldsymbol{\Omega}_1\psi\rangle=\langle\phi,\boldsymbol{\Omega}_2\times\boldsymbol{\Omega}_1\psi\rangle \tag{4.50}$$

其中第一个等式来自 $\boldsymbol{\Omega}_1$ 是厄米矩阵的事实，第二个等式来自 $\boldsymbol{\Omega}_2$ 是厄米矩阵的事实。对于 $\boldsymbol{\Omega}_1\times\boldsymbol{\Omega}_2$ 是厄米矩阵，需要

$$\langle\boldsymbol{\Omega}_1\times\boldsymbol{\Omega}_2\phi,\psi\rangle=\langle\phi,\boldsymbol{\Omega}_1\times\boldsymbol{\Omega}_2\psi\rangle \tag{4.51}$$

这反过来又意味着

$$\boldsymbol{\Omega}_1\times\boldsymbol{\Omega}_2=\boldsymbol{\Omega}_2\times\boldsymbol{\Omega}_1 \tag{4.52}$$

或者等价地，运算符

$$[\boldsymbol{\Omega}_1,\boldsymbol{\Omega}_2]=\boldsymbol{\Omega}_1\times\boldsymbol{\Omega}_2-\boldsymbol{\Omega}_2\times\boldsymbol{\Omega}_1 \tag{4.53}$$

必须是零运算符（即将每个向量发送到零向量的运算符）。

算子$[\boldsymbol{\Omega}_1,\boldsymbol{\Omega}_2]$非常重要，值得拥有自己的名字；它被称为 $\boldsymbol{\Omega}_1$ 和 $\boldsymbol{\Omega}_2$ 的换向器。我们刚刚了解到，如果换向器为零，则乘积（无论以何种顺序）是厄米矩阵。过一会儿，我们将再次讨论换向器。同时，下面通过一个简单且非常重要的例子来熟悉换向器。

例 4.2.3 计算三个自旋矩阵的换向器（我们将有意忽略常数因子$\frac{\hbar}{2}$）：

$$[S_x,S_y]=\begin{bmatrix}0 & 1\\ 1 & 0\end{bmatrix}\begin{bmatrix}0 & -i\\ i & 0\end{bmatrix}-\begin{bmatrix}0 & -i\\ i & 0\end{bmatrix}\begin{bmatrix}0 & 1\\ 1 & 0\end{bmatrix}=2i\begin{bmatrix}1 & 0\\ 0 & -1\end{bmatrix}, \tag{4.54}$$

$$[S_y,S_z]=\begin{bmatrix}0 & -i\\ i & 0\end{bmatrix}\begin{bmatrix}1 & 0\\ 0 & -1\end{bmatrix}-\begin{bmatrix}1 & 0\\ 0 & -1\end{bmatrix}\begin{bmatrix}0 & -i\\ i & 0\end{bmatrix}=2i\begin{bmatrix}0 & 1\\ 1 & 0\end{bmatrix}, \tag{4.55}$$

$$[S_z,S_x]=\begin{bmatrix}1 & 0\\ 0 & -1\end{bmatrix}\begin{bmatrix}0 & 1\\ 1 & 0\end{bmatrix}-\begin{bmatrix}0 & 1\\ 1 & 0\end{bmatrix}\begin{bmatrix}1 & 0\\ 0 & -1\end{bmatrix}=2i\begin{bmatrix}0 & -i\\ i & 0\end{bmatrix}, \tag{4.56}$$

更简洁一点,

$$[S_x,S_y]=2iS_z,[S_y,S_z]=2iS_x,[S_z,S_x]=2iS_y \tag{4.57}$$

正如刚刚看到的,没有一个换向器是零的。旋转运算符不可相互交换次序。

练习 4.2.7 显式计算示例 4.2.2 中运算符的换向器。

注意:稍加思考就会发现,厄米算子与自身的乘积总是相互可交换的,指数运算也是如此。因此,给定单个厄米算子 $\boldsymbol{\Omega}$,我们自动获得 $\boldsymbol{\Omega}$ 多项式的整个代数,即所有形式的运算符:

$$\boldsymbol{\Omega}'=\alpha_0+\alpha_1\boldsymbol{\Omega}+\alpha_2\boldsymbol{\Omega}^2+\cdots+\alpha_{n-1}\boldsymbol{\Omega}^{n-1} \tag{4.58}$$

所有算子都是可互相交换的。

练习 4.2.8 证明两个厄米矩阵的换向器是反厄米矩阵。

如果两个厄米算子的换向器为零,或者等效地,两个算子可互换,则将它们的乘积(无论顺序如何)指定为其相关可观察量的物理乘积的数学等价物是没有困难的。但是,当两个算子不可互相交换时,情况又如何呢?本节末尾讨论的海森堡的不确定性原理将提供一个答案。

可观察量和厄米算子之间关联的另一个方面可以提供实质性的物理见解:从第 2 章中可以知道,厄米算子恰恰是那些在内积方面表现良好的算子,即

$$\langle\boldsymbol{\Omega}\phi,\psi\rangle=\langle\phi,\boldsymbol{\Omega}\psi\rangle \tag{4.59}$$

对于每对 $|\psi\rangle$,$|\phi\rangle$。

从这个事实中可推导出 $\langle\boldsymbol{\Omega}\psi,\psi\rangle$ 是每个 $|\psi\rangle$ 的实数,我们将其表示为 $\langle\boldsymbol{\Omega}\rangle_\psi$(下标指向该量取决于状态向量的事实)。我们可以将物理含义附加到数字 $\langle\boldsymbol{\Omega}\rangle_\psi$ 上。

假设 4.2.3 $<\boldsymbol{\Omega}>_\psi$ 是在同一状态 ψ 上重复观察 $\boldsymbol{\Omega}$ 的预期值。

该假设陈述如下:假设

$$\lambda_0,\lambda_1,\cdots,\lambda_{n-1} \tag{4.60}$$

是 $\boldsymbol{\Omega}$ 的特征值列表。准备我们的量子系统,使其处于 $|\psi\rangle$ 状态,观察 $\boldsymbol{\Omega}$ 的价值。我们将获得上述特征值中的一个或另一个。现在,重新开始很多次,比如说 n 次,跟踪每次观察到的情况。实验结束时,特征值 λ_i 已经出现 p_i 次,其中 $0\leqslant p_i\leqslant n$(在统计术语中,其频率为 $\frac{p_i}{n}$)。现在执行计算

$$\lambda_0\times\frac{p_0}{n}+\lambda_1\times\frac{p_1}{n}+\cdots+\lambda_{n-1}\times\frac{p_{n-1}}{n} \tag{4.61}$$

如果 n 足够大,则此数字(在统计学中称为估计的 $\boldsymbol{\Omega}$ 期望值)将非常接近 $\langle\boldsymbol{\Omega}\psi,\psi\rangle$。

例 4.2.4 计算任意归一化状态向量上位置运算符的预期值:设

$$|\psi\rangle=c_0|x_0\rangle+c_1|x_1\rangle+\cdots+c_{n-1}|x_{n-1}\rangle \tag{4.62}$$

成为我们的状态向量和

$$\langle\boldsymbol{P}\psi,\psi\rangle=|c_0|^2\times x_0+|c_1|^2\times x_1+\cdots+|c_{n-1}|^2\times x_{n-1} \tag{4.63}$$

这里,

$$|c_0|^2+|c_1|^2+\cdots+|c_{n-1}|^2=1 \tag{4.64}$$

特别是,如果 $|\psi\rangle$ 恰好只是 $|x_i\rangle$,我们只需得到 x_i(验证它!换句话说,其任何特征向量 $|x_i\rangle$ 上的位置的预期值是该行上的相应位置 x_i)。

例 4.2.5 设$|\psi\rangle=\left[\frac{\sqrt{2}}{2},\frac{\sqrt{2}}{2}\right]^{\mathrm{T}}$和$\boldsymbol{\Omega}=\begin{bmatrix}1 & -\mathrm{i}\\ \mathrm{i} & 2\end{bmatrix}$，

计算$\boldsymbol{\Omega}(|\psi\rangle)$：

$$\boldsymbol{\Omega}(|\psi\rangle)=\begin{bmatrix}1 & -\mathrm{i}\\ \mathrm{i} & 2\end{bmatrix}\begin{bmatrix}\frac{\sqrt{2}}{2}\\ \frac{\sqrt{2}}{2}\mathrm{i}\end{bmatrix}=\begin{bmatrix}\sqrt{2}\\ \frac{3}{2}\sqrt{2}\mathrm{i}\end{bmatrix} \tag{4.65}$$

与$\boldsymbol{\Omega}$相关的 bra $|\psi\rangle$是$\left[\sqrt{2},-\frac{3}{2}\sqrt{2}\mathrm{i}\right]$。因此，标量乘积$\langle\boldsymbol{\Omega}\psi|\psi\rangle$，即$|\psi\rangle$上$\boldsymbol{\Omega}$的平均值等于

$$\left[\sqrt{2},-\frac{3}{2}\sqrt{2}\mathrm{i}\right]\left[\frac{\sqrt{2}}{2},\frac{\sqrt{2}}{2}\mathrm{i}\right]^{\mathrm{T}}=2.5 \tag{4.66}$$

练习 4.2.9 重复例 4.2.5 的步骤，其中，

$$|\psi\rangle=\left[\frac{\sqrt{2}}{2},-\frac{\sqrt{2}}{2}\right]^{\mathrm{T}} \tag{4.67}$$

$$\boldsymbol{\Omega}=\begin{bmatrix}3 & 1+2\mathrm{i}\\ 1-2\mathrm{i} & -1\end{bmatrix} \tag{4.68}$$

我们现在知道，在给定状态上反复观察$\boldsymbol{\Omega}$的结果将是其特征值集合上的某个频率分布。简言之，我们迟早会遇到它的所有特征值，有的更频繁一些，有的更稀少一些。在 4.3 节中，将计算在给定状态下实际观察到给定$\boldsymbol{\Omega}$特征值的概率。现在，我们可能有兴趣了解分布围绕其预期值的分布，即分布的方差。小方差将告诉我们，大多数特征值非常接近均值，而大方差则恰恰相反。可以分几个阶段在框架中定义方差。首先介绍厄米算子

$$\Delta_{\psi}(\boldsymbol{\Omega})=\boldsymbol{\Omega}-\langle\boldsymbol{\Omega}\rangle_{\psi}\boldsymbol{I} \tag{4.69}$$

$\boldsymbol{I}$是标识运算符。运算符$\Delta_{\psi}(\boldsymbol{\Omega})$按以下方式作用于一般向量$|\varphi\rangle$：

$$\Delta_{\psi}(\boldsymbol{\Omega})|\phi\rangle=\boldsymbol{\Omega}(|\phi\rangle)-(\langle\boldsymbol{\Omega}\rangle_{\psi})|\phi\rangle \tag{4.70}$$

因此$\Delta_{\psi}(\boldsymbol{\Omega})$只是从$\boldsymbol{\Omega}$的结果中减去平均值。那么，$\Delta_{\psi}(\boldsymbol{\Omega})$本身在规范化状态$|\psi\rangle$上的含义是什么呢？一个简单的计算表明，它恰好是零：$\Delta_{\psi}(\boldsymbol{\Omega})$是$\boldsymbol{\Omega}$的降低版本。

练习 4.2.10 验证上述最后一条语句。我们现在可以将$\boldsymbol{\Omega}$在$|\psi\rangle$处的方差定义为$\Delta_{\psi}(\boldsymbol{\Omega})$平方的期望值（即运算符$\Delta_{\psi}(\boldsymbol{\Omega})$与自身组合）：

$$\mathrm{Var}_{\psi}(\boldsymbol{\Omega})=\langle(\Delta_{\psi}(\boldsymbol{\Omega}))*(\Delta_{\psi}(\boldsymbol{\Omega}))\rangle_{\psi} \tag{4.71}$$

诚然，这个定义乍一看相当晦涩难懂，但如果记得随机变量$\boldsymbol{X}$的方差的定义，就不那么困难了。

$$\mathrm{Var}(\boldsymbol{X})=E((\boldsymbol{X}-\mu)^2)=E((\boldsymbol{X}-\mu)(\boldsymbol{X}-\mu)) \tag{4.72}$$

其中E是期望值函数。最好的方法是：先看一个简单的例子，以有具体的感觉。

例 4.2.6 设$\boldsymbol{\Omega}$为具有实数元素的 2×2 对角矩阵：$\boldsymbol{\Omega}=\begin{bmatrix}\lambda_1 & 0\\ 0 & \lambda_2\end{bmatrix}$。

$$\text{并设 }|\psi\rangle=\begin{bmatrix}c_1\\ c_2\end{bmatrix}。 \tag{4.73}$$

用μ(发音为 mu)表示$|\psi\rangle$上$\boldsymbol{\Omega}$的平均值。

$$\Delta_{\psi}(\boldsymbol{\Omega})=\boldsymbol{\Omega}-\langle\boldsymbol{\Omega}\rangle_{\psi}\boldsymbol{I}=\begin{bmatrix}\lambda_1 & 0\\ 0 & \lambda_2\end{bmatrix}-\begin{bmatrix}\mu & 0\\ 0 & \mu\end{bmatrix}=\begin{bmatrix}\lambda_1-\mu & 0\\ 0 & \lambda_2-\mu\end{bmatrix} \tag{4.74}$$

现在计算$\Delta_{\psi}(\boldsymbol{\Omega})*\Delta_{\psi}(\boldsymbol{\Omega})$：

$$\Delta_{\psi}(\boldsymbol{\Omega})*\Delta_{\psi}(\boldsymbol{\Omega})=\begin{bmatrix}\lambda_1-\mu & 0\\ 0 & \lambda_2-\mu\end{bmatrix}\begin{bmatrix}\lambda_1-\mu & 0\\ 0 & \lambda_2-\mu\end{bmatrix}=\begin{bmatrix}(\lambda_1-\mu)^2 & 0\\ 0 & (\lambda_2-\mu)^2\end{bmatrix} \tag{4.75}$$

最后，计算方差：

$$\begin{aligned}\langle(\Delta_{\psi}(\boldsymbol{\Omega}))(\Delta_{\psi}(\boldsymbol{\Omega}))\rangle_{\psi}&=[\bar{c}_1\quad \bar{c}_2]\begin{bmatrix}(\lambda_1-\mu)^2 & 0\\ 0 & (\lambda_2-\mu)^2\end{bmatrix}\begin{bmatrix}c_1\\ c_2\end{bmatrix}\\ &=|c_1|^2\times(\lambda_1-\mu)^2+|c_2|^2\times(\lambda_2-\mu)^2\end{aligned} \tag{4.76}$$

我们现在能够看到，如果λ_1和λ_2都非常接近μ，则方程中的项将接近于零。相反，如果两个特征值中的任何一个远非μ(无论高于还是低于它，都是无关紧要的，因为我们取的是平方)，方差将是一个很大的实数。结论：方差确实告诉我们特征值围绕其平均值的分布。

在这个例子之后，我们的读者可能仍然有点不满意：毕竟它表明的是，上面给出的方差定义在对角矩阵的情况下是有效的。实际上，众所周知的事实是，所有厄米矩阵都可以通过切换到特征向量的基来对角化，因此该示例足够全面，足以使我们的定义合法化。

例 4.2.7 计算例 4.2.5 中描述的运算符的方差：

$$\Delta_{\psi}(\boldsymbol{\Omega})=\boldsymbol{\Omega}-\langle\boldsymbol{\Omega}\rangle_{\psi}\boldsymbol{I}=\begin{bmatrix}1 & -\mathrm{i}\\ \mathrm{i} & 2\end{bmatrix}-\begin{bmatrix}2.5 & 0\\ 0 & 2.5\end{bmatrix}=\begin{bmatrix}-1.5 & -\mathrm{i}\\ \mathrm{i} & -0.5\end{bmatrix} \tag{4.77}$$

现在计算$\Delta_{\psi}(\boldsymbol{\Omega})*\Delta_{\psi}(\boldsymbol{\Omega})$：

$$\Delta_{\psi}(\boldsymbol{\Omega})*\Delta_{\psi}(\boldsymbol{\Omega})=\begin{bmatrix}-1.5 & -\mathrm{i}\\ \mathrm{i} & -0.5\end{bmatrix}\begin{bmatrix}-1.5 & -\mathrm{i}\\ \mathrm{i} & -0.5\end{bmatrix}=\begin{bmatrix}3.25 & 2\mathrm{i}\\ -2\mathrm{i} & 1.25\end{bmatrix} \tag{4.78}$$

因此，方差为

$$\langle(\Delta_{\psi}(\boldsymbol{\Omega}))(\Delta_{\psi}(\boldsymbol{\Omega}))\rangle_{\psi}=\begin{bmatrix}\frac{\sqrt{2}}{2} & -\frac{\sqrt{2}}{2}\mathrm{i}\end{bmatrix}\begin{bmatrix}3.25 & 2\mathrm{i}\\ -2\mathrm{i} & 1.25\end{bmatrix}\begin{bmatrix}\frac{\sqrt{2}}{2}\\ \frac{\sqrt{2}}{2}\mathrm{i}\end{bmatrix}=0.25 \tag{4.79}$$

练习 4.2.11 计算位置运算符的方差。显示其任何特征向量上的位置方差都为零。

练习 4.2.12 计算S_z在一般自旋状态下的方差。表明S_z的方差在状态$\frac{\sqrt{2}}{2}(|\downarrow\rangle+|\uparrow\rangle)$上达到最大值。

注意：同一厄米的方差因状态而异，特别是在算子的特征向量上，方差为零，期望值只是相应的特征值。可以说，可观察量在其特征向量上是尖锐的(结果没有歧义)。

练习 4.2.13 证明前面的语句。(提示：首先计算出一些示例。)

我们已经建立了引入量子力学基本定理所需的所有机制——海森堡不确定性原理。下面从两个可观察量开始，由两个厄米矩阵$\boldsymbol{\Omega}_1$和$\boldsymbol{\Omega}_2$表示，以及一个给定的状态，比如$|\psi\rangle$。

可以计算$|\psi$上$\boldsymbol{\Omega}_1$和$\boldsymbol{\Omega}_2$的方差，得到$\mathrm{Var}_\psi(\boldsymbol{\Omega}_1)$和$\mathrm{Var}_\psi(\boldsymbol{\Omega}_2)$。这两个量是否有关系，如果是，它们是如何关联的？

先看这个问题的实际含义。有两个可观察量，我们希望同时最小化它们的方差，从而为两者获得一个清晰的结果。如果方差中没有相关性，我们可以期望在某种方便的状态下(例如公共特征向量，如果存在这样的向量)对两个可观察量进行非常清晰的测量。但事实并非如此，具体如下所示。

定理 4.2.1 (海森堡不确定性原理)。给定状态下两个任意厄米算子的方差的乘积始终大于或等于其换向器预期值的四分之一，公式表达为

$$\mathrm{Var}_\psi(\boldsymbol{\Omega}_1)\times\mathrm{Var}_\psi(\boldsymbol{\Omega}_2)\geqslant\frac{1}{4}\left|\langle[\boldsymbol{\Omega}_1,\boldsymbol{\Omega}_2]\rangle_\psi\right|^2 \tag{4.80}$$

正如所承诺的那样，下面再次讨论我们的换向器。海森堡原理告诉我们，换向器衡量两个可观测量的同时测量可能有多好。特别是，如果换向器恰好为零(或者等效地，如果可观察量可交换)，则准确性没有限制(至少在原则上)。然而，在量子力学中，有很多算子不可交换：事实上，我们已经看到定向自旋算子提供了这样一个例子。

练习 4.2.14 使用示例 4.2.3 中换向器的计算和海森堡原理估计同时观察z和x方向上的自旋的准确性。

另一个与我们的第一个量子系统相关的典型例子是位置-动量对，在 4.1 节中也遇到过。到目前为止，$|\psi\rangle$在线上的粒子已经根据其位置特征基来描述，即集合$\{|x_i\rangle\}$。$|\psi\rangle$可以写成许多其他正交基，对应不同的可观察量，其中之一是动量特征基。当将$|\psi\rangle$视为波浪(有点像悬停在线上的波浪)时，就会出现这个基。因此，可以将它分解为其基本频率，就像可以将声音分解为其基本纯音一样。这些纯音正是动量特征基的元素。

$|\psi\rangle$在位置基上的图像与动量特征基相关的图像尽可能不同。位置特征基由“峰值”组成，即除一点外的所有地方都为零的向量(狄拉克增量，用数学术语表示)。因此，$|\psi\rangle$被分解为峰值的加权和。另一方面，动量特征基由正弦曲线组成，其位置完全不确定。

位置-动量对的换向器很好地捕捉到了这种固有的差异：它不是零，因此我们希望保持粒子作为一个微小的台球在空间中移动的令人欣慰的传统画面的希望破灭了。如果可以在给定的时间点确定粒子的位置(即如果它的位置算子的方差非常小)，就会无法掌握它的动量(即它的动量算子的方差非常大)，反之亦然。

总之：

- 可观察量由厄米运算符表示。观测的结果始终是厄米矩阵的特征值。
- 表达式$\langle\psi|\boldsymbol{\Omega}|\psi\rangle$表示在$|\psi\rangle$上观测$\boldsymbol{\Omega}$的预期值。
- 一般而言，可观察量不可交换。这意味着，观察顺序很重要。此外，如果两个可观察量的换向器不为零，则我们同时测量其值的能力存在固有的限制。

编程练习 4.2.1 通过在图片中添加可观察量可继续模拟量子系统：用户将输入一个适当大小的方阵和一个 ket 向量。程序将验证矩阵是否为厄米矩阵，如果是，它将计算给定状态下可观察的平均值和方差。

4.3 测量

对给定物理系统进行观察的行为称为测量。正如单个可观察量代表向系统提出的特定问题一样，测量是由提出特定问题和接收明确答案组成的过程。

在经典物理学中，我们隐含地假设

- 测量行为将使系统处于任何已经存在的状态，至少原则上是这样；
- 对明确定义的状态的测量结果是可预测的，即如果我们绝对确定地知道该状态，就可以预测该状态上可观察的值。

这两种假设都被证明是错误的，正如亚原子尺度的研究一再表明的那样：系统确实会因为测量它们而受到干扰和修改。此外，只能计算观察到特定值的概率：测量本质上是一个非确定性的过程。

下面简要概括一下我们所知道的：一个可观察量只能假设它的一个特征值作为观察的结果。到目前为止，还没有什么能告诉我们看到一个特定特征值的频率，比如 λ。此外，如果实际观察到 λ，我们的框架还没有告诉我们状态向量会发生什么。我们需要一个额外的假设来处理具体措施：

假设 4.3.1 设 $\boldsymbol{\Omega}$ 是一个可观察量，$|\psi\rangle$ 是一个状态。如果测量 $\boldsymbol{\Omega}$ 的结果是特征值 λ，则测量后的状态将始终是对应于 λ 的特征向量。

例 4.3.1 回到例 4.2.1：很容易检查 $\boldsymbol{\Omega}$ 的特征值是 $\lambda_1=-\sqrt{2}$ 和 $\lambda_2=\sqrt{2}$，相应的归一化特征向量为 $|e_1\rangle=[-0.924\mathrm{i},-0.383]^{\mathrm{T}}$ 和 $|e_2\rangle=[-0.383\mathrm{i},0.924]^{\mathrm{T}}$。现在，假设在 $|\psi\rangle=\frac{1}{\sqrt{2}}[1,1]^{\mathrm{T}}$ 上观测到 $\boldsymbol{\Omega}$ 后，被观测到的实际值为 λ_1。该系统已从 $|\psi\rangle$"崩溃"到 $|e_1\rangle$。

练习 4.3.1 找出练习 4.2.2 中描述的系统在执行测量后可以转换到的所有可能状态。

归一化的起始状态 $|\psi\rangle$ 转换为特定特征向量，例如，$|e\rangle$ 的概率是多少？回到我们在 4.1 节中所说的，向特征向量过渡的概率由两种状态的内积的平方 $|\langle e|\psi\rangle|^2$ 给出。这个表达式的含义很简单：它是 $|\psi\rangle$ 沿 $|e\rangle$ 的投影。

这里已经准备好了对 4.2 节 $\langle\boldsymbol{\Omega}\rangle_\psi$ 的真正含义的新见解：首先，回顾一下，$\boldsymbol{\Omega}$ 的归一化特征向量构成了状态空间的正交基。因此，可以将 $|\psi>$ 表示为在这个基上的线性组合：

$$|\psi\rangle=c_0|e_0\rangle+c_1|e_1\rangle+\cdots+c_{n-1}|e_{n-1}\rangle \tag{4.81}$$

现在，计算平均值

$$\langle\boldsymbol{\Omega}\rangle_\psi=\langle\boldsymbol{\Omega}\psi,\psi\rangle=|c_0|^2\lambda_0+|c_1|^2\lambda_1+\cdots+|c_{n-1}|^2\lambda_{n-1} \tag{4.82}$$

（验证此身份！）正如我们现在所看到的，$\langle\boldsymbol{\Omega}\rangle_v$ 正是概率分布的平均值。

$$(\lambda_0,p_0),(\lambda_1,p_1),\cdots,(\lambda_{n-1},p_{n-1}) \tag{4.83}$$

其中每个 p_i 是坍缩到相应特征向量中的振幅的平方。

例 4.3.2 回到例 4.3.1 并计算我们的状态向量落入两个特征向量之一的概率：

$$p_1=|\langle e_1|\psi\rangle|^2=0.5, p_2=|\langle e_2|\psi\rangle|^2=0.5 \tag{4.84}$$

现在，计算分布的平均值：

$$p_1 \times \lambda_1 + p_2 \times \lambda_2 = 0 \tag{4.85}$$

这正是我们通过直接计算$\langle\psi|\boldsymbol{\Omega}|\psi\rangle$可能获得的值。

练习 4.3.2　使用练习 4.3.1 执行与上一个示例相同的计算。然后绘制特征值的概率分布，如前面的示例所示。

注：作为上述讨论的结果，出现了一个重要事实。假设我们问一个特定的问题(即我们选择一个可观察量)，并执行一次测量。我们得到一个答案，比如λ，系统过渡到相应的特征向量。现在，让我们立即提出同样的问题，将要发生什么？系统将给出完全相同的答案，并保持原样。好吧，你可以这么说。但是，换个问题呢？以下示例将阐明问题。

例 4.3.3　到目前为止，我们只处理了相对于一个可观测量的测量值。如果涉及多个可观察量，怎么办？对于每个可观测量，都有一组不同的特征向量，在测量发生后，系统可能会坍缩。事实证明，我们得到的答案将取决于提出问题的顺序，即我们首先测量哪个可观察量。

有一个有趣的实验很容易进行，以便看到其中一些想法的实际效果(并在此过程中获得一些乐趣)。假设你射出一束光。光也是一种波，就像所有波一样，它在旅途中振动(想想海浪)。有两种可能性：要么它沿与其传播线正交的所有方向振动，要么仅在特定方向振动。在第二种情况下，我们说光是偏振的[①]。关于极化，可以问什么样的问题？我们可以设定一个特定的方向，然后问：光是沿着这个方向振动，还是正交？

对于我们的实验，需要薄的塑料半透明偏振片(很容易获得)。偏振片做两件事：一旦将它们定向到一个特定的方向，它们就会测量与该方向相对应的正交基中的光的偏振(通常称为垂直-水平基)，然后过滤掉那些坍缩到基元素之一的光子(见图 4.5)。

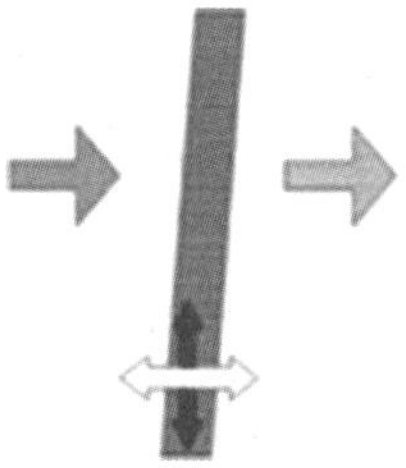

图 4.5　部分通过一个偏振片的光

如果有两张纸呢？如果两张纸朝向同一个方向，就不会有任何区别(为什么？因为我们在问同样的问题；光子会再次给出相同的确切答案)。但是，如果将第二张纸旋转 90°，则没有光线穿过两张纸(见图 4.6)。

将纸张相互正交放置，可确保一半光穿过左侧纸张，然后被右侧纸张过滤掉。

如果添加第三张纸，会发生什么？将第三张纸放在另外两张纸的左侧或右侧不会有任何效果。以前不允许有光，也不允许通过附加页。然而，将第三张纸以一个角度(例如 45°)放置在另外两张纸之间，确实有显著的效果(见图 4.7)。

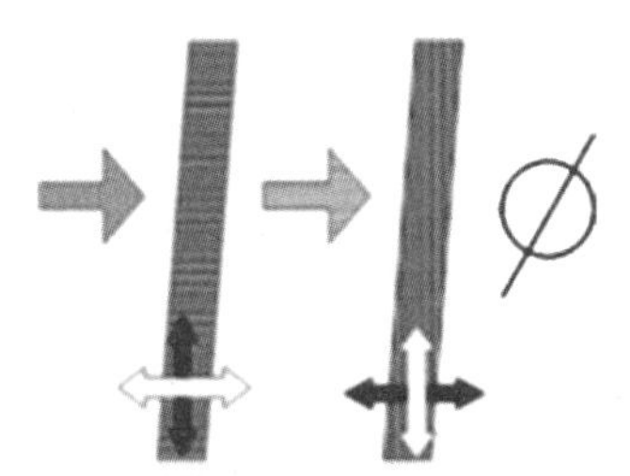

图 4.6　没有光通过两个处于正交角度的偏振片

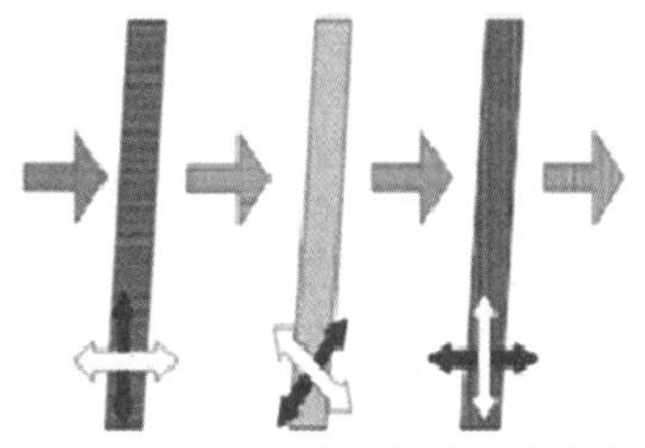

图 4.7　部分通过三个偏振片的光

① 极化是一种熟悉的现象：花式太阳镜是在光偏振的基础上制作的。

光线将穿过三张纸！这怎么可能？下面看看这里发生了什么。左边的偏振片测量相对于上下基的所有光线。然后，通过的垂直偏振状态下的偏振光被认为是相对于中间偏振片对角线测量基的叠加。中间的偏振片重新拼凑允许的一半，过滤一些，然后传递一些。但是，通过的东西现在处于对角线极化状态。当这束光穿过右边的薄片时，它再次处于垂直-水平基的叠加状态，因此它必须再次坍缩。注意，只有八分之一的原始光线穿过所有三张偏振片。

简要总结如下：

- 可观察量测量的最终状态始终是其特征向量之一。
- 初始状态坍缩成可观察量的特征向量的概率由投影的长度平方给出。
- 当测量几个可观察量时，测量的顺序很重要。
- 我们已经走过了很长的一段路。现在有三种主要成分来烹饪量子菜肴。我们还需要一个动力。

编程练习 4.3.1 下一步模拟：当用户输入一个可观察量和一个状态向量时，程序会返回可观察量的特征值列表、可观察量在状态上的均值，以及状态转换为每个特征态的概率。可选：绘制相应的概率分布图。

4.4 动力学

到目前为止，我们一直关注静态量子系统，即不随时间演变的系统。可以肯定的是，一次或多次测量仍可能导致变化，但系统本身不依赖于时间。当然，在现实中，量子系统确实会随着时间的推移而发展，因此我们需要在画布上添加一种新的色调，即**量子动力学**。正如厄米算子代表物理可观察量一样，酉算子在量子领域引入了动力学。

假设 4.4.1 量子系统的演化（不是测量）是由酉算子或变换给出的。也就是说，如果 U 是表示酉运算符的酉矩阵，并且 $|\psi(t)\rangle$ 表示系统在时间 t 处的状态，则

$$|\psi(t+1)\rangle = \boldsymbol{U}|\psi(t)\rangle \tag{4.86}$$

将表示时间 $t+1$ 的系统。

酉变换的一个重要特征是它们在组合和逆下是封闭的，即两个任意酉矩阵的乘积是酉的，酉变换的逆也是酉的。最后，还有一个乘法恒等式，即恒等式运算符本身（它是平凡酉的）。用数学术语来说，一组酉变换构成了一组关于合成的变换。

练习 4.4.1 验证

$$\boldsymbol{U}_1 = \begin{bmatrix} 0 & 1 \\ 1 & 0 \end{bmatrix} \text{和} \ \boldsymbol{U}_2 = \begin{bmatrix} \frac{\sqrt{2}}{2} & \frac{\sqrt{2}}{2} \\ \frac{\sqrt{2}}{2} & -\frac{\sqrt{2}}{2} \end{bmatrix} \tag{4.87}$$

是酉矩阵。将它们相乘并验证它们的乘积也是酉的。

我们现在将看到动力学是如何由酉变换决定的：假设有一个规则 $\boldsymbol{U}$，它与时间的每个时刻相关联。

$$t_0, t_1, t_2, \cdots, t_{n-1} \tag{4.88}$$

一个酉矩阵

$$\mathfrak{U}[t_0],\mathfrak{U}[t_1],\cdots,\mathfrak{U}[t_{n-1}] \tag{4.89}$$

从初始状态向量$|\psi\rangle$开始，可以将$\mathfrak{U}[t_0]$应用于$|\psi\rangle$，然后将$\mathfrak{U}[t_1]$应用于结果，以此类推。我们将获得一系列状态向量

$$\mathfrak{U}[t_0]\,|\,\psi\rangle, \tag{4.90}$$

$$\mathfrak{U}[t_1]\mathfrak{U}[t_0]\,|\,\psi\rangle, \tag{4.91}$$

$$\vdots \tag{4.92}$$

$$\mathfrak{U}[t_{n-1}]\mathfrak{U}[t_{n-2}]\cdots\mathfrak{U}[t_0]\,|\,\psi\rangle. \tag{4.93}$$

这样的序列在点击$t_0,t_1,\cdots,t_{n-1}$时，在$\mathfrak{U}[t_i]$的作用下称为$|\psi\rangle$的轨道[①]。

$$|\,\psi\rangle \underset{\mathfrak{U}[t_0]^\dagger}{\overset{\mathfrak{U}[t_0]}{\rightleftarrows}} \mathfrak{U}[t_0]\,|\,\psi\rangle \underset{\mathfrak{U}[t_1]^\dagger}{\overset{\mathfrak{U}[t_1]}{\rightleftarrows}} \mathfrak{U}[t_1]\mathfrak{U}[t_0]\,|\,\psi\rangle \underset{\mathfrak{U}[t_2]^\dagger}{\overset{\mathfrak{U}[t_2]}{\rightleftarrows}} \mathfrak{U}[t_2]\mathfrak{U}[t_1]\mathfrak{U}[t_0]\,|\,\psi\rangle$$

$$\rightleftarrows \cdots \rightleftarrows \mathfrak{U}[t_{n-1}]\mathfrak{U}[t_{n-2}]\cdots\mathfrak{U}[t_0]\,|\,\psi\rangle. \tag{4.94}$$

观察一下，人们总是可以回到过去，就像向后播放一部电影一样，只需以相反的顺序应用$\mathfrak{U}[t_0],\mathfrak{U}[t_1],\cdots,\mathfrak{U}[t_{n-1}]$的反函数：量子系统的演化相对于时间是对称的。

现在，我们可以预览量子计算的外观。量子计算机应置于初始状态$|\psi\rangle$，然后我们将一系列酉算子应用于该状态。完成后，我们将测量输出并获得最终状态。接下来的章节主要致力于详细阐述这些想法。

以下是关于动态的练习。

练习 4.4.2　回到例 3.3.2(量子台球)，保持相同的初始状态向量$[1\quad 0\quad 0\quad 0]^{\mathrm{T}}$，但将酉映射更改为

$$\begin{bmatrix} 0 & \frac{1}{\sqrt{2}} & \frac{1}{\sqrt{2}} & 0 \\ \frac{\mathrm{i}}{\sqrt{2}} & 0 & 0 & \frac{1}{\sqrt{2}} \\ \frac{1}{\sqrt{2}} & 0 & 0 & \frac{\mathrm{i}}{\sqrt{2}} \\ 0 & \frac{1}{\sqrt{2}} & -\frac{1}{\sqrt{2}} & 0 \end{bmatrix} \tag{4.95}$$

确定系统在三个时间步骤后的状态。在点 3 找到量子球的概率有多大？

读者可能想知道，在现实生活中的量子力学中酉变换的序列$\mathfrak{U}[t_i]$是如何实际选择的。换句话说，给定一个具体的量子系统，它的动力学是如何确定的？系统如何变化？答案在于一个方程，通常称为薛定谔方程：[②]

$$\frac{|\,\psi(t+\delta t)\rangle - |\,\psi(t)\rangle}{\delta t} = -\mathrm{i}\,\frac{2\pi}{h}\,\mathcal{H}|\,\psi(t)\rangle \tag{4.96}$$

---

① 小警告：人们通常认为轨道是封闭的(一个典型的例子是月球绕地球的轨道)。在动力学中，情况并非总是如此：轨道可以是开放的，也可以是封闭的。

② 这里显示的版本实际上是原始方程的离散化版本，它是通过让δ变得无穷小从上面获得的微分方程。正是这种离散化版本(或其变体)通常用于量子系统的计算机模拟。

虽然对这个基本方程的讨论超出了本章的范围，但是，在不涉及技术细节的情况下，我们至少可以传达它的精神。经典力学告诉物理学家，一个孤立系统的全局能量在其演化过程中一直保持不变①。能量是可观测的，因此，一个具体的量子系统，可以用一个厄米矩阵表示(这个表达式当然会因系统而异)。这个可观测量被称为系统的哈密顿量，由方程(4.96)中的$\mathcal{H}$表示。

薛定谔方程指出，状态向量$|\psi(t)\rangle$相对于时间在瞬时 t 的变化率等于$\left(\text{可达到标量因子}\frac{2\pi}{h}\right)|\psi(t)\rangle$乘以算子$-\mathrm{i}\times\mathcal{H}$。通过求解具有一些初始条件的方程，人们能够确定系统随时间的变化。

是时候进行一次小小的回顾了：

-量子动力学是由酉变换给出的。

-由于酉变换是可逆的，因此，所有封闭的系统动力学在时间上都是可逆的(只要不涉及测量)。

-具体动力学由薛定谔方程给出，只要指定其哈密顿量时，它就决定了量子系统的演化。

编程练习 4.4.1 将动力学添加到网格上粒子的计算机模拟中：用户应输入时间步长 n 和相应大小的酉矩阵 $\boldsymbol{U}_n$ 序列，然后程序将在应用整个序列 $\boldsymbol{U}_n$ 后计算状态向量。

4.5 组装量子系统

本章开头部分描述了一个简单的量子系统：一个粒子在受限的一维网格(点集$\{x_0 \quad x_1 \quad \cdots \quad x_{n-1}\}$)中移动。现在，假设我们正在处理两个局限于网格的粒子。我们将做出以下假设：网格上可以被第一个粒子占据的点将是$\{x_0 \quad x_1 \quad \cdots \quad x_{n-1}\}$。第二个粒子可以在点$\{y_0 \quad y_1 \quad \cdots \quad y_{m-1}\}$处。

$$\begin{array}{cccccccc} x_0 & x_1 & \cdots & x_{n-1} & y_0 & y_1 & \cdots & y_{m-1} \\ \bullet\!-\!\!-\!\!-\! & \bullet\!-\!\!-\!\!-\!\cdots\!-\!\!-\!\!-\! & & \bullet & \bullet\!-\!\!-\!\!-\! & \bullet\!-\!\!-\!\!-\!\cdots\!-\!\!-\!\!-\! & & \bullet \end{array} \tag{4.97}$$

x_0 - - - - - x_1

可以将我们已经拥有的描述提升到这个新设置吗？是的。本节将描述细节。

我们的答案将不仅限于上述系统。相反，它将为我们提供一个积木游戏的量子版本，即一种从更简单的量子系统开始组装更复杂的量子系统的方法。这个过程是现代量子物理学的核心：它使物理学家能够对多粒子量子系统进行建模②。

我们需要对我们的量子字典进行最后一次扩展：组装量子系统意味着拉伸其组成部分的状态空间。

假设 4.5.1 假设两个独立的量子系统 Q 和 Q'，分别由向量空间$\mathbb{V}$和$\mathbb{V}'$表示。通过合并 Q 和 Q'得到的量子系统将以张量积$\mathbb{V}\otimes\mathbb{V}'$作为状态空间。

注意，上面的假设使我们能够根据需要组装任意数量的系统。向量空间的张量积是结合的，因此可以逐步构建越来越大的系统：

① 例如，一块石头从高处落下，其动能加上其势能，以及加上因磨损而耗散的能量是恒定的。

② 通过将电磁场等场视为由无限多个粒子组成的系统，这一过程使场论适应量子方法。

$$\mathbb{V}_0 \otimes \mathbb{V}_1 \otimes \cdots \otimes \mathbb{V}_k \tag{4.98}$$

回到我们的例子。首先，有 $n \times m$ 个可能的基本状态：

$|x_0\rangle \otimes |y_0\rangle$，意味着第一个粒子位于 x_0 处，第二个粒子位于 y_0 处。

$|x_0\rangle \otimes |y_1\rangle$，意味着第一个粒子位于 x_0 处，第二个粒子位于 y_1 处。

⋮

$|x_0\rangle \otimes |y_{m-1}\rangle$，意味着第一个粒子位于 x_0 处，第二个粒子位于 y_{m-1} 处。

$|x_1\rangle \otimes |y_0\rangle$，意味着第一个粒子位于 x_1 处，第二个粒子位于 y_0 处。

⋮

$|x_i\rangle \otimes |y_j\rangle$，意味着第一个粒子位于 x_i 处，第二个粒子位于 y_j 处。

⋮

$|x_{n-1}\rangle \otimes |y_{m-1}\rangle$，意味着第一个粒子位于 x_{n-1}，第二个粒子位于 y_{m-1}。

现在，将一个通用的状态向量写为基本状态的叠加：

$$|\psi\rangle = c_{0,0}|x_0\rangle \otimes |y_0\rangle + \cdots + c_{i,j}|x_i\rangle \otimes |y_j\rangle + \cdots + c_{n-1,m-1}|x_{n-1}\rangle \otimes |y_{m-1}\rangle \tag{4.99}$$

它是 $(n \times m)$ 维复空间 $\mathbb{C}^{n \times m}$ 中的向量。

量子振幅 $|c_{i,j}|$ 平方将给我们分别在位置 x_i 和 y_j 找到两个粒子的概率，如例 4.5.1 所示。

例 4.5.1　假设上面 $n=2$ 且 $m=2$，因此，我们正在处理状态空间 $\mathbb{C}^4$，其标准基为

$$\{|x_0\rangle \otimes |y_0\rangle, |x_0\rangle \otimes |y_1\rangle, |x_1\rangle \otimes |y_0\rangle, |x_1\rangle \otimes |y_1\rangle\} \tag{4.100}$$

现在，考虑由式(4.101)给出的双粒子系统的状态向量

$$|\psi\rangle = \mathrm{i}|x_0\rangle \otimes |y_0\rangle + (1-\mathrm{i})|x_0\rangle \otimes |y_1\rangle + 2|x_1\rangle \otimes |y_0\rangle + (-1-\mathrm{i})|x_1\rangle \otimes |y_1\rangle \tag{4.101}$$

在位置 x_1 找到第一个粒子，在位置 y_1 找到第二个粒子的概率是多少？查看前面给出的列表中的最后一个振幅，并使用与单粒子系统相同的配方：

$$p(x_1, y_1) = \frac{|-1-\mathrm{i}|^2}{|\mathrm{i}|^2 + |1-\mathrm{i}|^2 + |2|^2 + |-1-\mathrm{i}|^2} = 0.2222 \tag{4.102}$$

练习 4.5.1　设 $n=m=4$，且 $c_{0,0}=c_{0,1}=\cdots=c_{3,3}=1+\mathrm{i}$。重新执行例 4.5.1 的步骤。

相同的机制可以应用于任何其他量子系统。例如，将 4.1 节的自旋示例推广到涉及许多粒子的系统是有启发性的。读者可以自己试试。

练习 4.5.2　写下两个自旋粒子系统的通用状态向量，将其推广到具有 n 个粒子的系统（这很重要：它将是量子寄存器的物理实现！）。

既然我们对量子组合有点熟悉了，下面就准备好迎接量子力学最后一个令人费解的惊喜：纠缠。纠缠将迫使我们放弃最后一个令人欣慰的信念，即组装的复杂系统可以根据其组成部分完全理解。

组装系统的基本状态只是其组成部分的基本状态的张量积。如果每个通用状态向量都可以重写为两个状态的张量积，一个来自第一个量子子系统，另一个来自第二个量子子系统，就太好了。事实证明这是不正确的，正如这个例子很容易证明的那样。

例 4.5.2 研究一个最简单的非平凡双粒子系统：每个粒子只允许两个点。考虑状态

$$|\psi\rangle=|x_0\rangle\otimes|y_0\rangle+|x_1\rangle\otimes|y_1\rangle \tag{4.103}$$

为了澄清遗漏的内容，可以将其写为

$$|\psi\rangle=1|x_0\rangle\otimes|y_0\rangle+0|x_0\rangle\otimes|y_1\rangle+0|x_1\rangle\otimes|y_0\rangle+1|x_1\rangle\otimes|y_1\rangle \tag{4.104}$$

看看是否$|\psi\rangle$可以写成来自两个子系统的两个状态的张量积。任何表示行上第一个粒子的向量都可以写为

$$c_0|x_0\rangle+c_1|x_1\rangle \tag{4.105}$$

类似地，任何表示线上第二个粒子的向量都可以写为

$$c'_0|y_0\rangle+c'_1|y_1\rangle \tag{4.106}$$

因此，如果$|\psi\rangle$来自两个子系统的张量积，则有

$$\begin{aligned}&(c_0|y_0\rangle+c_1|y_1\rangle)\otimes(c'_0|y_0\rangle+c'_1|y_1\rangle)\\=&c_0c'_0|x_0\rangle\otimes|y_0\rangle+c_0c'_1|x_0\rangle\otimes|y_1\rangle+c_1c'_0|x_1\rangle\otimes|y_0\rangle+c_1c'_1|x_1\rangle\otimes|y_1\rangle\end{aligned} \tag{4.107}$$

对于等式(4.104)中的$|\psi\rangle$，意味着$c_0c'_0=c_1c'_1=1$和$c_0c'_1=c_1c'_0=0$。但是，这些方程没有解。我们的结论是，$|\psi\rangle$不能重写为张量积。

回到$|\psi\rangle$，看看它在物理上意味着什么。如果我们测量第一个粒子，会发生什么情况？快速计算将显示，第一个粒子在位置x_0或x_1处有50-50的概率被发现。那么，如果它实际上是在位置x_0中发现的呢？因为项$|x_0\rangle\otimes|y_1\rangle$的系数为0，我们知道在位置$y_1$中找不到第二个粒子。然后，我们必须得出结论，第二个粒子只能在位置y_0中找到。同样，如果第一个粒子位于位置x_1，则第二个粒子必须位于位置y_1。注意，相对于两个粒子，情况是完全对称的，即如果先测量第二个粒子，情况将是相同的。两个粒子的各个状态彼此密切相关，或纠缠在一起。这个故事令人惊奇的是，x_i可以与y_j相差几光年，无论它们在太空中的实际距离如何，一个粒子的测量结果总是决定另一个粒子的测量结果。

状态$|\psi\rangle$与其他状态形成鲜明对比，例如

$$|\psi'\rangle=1|x_0\rangle\otimes|y_0\rangle+1|x_0\rangle\otimes|y_1\rangle+1|x_1\rangle\otimes|y_0\rangle+1|x_1\rangle\otimes|y_1\rangle \tag{4.108}$$

在这里，在特定位置找到第一个粒子并不能提供任何关于第二个粒子将在何处找到的线索。(检查一下)

可以分解为来自组成子系统的状态的张量积的状态(如$|\psi'\rangle$)称为可分离状态，而不可分解的状态(如$|\psi\rangle$)称为纠缠态。

练习 4.5.3 假设与例4.5.2中的场景相同，并设

$$|\phi\rangle=|x_0\rangle\otimes|y_1\rangle+|x_1\rangle\otimes|y_1\rangle \tag{4.109}$$

这个状态是可分离的吗？

这里是一个明确的纠缠物理案例。我们必须恢复旋转。正如有动量守恒定律、角动量、能量-质量和其他物理性质一样，量子系统也有总自旋守恒定律。这意味着，在一个孤立的系统中，自旋的总量必须保持不变。固定一个特定的方向，比如垂直方向(z轴)，以及相应

的自旋基，如上和下，考虑一个量子系统的情况，例如一个复合粒子，它的总自旋为零。这个粒子可能在某个时间点分裂成另外两个确实有自旋的粒子(见图 4.8)。

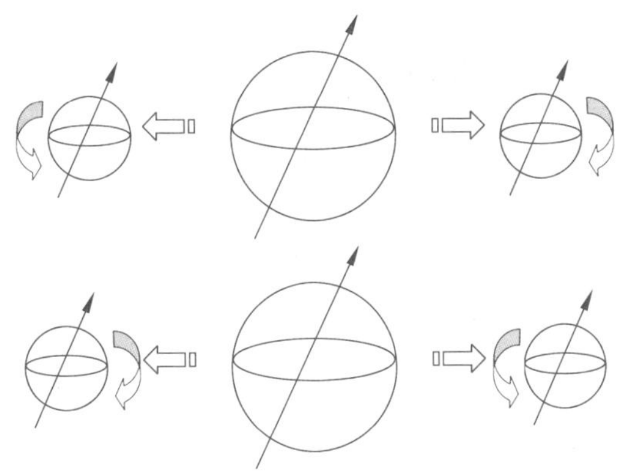

图 4.8　总自旋为零的复合系统的两种可能的情况

两个粒子的自旋状态现在将被纠缠在一起。自旋守恒定律规定，因为是从总自旋零开始的系统，所以两个粒子的自旋之和必须相互抵消。这相当于如果我们测量左粒子沿 z 轴的自旋，将会发现它处于状态 $|\uparrow_L\rangle$(其中下标用于描述我们正在处理的粒子)，那么右侧粒子的自旋必须是 $|\downarrow_R\rangle$。同样，如果左粒子的状态为 $|\downarrow_L\rangle$，那么右粒子的自旋必须为 $|\uparrow_R\rangle$)。

可以用符号描述这个系统。就向量空间而言，描述左粒子的基是 $\mathcal{B}_L=\{\uparrow_L,\downarrow_L\}$，描述右粒子的基是 $\mathcal{B}_R=\{\uparrow_R,\downarrow_R\}$。整个系统的基本要素是

$$\{\uparrow_L\otimes\uparrow_R,\uparrow_L\otimes\downarrow_R,\downarrow_L\otimes\uparrow_R,\downarrow_L\otimes\downarrow_R\}. \tag{4.110}$$

在这样的向量空间中，我们的纠缠粒子可以描述为

$$\frac{|\uparrow_L\otimes\downarrow_R\rangle+|\downarrow_L\otimes\uparrow_R\rangle}{\sqrt{2}} \tag{4.111}$$

类似于等式(4.104)。正如我们之前所说，这些组合 $|\uparrow_L\otimes\uparrow_R\rangle$ 和 $|\downarrow_L\otimes\downarrow_R\rangle$ 由于自旋守恒定律，因此不能发生。当一个人测量左边的粒子时，它坍缩到 $|\uparrow_L\rangle$，然后正确的粒子瞬间将坍缩到 $|\downarrow_R\rangle$ 状态，即使正确的粒子距离数百万光年。

在我们讲述的故事中，纠缠将如何产生？我们在第 6 章中将发现，它在算法设计中起着核心作用。它在第 9 章中被广泛使用，同时讨论了密码学(9.4 节)和隐形传态(9.5 节)。纠缠在第 11 章中最后一次出现，与量子退相干有关。

我们学到了什么？

- 我们可以使用张量积从更简单的量子系统中构建复杂的量子系统。
- 不能简单地根据属于其子系统的状态分析新系统。已经创建了一整套新状态，这些状态无法分解为它们的成分。

编程练习 4.5.1　通过让用户选择粒子数来扩展 4.4 节的模拟。

参考文献：

量子力学有许多易读的基本的介绍。以下是其中一部分：Ni and Chen[25]，Gillespie[26]，

Martin[27]，Polkinghorne[28]和 White[29]。

特别值得一提的是 P.A.M. Dirac 的经典介绍[30]，在首次出版 70 年后，它仍然是值得一读的经典之作。

有关更高级和现代的演示，请参阅例如 Feynman[18]，Hannabuss[31]，Sakurai[32]，Chester[33]或 Sudbery[34]的第 3 卷。

有关量子力学早期发展的简短历史，请参阅 Gamow[35]。

第5章

体系结构

从他创造的内在证据看，这位宇宙的伟大建筑师现在开始以一个纯粹的数学家的形象出现。

——詹姆斯·吉恩斯爵士，《神秘宇宙》

现在我们已经掌握了数学和物理的初步成果，可以继续讨论量子计算的具体细节。经典计算机的核心是位的概念，量子计算机的核心是称为量子位的概念的推广，这将在 5.1 节中讨论。在 5.2 节中，操作位的经典(逻辑)门是从一个新的不同的角度呈现的。从这个角度看，很容易形成量子门的概念，它操作量子比特。正如第 3 章和第 4 章所提到的，量子系统的演化是可逆的，也就是说，可以完成的操作也必须能够撤销。这种“撤销”转化为可逆的门，在 5.3 节中将会讨论。在 5.4 节中会继续讨论量子门。

读者提示：关于量子比特和量子门的实际物理实现将在第 11 章中讨论。

5.1 比特和量子比特

定义 5.1.1 位是描述二维经典系统的信息单位。

位的示例有很多：

- 位是电流是否通过电路(高和低)。
- 位是表示“真”或“假”的一种方式。
- 位是打开或关闭的开关。

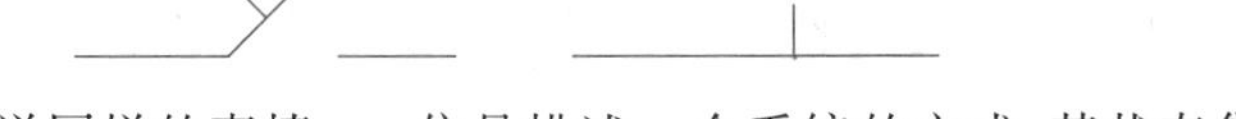

所有这些例子都在说同样的事情：一位是描述一个系统的方式，其状态集的大小为 2。通常将这两种可能的状态写为 0 和 1，或者 F 和 T 等。

由于我们已经精通矩阵，因此可以使用它们作为表示一位的方式。通常将 0(或者更好的是，状态 $|0\rangle$)表示为 2×1 的矩阵，其中 1 在 0 行中，0 在 1 行中

$$|0\rangle=\begin{matrix}\mathbf{0}\\\mathbf{1}\end{matrix}\begin{bmatrix}1\\0\end{bmatrix} \tag{5.1}$$

我们表示一个 1 或称状态 $|1\rangle$，如

$$|1\rangle = \begin{matrix}\mathbf{0}\\\mathbf{1}\end{matrix}\begin{bmatrix}0\\1\end{bmatrix} \tag{5.2}$$

因为这是两种不同的表示(实际上是正交的),所以可以使用简单的位操作。5.2 节将会探讨如何操作这些位。

一个位可以处于状态$|0\rangle$,也可以位于状态$|1\rangle$,这对于经典世界来说已足够了。电力要么通过电路运行,要么不通过。一个命题要么是正确的,要么是错误的。开关要么是打开的,要么是关闭的。但是,在量子世界中,非此即彼是不够的。在那个世界里,有些情况下,我们处于一种状态,同时处于另一种状态。在量子领域,有些系统中,开关可以同时打开和关闭。一个量子系统可以同时处于状态$|0\rangle$状态和状态$|1\rangle$。因此,我们引出量子比特的定义。

定义 5.1.2 一个量子比特(qubit)是描述二维量子系统的信息单位。

我们将量子位表示为具有复数的 2×1 矩阵

$$\begin{matrix}\mathbf{0}\\\mathbf{1}\end{matrix}\begin{bmatrix}c_0\\c_1\end{bmatrix} \tag{5.3}$$

其中$|c_0|^2+|c_1|^2=1$。注意,经典位是一种特殊类型的量子位。$|c_0|^2$ 被解释为该量子位被测量后,将在状态$|0\rangle$中找到的概率;$|c_1|^2$ 被解释为该量子位被测量后,它将在状态$|1\rangle$中找到的概率。每当测量一个量子位时,它会自动变成一个位。因此,我们永远不会“看到”一个通用的量子比特。然而,它们确实存在,并且是我们故事中的主要角色。我们可能会将量子位的这种“坍缩”想象成一位。

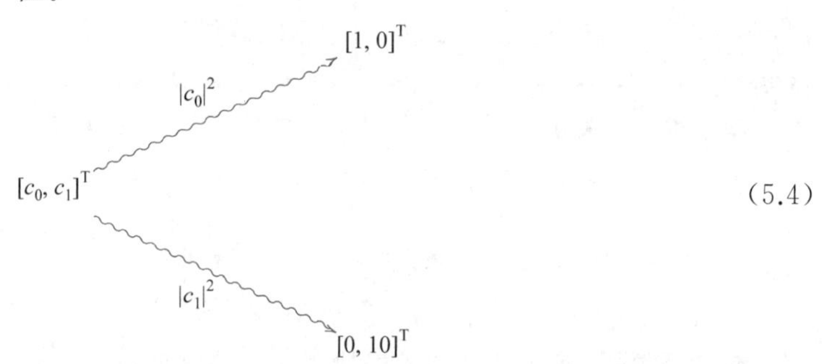

(5.4)

很容易看出,位$|0\rangle$和$|1\rangle$是$\mathbb{C}^2$的规范基础。因此,任何量子位都可以写成

$$\begin{bmatrix}c_0\\c_1\end{bmatrix}=c_0\cdot\begin{bmatrix}1\\0\end{bmatrix}+c_1\cdot\begin{bmatrix}0\\1\end{bmatrix}=c_0|0\rangle+c_1|1\rangle \tag{5.5}$$

练习 5.1.1 将 $\mathbf{V}=\begin{bmatrix}3+2\mathrm{i}\\4-2\mathrm{i}\end{bmatrix}$表示为$|0\rangle$和$|1\rangle$的和。

按照在 4 章中学到的规范化过程,$\mathbb{C}^2$的任何非零元素都可以转换为量子位。

例 5.1.1 向量

$$\mathbf{V}=\begin{bmatrix}5+3\mathrm{i}\\6\mathrm{i}\end{bmatrix} \tag{5.6}$$

有规范

$$|\mathbf{V}|=\sqrt{\langle\mathbf{V},\mathbf{V}\rangle}=\sqrt{[5-3\mathrm{i},-6\mathrm{i}]\begin{bmatrix}5+3\mathrm{i}\\6\mathrm{i}\end{bmatrix}}=\sqrt{34+36}=\sqrt{70} \tag{5.7}$$

因此,$\mathbf{V}$ 描述了与量子位相同的物理状态。

$$\frac{\mathbf{V}}{\sqrt{70}}=\begin{bmatrix}\frac{5+3i}{\sqrt{70}}\\\frac{6i}{\sqrt{70}}\end{bmatrix}=\frac{5+3i}{\sqrt{70}}|0\rangle+\frac{6i}{\sqrt{70}}|1\rangle \tag{5.8}$$

测量量子比特$\frac{\sqrt{\mathbf{V}}}{70}$后，在状态$|0\rangle$找到它的概率是$\frac{34}{70}$，在状态$|1\rangle$找到它的概率是$\frac{36}{70}$。

练习 5.1.2 规范化$\mathbf{V}=\begin{bmatrix}15-3.4i\\2.1-16i\end{bmatrix}$

让我们看一下表示不同量子位的几种方法。$\frac{1}{\sqrt{2}}\begin{bmatrix}1\\1\end{bmatrix}$可以写成

$$\begin{bmatrix}\frac{1}{\sqrt{2}}\\\frac{1}{\sqrt{2}}\end{bmatrix}=\frac{1}{\sqrt{2}}|0\rangle+\frac{1}{\sqrt{2}}|1\rangle=\frac{|0\rangle+|1\rangle}{\sqrt{2}} \tag{5.9}$$

同样，$\frac{1}{\sqrt{2}}\begin{bmatrix}1\\-1\end{bmatrix}$可以写成

$$\begin{bmatrix}\frac{1}{\sqrt{2}}\\\frac{-1}{\sqrt{2}}\end{bmatrix}=\frac{1}{\sqrt{2}}|0\rangle-\frac{1}{\sqrt{2}}|1\rangle=\frac{|0\rangle-|1\rangle}{\sqrt{2}} \tag{5.10}$$

重要的是要认识到

$$\frac{|0\rangle+|1\rangle}{\sqrt{2}}=\frac{|1\rangle+|0\rangle}{\sqrt{2}} \tag{5.11}$$

这两种方式都可以表示$\begin{bmatrix}\frac{1}{\sqrt{2}}\\\frac{1}{\sqrt{2}}\end{bmatrix}$。相比之下，

$$\frac{|0\rangle-|1\rangle}{\sqrt{2}}\neq\frac{|1\rangle-|0\rangle}{\sqrt{2}} \tag{5.12}$$

左状态向量是$\begin{bmatrix}\frac{1}{\sqrt{2}}\\-\frac{1}{\sqrt{2}}\end{bmatrix}$，右状态向量是$\begin{bmatrix}-\frac{1}{\sqrt{2}}\\\frac{1}{\sqrt{2}}\end{bmatrix}$。但是，这两个状态向量是相关的：

$$\frac{|0\rangle-|1\rangle}{\sqrt{2}}=(-1)\frac{|1\rangle-|0\rangle}{\sqrt{2}} \tag{5.13}$$

量子比特是如何实现的？在第11章中，我们将会探讨几种不同的方法。这里只是简单地陈述一些实现的例子。

- 原子中的电子可能处于两个不同能级（基态和激发态）之一。
- 电子可能处于围绕原子核的两个不同轨道（基态和激发态）之一。

- 光子可能处于两种偏振状态之一。
- 亚原子粒子可能具有两个自旋方向之一。

在所有这些系统中，将有足够的量子不确定性和量子叠加效应来表示量子比特。

我们对只有一位存储空间的计算机不感兴趣。同样，我们将需要具有多个量子位的量子设备。考虑 1 字节或 8 字节。典型的字节可能是

$$01101011 \tag{5.14}$$

如果按照前面的描述位的方法，我们将按如下方式表示位：

$$\begin{bmatrix}1\\0\end{bmatrix},\begin{bmatrix}0\\1\end{bmatrix},\begin{bmatrix}0\\1\end{bmatrix},\begin{bmatrix}1\\0\end{bmatrix},\begin{bmatrix}0\\1\end{bmatrix},\begin{bmatrix}1\\0\end{bmatrix},\begin{bmatrix}0\\1\end{bmatrix},\begin{bmatrix}0\\1\end{bmatrix} \tag{5.15}$$

我们之前了解到，为了组合量子系统，应该使用张量积；因此，可以将等式(5.14)中的字节描述为

$$|0\rangle\otimes|1\rangle\otimes|1\rangle\otimes|0\rangle\otimes|1\rangle\otimes|0\rangle\otimes|1\rangle\otimes|1\rangle \tag{5.16}$$

作为一个量子比特，这是

$$\mathbb{C}^2\otimes\mathbb{C}^2\otimes\mathbb{C}^2\otimes\mathbb{C}^2\otimes\mathbb{C}^2\otimes\mathbb{C}^2\rangle\otimes\mathbb{C}^2\otimes\mathbb{C}^2 \tag{5.17}$$

此向量空间可以表示为$(\mathbb{C}^2)^{\otimes 8}$。这是一个维数为 $2^8=256$ 的复向量空间。因为这个维度基本上只有一个复向量空间，所以这个向量空间同构于$\mathbb{C}^{256}$。

可以用另一种方式描述字节为 $2^8=256$ 行向量。

$$\begin{array}{c}00000000\\00000001\\\vdots\\01101010\\01101011\\01101100\\\vdots\\11111110\\11111111\end{array}\begin{bmatrix}0\\0\\\vdots\\0\\1\\0\\\vdots\\0\\0\end{bmatrix}. \tag{5.18}$$

练习 5.1.3 将三位 101 或$|1\rangle\otimes|0\rangle\otimes|1\rangle\in\mathbb{C}^2\otimes\mathbb{C}^2\otimes\mathbb{C}^2$表示为$(\mathbb{C}^2)^{\otimes 3}=\mathbb{C}^8$中的向量。对 011 和 111 执行相同的操作。

这对古典世界来说很好。然而，对于量子世界来说，为了允许叠加，需要一般化：八量子位系统的每个状态都可以写成

$$\begin{array}{c}00000000\\00000001\\\vdots\\01101010\\01101011\\01101100\\\vdots\\11111110\\11111111\end{array}\begin{bmatrix}c_0\\c_1\\\vdots\\c_{106}\\c_{107}\\c_{108}\\\vdots\\c_{254}\\c_{255}\end{bmatrix} \tag{5.19}$$

其中，$\sum_{i=0}^{255}|c_i|^2=1$。八个量子位合在一起称为一个量子字节。在经典世界中，有必要指示字节的每个位的状态。这相当于写入八位。在量子世界中，通过写入256个复数给出八个量子位的状态。正如3.4节中所说，这种指数增长是研究人员开始考虑量子计算概念的原因之一。如果要模拟具有64量子位寄存器的量子计算机，则需要存储 $2^{64}=18\ 446\ 744\ 073\ 709\ 551\ 616$ 个复数。这远远超出目前的存储能力。下面练习用ket符号编写两个量子位。量子位对可以写成

$$|0\rangle\otimes|1\rangle \quad \text{或} \quad |0\otimes 1\rangle \tag{5.20}$$

这意味着第一个量子位处于状态$|0\rangle$，第二个量子位处于状态$|1\rangle$。因为张量积是可以理解的，所以也可以省略张量积符号，把这些量子位表示为$|0\rangle|1\rangle$，$|0,1\rangle$或$|01\rangle$。将这两个量子位视为4×1矩阵的另一种方法是

$$\begin{matrix}00\\01\\10\\11\end{matrix}\begin{bmatrix}0\\1\\0\\0\end{bmatrix} \tag{5.21}$$

练习 5.1.4 哪个向量对应状态$3|01\rangle+2|11\rangle$？

例 5.1.2 对应于

$$\frac{1}{\sqrt{3}}\begin{bmatrix}1\\0\\-1\\1\end{bmatrix} \tag{5.22}$$

量子比特可以写成

$$\frac{1}{\sqrt{3}}|00\rangle-\frac{1}{\sqrt{3}}|10\rangle+\frac{1}{\sqrt{3}}|11\rangle=\frac{|00\rangle-|10\rangle+|11\rangle}{\sqrt{3}} \tag{5.23}$$

双量子位系统的一般状态可以写为

$$|\psi\rangle=c_{0,0}|00\rangle+c_{0,1}|01\rangle+c_{1,0}|10\rangle+c_{1,1}|11\rangle \tag{5.24}$$

两种状态的张量积不是可交换的：

$$|0\otimes 1\rangle=|0\rangle\otimes|1\rangle=|0,1\rangle=|01\rangle\neq|10\rangle=|1,0\rangle=|1\rangle\otimes|0\rangle=|1\otimes 0\rangle \tag{5.25}$$

左边的ket描述了第一个量子位处于状态0，而第二个量子位处于状态1。右边的ket表示第一个量子位处于状态1，而第二个量子位处于状态0。下面再次简要地回顾一下纠缠的概念。如果系统处于以下状态：

$$\frac{|11\rangle+|00\rangle}{\sqrt{2}}=\frac{1}{\sqrt{2}}|11\rangle+\frac{1}{\sqrt{2}}|00\rangle \tag{5.26}$$

那么这意味着这两个量子位是纠缠在一起的。也就是说，如果测量第一个量子位，并且它的状态为$|1\rangle$，那么我们会自动知道第二个量子位的状态是$|1\rangle$。类似地，如果测量第一个量子位，并发现它处于$|0\rangle$状态，那么我们会知道第二个量子位也处于$|0\rangle$状态。

5.2 经典的逻辑门

经典逻辑门是位操作的方法。位进入和退出逻辑门,我们将需要量子比特操作的方法,并将从矩阵的角度研究经典门。如第5.1节所述,将 n 个输入位表示为 $2^n\times1$ 的矩阵,将 m 个输出位表示为 $2^m\times1$ 的矩阵。我们应该如何表示逻辑门?当将 $2^m\times2^n$ 的矩阵与 $2^n\times1$ 的矩阵相乘时,结果是 $2^m\times1$ 的矩阵,用符号表示为

$$(2^m\times2^n)\times(2^n\times1)=(2^m\times1) \tag{5.27}$$

因此,位将由列向量表示,逻辑门将由矩阵表示。

下面来看一个简单的例子。考虑一下非(**NOT**)门。

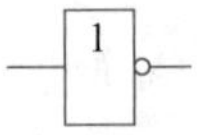

非门输入一位或一个 2×1 的矩阵,并输出一位或一个 2×1 的矩阵。$|0\rangle$的非等于$|1\rangle$且$|1\rangle$的非等于$|0\rangle$。考虑矩阵

$$\boldsymbol{NOT}=\begin{bmatrix}0&1\\1&0\end{bmatrix} \tag{5.28}$$

此矩阵满足

$$\begin{bmatrix}0&1\\1&0\end{bmatrix}\begin{bmatrix}1\\0\end{bmatrix}=\begin{bmatrix}0\\1\end{bmatrix}\text{和}\begin{bmatrix}0&1\\1&0\end{bmatrix}\begin{bmatrix}0\\1\end{bmatrix}=\begin{bmatrix}1\\0\end{bmatrix} \tag{5.29}$$

这正是我们想要的。其他的门呢?考虑与(**AND**)门。与门与非门不同,因为与门接受两个位并输出一个位。

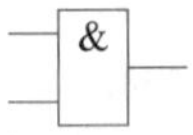

因为与门有两个输入和一个输出,所以需要一个 $2^1\times2^2$ 的矩阵。考虑矩阵

$$\boldsymbol{AND}=\begin{bmatrix}1&1&1&0\\0&0&0&1\end{bmatrix} \tag{5.30}$$

此矩阵满足

$$\begin{bmatrix}1&1&1&0\\0&0&0&1\end{bmatrix}\begin{bmatrix}0\\0\\0\\1\end{bmatrix}=\begin{bmatrix}0\\1\end{bmatrix} \tag{5.31}$$

可以把它写成:

$$\boldsymbol{AND}\mid 11\rangle=\mid 1\rangle \tag{5.32}$$

相反,请考虑另一个 4×1 的矩阵:

$$\begin{bmatrix}1&1&1&0\\0&0&0&1\end{bmatrix}\begin{bmatrix}0\\1\\0\\0\end{bmatrix}=\begin{bmatrix}1\\0\end{bmatrix} \tag{5.33}$$

可以把它写成

$$\boldsymbol{AND}\ |01\rangle = |0\rangle \tag{5.34}$$

练习 5.2.1 计算 $\boldsymbol{AND}|10\rangle$。

如果在 ***AND*** 的右侧任意放置一个 4×1 的矩阵，会发生什么情况？

$$\begin{bmatrix} 1 & 1 & 1 & 0 \\ 0 & 0 & 0 & 1 \end{bmatrix}\begin{bmatrix} 3.5 \\ 2 \\ 0 \\ -4.1 \end{bmatrix} = \begin{bmatrix} 5.5 \\ -4.1 \end{bmatrix} \tag{5.35}$$

这显然是无稽之谈。我们只允许将这些经典门乘以表示经典状态的向量，即具有单个元素 1 和所有其他元素 0 的列向量。在经典世界中，比特位一次只处于一种状态，并由这样的向量描述。只有后来，当深入研究量子门时，我们才会有更多的空间和更多的乐趣。

或(**OR**)门

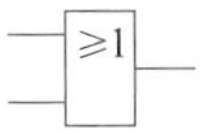

≥1

可以用矩阵表示为

$$\boldsymbol{OR} = \begin{bmatrix} 1 & 0 & 0 & 0 \\ 0 & 1 & 1 & 1 \end{bmatrix} \tag{5.36}$$

练习 5.2.2 显示此矩阵执行 **OR** 运算。

与非(**NAND**)门

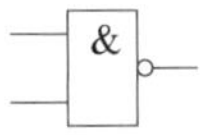

&

特别重要的是，每个逻辑门都可以由 **NAND** 门组成。下面尝试确定哪个矩阵对应 **NAND**。一种方法是考虑两位(00,01,10,11)的四种可能的输入状态中的哪一种使 **NAND** 输出 1(答案：00,01,10)，以及哪种状态使 **NAND** 输出 0(答案：11)。

由此，我们意识到 **NAND** 可以写成：

$$\begin{array}{c} \\ \mathbf{NAND} = \begin{array}{c} 0 \\ 1 \end{array} \end{array}\!\!\begin{array}{c} \begin{array}{cccc} 00 & 01 & 10 & 11 \end{array} \\ \begin{bmatrix} 0 & 0 & 0 & 1 \\ 1 & 1 & 1 & 0 \end{bmatrix} \end{array} \tag{5.37}$$

注意，列名对应输入，行名对应输出。j 列中的第 1 行和第 i 行表示在元素 j 上，矩阵/门将输出 i。但是，还有另一种方法可以确定 **NAND** 门。**NAND** 门实际上是 **AND** 门，后跟 **NOT** 门。

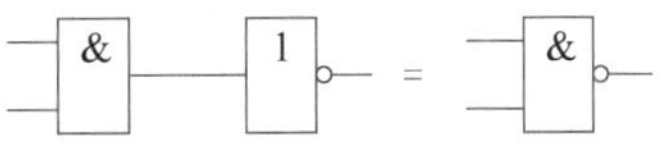

& 1 = &

换句话说，可以通过首先执行 **AND** 操作，然后执行 **NOT** 操作来执行 **NAND** 操作。用矩阵表示，可以将其写为

$$\mathbf{NOT} \times \mathbf{AND} = \begin{bmatrix} 0 & 1 \\ 1 & 0 \end{bmatrix} \times \begin{bmatrix} 1 & 1 & 1 & 0 \\ 0 & 0 & 0 & 1 \end{bmatrix} = \begin{bmatrix} 0 & 0 & 0 & 1 \\ 1 & 1 & 1 & 0 \end{bmatrix} = \mathbf{NAND} \tag{5.38}$$

练习 5.2.3 找到一个与 **NOR** 相对应的矩阵。

NAND 的这种思维方式揭示了一种普遍情况。当执行计算时,经常必须执行一个操作,然后执行另一个操作。

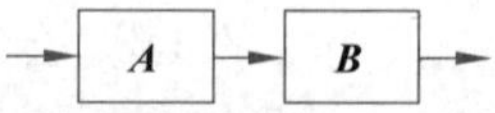

$$\to \boxed{\boldsymbol{A}} \to \boxed{\boldsymbol{B}} \to \tag{5.39}$$

我们将此过程称为执行顺序操作。如果矩阵 **A** 对应执行一个操作,而矩阵 **B** 对应执行另一个操作,则矩阵 **B** * **A** 对应按顺序执行该操作。注意,**B** * **A** 就像从图片的背面看,从左到右依次是 **A**,然后是 **B**。不要为此感到震惊。这样做的原因是从左到右阅读,因此我们将过程描述为从左到右流动。可以将上面的图表示为

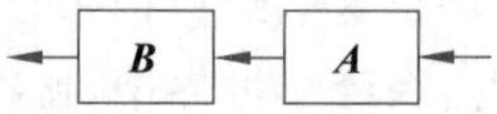

$$\leftarrow \boxed{\boldsymbol{B}} \leftarrow \boxed{\boldsymbol{A}} \leftarrow \tag{5.40}$$

这样就不会混淆了[①]。我们将遵循计算从左到右流动的惯例,并省略箭头的头部。因此,**A** 后跟 **B** 的计算图示应为

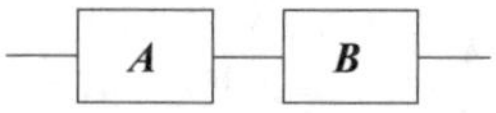

$$- \boxed{\boldsymbol{A}} - \boxed{\boldsymbol{B}} - \tag{5.41}$$

下面正式说明输入数和输出数。如果 **A** 是具有 m 个输入位和 n 个输出位的运算,则其图示为

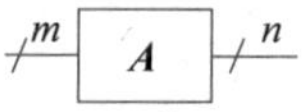

$$\overset{m}{\not-} \boxed{\boldsymbol{A}} \overset{n}{\not-} \tag{5.42}$$

矩阵 **A** 的大小为 $2^n \times 2^m$。比如,**B** 将 **A** 的 n 个输出作为输入并输出 p 位,即

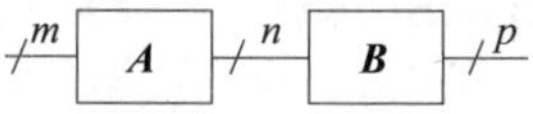

$$\overset{m}{\not-} \boxed{\boldsymbol{A}} \overset{n}{\not-} \boxed{\boldsymbol{B}} \overset{p}{\not-} \tag{5.43}$$

则 **B** 由 $2^p \times 2^n$ 的矩阵表示,执行一个操作依次后跟另一个操作对应于 **B**×**A**,它是一个 $(2^p \times 2^n) \times (2^n \times 2^m) = 2^p \times 2^m$ 的矩阵。

除顺序操作外,还有并行操作。

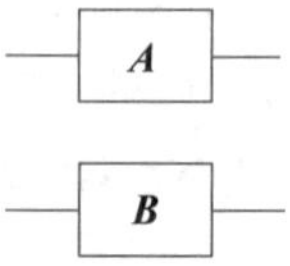

$$\begin{array}{c} - \boxed{\boldsymbol{A}} - \\ \\ - \boxed{\boldsymbol{B}} - \end{array} \tag{5.44}$$

这里,**A** 作用于某些位,**B** 作用于其他位。这将由 **A**⊗**B** 表示(见 2.7 节)。让我们精确地了解输入数和输出数。

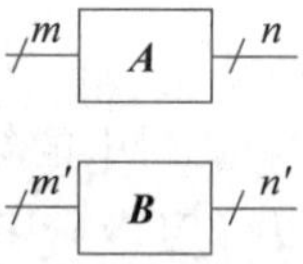

$$\begin{array}{c} \overset{m}{\not-} \boxed{\boldsymbol{A}} \overset{n}{\not-} \\ \\ \overset{m'}{\not-} \boxed{\boldsymbol{B}} \overset{n'}{\not-} \end{array} \tag{5.45}$$

A 的大小为 $2^n \times 2^m$。**B** 的大小为 $2^{n'} \times 2^{m'}$。根据 2.7 节中的等式(2.174),**A**⊗**B** 的大小为 $2^{n+n'} \times 2^{m+m'}$(因为 $2^n 2^{n'} = 2^{n+n'}$,$2^m 2^{m'} = 2^{m+m'}$)。

练习 5.2.4 在练习 2.7.4 中,证明了 **A**⊗**B**≅**B**⊗**A**。在对不同位执行并行操作方面,这一事实对应什么?

顺序和并行操作门/矩阵的组合将称为电路。当然,我们将构建一些非常复杂的矩阵,

---

① 如果文本是用阿拉伯语或希伯来语写的,那么这个问题甚至不会出现。

但它们都可以分解为简单门的顺序和并行组合。

练习 5.2.5　在练习 2.7.9 中，证明对于适当大小的 $\boldsymbol{A}$，$\boldsymbol{A}'$，$\boldsymbol{B}$ 和 $\boldsymbol{B}'$ 的矩阵，有以下等式：

$$(\boldsymbol{B}\otimes\boldsymbol{B}')*(\boldsymbol{A}\otimes\boldsymbol{A}')=(\boldsymbol{B}*\boldsymbol{A})\otimes(\boldsymbol{B}'*\boldsymbol{A}') \tag{5.46}$$

在不同的(量子)位上执行不同的操作，这对应于什么？(提示：请考虑下图)

(5.47)

例 5.2.1　设 $\boldsymbol{A}$ 为接受 n 个输入并给出 m 个输出的运算。设 $\boldsymbol{B}$ 获取这些输出中的 $p<m$，而不考虑其他 $m-p$ 输出。$\boldsymbol{B}$ 输出 q 位。

(5.48)

$\boldsymbol{A}$ 是一个 $2^m\times2^n$ 的矩阵。$\boldsymbol{B}$ 是一个 $2^q\times2^p$ 的矩阵。由于不需要对 $m-p$ 位执行任何操作，因此可以将其表示为 $2^{m-p}\times2^{m-p}$ 的单位矩阵 I_{m-p}。我们没有为单位矩阵绘制任何门。整个电路可以用以下矩阵表示：

$$(\boldsymbol{B}\otimes\boldsymbol{I}_{m-p})*\boldsymbol{A} \tag{5.49}$$

例 5.2.2　考虑电路：

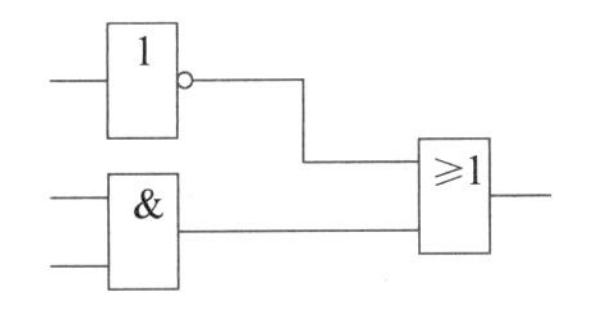

这表示为

$$\boldsymbol{OR}*(\boldsymbol{NOT}\otimes\boldsymbol{AND}) \tag{5.50}$$

下面看看这些运算作为矩阵的样子。经计算，得到

$$\boldsymbol{NOT}\otimes\boldsymbol{AND}=\begin{bmatrix}0&1\\1&0\end{bmatrix}\otimes\begin{bmatrix}1&1&1&0\\0&0&0&1\end{bmatrix}=\begin{bmatrix}0&0&0&0&1&1&1&0\\0&0&0&0&0&0&0&1\\1&1&1&0&0&0&0&0\\0&0&0&1&0&0&0&0\end{bmatrix} \tag{5.51}$$

因此，我们得到

$$\boldsymbol{OR}*(\boldsymbol{NOT}\otimes\boldsymbol{AND})=\begin{bmatrix}1&0&0&0\\0&1&1&1\end{bmatrix}\times\begin{bmatrix}0&0&0&0&1&1&1&0\\0&0&0&0&0&0&0&1\\1&1&1&0&0&0&0&0\\0&0&0&1&0&0&0&0\end{bmatrix}$$

$$=\begin{bmatrix}0&0&0&0&1&1&1&0\\1&1&1&1&0&0&0&1\end{bmatrix} \tag{5.52}$$

下面看看是否可以用矩阵表述德·摩根定律。其中一条德·摩根定律指出，$\neg(\neg P\wedge\neg Q)=P\vee Q$。这是一个图形表示

用矩阵表示,对应于

$$\boldsymbol{NOT} * \boldsymbol{AND} * (\boldsymbol{NOT} \otimes \boldsymbol{NOT}) = \boldsymbol{OR} \tag{5.53}$$

首先,计算张量积:

$$\boldsymbol{NOT} \otimes \boldsymbol{NOT} = \begin{bmatrix} 0 & 1 \\ 1 & 0 \end{bmatrix} \otimes \begin{bmatrix} 0 & 1 \\ 1 & 0 \end{bmatrix} = \begin{bmatrix} 0 & 0 & 0 & 1 \\ 0 & 0 & 1 & 0 \\ 0 & 1 & 0 & 0 \\ 1 & 0 & 0 & 0 \end{bmatrix} \tag{5.54}$$

这个德摩根定律对应矩阵的以下恒等式:

$$\begin{bmatrix} 0 & 1 \\ 1 & 0 \end{bmatrix} \times \begin{bmatrix} 1 & 1 & 1 & 0 \\ 0 & 0 & 0 & 1 \end{bmatrix} \times \begin{bmatrix} 0 & 0 & 0 & 1 \\ 0 & 0 & 1 & 0 \\ 0 & 1 & 0 & 0 \\ 1 & 0 & 0 & 0 \end{bmatrix} = \begin{bmatrix} 1 & 0 & 0 & 0 \\ 0 & 1 & 1 & 1 \end{bmatrix} \tag{5.55}$$

练习 5.2.6 乘以这些矩阵并确认同一性。

练习 5.2.7 用矩阵表示另一个德·摩根定律

$$\neg(\neg P \vee \neg Q) = P \wedge Q \tag{5.56}$$

练习 5.2.8 写出对应一位加法器的矩阵。一位加法器将位 x,y 和 c(来自早期加法器的进位)相加并输出位 z 和 c'(进位到下一个加法器)。有三个输入和两个输出,因此矩阵的维度为 $2^2 \times 2^3$。(提示:将列标记为 000,001,010,…,110,111,其中列,例如 101,对应 $x=1, y=0, c=1$。将行标记为 00,01,10,11,其中行,例如 10,对应 $z=1, c'=0$。当 $x=1, y=0, c=1$ 时,输出应为 $z=0$ 且 $c'=1$。因此,在标记为 01 的行中放置一个 1,在所有其他行中放置一个 0。)

练习 5.2.9 在练习 5.2.8 中,你确定了对应于一位加法器的矩阵。通过用经典门编写电路,然后将电路转换为大矩阵来检查结果是否正确。

5.3 可逆门

并非在 5.2 节中处理的所有逻辑门在量子计算机中都有效。在量子世界中,所有非测量的操作都是可逆的,并且由酉矩阵表示。**AND** 操作不可逆。给定来自 **AND** 的输出为 $|0\rangle$,则无法确定输入是 $|00\rangle$,$|01\rangle$ 还是 $|10\rangle$。因此,从 **AND** 栅极的输出,人们无法确定输入,因此 **AND** 是不可逆的。相反,非门和恒等门是可逆的。事实上,它们是它们自己的逆:

$$\boldsymbol{NOT} * \boldsymbol{NOT} = \boldsymbol{I}_2 \quad \boldsymbol{I}_n * \boldsymbol{I}_n = \boldsymbol{I}_n \tag{5.57}$$

可逆门的历史早于量子计算。日常计算机会消耗能量并产生大量的热量。20 世纪 60 年代,罗尔夫·兰道尔(Rolf Landauer)分析了计算过程,并表明擦除信息而不是写入信息是导致能量损失和热量的原因。这个概念被称为兰道尔原理。为了获得现实生活中的直觉，首先须了解为什么擦除信息会耗散能量，请考虑一桶水，一块板将这桶水分成两部分，如图 5.1 所示。

这个浴缸被用作存储一位信息的一种方式。如果所有水都向左推，则系统处于$|0\rangle$状态；如果所有水都向右推，则系统处于$|1\rangle$状态，如图 5.2 所示。

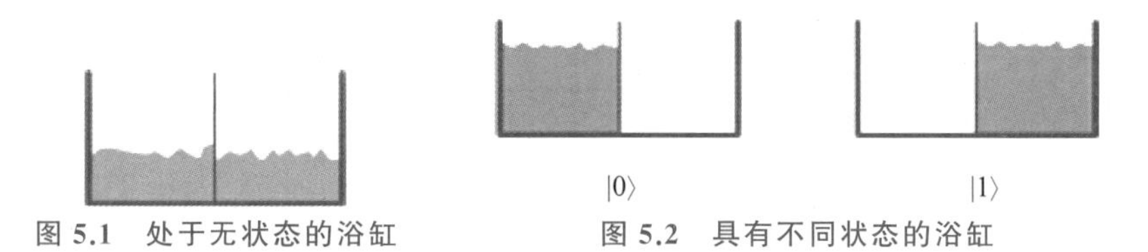

图 5.1　处于无状态的浴缸　　　图 5.2　具有不同状态的浴缸

在这样的系统中擦除信息对应的是什么？如果分隔 0 和 1 区域的墙壁上有一个洞，那么水就会渗出，我们将不知道系统会处于什么状态。可以很容易地在渗出水的地方放置涡轮机(见图 5.3)并产生能量。因此，丢失信息意味着能量正在消散。

还要注意，写入信息是一个可逆的过程。如果浴缸处于无状态，将所有水向左推，并将水设置为$|0\rangle$状态，则只需拆除板子，水将进入两个区域，导致无状态，如图 5.4 所示。我们已经扭转了信息被写入的事实。相反，擦除信息是不可逆的。从状态$|0\rangle$开始，然后取下分隔浴缸两部分的壁，这是在擦除信息。怎样才能回到原来的状态？有两种可能的状态可以返回，如图 5.5 所示。

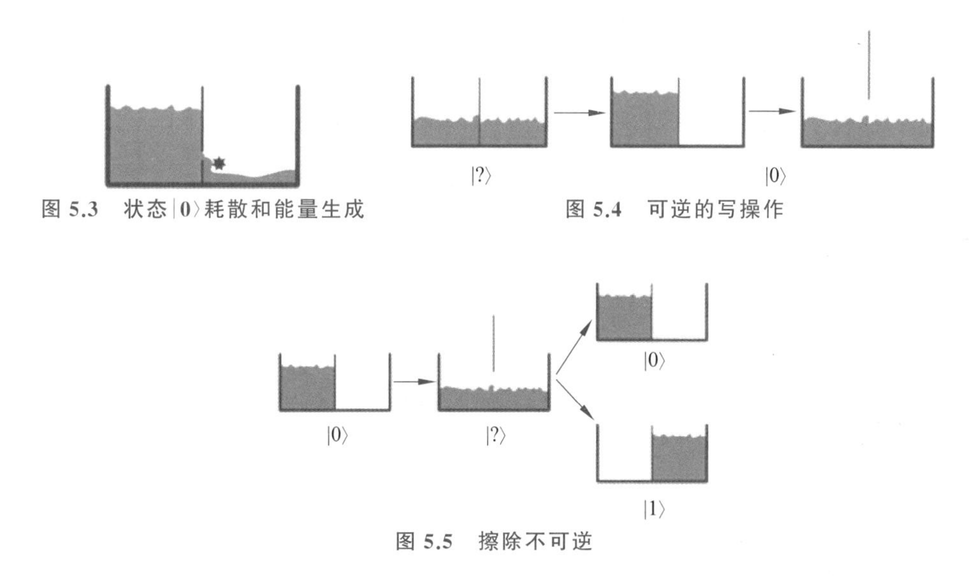

图 5.3　状态$|0\rangle$耗散和能量生成　　　图 5.4　可逆的写操作

图 5.5　擦除不可逆

显而易见的答案是我们应该将所有水推回状态。但是，我们知道$|0\rangle$为原始状态的唯一方法是，该信息是否被复制到大脑中。在这种情况下，系统既是浴缸，又是大脑，我们并没有真正消除状态$|0\rangle$是原始状态的事实。我们的大脑仍然在存储信息。

下面通过考虑爱丽丝和鲍勃两个人，重新审视这种直觉。如果爱丽丝在空黑板上写了一封信，然后鲍勃走进房间，他可以擦除爱丽丝在黑板上写的信，并将黑板恢复到原始状态。因此，书写是可逆的。相反，如果有一块写着字的板子，爱丽丝擦掉了板子，那么当鲍勃走进房间时，他就无法写出板上的内容。鲍勃在爱丽丝删除它之前不知道板上有什么。所以，爱丽丝的擦除是不可逆的。

可以发现，擦除信息是一种不可逆转的、耗能的操作。20 世纪 70 年代，查尔斯·H·贝内特(Charles H. Bennett)继续沿着这些思路前进。如果擦除信息是唯一使用能量的操作，则可逆且不擦除的计算机将不使用任何能量。Bennett 开始研究可逆电路和程序。有哪些可逆门的例子？我们已经看到，单位门和非门是可逆的。还有什么？请考虑以下受控非门：

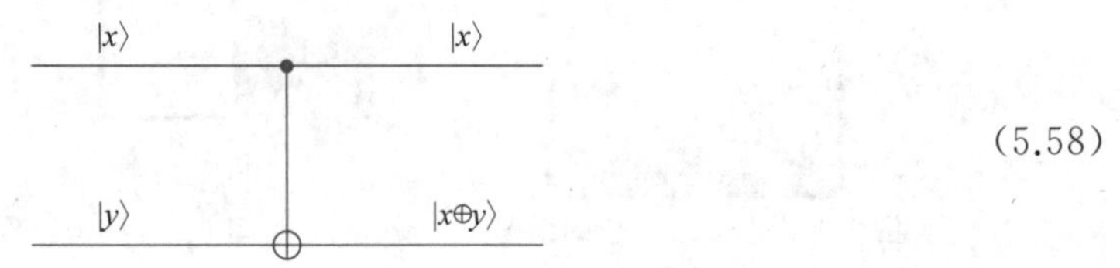

(5.58)

这个门有两个输入和两个输出。顶部输入是控制位。它控制输出将是什么。如果 $|x\rangle = |0\rangle$，则 $|y\rangle$ 的底部输出将与输入相同。如果 $|x\rangle = |1\rangle$，则底部输出将相反。如果先写上量子位，然后写下底量子比特，那么受控 **NOT** 门将 $|x, y\rangle$ 变为 $|x, x\oplus y\rangle$，其中 $\oplus$ 是二进制异或运算。对应此可逆门的矩阵为

$$\begin{array}{c} \\ \mathbf{00} \\ \mathbf{01} \\ \mathbf{10} \\ \mathbf{11} \end{array} \begin{array}{c} \begin{array}{cccc} \mathbf{00} & \mathbf{01} & \mathbf{10} & \mathbf{11} \end{array} \\ \begin{bmatrix} 1 & 0 & 0 & 0 \\ 0 & 1 & 0 & 0 \\ 0 & 0 & 0 & 1 \\ 0 & 0 & 1 & 0 \end{bmatrix} \end{array} \tag{5.59}$$

受控的 **NOT** 门可以自行反转。请考虑下图：

$|x\rangle$　$|x\rangle$　$|x\rangle$

$|y\rangle$　$|x\oplus y\rangle$　$|x\oplus x\oplus y\rangle$

(5.60)

状态 $|x, y\rangle$ 转到 $|x, x\oplus y\rangle$，进一步转到 $|x, x\oplus(x\oplus y)\rangle$。最后一种状态等于 $|x, (x\oplus x)\oplus y\rangle$，因为 $\oplus$ 是关联的。因为 $x\oplus x$ 始终等于 0，所以此状态将简化为原始 $|x, y\rangle$。

练习 5.3.1 通过将相应的矩阵本身相乘并得到单位矩阵，表明受控 **NOT** 门是它自己的逆。

一个有趣的可逆门是 Toffoli(托弗利)门：

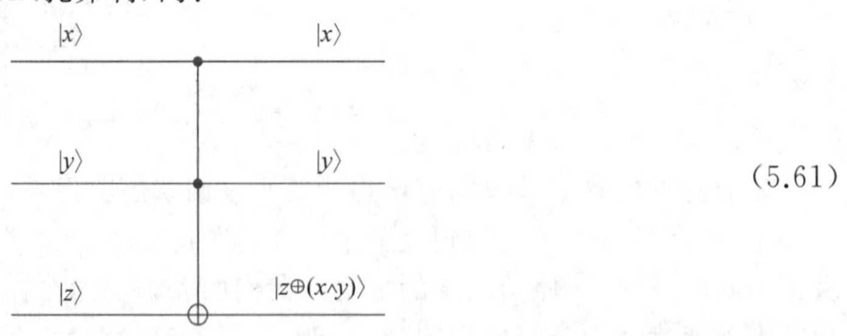

(5.61)

这类似于受控 **NOT** 门，但有两个控制位。仅当前两个位都处于 $|1\rangle$ 状态时，底部位才会反转。可以将此操作写为状态 $|x, y, z\rangle$ 到 $|x, y, z\oplus(x\wedge y)\rangle$。

练习 5.3.2　证明 Toffoli 门是它自己的反转。

与此门对应的矩阵是：

$$\begin{array}{c} \\ 000 \\ 001 \\ 010 \\ 011 \\ 100 \\ 101 \\ 110 \\ 111 \end{array}\begin{array}{c} \begin{array}{cccccccc} 000 & 001 & 010 & 011 & 100 & 101 & 110 & 111 \end{array} \\ \left[\begin{array}{cccccccc} 1 & 0 & 0 & 0 & 0 & 0 & 0 & 0 \\ 0 & 1 & 0 & 0 & 0 & 0 & 0 & 0 \\ 0 & 0 & 1 & 0 & 0 & 0 & 0 & 0 \\ 0 & 0 & 0 & 1 & 0 & 0 & 0 & 0 \\ 0 & 0 & 0 & 0 & 1 & 0 & 0 & 0 \\ 0 & 0 & 0 & 0 & 0 & 1 & 0 & 0 \\ 0 & 0 & 0 & 0 & 0 & 0 & 0 & 1 \\ 0 & 0 & 0 & 0 & 0 & 0 & 1 & 0 \end{array}\right] \end{array} \tag{5.62}$$

例 5.3.1　**NOT** 门没有控制位，受控非门有一个控制位，Toffoli 门有两个控制位。我们能继续这样做吗？是的。具有三个控制位的门可以从三个 Toffoli 门构造，如下所示。

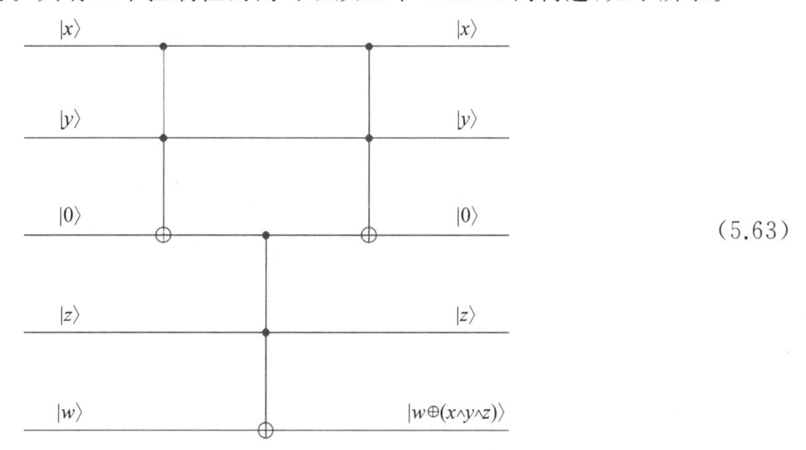

(5.63)

Toffoli 门令人感兴趣的一个原因是它是通用的。换句话说，使用 Toffoli 门的副本，可以创建任何逻辑门。特别是，可以仅使用 Toffoli 门来制作可逆计算机。理论上，这样的计算机既不会使用任何能量，也不会散发出任何热量。

为了理解 Toffoli 门是通用的，我们将证明它可用来制造 **AND** 和 **NOT** 门。**AND** 门是通过将底部 $|z\rangle$ 输入设置为 $|0\rangle$ 获得的。然后，底部输出将为 $|x \wedge y\rangle$。

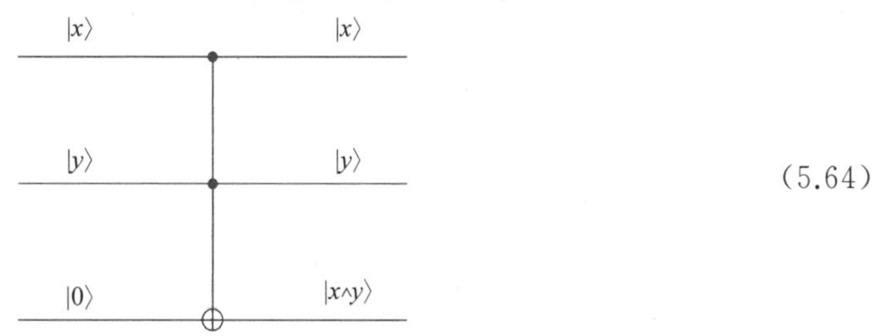

(5.64)

NOT 门是通过将前两个输入设置为 $|1\rangle$ 来获得的。底部输出将为 $|(1 \wedge 1) \oplus z\rangle = |1 \oplus z\rangle = |\neg z\rangle$。

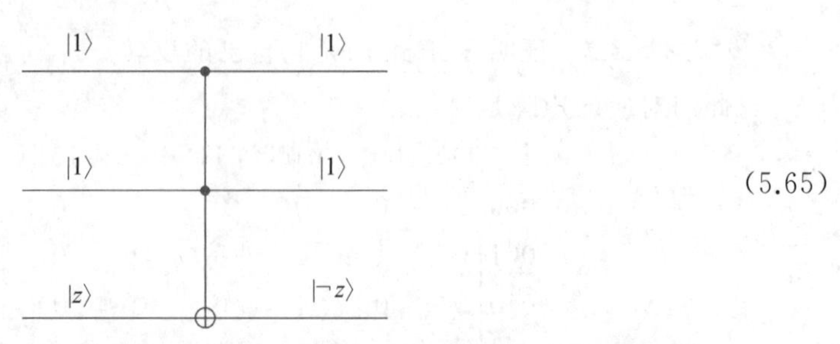

(5.65)

为了构造所有的门，还必须有一种方法来产生一个扇出值。换句话说，需要输入一个值并输出两个相同值的门。这可以通过将$|x\rangle$设置为$|1\rangle$并将$|z\rangle$设置为$|0\rangle$来获得，这使得输出$|1,y,y\rangle$。

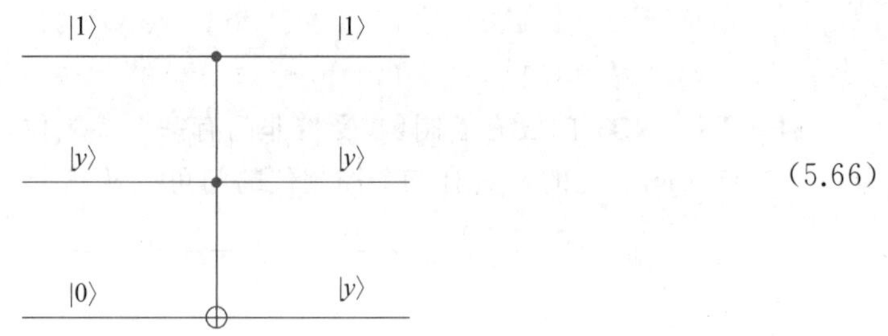

(5.66)

练习 5.3.3　用一个 Toffoli 门构造 **NAND**。用两个 Toffoli 门创建 **OR** 门。

另一个有趣的可逆门是 Fredkin(弗雷德金)门。Fredkin 门有三个输入和三个输出。

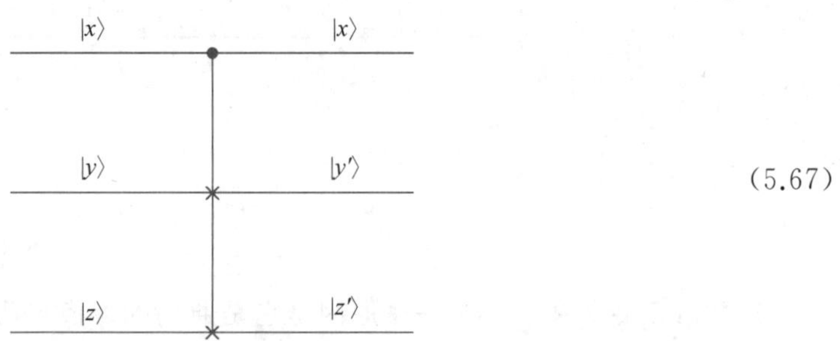

(5.67)

顶部$|x\rangle$输入是控件输入，输出始终相同，为$|x\rangle$。如果将$|x\rangle$设置为$|0\rangle$，则$|y'\rangle=|y\rangle$和$|z'\rangle=|z\rangle$，即值保持不变。另一方面，如果将控件$|x\rangle$设置为$|1\rangle$，则输出将反转：$|y'\rangle=|z\rangle$和$|z'\rangle=|y\rangle$。简言之，$|0,y,z\rangle\mapsto|0,y,z\rangle$和$|1,y,z\rangle\mapsto|1,z,y\rangle$。

练习 5.3.4　表明 Fredkin 门是它自己的反转。

对应于 Fredkin 门的矩阵是

$$
\begin{array}{c} \\ 000 \\ 001 \\ 010 \\ 011 \\ 100 \\ 101 \\ 110 \\ 111 \end{array}
\begin{array}{c}
\begin{array}{cccccccc} 000 & 001 & 010 & 011 & 100 & 101 & 110 & 111 \end{array} \\
\begin{bmatrix}
1 & 0 & 0 & 0 & 0 & 0 & 0 & 0 \\
0 & 1 & 0 & 0 & 0 & 0 & 0 & 0 \\
0 & 0 & 1 & 0 & 0 & 0 & 0 & 0 \\
0 & 0 & 0 & 1 & 0 & 0 & 0 & 0 \\
0 & 0 & 0 & 0 & 1 & 0 & 0 & 0 \\
0 & 0 & 0 & 0 & 0 & 0 & 1 & 0 \\
0 & 0 & 0 & 0 & 0 & 1 & 0 & 0 \\
0 & 0 & 0 & 0 & 0 & 0 & 0 & 1
\end{bmatrix}
\end{array}
\tag{5.68}
$$

Fredkin 门也是通用的。通过将 $|y\rangle$ 设置为 $|0\rangle$，可以得到如下的 **AND** 门：

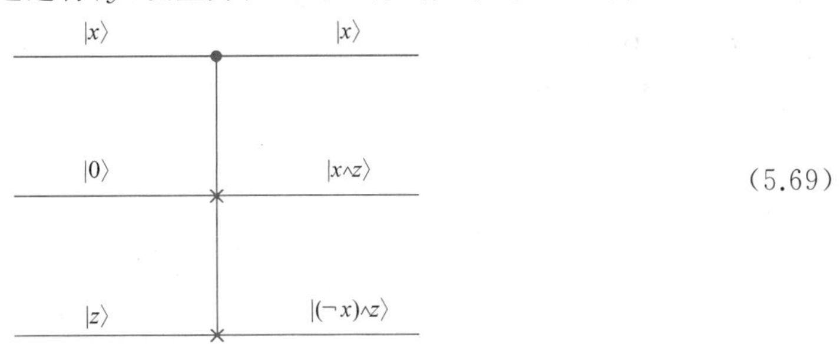

(5.69)

NOT 门和扇出门可以通过将 $|y\rangle$ 设置为 $|1\rangle$ 和将 $|z\rangle$ 设置为 $|0\rangle$ 来获得。这给了我们

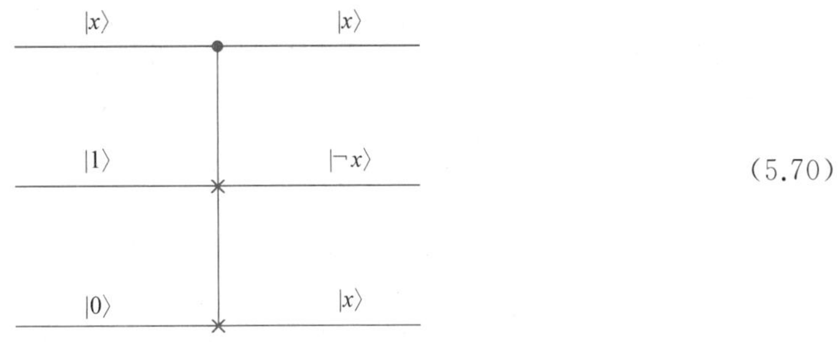

(5.70)

因此，Toffoli 门和 Fredkin 门都是通用的。不仅两个门都是可逆的；看一眼它们的矩阵，就会发现它们也是酉的。5.4 节将会介绍其他酉门。

5.4 量子门

定义 5.4.1 量子门只是作用于量子比特的算子。此类运算符将由酉矩阵表示。

我们已经使用过一些量子门，例如身份算子 I、Hadamard 门 **H**、**NOT** 门、受控非门、Toffoli 门和 Fredkin 门。还有什么量子门？

让我们看看其他一些量子门。以下三个矩阵称为泡利矩阵，非常重要：

$$\boldsymbol{X}=\begin{bmatrix}0 & 1\\1 & 0\end{bmatrix},\boldsymbol{Y}=\begin{bmatrix}0 & -\mathrm{i}\\\mathrm{i} & 0\end{bmatrix},\boldsymbol{Z}=\begin{bmatrix}1 & 0\\0 & -1\end{bmatrix} \tag{5.71}$$

它们在量子力学和量子计算中无处不在①。注意，$\boldsymbol{X}$ 矩阵只不过是我们的 ***NOT*** 矩阵。将使用的其他重要矩阵，包括

$$\boldsymbol{S}=\begin{bmatrix}1 & 0\\0 & \mathrm{i}\end{bmatrix} \text{和 } \boldsymbol{T}=\begin{bmatrix}1 & 0\\0 & \mathrm{e}^{\mathrm{i}\pi/4}\end{bmatrix} \tag{5.72}$$

练习 5.4.1 证明这些矩阵中的每一个都是酉的。

练习 5.4.2 显示每个矩阵在任意量子位 $[c_0, c_1]^{\mathrm{T}}$ 上的作用。

练习 5.4.3 这些操作彼此密切相关。证明操作之间的以下关系：

（ⅰ）$\boldsymbol{X}^2=\boldsymbol{Y}^2=\boldsymbol{Z}^2=\boldsymbol{I}$；

（ⅱ）$\boldsymbol{H}=\frac{1}{\sqrt{2}}(\boldsymbol{X}+\boldsymbol{Z})$；

---

① 有时表示法 σ_x、σ_y 和 σ_z 用于这些矩阵。

（ⅲ）$\boldsymbol{X}=\boldsymbol{HZH}$；

（ⅳ）$\boldsymbol{Z}=\boldsymbol{HXH}$；

（ⅴ）$-1\boldsymbol{Y}=\boldsymbol{HYH}$；

（ⅵ）$\boldsymbol{S}=\boldsymbol{T}^2$；

（ⅶ）$-1\boldsymbol{Y}=\boldsymbol{XYX}$。

还有其他量子门。让我们考虑一个具有有趣名称的单量子位量子门。该门称为 ***NOT*** 的平方根，记作$\sqrt{\boldsymbol{NOT}}$。此门的矩阵表示为

$$\sqrt{\boldsymbol{NOT}}=\frac{1}{\sqrt{2}}\begin{bmatrix}1 & -1\\1 & 1\end{bmatrix} \tag{5.73}$$

首先要注意的是，这个门不是它自己的反转，也就是说，

$$\sqrt{\boldsymbol{NOT}} \neq \sqrt{\boldsymbol{NOT}} \tag{5.74}$$

为了理解为什么这个门有这么奇怪的名字，让$\sqrt{\boldsymbol{NOT}}$乘以自己：

$$\sqrt{\boldsymbol{NOT}} * \sqrt{\boldsymbol{NOT}}=(\sqrt{\boldsymbol{NOT}})^2=\begin{bmatrix}0 & -1\\1 & 0\end{bmatrix} \tag{5.75}$$

这与 **NOT** 门非常相似。将量子位$|0\rangle$和$|1\rangle$通过$\sqrt{\boldsymbol{NOT}}$门两次，得到

$$|0\rangle=[1,0]^{\mathrm{T}} \mapsto \left[\frac{1}{\sqrt{2}},\frac{1}{\sqrt{2}}\right]^{\mathrm{T}} \mapsto [0,1]^{\mathrm{T}}=|1\rangle \tag{5.76}$$

和

$$|1\rangle=[0,1]^{\mathrm{T}} \mapsto \left[-\frac{1}{\sqrt{2}},\frac{1}{\sqrt{2}}\right]^{\mathrm{T}} \mapsto [-1,0]^{\mathrm{T}}=-1|0\rangle \tag{5.77}$$

请记住，$|0\rangle$和$-1|0\rangle$都代表相同的状态，我们有信心说平方$\sqrt{\boldsymbol{NOT}}$执行与 **NOT** 门相同的操作，因此名称也是如此。还有一个门我们没有讨论过：测量操作。这不是统一的，一般来说，甚至是可逆的。这个操作通常在计算结束时执行，当想测量量子位（并找到位）时。我们将它表示为

(5.78)

有一种几何方式可表示单量子位状态和操作。记住，在 1.3 节，对于模量为 1 的给定复数 $c=x+y\mathrm{i}$，有一种很好的方法将 c 可视化为从原点到半径 1 的圆的长度为 1 的箭头。

$$|c|^2=c\times\bar{c}=(x+y\mathrm{i})(x-y\mathrm{i})=x^2+y^2=1 \tag{5.79}$$

换句话说，半径 1 的每个复数都可以通过向量与正 x 轴形成的角度 φ 来识别。量子比特有一个类似的表示，即从原点到三维球体的箭头。下面看看它是如何工作的。通用量子位的形式为

$$|\psi\rangle=c_0|0\rangle+c_1|1\rangle \tag{5.80}$$

其中$|c_0|^2+|c_1|^2=1$。虽然乍一看，方程(5.80)中给出的量子比特涉及四个实数，但事实证明，三维球只有两个实际自由度（如地球上的纬度和经度）。下面以极性形式重写方程(5.80)中的量子位：

$$c_0=r_0\mathrm{e}^{\mathrm{i}\varphi_0} \tag{5.81}$$

且

$$c_1 = r_1 e^{i\varphi_1} \tag{5.82}$$

因此,方程(5.80)可以重写为

$$|\psi\rangle = r_0 e^{i\varphi_0} |0\rangle + r_1 e^{i\varphi_1} |1\rangle \tag{5.83}$$

仍然有四个实际参数: $r_0, r_1, \varphi_0, \varphi_1$。然而,如果将其相应的向量乘以任意复数(范数1,见第4章,第109页),则量子物理状态不会改变。因此,可以通过"消除"其相位来获得方程(5.80)中量子位的等效表达式,其中$|0\rangle$的振幅是实数:

$$e^{-i\varphi_0} |\psi\rangle = e^{-i\varphi_0}(r_0 e^{i\varphi_0} |0\rangle + r_1 e^{i\varphi_1} |1\rangle) = r_0 |0\rangle + r_1 e^{i(\varphi_1 - \varphi_0)} |1\rangle \tag{5.84}$$

现在只有三个实数参数,即 r_0, r_1 和 $\varphi = \varphi_0 - \varphi_1$,但我们可以做得更好。利用以下事实:

$$1 = |c_0|^2 + |c_1|^2 = |r_0 e^{i\varphi_0}|^2 + |r_1 e^{i\varphi_1}|^2 = |r_0|^2 |e^{i\varphi_0}|^2 + |r_1|^2 |e^{i\varphi_1}|^2, \tag{5.85}$$

我们明白了

$$r_0^2 + r_1^2 = 1 \tag{5.86}$$

可以将它们重命名为

$$r_0 = \cos\theta \text{ 和 } r_1 = \sin\theta \tag{5.87}$$

总之,等式(5.80)中的量子位现在处于规范表示中

$$|\psi\rangle = \cos(\theta) |0\rangle + e^{i\varphi} \sin(\theta) |1\rangle \tag{5.88}$$

只剩下两个实际参数。

两个角度 θ 和 φ 的范围是多少? 证明 $0 \leqslant \varphi < 2\pi$ 和 $0 \leqslant \theta \leqslant \frac{\pi}{2}$ 足以覆盖所有可能的量子位。

练习 5.4.4 证明方程(5.88)中给出的具有 $\theta > \frac{\pi}{2}$ 的规范表示中的每个量子位都等价于另一个量子位,其中 θ 位于平面的第一象限。(提示:使用一点三角学,并根据需要更改 φ。)

由于识别量子位只需要两个实数,因此可以将其映射到从原点到半径为1的$\mathbb{R}^3$的三维球体的箭头,称为布洛赫(Bloch)**球面**,如图5.6所示。

每个量子位都可以用描述这种箭头的两个角度表示。这两个角度将对应指定地球上任何位置所需的纬度(θ)和经度(φ)。单位球体的标准参数化为

$$x = \cos\varphi\sin\theta \tag{5.89}$$

$$y = \sin\varphi\sin\theta \tag{5.90}$$

$$z = \cos\theta \tag{5.91}$$

这里,$0 \leqslant \varphi < 2\pi, 0 \leqslant \theta < \pi$。

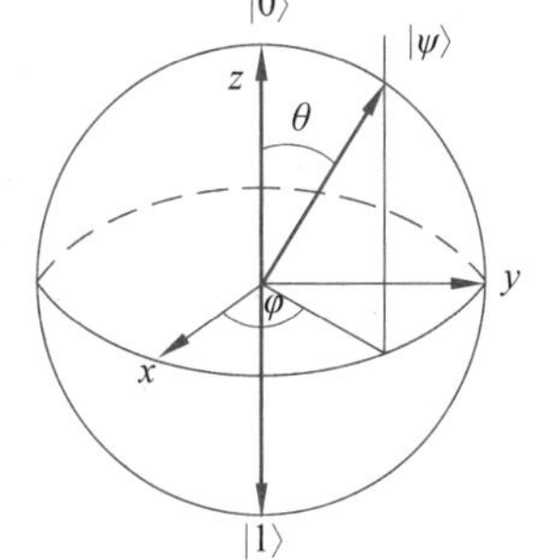

图 5.6 Bloch 球面

但是,有一个警告:假设使用此表示来映射球体上的量子位。然后,点(θ, φ)和$(\pi - \theta, \varphi + \pi)$表示相同的量子位,直到因子$-1$。结论为参数化将绘制相同的量子位两次,分别在上半球和下半球。为了解决这个问题,只需将"纬度"加倍,以"半速"覆盖整个球体。

$$x = \cos\varphi\sin 2\theta \tag{5.92}$$

$$y = \sin 2\theta \sin\varphi \tag{5.93}$$

$$z = \cos 2\theta \tag{5.94}$$

下面花点时间熟悉 Bloch 球体及其几何形状。北极对应状态$|0\rangle$,南极对应状态$|1\rangle$。这两点可以看作经典形式的位的几何形象。但是还有更多的量子比特,Bloch 球体清楚地显示了这一点。

式(5.88)中两个角度的精确含义如下：φ 是$|\psi\rangle$从 x 沿赤道产生的角度,θ 是$|\psi\rangle$与 z 轴形成的角度的一半。

当一个量子比特在标准基中测量时,它会坍缩到 Bloch 球体的北极($|0\rangle$)或南极 ($|1\rangle$),或者等效地坍缩到一点。量子比特坍缩到哪个极点的概率完全取决于量子比特指向的高度或低点,即它的纬度。特别是,如果量子位恰好在赤道上,则有 50-50 的机会坍缩到$|0\rangle$或$|1\rangle$。当角度 θ 表示量子比特的纬度时,它控制了其向北或向南坍缩的概率。

练习 5.4.5 考虑一个 θ 等于 $\frac{\pi}{4}$ 的量子位。将其更改为$\frac{\pi}{3}$ 并描绘结果。然后计算当它被观测时坍缩到南极($|1\rangle$)的可能性。

任意取一个箭头并围绕 z 轴旋转;在地理范畴中,你正在更改其经度(见图 5.7)。

注意,它将坍缩到哪个经典状态的概率不受影响。这种状态变化称为相变。在等式(5.88)中给出的表达式中,这对应改变相位参数 $e^{-i\varphi}$。

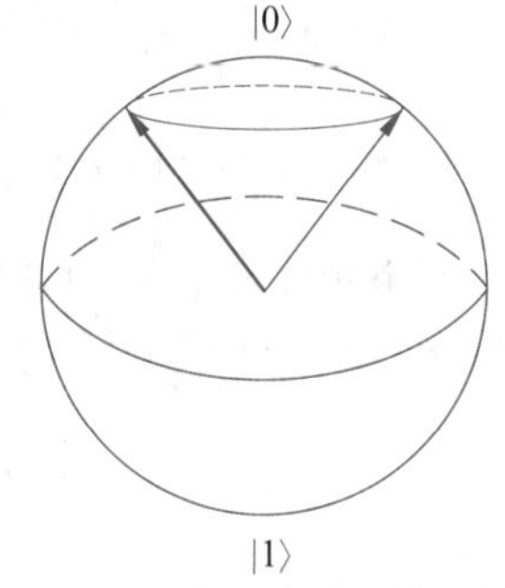

图 5.7 Bloch 球绕 z 轴旋转

最后一个重点：就像$|0\rangle$和$|1\rangle$位于球体的相对两侧一样,任意一对正交量子位都会被映射到 Bloch 球体的对跖点。

练习 5.4.6 证明如果一个量子位在球体上有纬度 2θ 和经度 φ,则其正交位于对跖 $\pi-2\theta$ 和 $\pi+\varphi$。

这处理了量子位的状态。那么动态呢? Bloch 球体很有趣,因为每个 2×2 的酉矩阵(即一个单量子位运算)都可以可视化为操纵球体的一种方式。我们已经在第 2 章看到,每个酉矩阵都是等轴测,这意味着这样的矩阵将量子位映射到量子位,并且保留了内积。从几何上讲,这对应 Bloch 球体的旋转或反转。

X,***Y*** 和 Z Pauli(泡利)矩阵是分别围绕 x,y 和 z 轴"翻转"Bloch 球面 180°的方法。记住,***X*** 只不过是 **NOT** 门,它的功能是将$|0\rangle$状态转换到$|1\rangle$状态,反之亦然。但它具有更多的意义;它将赤道上方的所有内容带到赤道下方。其他 Pauli 矩阵的工作方式类似。图 5.8 显示了 ***Y*** 行为。

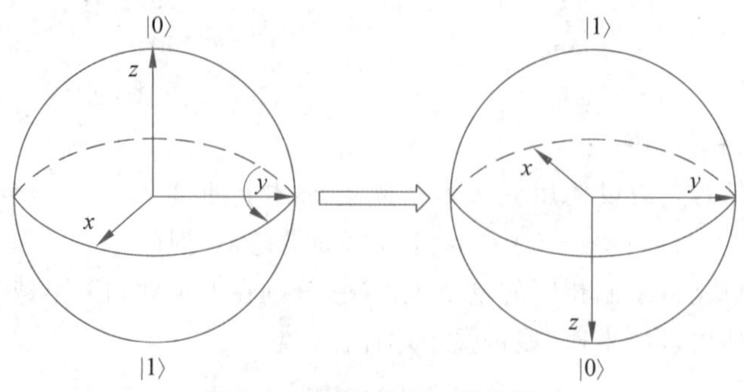

图 5.8 Bloch 球绕 y 轴旋转

有时,我们对执行 180°翻转不感兴趣,只想将 Bloch 球体沿特定方向转动 θ 度。第一个这样的门是相移门。它被定义为

$$\boldsymbol{R}(\theta)=\begin{bmatrix}1 & 0\\ 0 & \mathrm{e}^{\theta}\end{bmatrix} \tag{5.95}$$

该门在任意量子位上都会执行以下操作:

$$\cos(\theta')\mid 0\rangle+\mathrm{e}^{\mathrm{i}\varphi}\sin(\theta')\mid 1\rangle=\begin{bmatrix}\cos(\theta')\\ \mathrm{e}^{\mathrm{i}\varphi}\sin(\theta')\end{bmatrix}\mapsto\begin{bmatrix}\cos(\theta')\\ \mathrm{e}^{\theta}\mathrm{e}^{\mathrm{i}\varphi}\sin(\theta')\end{bmatrix} \tag{5.96}$$

这对应一个旋转,它保持纬度,但改变经度。量子位的新状态将保持不变,只有相位会改变。有时,我们希望围绕 x,y 或 z 轴旋转特定数量的度数。以下三个矩阵将执行该任务:

$$\boldsymbol{R}_x(\theta)=\cos\frac{\theta}{2}I-\mathrm{i}\sin\frac{\theta}{2}X=\begin{bmatrix}\cos\frac{\theta}{2} & -\mathrm{i}\sin\frac{\theta}{2}\\ -\mathrm{i}\sin\frac{\theta}{2} & \cos\frac{\theta}{2}\end{bmatrix} \tag{5.97}$$

$$\boldsymbol{R}_y(\theta)=\cos\frac{\theta}{2}I-\mathrm{i}\sin\frac{\theta}{2}Y=\begin{bmatrix}\cos\frac{\theta}{2} & -\mathrm{i}\sin\frac{\theta}{2}\\ \sin\frac{\theta}{2} & \cos\frac{\theta}{2}\end{bmatrix} \tag{5.98}$$

$$\boldsymbol{R}_z(\theta)=\cos\frac{\theta}{2}I-\mathrm{i}\sin\frac{\theta}{2}Z=\begin{bmatrix}\mathrm{e}^{-\mathrm{i}\theta/2} & 0\\ 0 & \mathrm{e}^{\mathrm{i}\theta/2}\end{bmatrix} \tag{5.99}$$

除 x,y 和 z 轴外,还有围绕轴的旋转。设 $D=(D_x,D_y,D_z)$是距原点大小为 1 的三维向量。这决定了可以围绕该轴旋转的 Bloch 球体(见图 5.9)。

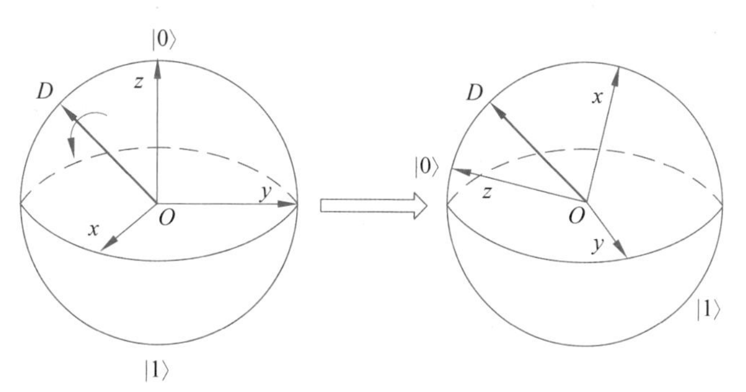

图 5.9 Bloch 球绕 D 旋转

旋转矩阵为

$$\boldsymbol{R}_D(\theta)=\cos\frac{\theta}{2}I-\mathrm{i}\sin\frac{\theta}{2}(D_x\boldsymbol{X}+D_y\boldsymbol{Y}+D_z\boldsymbol{Z}) \tag{5.100}$$

正如我们刚刚看到的,在理解量子比特和单量子位运算方面,Bloch 球面是一个非常有价值的工具。那么 n 量子位呢? 事实证明,球体有一个更高维的类似物,但掌握它并不容易。事实上,开发新的方法来可视化,当我们同时操纵多个量子位时会发生什么,这是当前研究的挑战。例如,纠缠超出了 Bloch 球面的范围(因为它至少涉及两个量子位)。

还有其他量子门。计算机科学的核心特征之一是仅在特定条件下而不是在其他条件下完成的操作。这等效于 IF-THEN 语句。如果某个(量子)位为真,则应执行特定操作,否则

不执行该操作。对于每个 n 量子位酉运算 U,可以创建一个$(n+1)$量子位酉操作,控制$-\boldsymbol{U}$ 或 $\boldsymbol{c}_U$。

(5.101)

如果顶部$|x\rangle$输入是$|1\rangle$,则此操作将执行 $\boldsymbol{U}$ 操作;如果$|x\rangle$为$|0\rangle$,则此操作将仅执行恒等操作。对于简单的案例

$$\boldsymbol{U}=\begin{bmatrix} a & b \\ c & d \end{bmatrix} \tag{5.102}$$

可控 U 操作可见于

$$\boldsymbol{c}_U=\begin{bmatrix} 1 & 0 & 0 & 0 \\ 0 & 1 & 0 & 0 \\ 0 & 0 & a & b \\ 0 & 0 & c & d \end{bmatrix} \tag{5.103}$$

此构造适用于大于 2×2 的矩阵。

练习 5.4.7 证明,当顶部量子位设置为$|0\rangle$或设置为$|1\rangle$时,构造的 $\boldsymbol{c}_U$ 可以正常工作。

练习 5.4.8 证明,如果 $\boldsymbol{U}$ 是酉的,那么 $\boldsymbol{c}_U$ 也是酉的。

练习 5.4.9 证明,Toffoli 门只不过是 $\boldsymbol{c}_{(c_{\text{NOT}})}$。

每个逻辑电路都可以仅使用 AND 门和 NOT 门进行仿真。我们说{AND,NOT}形成一组通用逻辑门。NAND 门本身也是一个通用的逻辑门。在 5.3 节中看到,Toffoli 门和 Fredkin 门都是通用逻辑门。这就引出一个显而易见的问题:是否有一组量子门可以模拟所有的量子门?换句话说,有通用量子门吗?答案是肯定的[①]。一组通用量子门是

$$\left\{\boldsymbol{H},\boldsymbol{c}_{\text{NOT}},\boldsymbol{R}\left(\arccos\left(\frac{3}{5}\right)\right)\right\} \tag{5.104}$$

也就是说,是 Hadamard 门、受控非门和这个相移门。还有一个量子门称为 Deutsch 门,$\boldsymbol{D}(\theta)$,被描绘成:

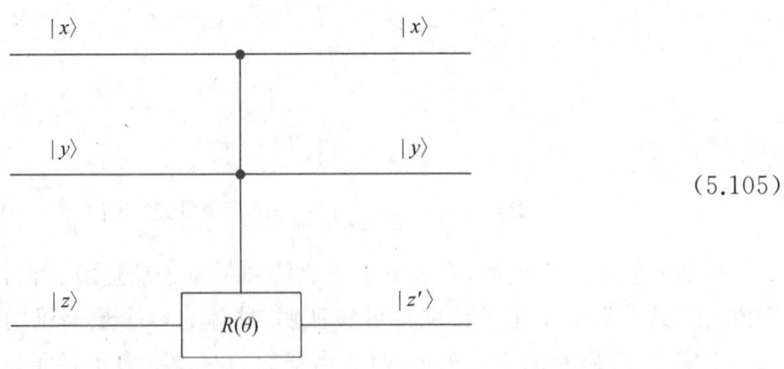

(5.105)

① 必须澄清我们所说的"模拟"是什么意思。在经典世界中,我们说一个电路 Circ 模拟另一个电路 Circ′,如果对于任何可能的输入,Circ 的输出对于 Circ′都是相同的。量子世界中的事情要复杂一些。由于量子计算的概率性质,电路的输出始终是概率性的,因此必须重新制定我们谈论模拟时的含义。我们在这里不会担心这一点。

这与 Toffoli 门非常相似。如果输入 $|x\rangle$ 和 $|y\rangle$ 均为 $|1\rangle$，则移相操作 $\boldsymbol{R}(\theta)$ 将作用于 $|z\rangle$ 输入，否则，$|z'\rangle$ 将仅与 $|z\rangle$ 相同。当 θ 不是 π 的有理数倍数时，$\boldsymbol{D}(\theta)$ 本身就是一个通用的三量子比特量子门。换句话说，$\boldsymbol{D}(\theta)$ 将能够模仿所有的其他量子门。

练习 5.4.10　证明 Toffoli 门只不过是 $D\left(\frac{\pi}{2}\right)$。

在本文的其余部分将演示许多可以使用量子门的操作。但是，使用它们的作用是有限的。首先，每个操作都必须是可逆的。另一个限制是无克隆定理的效果。这个定理说，不可能克隆出一个精确的量子状态。换句话说，如果不首先破坏原始量子态，就不可能复制任意量子态。在“计算机学”中，这表示我们可以“剪切”和“粘贴”量子态，但不能“复制”和“粘贴”它。“搬家”是可能的，“复制”是不可能的。

困难在哪里呢？这样的克隆操作会是什么样子？设 $\mathbb{V}$ 表示一个量子系统。由于我们打算在这个系统中克隆状态，因此将“加倍”这个向量空间并处理 $\mathbb{V}\otimes\mathbb{V}$。潜在的克隆操作将是线性映射（实际上是单一的!）

$$\boldsymbol{C}:\mathbb{V}\otimes\mathbb{V}\rightarrow\mathbb{V}\otimes\mathbb{V} \tag{5.106}$$

它应该在第一个系统中采用任意状态 $|x\rangle$，而在第二个系统中也许仅做克隆 $|x\rangle$，即

$$\boldsymbol{C}(|x\rangle\otimes 0)=(|x\rangle\otimes|x\rangle) \tag{5.107}$$

这似乎是一个足够无害的操作，但事实果真如此吗？如果 $\boldsymbol{C}$ 是克隆的候选者，那么肯定在基本状态上

$$\boldsymbol{C}(|0\rangle\otimes|0\rangle)=|0\rangle\otimes|0\rangle \text{ 且 } \boldsymbol{C}(|1\rangle\otimes|0\rangle)=|1\rangle\otimes|1\rangle \tag{5.108}$$

因为 $\boldsymbol{C}$ 必须是线性的，所以应该有

$$\boldsymbol{C}((c_1|0\rangle+c_2|1\rangle)\otimes|0\rangle)=c_1|0\rangle\otimes|0\rangle+c_2|1\rangle\otimes|1\rangle \tag{5.109}$$

对于任意量子态，即 $|0\rangle$ 和 $|1\rangle$ 的任意叠加，假设从 $\frac{|x\rangle+|y\rangle}{\sqrt{2}}$ 克隆这样的状态，将意味着

$$C\left(\frac{|x\rangle+|y\rangle}{\sqrt{2}}\otimes 0\right)=\left(\frac{|x\rangle+|y\rangle}{\sqrt{2}}\otimes\frac{|x\rangle+|y\rangle}{\sqrt{2}}\right) \tag{5.110}$$

但是，如果我们坚持认为 $\boldsymbol{C}$ 是一个量子运算，那么 $\boldsymbol{C}$ 必须是线性的①，因此，必须遵循 $\mathbb{V}\otimes\mathbb{V}$ 中的加法和标量乘法。如果 $\boldsymbol{C}$ 是线性的，那么

$$\boldsymbol{C}(|\phi\rangle+|\psi\rangle)=\boldsymbol{C}(|\phi\rangle)+\boldsymbol{C}(|\psi\rangle) \tag{5.111}$$

且

$$\boldsymbol{C}(c|\phi\rangle)=c\boldsymbol{C}(|\phi\rangle) \tag{5.112}$$

$$\begin{aligned}\boldsymbol{C}\left(\frac{|x\rangle+|y\rangle}{\sqrt{2}}\otimes 0\right)&=\boldsymbol{C}\left(\frac{1}{\sqrt{2}}(|x\rangle+|y\rangle)\otimes 0\right)=\frac{1}{\sqrt{2}}\boldsymbol{C}((|x\rangle+|y\rangle)\otimes 0)\\&=\frac{1}{\sqrt{2}}(\boldsymbol{C}(|x\rangle\otimes 0+|y\rangle\otimes 0))\\&=\frac{1}{\sqrt{2}}(\boldsymbol{C}(|x\rangle\otimes 0)+\boldsymbol{C}(|y\rangle\otimes 0))\end{aligned}$$

---

① 提醒：$\boldsymbol{C}$ 是线性的。

$$
\begin{aligned}
&= \frac{1}{\sqrt{2}}((|x\rangle \otimes |x\rangle) + (|y\rangle \otimes |y\rangle)) \\
&= \frac{(|x\rangle \otimes |x\rangle) + (|y\rangle \otimes |y\rangle)}{\sqrt{2}}
\end{aligned} \tag{5.113}
$$

但

$$
\left(\frac{|x\rangle + |y\rangle}{\sqrt{2}} \otimes \frac{|x\rangle + |y\rangle}{\sqrt{2}}\right) \neq \frac{(|x\rangle \otimes |x\rangle) + (|y\rangle \otimes |y\rangle)}{\sqrt{2}} \tag{5.114}
$$

所以 $\boldsymbol{C}$ 不是线性映射[①]，因此是不允许的。与克隆相比，将任意量子态从一个系统传输到另一个系统没有问题。这样的运输操作将是一个线性映射：

$$
\boldsymbol{T}: \mathbb{V} \otimes \mathbb{V} \to \mathbb{V} \otimes \mathbb{V} \tag{5.115}
$$

它应该在第一个系统中采用任意状态 $|x\rangle$，在第二个系统中没有任何内容，并将 $|x\rangle$ 传输到第二个系统，在第一个系统中不留任何内容，即

$$
\boldsymbol{T}(|x\rangle \otimes 0) = (0 \otimes |x\rangle) \tag{5.116}
$$

如果传输状态叠加，就不会遇到与以前相同的问题了。具体地，

$$
\begin{aligned}
\boldsymbol{T}\left(\frac{|x\rangle + |y\rangle}{\sqrt{2}} \otimes 0\right) &= \boldsymbol{T}\left(\frac{1}{\sqrt{2}}(|x\rangle + |y\rangle) \otimes 0\right) = \frac{1}{\sqrt{2}}\boldsymbol{T}((|x\rangle + |y\rangle) \otimes 0) \\
&= \frac{1}{\sqrt{2}}(\boldsymbol{T}(|x\rangle \otimes 0) + \boldsymbol{T}(|y\rangle \otimes 0)) = \frac{1}{\sqrt{2}}((0 \otimes |x\rangle) + (0 \otimes |y\rangle)) \\
&= \frac{0 \otimes (|x\rangle + |y\rangle)}{\sqrt{2}} = 0 \otimes \frac{(|x\rangle + |y\rangle)}{\sqrt{2}}
\end{aligned} \tag{5.117}
$$

这正是我们对传输操作的期望[②]。《星际迷航》的粉丝早就知道，当斯科蒂将柯克船长从星际飞船企业号"发射"到齐贡星球时，他正在将柯克船长运送到齐贡。企业号的柯克被摧毁，只有齐贡的柯克幸存下来。柯克船长没有被克隆，他正在被运送。(我们真想要整个宇宙中许多柯克船长的副本吗?)

读者可能看到我们所说的内容中存在明显的矛盾。一方面，我们已经声明 Toffoli 和 Fredkin 门可以模仿扇形门。Toffoli 和 Fredkin 门的矩阵是酉的，因此它们是量子门。另一方面，无克隆定理说，没有量子门可以模仿扇出操作。这是怎么回事? 让我们仔细检查一下 Fredkin 门。我们已经看到了这个门如何执行克隆操作。

$$
(x, 1, 0) \mapsto (x, \neg x, x) \tag{5.118}
$$

但是，如果 x 输入处于状态的叠加状态，即 $\frac{|0\rangle + |1\rangle}{\sqrt{2}}$，而保持 $y=1$ 且 $z=0$，则会发生什么情况? 这将对应状态：

$$
\begin{array}{cccccccc}
000 & 001 & 010 & 011 & 100 & 101 & 110 & 111 \\
{[0} & 0 & \frac{1}{\sqrt{2}} & 0 & 0 & 0 & \frac{1}{\sqrt{2}} & 0]
\end{array}^{\mathrm{T}} \tag{5.119}
$$

将此状态乘以 Fredkin 门，可以得到

---

① 然而，$\boldsymbol{C}$ 是合法的集合映射。

② 我们将在第 9 章末尾展示如何传输任意量子态。

$$\begin{array}{c} \\ 000 \\ 001 \\ 010 \\ 011 \\ 100 \\ 101 \\ 110 \\ 111 \end{array}\begin{array}{c} \begin{array}{cccccccc} & 001 & 010 & 011 & 100 & 101 & 110 & 111 \end{array} \\ \begin{bmatrix} 1 & 0 & 0 & 0 & 0 & 0 & 0 & 0 \\ 0 & 1 & 0 & 0 & 0 & 0 & 0 & 0 \\ 0 & 0 & 1 & 0 & 0 & 0 & 0 & 0 \\ 0 & 0 & 0 & 1 & 0 & 0 & 0 & 0 \\ 0 & 0 & 0 & 0 & 1 & 0 & 0 & 0 \\ 0 & 0 & 0 & 0 & 0 & 0 & 1 & 0 \\ 0 & 0 & 0 & 0 & 0 & 1 & 0 & 0 \\ 0 & 0 & 0 & 0 & 0 & 0 & 0 & 1 \end{bmatrix} \end{array} \begin{bmatrix} 0 \\ 0 \\ \frac{1}{\sqrt{2}} \\ 0 \\ 0 \\ 0 \\ \frac{1}{\sqrt{2}} \\ 0 \end{bmatrix} = \begin{bmatrix} 0 \\ 0 \\ \frac{1}{\sqrt{2}} \\ 0 \\ 0 \\ \frac{1}{\sqrt{2}} \\ 0 \\ 0 \end{bmatrix} \tag{5.120}$$

生成的状态为

$$\frac{|0,1,0\rangle + |1,0,1\rangle}{\sqrt{2}} \tag{5.121}$$

因此，在经典位 x 上，Fredkin 门执行扇出操作；在状态叠加上，Fredkin 门执行以下非常奇怪的操作：

$$\left(\frac{|0\rangle + |1\rangle}{\sqrt{2}}, 1, 0\right) \mapsto \frac{|0,1,0\rangle + |1,0,1\rangle}{\sqrt{2}} \tag{5.122}$$

这种奇怪的操作不是扇出操作。因此，无克隆定理是安全的。

练习 5.4.11 对 Toffoli 门进行类似的分析。证明设置 Toffoli 门以执行扇出操作的方式不会克隆状态的叠加。

提示：无克隆定理在第 9 章中具有重要意义。

参考资料：

量子比特和量子门的基础知识可以在任何关于量子计算的教科书中找到。它们最初由 David Deutsch 于 1989 年撰写[36]。

5.2 节只是根据矩阵对基本计算机体系结构的重新表述。

可逆计算的历史可以在 Bennett 的著作[37]中找到。强烈推荐可逆计算的先驱之一 Landauer 的文章[38]。

无克隆定理首先在 Dieks[39] 以及 Wooters 和 Zurek[40] 的文章中得到证实。

第6章

算　法

计算机科学与计算机的关系就像天文学与望远镜的关系。

——E. W. 迪克斯特拉

算法早在机器上运行之前就被开发出来了。经典算法比经典计算机早了几千年,同样,在任何大规模量子计算机出现之前,就存在几种量子算法了。利用这些算法操作量子位来解决问题,通常比经典计算机可以更有效地完成这些任务。

我们没有按照开发它们的时间顺序描述量子算法,而是选择按照难度增加的顺序呈现它们。每个算法的核心思想都是基于以前的。我们以教程的速度开始,以彻底的方式介绍新概念。6.1 节描述了 Deutsch 的算法,该算法确定从$\{0,1\}$到$\{0,1\}$的函数的属性。在 6.2 节中,我们将该算法推广到 Deutsch-Jozsa 算法,该算法处理从$\{0,1\}^n$到$\{0,1\}$的函数的类似性质。Simon 的周期性算法在 6.3 节中描述。这里确定函数的模式从$\{0,1\}^n$到$\{0,1\}^n$。6.4 节介绍了 Grover 的搜索算法,该算法可以在$\sqrt{n}$时间内搜索大小为 n 的无序数组,而不是通常的 n 时间。本章建立在 6.5 节中完成的突破性 Shor 的因式分解算法的基础上。这种量子算法可以在多项式时间内分解数字。没有已知的经典算法可以在这样的时间内完成这一壮举。

读者提示:第一次阅读本章时可能有点压倒性。阅读完 6.1 节后,可以转到 6.2 节或 6.4 节阅读。Shor 的算法可以在 6.2 节之后读取。

6.1 Deutsch 算法

所有量子算法都使用以下基本框架:

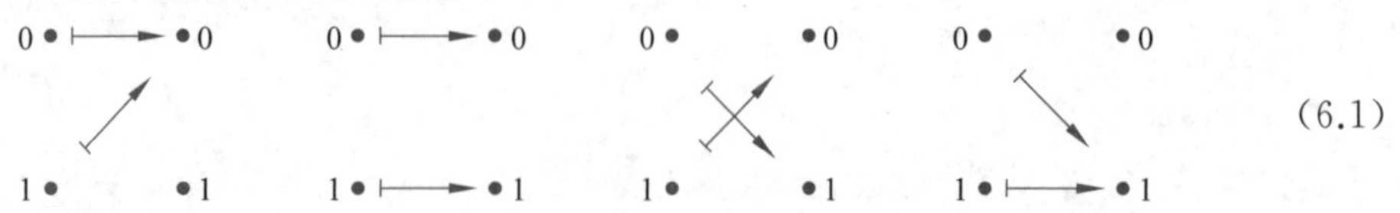

(6.1)

如果 $f(0)\neq f(1)$,则调用函数 $f:\{0,1\}\rightarrow\{0,1\}$平衡,即它是一对一的。相反,如果 $f(0)=f(1)$,则调用函数常量。在四个函数中,两个是平衡的,两个是恒定的。

Deutsch 的算法解决了以下问题:给定一个函数 $f:\{0,1\}\rightarrow\{0,1\}$作为黑匣子,其中可以计算输入,但不能查看内部和查看函数是如何定义的,确定函数是平衡的还是常数。

对于经典计算机，必须首先在一个输入上评估 f，然后在第二个输入上计算 f，最后比较输出。以下决策树显示了经典计算机必须执行的操作。

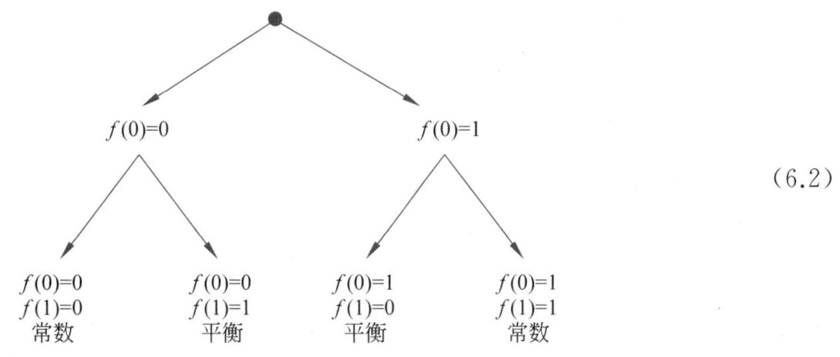

(6.2)

关键是，对于经典计算机，f 必须评估两次。量子计算机能做得更好吗？

量子计算机可以同时处于两种基本状态的叠加状态。我们将使用这种状态叠加来同时评估两个输入。

在经典计算中，计算给定函数 f 对应执行以下操作：

x —— [f] —— $f(x)$　　(6.3)

正如第 5 章中所讨论的，这样的函数可以被认为是作用于输入的矩阵。例如，函数

0 • → • 0（交叉）
1 • → • 1　　(6.4)

等价于矩阵

$$\begin{array}{c} \\ 0 \\ 1 \end{array}\begin{array}{c} \begin{array}{cc} 0 & 1 \end{array} \\ \begin{bmatrix} 0 & 1 \\ 1 & 0 \end{bmatrix} \end{array} \tag{6.5}$$

此矩阵右侧乘以状态 $|0\rangle$ 将导致状态 $|1\rangle$，而此矩阵右侧乘以状态 $|1\rangle$ 将导致状态 $|0\rangle$。列名应视为输入，行名应视为输出。

练习 6.1.1　描述从 $\{0,1\}$ 到 $\{0,1\}$ 的其他三个函数的矩阵。

然而，这对于量子系统来说是不够的。这样的系统需要一些额外的东西：每个门都必须是酉的（因此是可逆的）。给定输出，必须能够找到输入。如果 f 是函数的名称，则以下黑盒 U_f 是我们将用于评估输入的量子门：

$|x\rangle$ —— [$\boldsymbol{U}_f$] —— $|x\rangle$
$|y\rangle$ —— [$\boldsymbol{U}_f$] —— $|y\oplus f(x)\rangle$　　(6.6)

顶部输入 $|x\rangle$ 将是人们希望评估的量子位值，底部输入 $|y\rangle$ 控制输出。顶部输出将是输入量子位 $|x\rangle$，底部输出将是量子位 $|y\oplus f(x)\rangle$，其中 $\oplus$ 是异或运算（二进制模 2 加法）。我们将首先从左到右写入顶部量子位，然后写入底部。所以我们说这个函数将状态 $|x,y\rangle$ 带到状态 $|x,y\oplus f(x)\rangle$。如果 $y=0$，则将 $|x,0\rangle$ 简化为 $|x,0\oplus f(x)\rangle=|x,f(x)\rangle$。这个门可以被看作可逆的，我们可以通过简单地查看以下电路来证明：

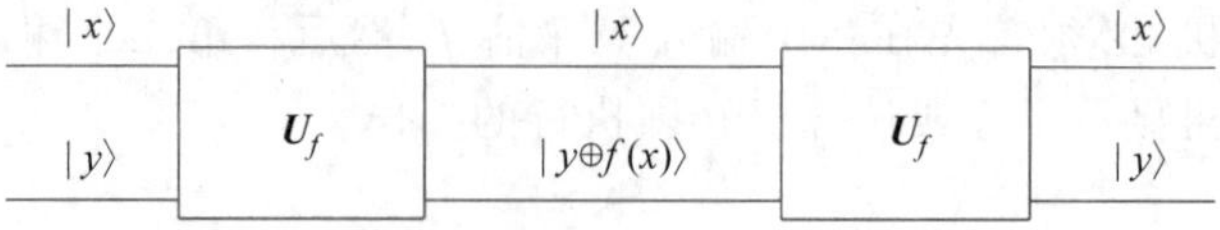

$$\begin{array}{c} |x\rangle \xrightarrow{\quad} \boxed{U_f} \xrightarrow{|x\rangle} \boxed{U_f} \xrightarrow{|x\rangle} \\ |y\rangle \xrightarrow{\quad} \quad \xrightarrow{|y\oplus f(x)\rangle} \quad \xrightarrow{|y\rangle} \end{array} \tag{6.7}$$

状态$|x,y\rangle$转到$|x,y\oplus f(x)\rangle$，进一步转到

$$|x,(y\oplus f(x))\oplus f(x)\rangle=|x,y\oplus(f(x)\oplus f(x))\rangle=|x,y\oplus 0\rangle=|x,y\rangle \tag{6.8}$$

其中，第一个等式是由于$\oplus$的结合性，而第二个等式成立，是因为$\oplus$是等幂的。由此看到，$\boldsymbol{U}_f$ 是它自己的逆。在量子系统中，评估 f 等价于将状态乘以酉矩阵$\boldsymbol{U}_f$。对于函数(6.4)，对应的酉矩阵$\boldsymbol{U}_f$ 为

$$\begin{array}{c c} & \begin{array}{cccc} 00 & 01 & 10 & 11 \end{array} \\ \begin{array}{c} 00 \\ 01 \\ 10 \\ 11 \end{array} & \begin{bmatrix} 0 & 1 & 0 & 0 \\ 1 & 0 & 0 & 0 \\ 0 & 0 & 1 & 0 \\ 0 & 0 & 0 & 1 \end{bmatrix} \end{array} \tag{6.9}$$

请记住，顶部列名称对应输入$|x,y\rangle$，左侧行名称对应输出$|x',y'\rangle$。xy 列和 $x'y'$行中的 1 表示对于输入$|x,y\rangle$，输出将为$|x',y'\rangle$。

练习 6.1.2 式(6.9)中给出的矩阵的伴随值是什么？证明此矩阵是其自身的逆矩阵。

练习 6.1.3 给出对应于从$\{0,1\}$到$\{0,1\}$的其他三个函数的酉矩阵。证明每个矩阵都是其自己的伴随矩阵，因此所有矩阵都是可逆和酉的。

让我们提醒自己手头的任务。我们得到这样一个表达函数的矩阵，但无法“查看”矩阵以“了解”它是如何定义的。我们被要求确定函数是平衡的还是恒定的。

先尝试用量子算法解决这个问题。可以尝试用量子状态叠加的技巧替代经典计算中的两次评估 f。我们不应将顶部输入置于状态$|0\rangle$或状态$|1\rangle$中，而是将顶部输入置于状态：

$$\frac{|0\rangle+|1\rangle}{\sqrt{2}} \tag{6.10}$$

这是“半途”$|0\rangle$和“半途”$|1\rangle$。Hadamard 矩阵可以将量子位置于这种状态。

$$H|0\rangle=\begin{bmatrix} \frac{1}{\sqrt{2}} & \frac{1}{\sqrt{2}} \\ \frac{1}{\sqrt{2}} & -\frac{1}{\sqrt{2}} \end{bmatrix}\begin{bmatrix} 1 \\ 0 \end{bmatrix}=\begin{bmatrix} \frac{1}{\sqrt{2}} \\ \frac{1}{\sqrt{2}} \end{bmatrix}=\frac{|0\rangle+|1\rangle}{\sqrt{2}} \tag{6.11}$$

对于底部输入状态，明显的(但不一定正确)状态是状态$|0\rangle$。因此，有以下量子电路：

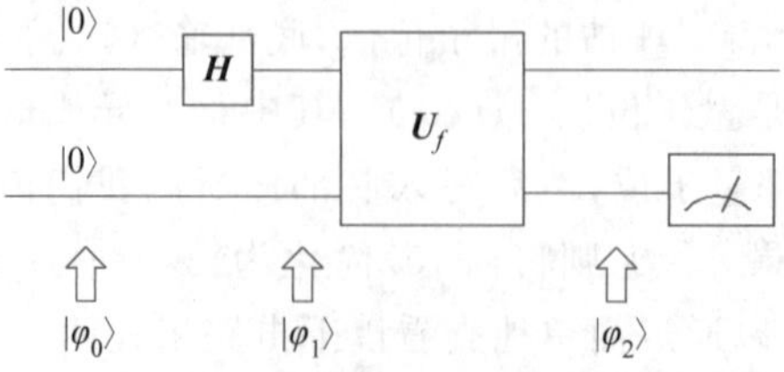

$$\begin{array}{l} |0\rangle \text{ — } \boxed{H} \text{ — } \boxed{U_f} \text{ — } \\ |0\rangle \text{ — — } \boxed{U_f} \text{ — } \boxed{\text{测量}} \\ \quad\Uparrow |\varphi_0\rangle \quad \Uparrow |\varphi_1\rangle \quad \Uparrow |\varphi_2\rangle \end{array} \tag{6.12}$$

量子电路底部的$|\varphi_j\rangle$将用于描述每次单击时量子位的状态。

该电路的矩阵形式：

$$U_f(H\otimes I)(|0\rangle\otimes|0\rangle)=U_f(H\otimes I)(|0,0\rangle) \tag{6.13}$$

张量积$|0,0\rangle$可以写为

$$\begin{matrix}00\\01\\10\\11\end{matrix}\begin{bmatrix}1\\0\\0\\0\end{bmatrix} \tag{6.14}$$

那么，整个电路

$$U_f(H\otimes I)\begin{matrix}00\\01\\10\\11\end{matrix}\begin{bmatrix}1\\0\\0\\0\end{bmatrix} \tag{6.15}$$

每次单击时，都会仔细检查系统的状态。系统启动于

$$|\varphi_0\rangle=|0\rangle\otimes|0\rangle=|0,0\rangle \tag{6.16}$$

那么，我们将 Hadamard 矩阵仅应用于顶部输入，不考虑底部输入，以获得

$$|\varphi_0\rangle=\left[\frac{|0\rangle+|1\rangle}{\sqrt{2}}\right]|0\rangle=\frac{|0,0\rangle+|1,0\rangle}{\sqrt{2}} \tag{6.17}$$

与U_f相乘后，有

$$|\varphi_2\rangle=\frac{|0,f(0)\rangle+|1,f(1)\rangle}{\sqrt{2}} \tag{6.18}$$

对于函数(6.4)，状态$|\varphi_2\rangle$是：

$$|\varphi_2\rangle=\begin{matrix} & 00 & 01 & 10 & 11\\ 00 & 0 & 1 & 0 & 0\\ 01 & 1 & 0 & 0 & 0\\ 10 & 0 & 0 & 1 & 0\\ 11 & 0 & 0 & 0 & 1\end{matrix}\;\begin{matrix}00\\01\\10\\11\end{matrix}\begin{bmatrix}\frac{1}{\sqrt{2}}\\0\\\frac{1}{\sqrt{2}}\\0\end{bmatrix}=\begin{matrix}00\\01\\10\\11\end{matrix}\begin{bmatrix}0\\\frac{1}{\sqrt{2}}\\\frac{1}{\sqrt{2}}\\0\end{bmatrix}=\frac{|0,1\rangle+|1,0\rangle}{\sqrt{2}} \tag{6.19}$$

练习 6.1.4 使用练习 6.1.3 中计算的矩阵，确定其他三个函数的状态$|\varphi_2\rangle$。

如果测量顶部量子位，则在状态$|0\rangle$中找到它的概率和在状态$|1\rangle$中找到它的概率为50-50。同样，通过测量底部量子位也无法获得实际的信息。所以，显而易见的算法不起作用。我们需要一个更好的技巧。

下面再尝试一次来解决我们的问题。与其将底部量子位留在状态$|0\rangle$，不如将其置于叠加状态：

$$\frac{|0\rangle-|1\rangle}{\sqrt{2}}=\begin{bmatrix}\frac{1}{\sqrt{2}}\\-\frac{1}{\sqrt{2}}\end{bmatrix} \tag{6.20}$$

请注意负号。即使有否定，这种状态也在状态$|0\rangle$和状态$|1\rangle$的中间。这种相位的变化将帮助我们获得想要的结果。可以通过将状态$|1\rangle$与 Hadamard 矩阵相乘来获得这种状态

的叠加。我们将把顶部量子位保留为一个模棱两可的 $|x\rangle$。

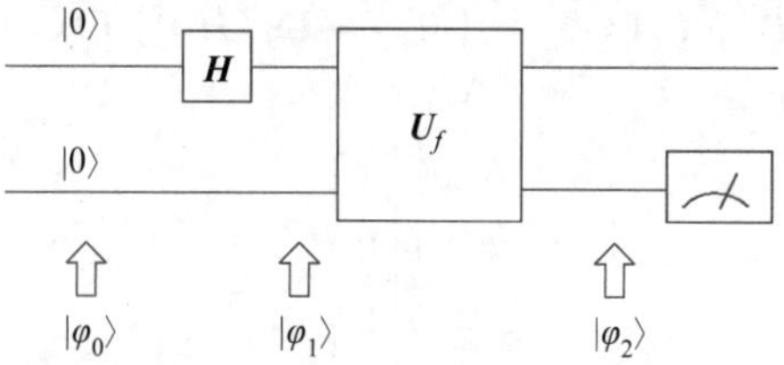

(6.21)

就矩阵而言,这成为

$$U_f(I \otimes H)|x,1\rangle \tag{6.22}$$

仔细看量子比特的状态是如何变化的。

$$|\varphi_0\rangle = |x,1\rangle \tag{6.23}$$

在 Hadamard 矩阵之后,有

$$|\varphi_1\rangle = |x\rangle\left[\frac{|0\rangle - |1\rangle}{\sqrt{2}}\right] = \frac{|x,0\rangle - |x,1\rangle}{\sqrt{2}} \tag{6.24}$$

应用 U_f,得到

$$|\varphi_2\rangle = |x\rangle\left[\frac{|0\rangle \oplus f(x) - |1\rangle \oplus f(x)}{\sqrt{2}}\right] = |x\rangle\left[\frac{|f(x)\rangle - |\overline{f(x)}\rangle}{\sqrt{2}}\right] \tag{6.25}$$

其中 $\overline{f(x)}$ 表示与 $f(x)$ 相反。因此,有

$$|\varphi_2\rangle = \begin{cases} |x\rangle\left[\dfrac{|0\rangle - |1\rangle}{\sqrt{2}}\right], & f(x)=0 \\ |x\rangle\left[\dfrac{|1\rangle - |0\rangle}{\sqrt{2}}\right], & f(x)=1 \end{cases} \tag{6.26}$$

$a-b=(-1)(b-a)$,我们可以把它写成

$$|\varphi_2\rangle = (-1)^{f(x)}|x\rangle\left[\frac{|0\rangle - |1\rangle}{\sqrt{2}}\right] \tag{6.27}$$

如果评估顶部或底部状态,会发生什么?同样,这并没有真正帮助我们。如果测量顶部量子位或底部量子位,我们不会获得任何信息。顶部量子位将处于状态 $|x\rangle$,而底部量子位将处于状态 $|0\rangle$ 或状态 $|1\rangle$。我们需要更多的信息。

现在,将这两种尝试结合起来,实际上会导出 Deutsch 算法。

Deutsch 算法的工作原理是将顶部和底部的量子位放入叠加态。我们还将通过 Hadamard 矩阵输出顶部量子位的结果。

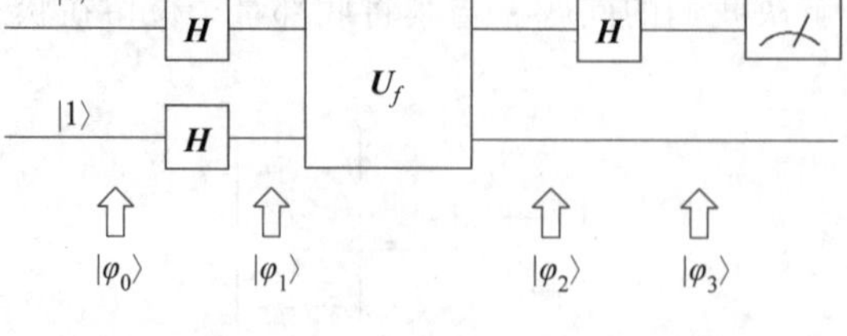

(6.28)

表达为矩阵形式:

$$(H \otimes I)U_f(H \otimes H)|0,1\rangle \tag{6.29}$$

或

$$(\boldsymbol{H}\otimes\boldsymbol{I})\boldsymbol{U}_f(\boldsymbol{H}\otimes\boldsymbol{H})\begin{matrix}00\\01\\10\\11\end{matrix}\begin{bmatrix}0\\1\\0\\0\end{bmatrix} \tag{6.30}$$

在算法的每个点上，状态如下所示：

$$|\varphi_0\rangle=|0,1\rangle \tag{6.31}$$

$$|\varphi_1\rangle=\left[\frac{|0\rangle+|1\rangle}{\sqrt{2}}\right]\left[\frac{|0\rangle-|1\rangle}{\sqrt{2}}\right]=\frac{+|0,0\rangle-|0,1\rangle+|1,0\rangle-|1,1\rangle}{2}=\begin{matrix}00\\01\\10\\11\end{matrix}\begin{bmatrix}+\frac{1}{2}\\-\frac{1}{2}\\+\frac{1}{2}\\-\frac{1}{2}\end{bmatrix} \tag{6.32}$$

从上次尝试解决这个问题中看到，当把底部量子位放到一个叠加态，然后乘以 $\boldsymbol{U}_f$ 时，输出状态将处于叠加态。

$$(-1)^{f(x)}\ |x\rangle\left[\frac{|0\rangle-|1\rangle}{\sqrt{2}}\right] \tag{6.33}$$

现在，随着 $|x\rangle$ 的叠加，有

$$|\varphi_2\rangle=\left[\frac{(-1)^{f(0)}\ |0\rangle+(-1)^{f(1)}\ |1\rangle}{\sqrt{2}}\right]\left[\frac{|0\rangle-|1\rangle}{\sqrt{2}}\right] \tag{6.34}$$

例如，如果 $f(0)=1$ 且 $f(1)=0$，则顶部量子位变为

$$\frac{(-1)\ |0\rangle+(+1)\ |1\rangle}{\sqrt{2}}=(-1)\left[\frac{|0\rangle-|1\rangle}{\sqrt{2}}\right] \tag{6.35}$$

练习 6.1.5 对于从集合 $\{0,1\}$ 到集合 $\{0,1\}$ 的其他三个函数，描述 $|\varphi_2\rangle$ 是什么。

对于一般函数 f，仔细看看

$$(-1)^{f(0)}\ |0\rangle+(-1)^{f(1)}\ |1\rangle \tag{6.36}$$

如果 f 是常数，则变为

$$+1(|0\rangle+|1\rangle)\text{ 或 }-1(|0\rangle+|1\rangle) \tag{6.37}$$

(取决于常数为 0 或常数为 1)。

如果 f 是平衡的，则变为

$$+1(|0\rangle-|1\rangle)\text{ 或 }-1(|0\rangle-|1\rangle) \tag{6.38}$$

(取决于平衡的方式)。

总之，有

$$|\varphi_2\rangle=\begin{cases}(\pm 1)\left[\frac{|0\rangle+|1\rangle}{\sqrt{2}}\right]\left[\frac{|0\rangle-|1\rangle}{\sqrt{2}}\right], & f\text{ 是常数}\\(\pm 1)\left[\frac{|0\rangle-|1\rangle}{\sqrt{2}}\right]\left[\frac{|0\rangle-|1\rangle}{\sqrt{2}}\right], & f\text{ 是平衡的}\end{cases} \tag{6.39}$$

记住 Hadamard 矩阵是它自己的逆矩阵，这使得$\frac{|0\rangle+|1\rangle}{\sqrt{2}}$到$|0\rangle$，使得$\frac{|0\rangle-|1\rangle}{\sqrt{2}}$到$|1\rangle$，我们将 Hadamard 矩阵应用于顶部量子位，以获得

$$|\varphi_3\rangle=\begin{cases}(\pm 1)\,|0\rangle\left[\frac{|0\rangle-|1\rangle}{\sqrt{2}}\right], & f\text{ 是常数}\\(\pm 1)\,|1\rangle\left[\frac{|0\rangle-|1\rangle}{\sqrt{2}}\right], & f\text{ 是平衡的}\end{cases}\tag{6.40}$$

例如，如果 $f(0)=1$，且 $f(1)=0$，则得到

$$|\varphi_3\rangle=-1\,|1\rangle\left[\frac{|0\rangle-|1\rangle}{\sqrt{2}}\right]\tag{6.41}$$

练习 6.1.6 对于从集合{0,1}到集合{0,1}的其他三个函数，计算$|\varphi_3\rangle$的值。

现在，我们简单地测量顶部量子位。如果它处于$|0\rangle$状态，那么我们知道 f 是一个常量函数，否则它是一个平衡函数。这一切都是通过一个函数评估完成的，而不是经典算法所要求的两个评估。

注意，尽管± 1告诉我们更多的信息，即我们拥有两个平衡函数中的哪一个或两个常数函数，但测量不会给我们提供这些信息。测量时，如果函数是平衡的，就测量$|1\rangle$，无论状态是$(-1)|1\rangle$，还是$(+1)|1\rangle$。

读者可能会因为 $\boldsymbol{U}_f$ 的顶部量子位的输出不应该与输入相同而感到困扰。然而，正如我们在 5.3 节中看到的那样，包含 Hadamard 矩阵会改变一些事情。这就是顶部和底部量子位纠缠的本质。

我们在这里表演魔术了吗？我们是否获得了不存在的信息？没有。有四种可能的函数，在决策树(6.2)中已看到，对于经典计算机，需要两位信息来确定我们被赋予的四个函数中的哪一个。我们在这里真正要做的是围绕信息进行更改。可以通过问以下两个问题确定四个函数中的哪一个是正确的："函数是平衡的还是常数?";"函数在 0 上的值是多少?"这两个问题的答案唯一地描述了这四个函数中的每一个，如以下决策树所述。

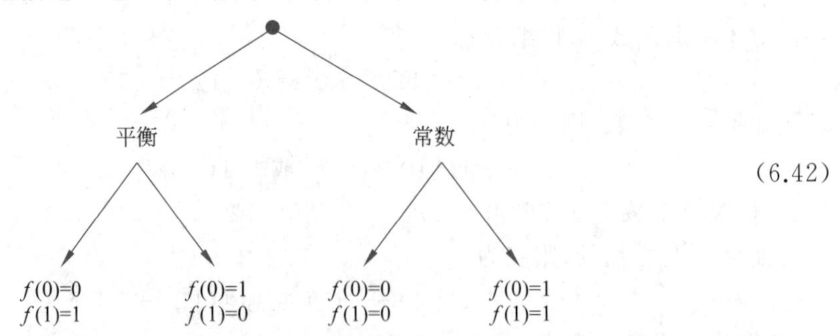

(6.42)

Hadamard 矩阵正在改变我们提出的问题(改变基数)。Deutsch 算法背后的直觉是，我们实际上只是在执行 2.3 节末尾讨论的基础变化问题。可以将量子电路(6.28)重写为

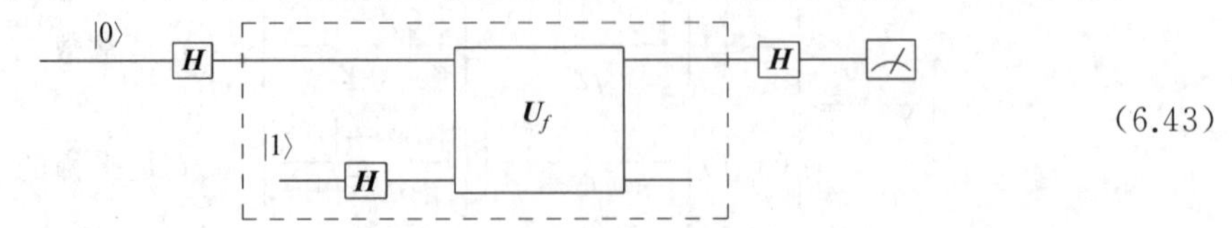

(6.43)

从规范基开始，第一个 Hadamard 矩阵用作基矩阵的变化，以进入基状态的平衡叠加。在这个非规范基中，我们用叠加态的底部量子位评估 f。最后一个 Hadamard 矩阵用作基矩阵的更改，以恢复到规范基。

6.2 Deutsch-Jozsa 算法

将 Deutsch 算法推广到其他函数。与其谈论函数 $f:\{0,1\}\rightarrow\{0,1\}$，不如讨论具有更大域的函数。考虑函数 $f:\{0,1\}^n\rightarrow\{0,1\}$，它接受 n 个 0 和 1 的字符串，并输出一个零或一个 1。该域可以被认为是从 0 到 2^n-1 的任何自然数。

我们将调用一个函数 $f:\{0,1\}^n\rightarrow\{0,1\}$ 平衡，如果恰好有一半的输入达到 0(另一半为 1)。如果所有输入都变为 0 或所有输入都变为 1，则调用函数常量。

练习 6.2.1 从 $\{0,1\}^n$ 到 $\{0,1\}$ 有多少个函数？其中有多少是平衡的？有多少是常数？

Deutsch-Jozsa 算法解决了以下问题：假设你获得了一个从 $\{0,1\}^n$ 到 $\{0,1\}$ 的函数，你可以对其求值但无法“看到”它的定义方式。进一步假设你确信该函数是平衡的或恒定的。确定函数是平衡的还是恒定的。注意，当 $n=1$ 时，这正是 Deutsch 算法解决的问题。

传统地，该问题可以通过在不同输入上评估函数来解决。最好的情况是，前两个不同的输入具有不同的输出，这向我们保证了函数是平衡的。相反，为了确保函数是常量的，必须在一半以上的可能输入上评估这个函数。因此，最坏的情况需要 $\frac{2^n}{2}+1=2^{n-1}+1$ 次函数评估。我们能做得更好吗？

在 6.1 节中，我们通过进入两种可能的输入状态的叠加来解决这个问题。本节通过输入所有 2^n 个可能输入状态的叠加来解决这个问题。

函数 f 将作为酉矩阵给出，如电路(6.44)所示

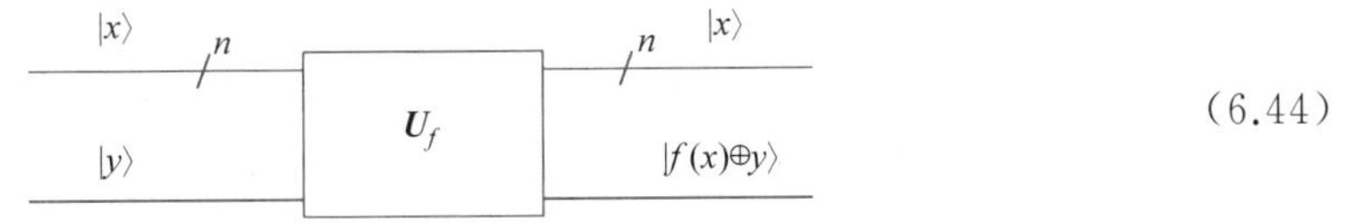

(6.44)

以 n 个量子位(表示为 ——/^{n}——)作为顶部输入和输出。在本章的其余部分，二进制字符串由粗体字母表示。因此，我们将顶部输入编写为 $|\boldsymbol{x}\rangle=|x_0x_1\cdots x_{n-1}\rangle$。底部输入控制量子位是 $|y\rangle$。顶部输出为 $|\boldsymbol{x}\rangle$，它不会被 $\boldsymbol{U}_f$ 更改。$\boldsymbol{U}_f$ 的底部输出是单量子位 $|y\oplus f(\boldsymbol{x})\rangle$。请记住，尽管 $\boldsymbol{x}$ 是 n 位，但 $f(\boldsymbol{x})$ 是一位，因此可以使用二进制运算 $\oplus$。不难看出，$\boldsymbol{U}_f$ 是它自己的逆。

例 6.2.1 考虑以下从 $\{0,1\}^2$ 到 $\{0,1\}$ 的平衡函数：

(6.45)

此函数应由以下 8×8 的酉矩阵表示：

$$\begin{array}{c} \\ 000 \\ 001 \\ 010 \\ 011 \\ 100 \\ 101 \\ 110 \\ 111 \end{array}\begin{array}{c} \begin{array}{cccccccc} 000 & 001 & 010 & 011 & 100 & 101 & 110 & 111 \end{array} \\ \begin{bmatrix} & 1 & & & & & & \\ 1 & & & & & & & \\ & & & 1 & & & & \\ & & 1 & & & & & \\ & & & & 1 & & & \\ & & & & & 1 & & \\ & & & & & & 1 & \\ & & & & & & & 1 \end{bmatrix} \end{array} \tag{6.46}$$

(为了便于阅读，省略了零)。

练习 6.2.2 考虑从$\{0,1\}^2$到$\{0,1\}$的平衡函数：

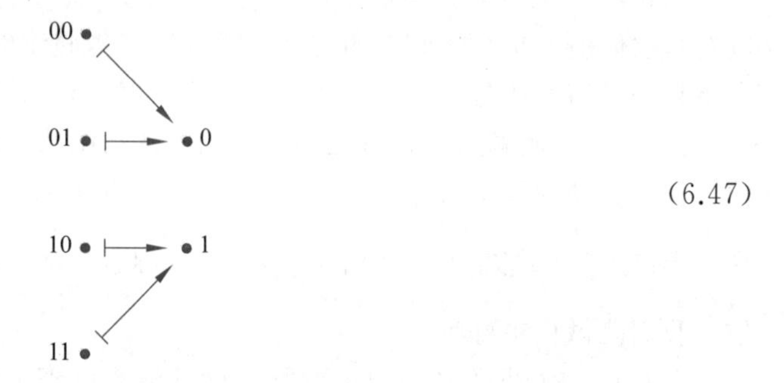

(6.47)

给出相应的 8×8 的酉矩阵。

练习 6.2.3 考虑从$\{0,1\}^2$到$\{0,1\}$的函数，它始终输出 1。给出相应的 8×8 的酉矩阵。

为了将单个量子位置于$|0\rangle$和$|1\rangle$的叠加态中，我们使用了单个 Hadamard 矩阵。为了将 n 个量子位置于叠加态中，我们将使用 n 个 Hadamard 矩阵的张量积。这样的张量积是什么样子？可以先计算 $\boldsymbol{H}$，$\boldsymbol{H}\otimes\boldsymbol{H}$(写成 $\boldsymbol{H}^{\otimes 2}$)，$\boldsymbol{H}\otimes\boldsymbol{H}\otimes\boldsymbol{H}$(写成 $\boldsymbol{H}^{\otimes 3}$)，并寻找一个模式，目标是找到 $\boldsymbol{H}^{\otimes n}$ 的模式。

请记住，Hadamard 矩阵被定义为

$$\boldsymbol{H}=\frac{1}{\sqrt{2}}\begin{array}{c} \\ 0 \\ 1 \end{array}\begin{array}{c} \begin{array}{cc} 0 & \quad 1 \end{array} \\ \begin{bmatrix} 1 & 1 \\ 1 & -1 \end{bmatrix} \end{array} \tag{6.48}$$

请注意，$\boldsymbol{H}[i,j]=\frac{1}{\sqrt{2}}(-1)^{i\wedge j}$，其中 i 和 j 是二进制的行号和列号，$\wedge$ 是逻辑与(AND)运算。那么，可以将 Hadamard 矩阵编写为

$$\boldsymbol{H}=\frac{1}{\sqrt{2}}\begin{array}{c} \\ 0 \\ 1 \end{array}\begin{array}{c} \begin{array}{cc} 0 & \qquad 1 \end{array} \\ \begin{bmatrix} (-1)^{0\wedge 0} & (-1)^{0\wedge 1} \\ (-1)^{1\wedge 0} & (-1)^{1\wedge 1} \end{bmatrix} \end{array} \tag{6.49}$$

请注意，我们将 0 和 1 视为布尔值和指数。(记住$(-1)^0=1$和$(-1)^1=-1$)有了这个

技巧，就可以计算

$$
\boldsymbol{H}^{\otimes 2}=\boldsymbol{H}\otimes\boldsymbol{H}=\frac{1}{\sqrt{2}}\begin{array}{c}\\0\\1\end{array}\!\!\begin{array}{c}\begin{array}{cc}0 & \quad 1\end{array}\\\begin{bmatrix}(-1)^{0\wedge 0} & (-1)^{0\wedge 1}\\(-1)^{1\wedge 0} & (-1)^{1\wedge 1}\end{bmatrix}\end{array}\otimes\frac{1}{\sqrt{2}}\begin{array}{c}\\0\\1\end{array}\!\!\begin{array}{c}\begin{array}{cc}0 & \quad 1\end{array}\\\begin{bmatrix}(-1)^{0\wedge 0} & (-1)^{0\wedge 1}\\(-1)^{1\wedge 0} & (-1)^{1\wedge 1}\end{bmatrix}\end{array}
$$

$$
=\frac{1}{\sqrt{2}}\times\frac{1}{\sqrt{2}}
$$

$$
\begin{array}{c}\\00\\01\\10\\11\end{array}\!\!\begin{array}{c}\begin{array}{cccc}00 & \qquad\qquad 01 & \qquad\qquad 10 & \qquad\qquad 11\end{array}\\\begin{bmatrix}(-1)^{0\wedge 0}*(-1)^{0\wedge 0} & (-1)^{0\wedge 0}*(-1)^{0\wedge 1} & (-1)^{0\wedge 1}*(-1)^{0\wedge 0} & (-1)^{0\wedge 1}*(-1)^{0\wedge 1}\\(-1)^{0\wedge 0}*(-1)^{1\wedge 0} & (-1)^{0\wedge 0}*(-1)^{1\wedge 1} & (-1)^{0\wedge 1}*(-1)^{1\wedge 0} & (-1)^{0\wedge 1}*(-1)^{1\wedge 1}\\(-1)^{1\wedge 0}*(-1)^{0\wedge 0} & (-1)^{1\wedge 0}*(-1)^{0\wedge 1} & (-1)^{1\wedge 1}*(-1)^{0\wedge 0} & (-1)^{1\wedge 1}*(-1)^{0\wedge 1}\\(-1)^{1\wedge 0}*(-1)^{1\wedge 0} & (-1)^{1\wedge 0}*(-1)^{1\wedge 1} & (-1)^{1\wedge 1}*(-1)^{1\wedge 0} & (-1)^{1\wedge 1}*(-1)^{1\wedge 1}\end{bmatrix}\end{array}
\tag{6.50}
$$

当将$(-1)^x$乘以$(-1)^y$时，我们对$(-1)^{x+y}$不感兴趣。相反，我们对x和y的奇偶校验感兴趣。因此，我们不会把x和y相加，而是采用它们的异或($\oplus$)。于是有：

$$
\boldsymbol{H}^{\otimes 2}=\frac{1}{2}\begin{array}{c}\\00\\01\\10\\11\end{array}\!\!\begin{array}{c}\begin{array}{cccc}00 & \qquad\quad 01 & \qquad\quad 10 & \qquad\quad 11\end{array}\\\begin{bmatrix}(-1)^{0\wedge 0\otimes 0\wedge 0} & (-1)^{0\wedge 0\otimes 0\wedge 1} & (-1)^{0\wedge 1\otimes 0\wedge 0} & (-1)^{0\wedge 1\otimes 0\wedge 1}\\(-1)^{0\wedge 0\otimes 1\wedge 0} & (-1)^{0\wedge 0\otimes 1\wedge 1} & (-1)^{0\wedge 1\otimes 1\wedge 0} & (-1)^{0\wedge 1\otimes 1\wedge 1}\\(-1)^{1\wedge 0\otimes 0\wedge 0} & (-1)^{1\wedge 0\otimes 0\wedge 1} & (-1)^{1\wedge 1\otimes 0\wedge 0} & (-1)^{1\wedge 1\otimes 0\wedge 1}\\(-1)^{1\wedge 0\otimes 1\wedge 0} & (-1)^{1\wedge 0\otimes 1\wedge 1} & (-1)^{1\wedge 1\otimes 1\wedge 0} & (-1)^{1\wedge 1\otimes 1\wedge 1}\end{bmatrix}\end{array}
$$

$$
=\frac{1}{2}\begin{array}{c}\\00\\01\\10\\11\end{array}\!\!\begin{array}{c}\begin{array}{cccc}00 & 01 & 10 & 11\end{array}\\\begin{bmatrix}1 & 1 & 1 & 1\\1 & -1 & 1 & -1\\1 & 1 & -1 & -1\\1 & -1 & -1 & 1\end{bmatrix}\end{array}
\tag{6.51}
$$

练习 6.2.4 通过归纳，证明$\boldsymbol{H}^{\otimes n}$的标量系数为

$$
\frac{1}{\sqrt{2^n}}=2^{-\frac{n}{2}}
\tag{6.52}
$$

因此，我们将问题简化为确定(-1)的指数是奇数还是偶数。该指数唯一应该更改的位置是(-1)位于矩阵的右下角。当计算$\boldsymbol{H}^{\otimes 3}$时，我们再次将$\boldsymbol{H}^{\otimes 2}$的每个元素乘以$\boldsymbol{H}$的适当元素。如果我们位于右下角，即$(1,1)$位置，那么我们应该兑现$(-1)$的指数。

以下操作对我们将很有帮助。定义

$$
\langle,\rangle:\{0,1\}^n\times\{0,1\}^n\rightarrow\{0,1\}
\tag{6.53}
$$

如下所示：给定两个长度为n的二进制字符串，$\boldsymbol{x}=x_0x_1x_2\cdots x_{n-1}$和$\boldsymbol{y}=y_0y_1y_2\cdots y_{n-1}$，我们说

$$
\begin{aligned}
\langle\boldsymbol{x},\boldsymbol{y}\rangle&=\langle x_0x_1x_2\cdots x_{n-1},y_0y_1y_2\cdots y_{n-1}\rangle\\
&=(x_0\wedge y_0)\oplus(x_1\wedge y_1)\oplus\cdots\oplus(x_{n-1}\wedge y_{n-1})
\end{aligned}
\tag{6.54}
$$

基本上，这给出了两个位都为 1 的次数的奇偶校验[①]。如果 x 和 y 是长度为 n 的二进制字符串，则 $x \oplus y$ 是逐点(按位)异或运算，即

$$\boldsymbol{x},\boldsymbol{y} = x_0 \oplus y_0, x_1 \oplus y_1, \cdots, x_{n-1} \oplus y_{n-1} \tag{6.55}$$

函数$<,>:\{0,1\}^n \times \{0,1\}^n \rightarrow \{0,1\}$满足以下属性：

(ⅰ)
$$\langle \boldsymbol{x} \oplus \boldsymbol{x}', \boldsymbol{y} \rangle = \langle \boldsymbol{x}, \boldsymbol{y} \rangle \oplus \langle \boldsymbol{x}', \boldsymbol{y} \rangle \tag{6.56}$$

$$\langle \boldsymbol{x}, \boldsymbol{y} \oplus \boldsymbol{y}' \rangle = \langle \boldsymbol{x}, \boldsymbol{y} \rangle \oplus \langle \boldsymbol{x}, \boldsymbol{y}' \rangle \tag{6.57}$$

(ⅱ)
$$0 \cdot \boldsymbol{x}, \boldsymbol{y} \rangle = \langle 0^n, \boldsymbol{y} \rangle = 0 \tag{6.58}$$

$$\langle \boldsymbol{x}, 0 \cdot \boldsymbol{y} \rangle = \langle \boldsymbol{x}, 0^n \rangle = 0 \tag{6.59}$$

使用这种表示法，很容易将 $\boldsymbol{H}^{\otimes 3}$ 写为

$$\frac{1}{2\sqrt{2}}
\begin{array}{c}
 \\ 000 \\ 001 \\ 010 \\ 011 \\ 100 \\ 101 \\ 110 \\ 111
\end{array}
\begin{array}{c}
\begin{array}{cccccccc} 000 & 001 & 010 & 011 & 100 & 101 & 110 & 111 \end{array} \\
\left[\begin{array}{cccccccc}
(-1)^{\langle 000,000\rangle} & (-1)^{\langle 000,001\rangle} & (-1)^{\langle 000,010\rangle} & (-1)^{\langle 000,011\rangle} & (-1)^{\langle 000,100\rangle} & (-1)^{\langle 000,101\rangle} & (-1)^{\langle 000,110\rangle} & (-1)^{\langle 000,111\rangle} \\
(-1)^{\langle 001,000\rangle} & (-1)^{\langle 001,001\rangle} & (-1)^{\langle 001,010\rangle} & (-1)^{\langle 001,011\rangle} & (-1)^{\langle 001,100\rangle} & (-1)^{\langle 001,101\rangle} & (-1)^{\langle 001,110\rangle} & (-1)^{\langle 001,111\rangle} \\
(-1)^{\langle 010,000\rangle} & (-1)^{\langle 010,001\rangle} & (-1)^{\langle 010,010\rangle} & (-1)^{\langle 010,011\rangle} & (-1)^{\langle 010,100\rangle} & (-1)^{\langle 010,101\rangle} & (-1)^{\langle 010,110\rangle} & (-1)^{\langle 010,111\rangle} \\
(-1)^{\langle 011,000\rangle} & (-1)^{\langle 011,001\rangle} & (-1)^{\langle 011,010\rangle} & (-1)^{\langle 011,011\rangle} & (-1)^{\langle 011,100\rangle} & (-1)^{\langle 011,101\rangle} & (-1)^{\langle 011,110\rangle} & (-1)^{\langle 011,111\rangle} \\
(-1)^{\langle 100,000\rangle} & (-1)^{\langle 100,001\rangle} & (-1)^{\langle 100,010\rangle} & (-1)^{\langle 100,011\rangle} & (-1)^{\langle 100,100\rangle} & (-1)^{\langle 100,101\rangle} & (-1)^{\langle 100,110\rangle} & (-1)^{\langle 100,111\rangle} \\
(-1)^{\langle 101,000\rangle} & (-1)^{\langle 101,001\rangle} & (-1)^{\langle 101,010\rangle} & (-1)^{\langle 101,011\rangle} & (-1)^{\langle 101,100\rangle} & (-1)^{\langle 101,101\rangle} & (-1)^{\langle 101,110\rangle} & (-1)^{\langle 101,111\rangle} \\
(-1)^{\langle 110,000\rangle} & (-1)^{\langle 110,001\rangle} & (-1)^{\langle 110,010\rangle} & (-1)^{\langle 110,011\rangle} & (-1)^{\langle 110,100\rangle} & (-1)^{\langle 110,101\rangle} & (-1)^{\langle 110,110\rangle} & (-1)^{\langle 110,111\rangle} \\
(-1)^{\langle 111,000\rangle} & (-1)^{\langle 111,001\rangle} & (-1)^{\langle 111,010\rangle} & (-1)^{\langle 111,011\rangle} & (-1)^{\langle 111,100\rangle} & (-1)^{\langle 111,101\rangle} & (-1)^{\langle 111,110\rangle} & (-1)^{\langle 111,111\rangle}
\end{array}\right]
\end{array}$$

$$= \frac{1}{2\sqrt{2}}
\begin{array}{c}
 \\ 000 \\ 001 \\ 010 \\ 011 \\ 100 \\ 101 \\ 110 \\ 111
\end{array}
\begin{array}{c}
\begin{array}{cccccccc} 000 & 001 & 010 & 011 & 100 & 101 & 110 & 111 \end{array} \\
\left[\begin{array}{cccccccc}
1 & 1 & 1 & 1 & 1 & 1 & 1 & 1 \\
1 & -1 & 1 & 1 & 1 & -1 & 1 & -1 \\
1 & 1 & -1 & -1 & 1 & 1 & -1 & -1 \\
1 & -1 & -1 & -1 & 1 & -1 & -1 & 1 \\
1 & 1 & 1 & -1 & -1 & -1 & -1 & -1 \\
1 & -1 & 1 & -1 & -1 & 1 & -1 & 1 \\
1 & 1 & -1 & 1 & -1 & -1 & 1 & 1 \\
1 & -1 & -1 & 1 & -1 & 1 & 1 & -1
\end{array}\right]
\end{array} \tag{6.60}$$

由此，可以将 $\boldsymbol{H}^{\otimes n}$ 的一般公式写为

$$\boldsymbol{H}^{\otimes n}[i,j] = \frac{1}{\sqrt{2^n}}(-1)^{\langle i,j\rangle} \tag{6.61}$$

其中 i 和 j 是二进制中的行号和列号。如果将这个矩阵乘以一个状态会发生什么？请注意，$\boldsymbol{H}^{\otimes n}$最左边列的所有元素都是$+1$。因此，如果将 $\boldsymbol{H}^{\otimes n}$ 与此状态相乘

① 这让人想起内积的定义。事实上，它是一个内积，但在一个有趣的向量空间上。向量空间不是复向量空间，也不是实向量空间。它是只有两个元素$\{0,1\}$域上的向量空间。此域表示为$\mathbb{Z}_2$或$\mathbb{F}_2$。向量空间的元素集是$\{0,1\}^n$，长度为 n 位的字符串的集合，加法是逐点$\oplus$。零元素是 n 个零的字符串。标量乘法是显而易见的。我们不会列出此内积空间的所有属性，但我们强烈建议你自己做一下。在正交性、维度等的基础上和概念上进行思考。

$$|0\rangle = |000\cdots 0\rangle = \begin{matrix} 00000000 \\ 00000001 \\ 00000010 \\ \vdots \\ 11111110 \\ 11111111 \end{matrix}\begin{bmatrix} 1 \\ 0 \\ 0 \\ \vdots \\ 0 \\ 0 \end{bmatrix} \tag{6.62}$$

我们看到，这将等于 $\boldsymbol{H}^{\otimes n}$ 最左边的列：

$$\boldsymbol{H}^{\otimes n}\,|\boldsymbol{0}\rangle = \boldsymbol{H}^{\otimes n}[-,\boldsymbol{0}] = \frac{1}{\sqrt{2^n}}\begin{matrix} 00000000 \\ 00000001 \\ 00000010 \\ \vdots \\ 11111110 \\ 11111111 \end{matrix}\begin{bmatrix} 1 \\ 1 \\ 1 \\ \vdots \\ 1 \\ 1 \end{bmatrix} = \frac{1}{\sqrt{2^n}}\sum_{\boldsymbol{x}\in\{0,1\}^n} |\boldsymbol{x}\rangle \tag{6.63}$$

对于任意基本状态 $|y\rangle$，它可以由在位置 y 中具有单个 1 的列向量表示，在其他位置均为 0，我们将提取 $\boldsymbol{H}^{\otimes n}$ 的第 y 列：

$$\boldsymbol{H}^{\otimes n}\,|\boldsymbol{y}\rangle = \boldsymbol{H}^{\otimes n}[-,\boldsymbol{y}] = \frac{1}{\sqrt{2^n}}\sum_{\boldsymbol{x}\in\{0,1\}^n}(-1)^{\langle \boldsymbol{x},\boldsymbol{y}\rangle}\,|\boldsymbol{x}\rangle \tag{6.64}$$

回到手头的问题。我们试图判断给定的函数是平衡的还是恒定的。在 6.1 节中，我们通过将底部控制量子位置于叠加位置而取得了成功。下面看看如果在这里做同样的事情会发生什么。

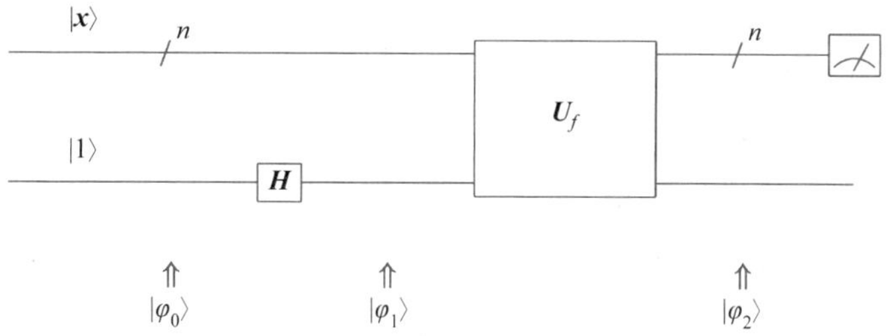

$|x\rangle$ —/ n — U_f —/ n — [测量]

$|1\rangle$ — H — U_f —

⇑ $|\varphi_0\rangle$　⇑ $|\varphi_1\rangle$　⇑ $|\varphi_2\rangle$　(6.65)

写成矩阵形式：

$$\boldsymbol{U}_f(\boldsymbol{I}\otimes\boldsymbol{H})\,|\boldsymbol{x},1\rangle \tag{6.66}$$

对于任意 $\boldsymbol{x}=x_0x_1x_2\cdots x_{n-1}$ 作为前 n 个量子位中的输入，我们将具有以下状态：

$$|\varphi_0\rangle = |\boldsymbol{x},1\rangle \tag{6.67}$$

在底部 Hadamard 矩阵之后，有

$$|\varphi_1\rangle = |\boldsymbol{x}\rangle\left[\frac{|\boldsymbol{0}\rangle - |\boldsymbol{1}\rangle}{\sqrt{2}}\right] = \left[\frac{|\boldsymbol{x},\boldsymbol{0}\rangle - |\boldsymbol{x},\boldsymbol{1}\rangle}{\sqrt{2}}\right] \tag{6.68}$$

应用 $\boldsymbol{U}_f$，得到：

$$|\varphi_2\rangle = |\boldsymbol{x}\rangle\left[\frac{|f(\boldsymbol{x})\oplus\boldsymbol{0}\rangle - |f(\boldsymbol{x})\oplus\boldsymbol{1}\rangle}{\sqrt{2}}\right] = |\boldsymbol{x}\rangle\left[\frac{|f(\boldsymbol{x})\rangle - |\overline{f(\boldsymbol{x})}\rangle}{\sqrt{2}}\right] \tag{6.69}$$

其中 $\overline{f(\boldsymbol{x})}$ 表示与 $f(\boldsymbol{x})$ 相反。

$$|\varphi_2\rangle=\begin{cases}|\boldsymbol{x}\rangle\left[\dfrac{|\mathbf{0}\rangle-|\mathbf{1}\rangle}{\sqrt{2}}\right], & f(\boldsymbol{x})=0\\ |\boldsymbol{x}\rangle\left[\dfrac{|\mathbf{1}\rangle-|\mathbf{0}\rangle}{\sqrt{2}}\right], & f(\boldsymbol{x})=1\end{cases}=(-1)^{f(\boldsymbol{x})}\ |\boldsymbol{x}\rangle\left[\frac{|\mathbf{0}\rangle-|\mathbf{1}\rangle}{\sqrt{2}}\right] \tag{6.70}$$

这几乎与6.1节中的方程(6.27)完全相同。不幸的是它同样无益。下面再次尝试解决这个问题并介绍Deutsch-Jozsa算法。这一次,我们将把$|\boldsymbol{x}\rangle=|x_0x_1x_2\cdots x_{n-1}\rangle$放入一个叠加态中,其中所有$2^n$个可能的字符串具有相等的概率。我们看到,通过将$\boldsymbol{H}^{\otimes n}$乘以$|0\rangle=|000\cdots0\rangle$,可以得到这样的叠加态。因此,有

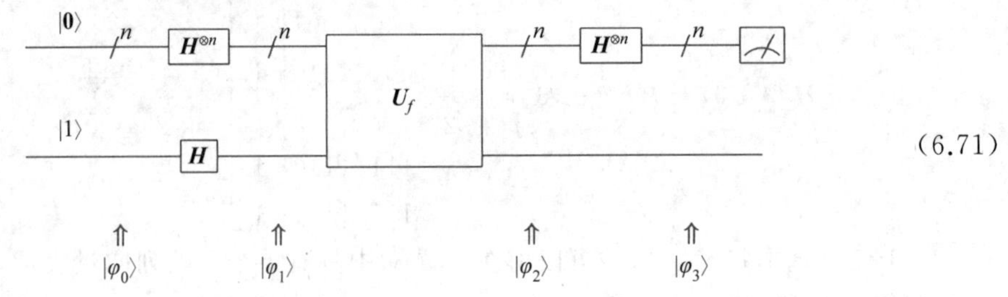

(6.71)

写成矩阵形式:

$$(\boldsymbol{H}^{\otimes n}\otimes \boldsymbol{I})\boldsymbol{U}_f(\boldsymbol{H}^{\otimes n}\otimes \boldsymbol{H})\ |\mathbf{0},1\rangle \tag{6.72}$$

每个状态可以写为

$$|\varphi_0\rangle=|\mathbf{0},1\rangle \tag{6.73}$$

$$|\varphi_1\rangle=\left[\frac{\sum\limits_{\boldsymbol{x}\in\{0,1\}^n}|\boldsymbol{x}\rangle}{\sqrt{2^n}}\right]\left[\frac{|0\rangle-|1\rangle}{\sqrt{2}}\right] \tag{6.74}$$

如式(6.63)所示,在应用$\boldsymbol{U}_f$酉矩阵后,有

$$|\varphi_2\rangle=\left[\frac{\sum\limits_{\boldsymbol{x}\in\{0,1\}^n}(-1)^{f(\boldsymbol{x})}\ |\boldsymbol{x}\rangle}{\sqrt{2^n}}\right]\left[\frac{|0\rangle-|1\rangle}{\sqrt{2}}\right] \tag{6.75}$$

最后,将$\boldsymbol{H}^{\otimes n}$应用于已经处于不同$x$状态叠加状态的顶部量子位,以获得叠加态的叠加

$$|\varphi_3\rangle=\left[\frac{\sum\limits_{\boldsymbol{x}\in\{0,1\}^n}(-1)^{f(\boldsymbol{x})}\sum\limits_{\boldsymbol{z}\in\{0,1\}^n}(-1)^{\langle \boldsymbol{z},\boldsymbol{x}\rangle}\ |\boldsymbol{z}\rangle}{2^n}\right]\left[\frac{|0\rangle-|1\rangle}{\sqrt{2}}\right] \tag{6.76}$$

从式(6.64),我们可以组合零件并指数“相加”以获得

$$\begin{aligned}|\varphi_3\rangle&=\left[\frac{\sum\limits_{\boldsymbol{x}\in\{0,1\}^n}\sum\limits_{\boldsymbol{z}\in\{0,1\}^n}(-1)^{f(\boldsymbol{x})}(-1)^{\langle \boldsymbol{z},\boldsymbol{x}\rangle}\ |\boldsymbol{z}\rangle}{2^n}\right]\left[\frac{|0\rangle-|1\rangle}{\sqrt{2}}\right]\\&=\left[\frac{\sum\limits_{\boldsymbol{x}\in\{0,1\}^n}\sum\limits_{\boldsymbol{z}\in\{0,1\}^n}(-1)^{f(\boldsymbol{x})\oplus\langle \boldsymbol{z},\boldsymbol{x}\rangle}\ |\boldsymbol{z}\rangle}{2^n}\right]\left[\frac{|0\rangle-|1\rangle}{\sqrt{2}}\right]\end{aligned} \tag{6.77}$$

现在测量了状态$|\varphi_3\rangle$的顶部量子位。要弄清楚在测量顶部量子位后我们将得到什么，让我们问以下问题：$|\varphi_3\rangle$的顶部量子位崩溃到$|0\rangle$状态的概率是多少？我们可以回答这个问题：通过设置 $z=0$，对所有 x，意识到$\langle z,x\rangle=\langle 0,x\rangle=0$。在这种情况下，将$|\varphi_3\rangle$减少到

$$\left[\frac{\sum\limits_{\boldsymbol{x}\in\{0,1\}^n}(-1)^{f(\boldsymbol{x})}\ |\ \boldsymbol{0}\rangle}{2^n}\right]\left[\frac{|\ 0\rangle-|\ 1\rangle}{\sqrt{2}}\right] \tag{6.78}$$

因此，坍缩到$|0\rangle$的概率完全取决于 $f(\boldsymbol{x})$。如果 $f(\boldsymbol{x})$是常数1，则顶部量子位变为

$$\frac{\sum\limits_{\boldsymbol{x}\in\{0,1\}^n}(-1)\ |\ \boldsymbol{0}\rangle}{2^n}=\frac{-(2^n)\ |\ \boldsymbol{0}\rangle}{2^n}=-1\ |\ \boldsymbol{0}\rangle \tag{6.79}$$

如果 $f(\boldsymbol{x})$是常数0，则顶部量子位变为

$$\frac{\sum\limits_{\boldsymbol{x}\in\{0,1\}^n}1\ |\ \boldsymbol{0}\rangle}{2^n}=\frac{2^n\ |\ \boldsymbol{0}\rangle}{2^n}=+1\ |\ \boldsymbol{0}\rangle \tag{6.80}$$

最后，如果 f 是平衡的，那么 $\boldsymbol{x}$ 的一半将抵消另一半，顶部量子位将变为

$$\frac{\sum\limits_{\boldsymbol{x}\in\{0,1\}^n}(-1)^{f(\boldsymbol{x})}\ |\ \boldsymbol{0}\rangle}{2^n}=\frac{0\ |\ \boldsymbol{0}\rangle}{2^n}=0\ |\ \boldsymbol{0}\rangle \tag{6.81}$$

当测量$|\varphi_3\rangle$的顶部量子位时，如果函数是常数，我们只会得到$|0\rangle$。如果在测量后发现任何其他内容，则该函数是平衡的。总之，与经典计算中所需的 $2^{n-1}+1$ 函数评估相比，我们已经用一个函数解决了人为的评估问题。那是指数级的加速！

练习 6.2.5　如果我们被蒙蔽，给定的函数既不平衡也不恒定，会发生什么情况？我们的算法会产生什么？

6.3　Simon 的周期性算法

Simon 算法是关于在函数中查找模式。我们将使用在前面章节中已经学习过的方法，但我们也将采用其他想法。该算法是量子程序和经典程序的组合。假设我们得到一个函数 $f:\{0,1\}^n\rightarrow\{0,1\}^n$，我们可以评估它，作为黑匣子。我们进一步确信存在一个秘密（隐藏的）二进制字符串 $c=c_1c_2\cdots c_n$，使得对于所有字符串 $x,y\in\{0,1\}^n$，有

$$f(x)=f(y)\text{ 当且仅当 }x=y\oplus c \tag{6.82}$$

其中$\oplus$是按位异或操作。换句话说，f 的值以某个模式重复自身，并且该模式由 c 确定。通常称 c 为 f 的周期。Simon 算法的目标是确定 c。

例 6.3.1　举例，设 $n=3$，考虑 $c=101$。然后，对 f 有以下要求：

- $000\oplus101=101$；因此，$f(000)=f(101)$。
- $001\oplus101=100$；因此，$f(001)=f(100)$。
- $010\oplus101=111$；因此，$f(010)=f(111)$。
- $011\oplus101=110$；因此，$f(011)=f(110)$。
- $100\oplus101=001$；因此，$f(100)=f(001)$。

- $101 \oplus 101 = 000$；因此，$f(101) = f(000)$。
- $110 \oplus 101 = 011$；因此，$f(110) = f(011)$。
- $111 \oplus 101 = 010$；因此，$f(111) = f(010)$。

练习 6.3.1 如果 $c = 011$，则计算出对 f 的要求。

注意，如果 $c = 0^n$，则函数为一对一。否则，函数为二对一。函数 f 可以用一个酉运算定义，如下图所示。

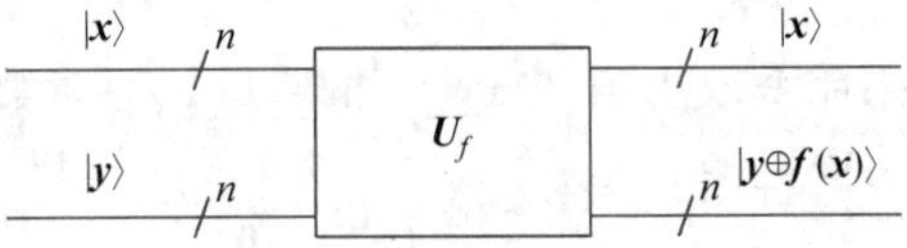

(6.83)

其中 $|\boldsymbol{x}, \boldsymbol{y}\rangle$ 转到 $|\boldsymbol{x}, \boldsymbol{y} \oplus f(\boldsymbol{x})\rangle$。$\boldsymbol{U}_f$ 又是它自己的逆。设 $\boldsymbol{y} = 0^n$ 将为我们提供一种简单的方式来评估 $f(\boldsymbol{x})$。

经典的方法是如何解决这个问题呢？我们必须基于不同的二进制字符串评估 f。每次评估后，请检查是否已找到该输出。如果找到两个输入 x_1 和 x_2，使得 $f(x_1) = f(x_2)$，那么我们确信

$$x_1 = x_2 \oplus c \tag{6.84}$$

并且可以通过两边 $\oplus x_2$ 来获得 c：

$$x_1 \oplus x_2 = x_2 \oplus c \oplus x_2 = c \tag{6.85}$$

如果函数是二对一函数，那么在获得重复之前，不必评估超过一半的输入。如果评估了一半以上的字符串，但仍然找不到匹配项，那么我们知道 f 是一对一的，并且 $\boldsymbol{c} = 0^n$。因此，在最坏的情况下，需要 $\frac{2^n}{2} + 1 = 2^{n-1} + 1$ 函数评估。我们能做得更好吗？

Simon 算法的量子部分基本上包括多次执行以下操作：

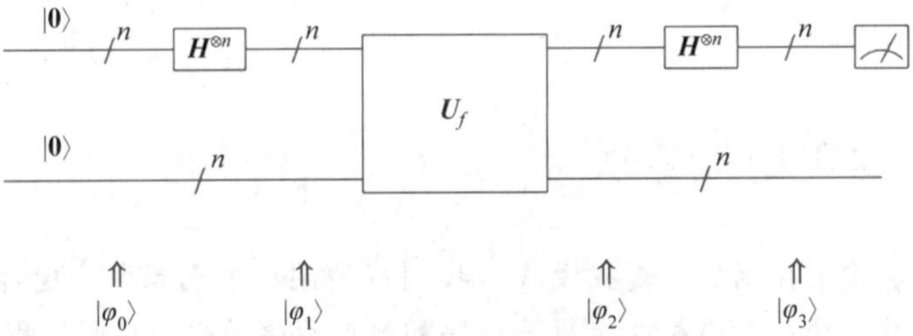

(6.86)

矩阵形式：

$$(\boldsymbol{H}^{\otimes n} \otimes \boldsymbol{I})\boldsymbol{U}_f(\boldsymbol{H}^{\otimes n} \otimes \boldsymbol{I}) \mid \boldsymbol{0}, \boldsymbol{0}\rangle \tag{6.87}$$

让我们看一下系统的状态，其初始状态是

$$\mid \varphi_0 \rangle = \mid \boldsymbol{0}, \boldsymbol{0}\rangle \tag{6.88}$$

然后，将输入置于所有可能输入的叠加位置。从等式(6.63)中，我们知道它看起来像

$$\mid \varphi_1 \rangle = \frac{\sum_{x \in \{0,1\}^n} \mid \boldsymbol{x}, \boldsymbol{0}\rangle}{\sqrt{2^n}} \tag{6.89}$$

所有这些可能性的 f 评估给了我们

$$\mid \varphi_2 \rangle = \frac{\sum_{x \in \{0,1\}^n} \mid \boldsymbol{x}, f(\boldsymbol{x})\rangle}{\sqrt{2^n}} \tag{6.90}$$

最后，将 $\boldsymbol{H}^{\otimes n}$ 应用于顶部输出，如等式(6.64)所示：

$$|\varphi_3\rangle = \frac{\sum\limits_{x\in\{0,1\}^n}\sum\limits_{z\in\{0,1\}^n}(-1)^{\langle z,x\rangle}\,|\boldsymbol{z},f(\boldsymbol{x})\rangle}{2^n} \tag{6.91}$$

注意，对于每个输入 $\boldsymbol{x}$ 和每个 $\boldsymbol{z}$，给我们函数的人向我们保证 $|\boldsymbol{z},f(\boldsymbol{x})>$ 与 $|\boldsymbol{z},f(\boldsymbol{x}\oplus c)>$ 是相同的 ket。那么，这个 ket 的系数是

$$\frac{(-1)^{\langle z,x\rangle}+(-1)^{\langle z,x\oplus c\rangle}}{2^n} \tag{6.92}$$

深入研究这个系数，可以看到 $\langle -,-\rangle$ 是一个内积，来自方程(6.57)

$$\frac{(-1)^{\langle z,x\rangle}+(-1)^{\langle z,x\oplus c\rangle}}{2^n}=\frac{(-1)^{\langle z,x\rangle}+(-1)^{\langle z,x\rangle\oplus\langle z,c\rangle}}{2^n}=\frac{(-1)^{\langle z,x\rangle}+(-1)^{\langle z,x\rangle}(-1)^{\langle z,c\rangle}}{2^n} \tag{6.93}$$

因此，如果 $\langle \boldsymbol{z},c\rangle=1$，则该系数的分子的项将相互抵消，我们将得到 $\frac{0}{2^n}$。相反，如果 $\langle \boldsymbol{z},c\rangle=0$，则总和将为 $\frac{\pm 2}{2^n}=\frac{\pm 1}{2^{n-1}}$。因此，在测量顶部量子位时，我们只会发现那些二进制字符串，使得 $\langle \boldsymbol{z},c\rangle=0$。只有在看一个具体的例子之后，这个算法才会变得完全清楚。

考虑函数 $f:\{0,1\}^3\rightarrow\{0,1\}^3$ 定义为

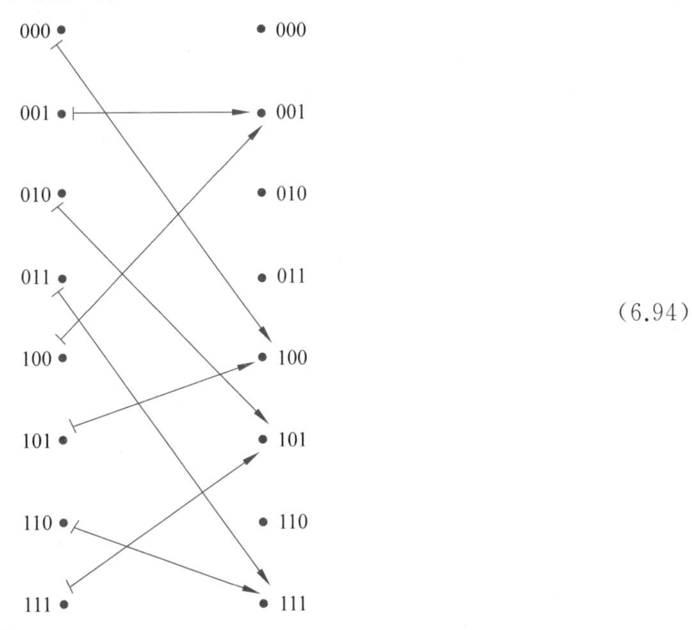

(6.94)

通过此函数查看算法的状态：

$$|\varphi_0\rangle=|\boldsymbol{0},\boldsymbol{0}\rangle=|\boldsymbol{0}\rangle\otimes|\boldsymbol{0}\rangle \tag{6.95}$$

$$|\varphi_1\rangle=\frac{\sum\limits_{x\in\{0,1\}^3}|\boldsymbol{x}\rangle}{\sqrt{8}}\otimes|\boldsymbol{0}\rangle \tag{6.96}$$

也可以这样写：

$$|\varphi_1\rangle=\frac{1}{\sqrt{8}}(|000\rangle\otimes|000\rangle+001\rangle\otimes|000\rangle+010\rangle\otimes|000\rangle+011\rangle\otimes|000\rangle$$

$+100\rangle\otimes|000\rangle+101\rangle\otimes|000\rangle+110\rangle\otimes|000\rangle+111\rangle\otimes|000\rangle)$

应用$\boldsymbol{U}_f$后，有

$$|\varphi_2\rangle=\sum_{x\in\{0,1\}^3}\frac{|\boldsymbol{x}\rangle\otimes|f(\boldsymbol{x})\rangle}{\sqrt{8}} \tag{6.97}$$

这相当于

$$|\varphi_2\rangle=\frac{1}{\sqrt{8}}(|000\rangle\otimes|100\rangle+001\rangle\otimes001\rangle+010\rangle\otimes|101\rangle+011\rangle\otimes|111\rangle$$
$$+100\rangle\otimes|001\rangle+101\rangle\otimes|100\rangle+110\rangle\otimes|111\rangle+111\rangle\otimes|101\rangle)$$

然后，应用$\boldsymbol{H}^{\otimes n}\otimes\boldsymbol{I}$，有

$$|\varphi_3\rangle=\frac{\sum_{x\in\{0,1\}^3}\sum_{z\in\{0,1\}^3}-1^{<z,x>}|\boldsymbol{z}\rangle\otimes|f(\boldsymbol{x})\rangle}{8} \tag{6.98}$$

这相当于

$$|\varphi_3\rangle=\frac{1}{8}((+1)|000\rangle\otimes|f(000)\rangle+(+1)|000\rangle\otimes|f(001)\rangle+(+1)|000\rangle\otimes|f(010)\rangle$$
$$+(+1)|000\rangle\otimes|f(011)\rangle+(+1)|000\rangle\otimes|f(100)\rangle+(+1)|000\rangle\otimes|f(101)\rangle$$
$$+(+1)|000\rangle\otimes|f(110)\rangle+(+1)|000\rangle\otimes|f(111)\rangle+(+1)|001\rangle\otimes|f(000)\rangle$$
$$+(+1)|001\rangle\otimes|f(001)\rangle+(+1)|001\rangle\otimes|f(010)\rangle+(+1)|001\rangle\otimes|f(011)\rangle$$
$$+(+1)|001\rangle\otimes|f(100)\rangle+(+1)|001\rangle\otimes|f(101)\rangle+(+1)|001\rangle\otimes|f(110)\rangle$$
$$+(+1)|001\rangle\otimes|f(111)\rangle+(+1)|010\rangle\otimes|f(000)\rangle+(+1)|010\rangle\otimes|f(001)\rangle$$
$$+(+1)|010\rangle\otimes|f(010)\rangle+(+1)|010\rangle\otimes|f(011)\rangle+(+1)|010\rangle\otimes|f(100)\rangle$$
$$+(+1)|010\rangle\otimes|f(101)\rangle+(+1)|010\rangle\otimes|f(110)\rangle+(+1)|010\rangle\otimes|f(111)\rangle$$
$$+(+1)|011\rangle\otimes|f(000)\rangle+(+1)|011\rangle\otimes|f(001)\rangle+(+1)|011\rangle\otimes|f(010)\rangle$$
$$+(+1)|011\rangle\otimes|f(011)\rangle+(+1)|011\rangle\otimes|f(100)\rangle+(+1)|011\rangle\otimes|f(101)\rangle$$
$$+(+1)|011\rangle\otimes|f(110)\rangle+(+1)|011\rangle\otimes|f(111)\rangle+(+1)|100\rangle\otimes|f(000)\rangle$$
$$+(+1)|100\rangle\otimes|f(001)\rangle+(+1)|100\rangle\otimes|f(010)\rangle+(+1)|100\rangle\otimes|f(011)\rangle$$
$$+(+1)|100\rangle\otimes|f(100)\rangle+(+1)|100\rangle\otimes|f(101)\rangle+(+1)|100\rangle\otimes|f(110)\rangle$$
$$+(+1)|100\rangle\otimes|f(111)\rangle+(+1)|101\rangle\otimes|f(000)\rangle+(+1)|101\rangle\otimes|f(001)\rangle$$
$$+(+1)|101\rangle\otimes|f(010)\rangle+(+1)|101\rangle\otimes|f(011)\rangle+(+1)|101\rangle\otimes|f(100)\rangle$$
$$+(+1)|101\rangle\otimes|f(101)\rangle+(+1)|101\rangle\otimes|f(110)\rangle+(+1)|101\rangle\otimes|f(111)\rangle$$
$$+(+1)|110\rangle\otimes|f(000)\rangle+(+1)|110\rangle\otimes|f(001)\rangle+(+1)|110\rangle\otimes|f(010)\rangle$$
$$+(+1)|110\rangle\otimes|f(011)\rangle+(+1)|110\rangle\otimes|f(100)\rangle+(+1)|110\rangle\otimes|f(101)\rangle$$
$$+(+1)|110\rangle\otimes|f(110)\rangle+(+1)|110\rangle\otimes|f(111)\rangle+(+1)|111\rangle\otimes|f(000)\rangle$$
$$+(+1)|111\rangle\otimes|f(001)\rangle+(+1)|111\rangle\otimes|f(010)\rangle+(+1)|111\rangle\otimes|f(011)\rangle$$
$$+(+1)|111\rangle\otimes|f(100)\rangle+(+1)|111\rangle\otimes|f(101)\rangle+(+1)|111\rangle\otimes|f(110)\rangle$$
$$+(+1)|111\rangle\otimes|f(111)\rangle)$$

注意，系数遵循 6.2 节的$\boldsymbol{H}^{\otimes 3}$的精确模式。

计算函数f，可以得到

$$|\varphi_3\rangle=\frac{1}{8}((+1)|000\rangle\otimes|100\rangle+(+1)|000\rangle\otimes|001\rangle+(+1)|000\rangle\otimes|101\rangle$$

$$+ (+1)\,|000\rangle \otimes |111\rangle + (+1)\,|000\rangle \otimes |001\rangle + (+1)\,|000\rangle \otimes |100\rangle$$
$$+ (+1)\,|000\rangle \otimes |111\rangle + (+1)\,|000\rangle \otimes |101\rangle + (+1)\,|001\rangle \otimes |100\rangle$$
$$+ (+1)\,|001\rangle \otimes |001\rangle + (+1)\,|001\rangle \otimes |101\rangle + (+1)\,|001\rangle \otimes |111\rangle$$
$$+ (+1)\,|001\rangle \otimes |001\rangle + (+1)\,|001\rangle \otimes |100\rangle + (+1)\,|001\rangle \otimes |111\rangle$$
$$+ (+1)\,|001\rangle \otimes |101\rangle + (+1)\,|010\rangle \otimes |100\rangle + (+1)\,|010\rangle \otimes |001\rangle$$
$$+ (+1)\,|010\rangle \otimes |101\rangle + (+1)\,|010\rangle \otimes |111\rangle + (+1)\,|010\rangle \otimes |001\rangle$$
$$+ (+1)\,|010\rangle \otimes |100\rangle + (+1)\,|010\rangle \otimes |111\rangle + (+1)\,|010\rangle \otimes |101\rangle$$
$$+ (+1)\,|011\rangle \otimes |100\rangle + (+1)\,|011\rangle \otimes |001\rangle + (+1)\,|011\rangle \otimes |101\rangle$$
$$+ (+1)\,|011\rangle \otimes |111\rangle + (+1)\,|011\rangle \otimes |001\rangle + (+1)\,|011\rangle \otimes |100\rangle$$
$$+ (+1)\,|011\rangle \otimes |111\rangle + (+1)\,|011\rangle \otimes |101\rangle + (+1)\,|100\rangle \otimes |100\rangle$$
$$+ (+1)\,|100\rangle \otimes |001\rangle + (+1)\,|100\rangle \otimes |101\rangle + (+1)\,|100\rangle \otimes |111\rangle$$
$$+ (+1)\,|100\rangle \otimes |001\rangle + (+1)\,|100\rangle \otimes |100\rangle + (+1)\,|100\rangle \otimes |111\rangle$$
$$+ (+1)\,|100\rangle \otimes |101\rangle + (+1)\,|101\rangle \otimes |100\rangle + (+1)\,|101\rangle \otimes |001\rangle$$
$$+ (+1)\,|101\rangle \otimes |101\rangle + (+1)\,|101\rangle \otimes |111\rangle + (+1)\,|101\rangle \otimes |001\rangle$$
$$+ (+1)\,|101\rangle \otimes |100\rangle + (+1)\,|101\rangle \otimes |111\rangle + (+1)\,|101\rangle \otimes |101\rangle$$
$$+ (+1)\,|110\rangle \otimes |100\rangle + (+1)\,|110\rangle \otimes |001\rangle + (+1)\,|110\rangle \otimes |101\rangle$$
$$+ (+1)\,|110\rangle \otimes |111\rangle + (+1)\,|110\rangle \otimes |001\rangle + (+1)\,|110\rangle \otimes |100\rangle$$
$$+ (+1)\,|110\rangle \otimes |111\rangle + (+1)\,|110\rangle \otimes |101\rangle + (+1)\,|111\rangle \otimes |100\rangle$$
$$+ (+1)\,|111\rangle \otimes |001\rangle + (+1)\,|111\rangle \otimes |101\rangle + (+1)\,|111\rangle \otimes |111\rangle$$
$$+ (+1)\,|111\rangle \otimes |001\rangle + (+1)\,|111\rangle \otimes |100\rangle + (+1)\,|111\rangle \otimes |111\rangle$$
$$+ (+1)\,|111\rangle \otimes |101\rangle)$$

合并同类相，得

$$|\varphi_3\rangle = \frac{1}{8}((+2)\,|000\rangle \otimes |100\rangle + (+2)\,|000\rangle \otimes |001\rangle + (+2)\,|000\rangle \otimes |101\rangle$$
$$+ (+2)\,|000\rangle \otimes |111\rangle + (+2)\,|010\rangle \otimes |100\rangle + (+2)\,|010\rangle \otimes |001\rangle$$
$$+ (-2)\,|010\rangle \otimes |101\rangle + (-2)\,|010\rangle \otimes |111\rangle + (+2)\,|101\rangle \otimes |100\rangle$$
$$+ (-2)\,|101\rangle \otimes |001\rangle + (+2)\,|101\rangle \otimes |101\rangle + (-2)\,|101\rangle \otimes |111\rangle$$
$$+ (+2)\,|111\rangle \otimes |100\rangle + (-2)\,|111\rangle \otimes |001\rangle + (-2)\,|111\rangle \otimes |101\rangle$$
$$+ (+2)\,|111\rangle \otimes |111\rangle)$$

或

$$|\varphi_3\rangle = \frac{1}{8}((+2)\,|000\rangle \otimes (|100\rangle + |001\rangle + |101\rangle + |111\rangle)$$
$$+ (+2)\,|010\rangle \otimes (|100\rangle + |001\rangle - |101\rangle - |111\rangle)$$
$$+ (+2)\,|101\rangle \otimes (|100\rangle - |001\rangle + |101\rangle - |111\rangle)$$
$$+ (+2)111\rangle \otimes (|100\rangle + |001\rangle - |101\rangle - |111\rangle))$$

当测量最高输出时，我们将以相等的概率得到 000、010、101 或 111。我们知道，对于所有这些，缺少 c 的内积为 0。这给了我们一组方程：

（ⅰ）$\langle 000, c\rangle = 0$

（ⅱ）$\langle 010, c\rangle = 0$

(ⅲ) $\langle 101, c\rangle = 0$

(ⅳ) $\langle 111, c\rangle = 0$

如果把 $\boldsymbol{c}$ 写成 $\boldsymbol{c} = c_1c_2c_3$，那么等式(ⅱ)告诉我们 $c_2 = 0$。式(ⅲ)告诉我们 $c_1 \otimes c_3 = 0$，或者 $c_1 = c_3 = 0$ 或 $c_1 = c_3 = 1$。因为我们知道 $c \neq 000$，所以得出的结论是 $c = 101$。

练习 6.3.2 对定义为(6.99)的函数 f 进行类似分析。

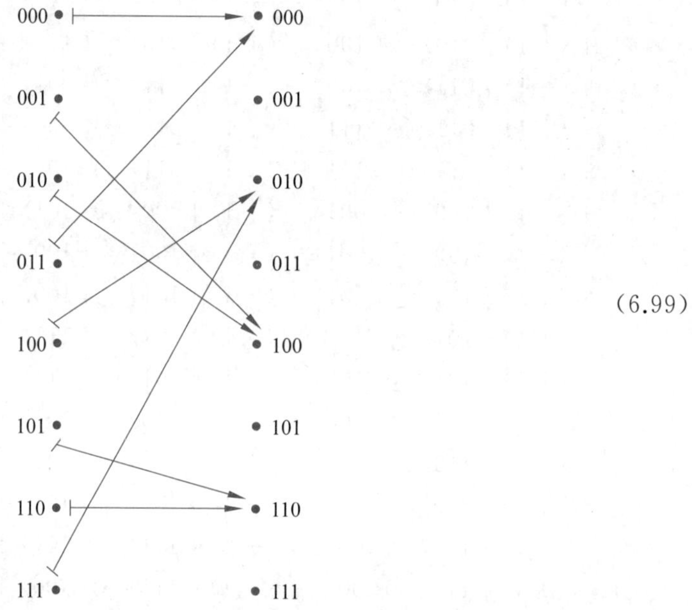

(6.99)

多次运行 Simon 算法后，将得到 n 个不同的 z_i，使得 $\langle z_i, c\rangle = 0$。然后，将这些结果放入解决"线性方程"的经典算法中。它们是线性方程，我们不是使用通常的 $+$ 运算，而是在二进制字符串上使用 $\oplus$，这是一个很好的例子。

例 6.3.2 假设我们将处理 $n = 7$ 的情况。这意味着我们得到一个函数 $f:\{0,1\}^7 \to \{0,1\}^7$。假设我们运行了 7 次算法，得到以下结果：

(ⅰ) $\langle 1010110, c\rangle = 0$

(ⅱ) $\langle 0010001, c\rangle = 0$

(ⅲ) $\langle 1100101, c\rangle = 0$

(ⅳ) $\langle 0011011, c\rangle = 0$

(ⅴ) $\langle 0101001, c\rangle = 0$

(ⅵ) $\langle 0011010, c\rangle = 0$

(ⅶ) $\langle 0110111, c\rangle = 0$

为了清除第一列的 1，我们将"添加"(实际上是逐点异或)第一个方程到第三个方程。这给了我们

(ⅰ) $\langle 1010110, c\rangle = 0$

(ⅱ) $\langle 0010001, c\rangle = 0$

(ⅲ) $\langle 0110011, c\rangle = 0$

(ⅳ) $\langle 0011011, c\rangle = 0$

(ⅴ) $\langle 0101001, c\rangle = 0$

(ⅵ) ⟨0011010, c⟩ = 0

(ⅶ) ⟨0110111, c⟩ = 0

为了清除第二列的1，我们将第三个等式“添加”到第五个和第七个等式中。这给了我们

(ⅰ) ⟨1010110, c⟩ = 0

(ⅱ) ⟨0010001, c⟩ = 0

(ⅲ) ⟨0110011, c⟩ = 0

(ⅳ) ⟨0011011, c⟩ = 0

(ⅴ) ⟨0011010, c⟩ = 0

(ⅵ) ⟨0011010, c⟩ = 0

(ⅶ) ⟨0000100, c⟩ = 0

为了清除第三列的1，我们将第二个等式“添加”到等式(ⅰ)、(ⅲ)、(ⅳ)、(ⅴ)和(ⅵ)中。这给了我们

(ⅰ) ⟨1000111, c⟩ = 0

(ⅱ) ⟨0010001, c⟩ = 0

(ⅲ) ⟨0100010, c⟩ = 0

(ⅳ) ⟨0001010, c⟩ = 0

(ⅴ) ⟨0001011, c⟩ = 0

(ⅵ) ⟨0001011, c⟩ = 0

(ⅶ) ⟨0000100, c⟩ = 0

为了清除第四列的1，我们将把等式(ⅳ)“加”到等式(ⅴ)和(ⅵ)中。我们通过将等式(ⅶ)添加到等式(ⅰ)来清除第五列。这给了我们

(ⅰ) ⟨1000011, c⟩ = 0

(ⅱ) ⟨0010001, c⟩ = 0

(ⅲ) ⟨0100010, c⟩ = 0

(ⅳ) ⟨0001010, c⟩ = 0

(ⅴ) ⟨0000001, c⟩ = 0

(ⅵ) ⟨0000001, c⟩ = 0

(ⅶ) ⟨0000100, c⟩ = 0

最后，为了清除第七列的1，我们将把方程(ⅴ)“加”到方程(ⅰ)、(ⅱ)和(ⅵ)中，得到

(ⅰ) ⟨1000010, c⟩ = 0

(ⅱ) ⟨0010000, c⟩ = 0

(ⅲ) ⟨0100010, c⟩ = 0

(ⅳ) ⟨0001010, c⟩ = 0

(ⅴ) ⟨0000001, c⟩ = 0

(ⅵ) ⟨0000000, c⟩ = 0

(ⅶ) ⟨0000100, c⟩ = 0

我们可以将这些方程解释为

(ⅰ) $c_1 \oplus c_6 = 0$

（ⅱ）$c_3=0$

（ⅲ）$c_2 \oplus c_6=0$

（ⅳ）$c_4 \oplus c_6=0$

（ⅴ）$c_7=0$

（ⅵ）（ⅶ）$c_5=0$

注意，如果 $c_6=0$，则 $c_1=c_2=c_4=0$；如果 $c_6=1$，则 $c_1=c_2=c_4=1$。因为我们确定 f 不是一对一的，且 $c \neq 0000000$，所以可以得出结论 $c=1101010$。

练习 6.3.3 以类似的方式求解以下线性方程：

（ⅰ）$\langle 11110000, c\rangle=0$

（ⅱ）$\langle 01101001, c\rangle=0$

（ⅲ）$\langle 10010110, c\rangle=0$

（ⅳ）$\langle 00111100, c\rangle=0$

（ⅴ）$\langle 11111111, c\rangle=0$

（ⅵ）$\langle 11000011, c\rangle=0$

（ⅶ）$\langle 10001110, c\rangle=0$

（ⅷ）$\langle 01110001, c\rangle=0$

（提示：答案是 $c=10011001$）

总之，对于给定的周期函数 f，我们可以在 n 个函数计算中找到周期 c。这与经典算法所需的 $2^{n-1}+1$ 形成对比。

读者提示：在 6.5 节中介绍 Shor 算法时，将看到这种查找函数周期的概念。

6.4 Grover 的搜索算法

如何在大海中找到一根针？分别查看每一片干草并检查每一片干草中是否有所需的针。这种方法不是很有效。

这个问题的计算机科学版本是关于无序数组，而不是干草堆。给定 m 个元素的无序数组，查找一个特定元素。通常，在最坏的情况下，这需要 m 个查询。平均而言，将在 $\frac{m}{2}$ 查询中找到所需的元素。我们能做得更好吗？

Lov Grover 的搜索算法可以在 $\sqrt{m}$ 查询中完成这项工作。虽然这不是 Deutsch-Jozsa 算法和 Simon 算法的指数加速，但它仍然完成得非常好。Grover 的算法在数据库理论和其他领域有许多应用。

因为，在前面几节中，我们对函数已经相当熟练了，下面从函数的角度看搜索问题。想象一下，给你一个函数 $f:\{0,1\}^n \to \{0,1\}^n$，并且你确信确实存在一个二进制字符串 $\boldsymbol{x}_0$，使得

$$f(\boldsymbol{x})=\begin{cases}1, & \boldsymbol{x}=\boldsymbol{x}_0 \\ 0, & \boldsymbol{x} \neq \boldsymbol{x}_0\end{cases} \tag{6.100}$$

要求找到 $\boldsymbol{x}_0$。通常，在最坏的情况下，必须评估所有 2^n 个二进制字符串，才能找到所需的

$\boldsymbol{x}_0$。Grover 的算法只需要 $\sqrt{2^n}=2^{\frac{n}{2}}$ 评估，f 将作为酉矩阵 $\boldsymbol{U}_f$ 给我们，它将 $|x,y\rangle$ 带到 $|x,f(x)\otimes y\rangle$。例如，对于 $n=2$，如果 f 是“挑选”二进制字符串 10 的唯一函数，则 $\boldsymbol{U}_f$ 看起来像

$$\begin{array}{c} \\ 000\\001\\010\\011\\100\\101\\110\\111\end{array}\begin{array}{c}\begin{array}{cccccccc}000&001&010&011&100&101&110&111\end{array}\\ \left[\begin{array}{cccccccc}1&&&&&&&\\&1&&&&&&\\&&1&&&&&\\&&&1&&&&\\&&&&&1&&\\&&&&1&&&\\&&&&&&1&\\&&&&&&&1\end{array}\right]\end{array} \tag{6.101}$$

练习 6.4.1 查找对应于 $\{0,1\}^2$ 到 $\{0,1\}$ 的其他三个函数的矩阵，这些函数正好有一个元素 x 且 $f(x)=1$。

作为解决此问题的第一次尝试，我们可以尝试将 $|x\rangle$ 放入所有可能的字符串的叠加中，然后计算 $\boldsymbol{U}_f$。

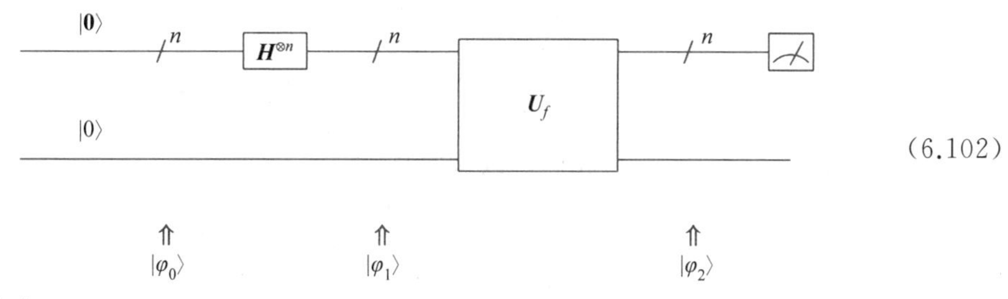

(6.102)

矩阵形式为

$$\boldsymbol{U}_f(\boldsymbol{H}^{\otimes n}\otimes\boldsymbol{I})\,|\,\boldsymbol{0},0\rangle \tag{6.103}$$

各状态是

$$|\,\varphi_0\rangle=|\,\boldsymbol{0},0\rangle \tag{6.104}$$

$$|\,\varphi_1\rangle=\left[\frac{\sum\limits_{\boldsymbol{x}\in\{0,1\}^n}|\,\boldsymbol{x}\rangle}{\sqrt{2^n}}\right]|\,\boldsymbol{0}\rangle \tag{6.105}$$

和

$$|\,\varphi_2\rangle=\frac{\sum\limits_{\boldsymbol{x}\in\{0,1\}^n}|\,\boldsymbol{x},f(\boldsymbol{x})\rangle}{\sqrt{2^n}} \tag{6.106}$$

测量顶部量子位将以相等的概率 $\frac{1}{2^n}$ 给出一个二进制字符串。测量底部量子位将给出 $|0\rangle$ 的概率为 $\frac{2^n-1}{2^n}$，$|1\rangle$ 的概率为 $\frac{1}{2^n}$。如果你有幸在底部量子位上测量到了 $|1\rangle$，那么，由于顶部和底部是纠缠在一起的，顶部的量子位就会有正确的答案。但是，我们需要一些新的信息。Grover 搜索算法使用了两个技巧。第一个称为相位反转，改变了所需状态的相位。它的工作原理如下：取 $\boldsymbol{U}_f$ 并将底部量子位置于叠加位置状态：

$$\frac{|0\rangle - |1\rangle}{\sqrt{2}} \tag{6.107}$$

这类似于量子电路(6.21)。对于任意 $\boldsymbol{x}$,这看起来像

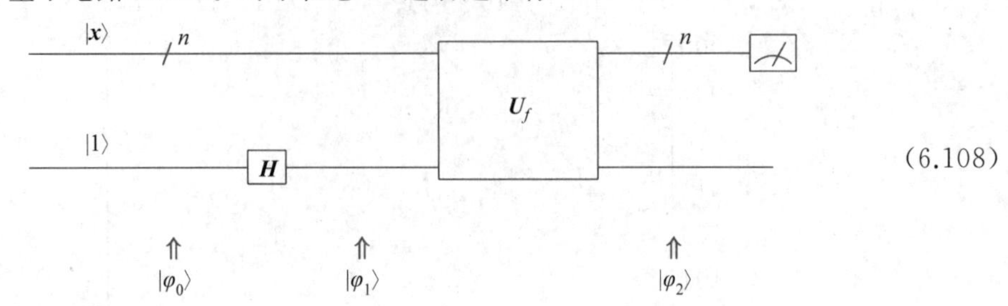

(6.108)

矩阵形式为

$$\boldsymbol{U}_f(\boldsymbol{I}_n \otimes \boldsymbol{H})\,|x,1\rangle \tag{6.109}$$

由于 $\boldsymbol{U}_f$ 和 $\boldsymbol{H}$ 都是酉运算,因此相位反转显然是酉运算。各状态是

$$|\varphi_0\rangle = |x,1\rangle \tag{6.110}$$

$$|\varphi_1\rangle = |x\rangle\left[\frac{|0\rangle - |1\rangle}{\sqrt{2}}\right] = \left[\frac{|x,0\rangle - |x,1\rangle}{\sqrt{2}}\right] \tag{6.111}$$

和

$$|\varphi_2\rangle = |x\rangle\left[\frac{|f(x)\oplus 0\rangle - |f(x)\oplus 1\rangle}{\sqrt{2}}\right] = |x\rangle\left[\frac{|f(x)\rangle - |\overline{f(x)}\rangle}{\sqrt{2}}\right] \tag{6.112}$$

记住 $a-b=(-1)(b-a)$,我们可以这样写

$$|\varphi_2\rangle = (-1)^{f(x)}\,|x\rangle\left[\frac{|0\rangle - |1\rangle}{\sqrt{2}}\right] = \begin{cases} -1\,|x\rangle\left[\dfrac{|0\rangle - |1\rangle}{\sqrt{2}}\right], & x = x_0 \\ +1\,|x\rangle\left[\dfrac{|0\rangle - |1\rangle}{\sqrt{2}}\right], & x \neq x_0 \end{cases} \tag{6.113}$$

这种酉操作如何作用于状态?如果 $|x\rangle$ 以四种不同状态的相等叠加开始,即 $\left(\frac{1}{2},\frac{1}{2},\frac{1}{2},\frac{1}{2}\right)^{\mathrm{T}}$,并且 f 选择字符串"10",则在执行相位反转后,状态看起来像 $\left(\frac{1}{2},\frac{1}{2},-\frac{1}{2},\frac{1}{2}\right)^{\mathrm{T}}$。测量 $|x\rangle$ 未提供任何信息:因为 $\left|\frac{1}{2}\right|^2$ 和 $\left|-\frac{1}{2}\right|^2$ 都等于 $+\frac{1}{4}$。将相位从正相更改为负相位会分离相位,但不足以将它们分开。我们需要别的信息。

需要的是一种提高所需二进制字符串与其他二进制字符串的相分离的方法。第二个技巧称为关于平均值的反转。这是促进相分离的一种方式。一个小例子对我们会有所帮助。考虑一个整数序列:53,38,17,23 和 79。这些数字的平均值为 $a=42$。可以将这些数字想象成图 6.1。

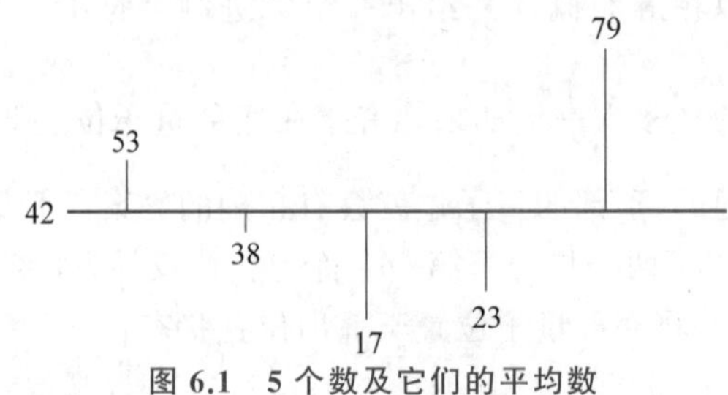

图 6.1 5 个数及它们的平均数

平均值是这样的数字，即高于平均值的行的长度之和与下面行的长度之和相同。假设想更改序列，以便高于平均值的原始序列的每个元素与平均值的距离相同，但低于平均值。此外，低于平均值的原始序列的每个元素将与平均值的距离相同，但高于平均值。换句话说，我们正在围绕平均值反转每个元素。例如，第一个数字 53 与平均值相差 $42-53=-11$ 个单位。我们必须将 $a=42$ 加到 -11，并得到 $a+(a-53)=31$。原始序列的第二个元素 38 是 $42-38=4$ 个单位，低于平均值，并将转到 $a+(a-38)=46$。

通常，我们将每个元素 v 更改为

$$v'=a+(a-v) \tag{6.114}$$

或

$$v'=-v+2a \tag{6.115}$$

上述序列变为 31，46，67，61 和 5。注意，此序列的平均值仍为 42，如图 6.2 所示。

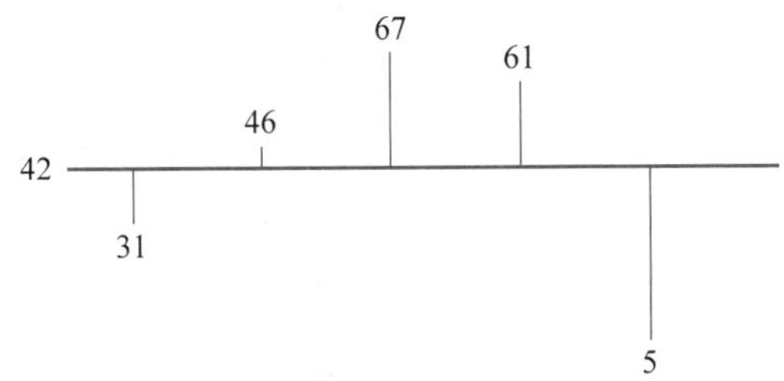

图 6.2 每个数反转后，平均值不变

练习 6.4.2 考虑以下数字：5，38，62，58，21 和 35。将这些数字反转到其平均值附近。

下面用矩阵表达这个操作。与其将数字写为序列，不如考虑向量 $\mathbf{V}=[53,38,17,23,79]^{\mathrm{T}}$。现在考虑矩阵

$$\boldsymbol{A}=\begin{bmatrix} \frac{1}{5} & \frac{1}{5} & \frac{1}{5} & \frac{1}{5} & \frac{1}{5} \\ \frac{1}{5} & \frac{1}{5} & \frac{1}{5} & \frac{1}{5} & \frac{1}{5} \\ \frac{1}{5} & \frac{1}{5} & \frac{1}{5} & \frac{1}{5} & \frac{1}{5} \\ \frac{1}{5} & \frac{1}{5} & \frac{1}{5} & \frac{1}{5} & \frac{1}{5} \\ \frac{1}{5} & \frac{1}{5} & \frac{1}{5} & \frac{1}{5} & \frac{1}{5} \end{bmatrix} \tag{6.116}$$

很容易看出，$\boldsymbol{A}$ 是一个矩阵，用于查找序列的平均值：

$$\boldsymbol{A}\mathbf{V}=[42 \quad 42 \quad 42 \quad 42 \quad 42]^{\mathrm{T}} \tag{6.117}$$

$v'=-v+2a$ 的矩阵形式为

$$\mathbf{V}'=-\mathbf{V}+2\boldsymbol{A}\mathbf{V}=(-\boldsymbol{I}+2\boldsymbol{A})\mathbf{V} \tag{6.118}$$

计算

$$(-\boldsymbol{I}+2\boldsymbol{A})\boldsymbol{V}=\begin{bmatrix} \left(-1+\frac{2}{5}\right) & \frac{2}{5} & \frac{2}{5} & \frac{2}{5} & \frac{2}{5} \\ \frac{2}{5} & \left(-1+\frac{2}{5}\right) & \frac{2}{5} & \frac{2}{5} & \frac{2}{5} \\ \frac{2}{5} & \frac{2}{5} & \left(-1+\frac{2}{5}\right) & \frac{2}{5} & \frac{2}{5} \\ \frac{2}{5} & \frac{2}{5} & \frac{2}{5} & \left(-1+\frac{2}{5}\right) & \frac{2}{5} \\ \frac{2}{5} & \frac{2}{5} & \frac{2}{5} & \frac{2}{5} & \left(-1+\frac{2}{5}\right) \end{bmatrix} \tag{6.119}$$

而且，正如预期的那样，

$$(-\boldsymbol{I}+2\boldsymbol{A})\boldsymbol{V}=\boldsymbol{V}' \tag{6.120}$$

或者在我们的例子中

$$(-\boldsymbol{I}+2\boldsymbol{A})[53,38,17,23,79]^{\mathrm{T}}=[31,46,67,61,5]^{\mathrm{T}} \tag{6.121}$$

概括如下：与其处理五个数字，不如处理 2^n 个数字。给定 n 个量子位，有 2^n 个可能的状态。状态是一个 2^n 向量。考虑以下 $2^n\times 2^n$ 的矩阵：

$$\boldsymbol{A}=\begin{bmatrix} \frac{1}{2^n} & \frac{1}{2^n} & \cdots & \frac{1}{2^n} \\ \frac{1}{2^n} & \frac{1}{2^n} & \cdots & \frac{1}{2^n} \\ \vdots & \vdots & & \vdots \\ \frac{1}{2^n} & \frac{1}{2^n} & \cdots & \frac{1}{2^n} \end{bmatrix} \tag{6.122}$$

练习 6.4.3 证明 $\boldsymbol{A}^2=\boldsymbol{A}$。

任何状态乘以 $\boldsymbol{A}$ 都将得到一个状态，其中每个振幅将是所有振幅的平均值。在此基础上，形成以下 $2^n\times 2^n$ 的矩阵。

$$-\boldsymbol{I}+2\boldsymbol{A}=\begin{bmatrix} -1+\frac{2}{2^n} & \frac{2}{2^n} & \cdots & \frac{2}{2^n} \\ \frac{2}{2^n} & -1+\frac{2}{2^n} & \cdots & \frac{2}{2^n} \\ \vdots & \vdots & & \vdots \\ \frac{2}{2^n} & \frac{2}{2^n} & \cdots & -1+\frac{2}{2^n} \end{bmatrix} \tag{6.123}$$

状态乘以 $-\boldsymbol{I}+2\boldsymbol{A}$ 将反转关于均值的振幅。我们必须证明 $-\boldsymbol{I}+2\boldsymbol{A}$ 是一个酉矩阵。首先，观察 $-\boldsymbol{I}+2\boldsymbol{A}$ 的伴随矩阵是自身。然后，使用矩阵乘法的性质并意识到矩阵的行为非常像多项式，有

$$\begin{aligned}(-\boldsymbol{I}+2\boldsymbol{A})*(-\boldsymbol{I}+2\boldsymbol{A})&=+\boldsymbol{I}-2\boldsymbol{A}-2\boldsymbol{A}+4\boldsymbol{A}^2\\&=\boldsymbol{I}-4\boldsymbol{A}+4\boldsymbol{A}=\boldsymbol{I}\end{aligned} \tag{6.124}$$

其中第一个等式来自矩阵乘法的分布性，第二个等式来自组合相似的项，第三个等式来自

$\boldsymbol{A}^2=\boldsymbol{A}$ 的事实。结论为$(-\boldsymbol{I}+2\boldsymbol{A})$是一个酉运算,并通过反转关于平均值的数字作用于状态。

如果单独考虑,相位反转和关于均值的反转都是无害的操作。然而,当组合在一起时,它们是一个非常强大的操作,它将所需状态的振幅与所有其他状态的振幅分开。

例 6.4.1 下面用一个例子说明这两种技术如何协同工作。考虑向量

$$[10,10,10,10,10]^{\mathrm{T}} \tag{6.125}$$

我们总要对五个数字中的第四个数字执行相位反转。第四个数字和所有其他数字没有区别。首先对第四个数字进行相位反转,然后得到

$$[10,10,10,-10,10]^{\mathrm{T}} \tag{6.126}$$

这五个数字的平均值是 $a=6$。计算关于得到的平均值的反转

$$-v+2a=-10+(2\times 6)=2 \tag{6.127}$$

和

$$-v+2a=10+(2\times 6)=22 \tag{6.128}$$

因此,我们的五个数字变成

$$[2,2,2,22,2]^{\mathrm{T}} \tag{6.129}$$

第四个数字和所有其他数字的差值为 $22-2=20$。

再次对我们的五个数字进行这两个操作。第四个元素上的另一个相位反转给了我们

$$[2,2,2,-22,2]^{\mathrm{T}} \tag{6.130}$$

这些数字的平均值是 $a=-2.8$。计算关于我们得到的平均值的反转

$$-v+2a=-2+2\times(-2.8)=-7.6 \tag{6.131}$$

和

$$-v+2a=22+2\times(-2.8)=16.4 \tag{6.132}$$

因此,我们的 5 个数字成为

$$[-7.6,-7.6,-7.6,-16.4,-7.6]^{\mathrm{T}} \tag{6.133}$$

第四个数字与所有其他数字的差异为 $16.4+7.6=24$。我们进一步分离了这些数字。这一切都是通过酉操作完成的。

练习 6.4.4 对这个由 5 个数字组成的序列再次执行这两个操作,结果有改善吗?

这些操作应该做多少次?$\frac{\pi}{4}\sqrt{2^n}$ 次。如果你做得更多,这个过程会“过度烹饪”这些数字。需要 $\frac{\pi}{4}\sqrt{2^n}$ 次的证明超出了本文的范围。可以说,证明实际上使用了一些非常漂亮的几何形状(非常值得研究!)

下面陈述 Grover 算法:

步骤 1 从状态 $|0\rangle$ 开始;

步骤 2 应用 $\boldsymbol{H}^{\otimes n}$;

步骤 3 重复 $\frac{\pi}{4}\sqrt{2^n}$ 次:

　步骤 3a 应用相位反转操作 $\boldsymbol{U}_f(\boldsymbol{I}\otimes\boldsymbol{H})$;

　步骤 3b 应用有关均值运算的反转 $-\boldsymbol{I}+2\boldsymbol{A}$;

步骤 4 测量量子比特。

此算法可以表示为下图：

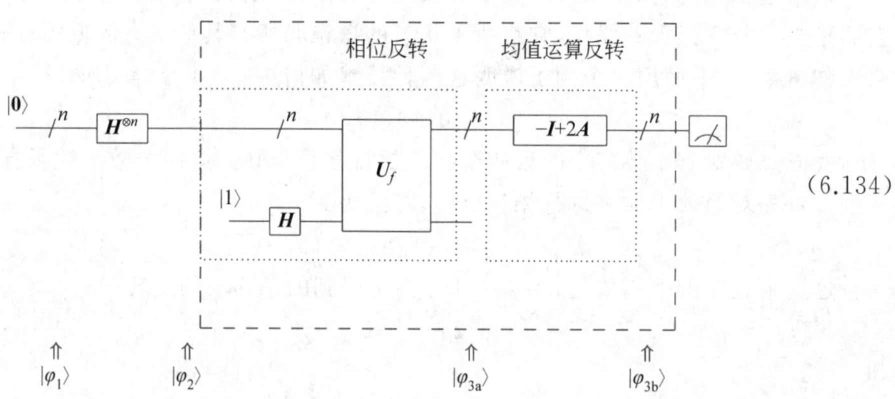

(6.134)

例 6.4.2 下面看一个此算法的执行示例。设 f 是一个挑选字符串"101"的函数。每个步骤后的状态将为

$$|\varphi_1\rangle=\begin{matrix}\mathbf{000} & \mathbf{001} & \mathbf{010} & \mathbf{011} & \mathbf{100} & \mathbf{101} & \mathbf{110} & \mathbf{111}\\ [1 & 0 & 0 & 0 & 0 & 0 & 0 & 0]^{\mathrm{T}}\end{matrix} \tag{6.135}$$

$$|\varphi_2\rangle=\begin{matrix}\mathbf{000} & \mathbf{001} & \mathbf{010} & \mathbf{011} & \mathbf{100} & \mathbf{101} & \mathbf{110} & \mathbf{111}\\ \end{matrix}\left[\frac{1}{\sqrt{8}},\ \frac{1}{\sqrt{8}},\ \frac{1}{\sqrt{8}},\ \frac{1}{\sqrt{8}},\ \frac{1}{\sqrt{8}},\ \frac{1}{\sqrt{8}},\ \frac{1}{\sqrt{8}},\ \frac{1}{\sqrt{8}}\right]^{\mathrm{T}} \tag{6.136}$$

$$|\varphi_{3a}\rangle=\begin{matrix}\mathbf{000} & \mathbf{001} & \mathbf{010} & \mathbf{011} & \mathbf{100} & \mathbf{101} & \mathbf{110} & \mathbf{111}\\ \end{matrix}\left[\frac{1}{\sqrt{8}},\ \frac{1}{\sqrt{8}},\ \frac{1}{\sqrt{8}},\ \frac{1}{\sqrt{8}},\ \frac{1}{\sqrt{8}},\ -\frac{1}{\sqrt{8}},\ \frac{1}{\sqrt{8}},\ \frac{1}{\sqrt{8}}\right]^{\mathrm{T}} \tag{6.137}$$

这些数字的平均值为

$$a=\frac{7\times\frac{1}{\sqrt{8}}-\frac{1}{\sqrt{8}}}{8}=\frac{\frac{6}{\sqrt{8}}}{8}=\frac{3}{4\sqrt{8}} \tag{6.138}$$

计算关于我们所拥有的平均值的反转：

$$-v+2a=-\frac{1}{\sqrt{8}}+\left(2\times\frac{3}{4\sqrt{8}}\right)=\frac{1}{2\sqrt{8}} \tag{6.139}$$

和

$$-v+2a=\frac{1}{\sqrt{8}}+\left(2\times\frac{3}{4\sqrt{8}}\right)=\frac{5}{2\sqrt{8}} \tag{6.140}$$

因此，有

$$|\varphi_{3b}\rangle=\begin{matrix}\mathbf{000} & \mathbf{001} & \mathbf{010} & \mathbf{011} & \mathbf{100} & \mathbf{101} & \mathbf{110} & \mathbf{111}\\ \end{matrix}\left[\frac{1}{2\sqrt{8}},\ \frac{1}{2\sqrt{8}},\ \frac{1}{2\sqrt{8}},\ \frac{1}{2\sqrt{8}},\ \frac{1}{2\sqrt{8}},\ -\frac{1}{2\sqrt{8}},\ \frac{1}{2\sqrt{8}},\ \frac{1}{2\sqrt{8}}\right]^{\mathrm{T}} \tag{6.141}$$

相位反转将给我们

$$|\varphi_{3a}\rangle=\begin{matrix}\mathbf{000} & \mathbf{001} & \mathbf{010} & \mathbf{011} & \mathbf{100} & \mathbf{101} & \mathbf{110} & \mathbf{111}\\ \end{matrix}\left[\frac{1}{2\sqrt{8}},\ \frac{1}{2\sqrt{8}},\ \frac{1}{2\sqrt{8}},\ \frac{1}{2\sqrt{8}},\ \frac{1}{2\sqrt{8}},\ -\frac{5}{2\sqrt{8}},\ \frac{1}{2\sqrt{8}},\ \frac{1}{2\sqrt{8}}\right]^{\mathrm{T}} \tag{6.142}$$

这些数字的平均值为

$$a=\frac{7\times\frac{1}{2\sqrt{8}}-\frac{5}{2\sqrt{8}}}{8}=\frac{1}{8\sqrt{8}} \tag{6.143}$$

计算关于我们所拥有的均值的反转：

$$-v+2a=-\frac{1}{2\sqrt{8}}+\left(2\times\frac{1}{8\sqrt{8}}\right)=-\frac{1}{4\sqrt{8}} \tag{6.144}$$

和

$$-v+2a=\frac{5}{2\sqrt{8}}+\left(2\times\frac{1}{8\sqrt{8}}\right)=\frac{11}{4\sqrt{8}} \tag{6.145}$$

因此，有

$$|\varphi_{3b}\rangle=\begin{array}{c}\begin{array}{cccccccc}\mathbf{000} & \mathbf{001} & \mathbf{010} & \mathbf{011} & \mathbf{100} & \mathbf{101} & \mathbf{110} & \mathbf{111}\end{array}\\ \left[\begin{array}{cccccccc}\frac{-1}{4\sqrt{8}}, & \frac{-1}{4\sqrt{8}}, & \frac{-1}{4\sqrt{8}}, & \frac{-1}{4\sqrt{8}}, & \frac{-1}{4\sqrt{8}}, & \frac{11}{4\sqrt{8}}, & \frac{-1}{4\sqrt{8}}, & \frac{-1}{4\sqrt{8}}\end{array}\right]^{\mathrm{T}}\end{array} \tag{6.146}$$

作为记录，$\frac{11}{4\sqrt{8}}=0.97227$ 和$\frac{-1}{4\sqrt{8}}=0.08839$。对数字进行平方可以让我们获得测量相应状态的概率。当在步骤 4 中测量状态时，很可能得到状态

$$|\varphi_4\rangle=\begin{array}{c}\begin{array}{cccccccc}\mathbf{000} & \mathbf{001} & \mathbf{010} & \mathbf{011} & \mathbf{100} & \mathbf{101} & \mathbf{110} & \mathbf{111}\end{array}\\ \left[\begin{array}{cccccccc}0 & 0 & 0 & 0 & 0 & 1 & 0 & 0\end{array}\right]^{\mathrm{T}}\end{array} \tag{6.147}$$

这正是我们想要的。

练习 6.4.5 对 $m=4$ 且 f 选择“1101”字符串的情况进行类似分析。

经典算法将按 m 步搜索大小为 m 的无序数组。Grover 算法需要时间 $\sqrt{m}$。这就是所谓的二次加速。虽然这很好，但它不是计算机科学的圣杯：指数级加速。在 6.5 节中，我们将遇到一个确实具有这种加速的算法。

如果放宽大海捞针只有一根针的要求呢？假设有 t 个对象是我们正在寻找的$\left(\text{用 } t<\frac{2^n}{2}\right)$。Grover 算法仍然有效，但现在必须经历循环$\frac{\pi}{4}\sqrt{\frac{2^n}{t}}$时间。还有许多其他类型的泛化和各种变化，可以用 Grover 的算法完成。本章末尾给出了几个参考资料。我们将在第 8.3 节末尾讨论 Grover 算法的一些复杂性问题。

6.5 Shor 的因子分解算法

分解整数的问题非常重要。万维网的大部分安全性都基于这样一个事实，即在经典计算机上“很难”分解整数。Peter Shor 的惊人算法在多项式时间中分解整数，并真正将量子计算带入了聚光灯下。

Shor 算法基于以下事实：因子分解问题可以简化为查找某个函数的周期。在 6.3 节中，我们学习了如何查找函数的周期。本节将使用其中一些周期性技术分解整数。

下面将分解 N。在实践中，N 是一个很大的数字，也许有数百位数长。我们将计算出数字 15 和 371 的所有分解。对于练习，要求读者使用数字 247。我们不妨给出答案，并告

诉你,247 中唯一重要的因素是 19 和 13。

假设给定的 N 不是素数,而是一个合数。Agrawal,Kayal 和 Saxena[41] 提供了一种确定性的多项式算法,可以确定 N 是否为素数。因此,在尝试分解 N 之前,可以很容易地检查 N 是否为素数。

读者提示:该算法有几个不同的部分,一口吞下去可能太多了。如果卡在某个特定点,建议跳到算法的下一部分。在本节结束时,我们总结了算法。

模幂。在继续 Shor 算法之前,必须提醒自己一些基本的数论。首先看一些模运算。对于一个正整数 N 和任何整数 a,我们把商 a/N 的余数(或余数)写为 Mod N(对于 C/C++ 和 Java 程序员,Mod 可识别为%运算。)

例 6.5.1 一些例子:

- 7 Mod 15=7,因为 7/15=0,所以余数为 7。
- 99 Mod 15=9,因为 99/15=6,所以余数为 9。
- 199 Mod 15=4,因为 199/15=13,所以余数为 4。
- 5317 Mod 371=123,因为 5317/371=14,所以余数为 123。
- 23374 Mod 371=1,因为 23374/371=63,所以余数为 1。
- 1446 Mod 371=333,因为 1446/371=3,所以余数为 333。

练习 6.5.1 计算

(ⅰ) 244443 Mod 247

(ⅱ) 18154 Mod 247

(ⅲ) 226006 Mod 247

我们写

$$a \equiv a' \text{Mod } N \text{ 当且仅当 } (a \text{ Mod } N) = (a' \text{Mod } N) \tag{6.148}$$

或等价地,如果 N 是 $a-a'$ 的除数,即 $N|(a-a')$。

例 6.5.2 一些例子

- 17≡2 Mod 15
- 126≡1479816 Mod 15
- 534≡1479 Mod 15
- 2091≡236 Mod 371
- 3350≡2237 Mod 371
- 3325575≡2765365 Mod 371

练习 6.5.2 证明

(ⅰ) 1977≡1 Mod 247

(ⅱ) 16183≡15442 Mod 247

(ⅲ) 2439593≡238082 Mod 247

有了对 Mod 的理解,就可以开始讨论算法了。随机选择一个小于 N 但不具有与 N 相同的非平凡因子的整数 a。人们可以通过执行欧几里得算法计算 GCD(a,N)来测试这样的因子。如果 GCD 不是 1，那么我们找到了 N 的一个因子，就完成了。如果 GCD 为 1，则称 a 与 N 互质，我们可以使用它。我们需要找到模 N 的幂，即

$$a^0 \text{ Mod } N, a^1 \text{ Mod } N, a^2 \text{ Mod } N, a^3 \text{ Mod } N, \cdots \tag{6.149}$$

换句话说，我们需要找到函数的值。

$$f_{a,N}(x) = a^x \text{ Mod } N \tag{6.150}$$

这里有一些示例。

例 6.5.3 设 $N=15$ 且 $a=2$。一些简单的计算表明，我们得到以下结果：

x	0	1	2	3	4	5	6	7	8	9	10	11	12	…
$f_{2,15}(x)$	1	2	4	8	1	2	4	8	1	2	4	8	1	…

(6.151)

对于 $a=4$，有

x	0	1	2	3	4	5	6	7	8	9	10	11	12	…
$f_{4,15}(x)$	1	4	1	4	1	4	1	4	1	4	1	4	1	…

(6.152)

对于 $a=13$，有

x	0	1	2	3	4	5	6	7	8	9	10	11	12	…
$f_{13,15}(x)$	1	13	4	7	1	13	4	7	1	13	4	7	1	…

(6.153)

$f_{13,15}$ 函数的前几个输出可以看作图 6.3 中的条形图。

例 6.5.4 计算一些 $N=371$ 的例子。这有点困难，可能无法用手持式计算器完成。这些数字实在太大了。但是，编写一个小程序，使用 MATLAB 或 Microsoft Excel 并不困难。试图通过首先计算 a^x 来计算 a^x Mod N 不会走得太远，因为数字通常会超出范围。相反，诀窍是使用标准数论事实从 a^{x-1} Mod N 计算 a^x Mod N。

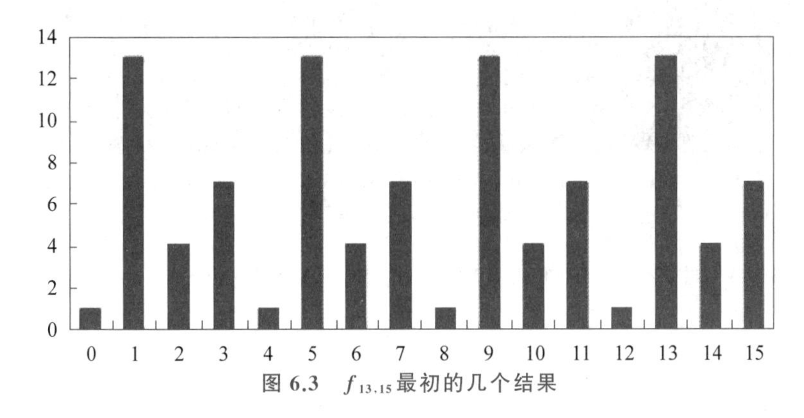

图 6.3 $f_{13,15}$ 最初的几个结果

如果 $a \equiv a'$ Mod N 和 $b \equiv b'$ Mod N，那么

$$a \times b \equiv a' \times b' \text{ Mod } N \tag{6.154}$$

或者，等效地，

$$a \times b \text{Mod } N = (a \text{Mod } N) \times (b \text{Mod } N) \text{Mod } N \tag{6.155}$$

从这个事实中，可以得到公式

$$a^x \text{Mod } N = a^{x-1} \times a \text{Mod } N = ((a^{x-1} \text{Mod } N) \times (a \text{Mod } N)) \text{Mod } N \tag{6.156}$$

因为 $a < N$ 且 $a \text{Mod } N = a$，所以可化简为

$$a^x \text{Mod } N = ((a^{x-1} \text{Mod } N) \times a) \text{Mod } N \tag{6.157}$$

使用此功能，可以轻松迭代以获得所需的结果。对于 $N=371$ 和 $a=2$，有

x	0	1	2	3	4	5	6	7	…	78	…	155	156	157	158	…
$f_{2,371}(x)$	1	2	4	8	16	32	64	128	…	211	…	186	1	2	4	…

(6.158)

对于 $N=371$ 和 $a=6$，有

x	0	1	2	3	4	5	6	7	…	13	…	25	26	28	28	…
$f_{6,371}(x)$	1	6	36	216	183	356	281	202	…	370	…	62	1	6	36	…

(6.159)

对于 $N=371$ 和 $a=24$，有

x	0	1	2	3	4	5	6	7	…	39	…	77	78	79	80	…
$f_{24,371}(x)$	1	24	205	97	102	222	134	248	…	160	…	201	1	24	205	…

(6.160)

可以在图 6.4 的条形图中看到 $f_{24,371}$ 的结果。

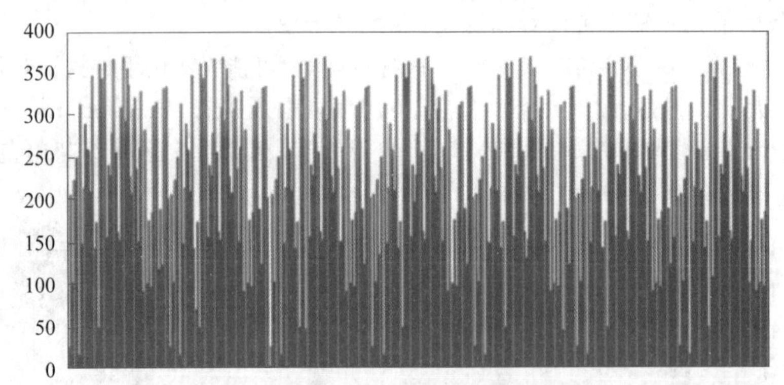

图 6.4 $f_{24,371}$ 的结果

练习 6.5.3 计算 $f_{a,N}$ 的前几个值，对于 $N=247$ 和

(ⅰ) $a=2$

(ⅱ) $a=17$

(ⅲ) $a=23$

事实上，我们并不真正需要这个函数的值，而是需要找到这个函数的周期，即我们需要找到最小的 $r>0$，使得

$$f_{a,N}(r) = a^r \text{Mod } N = 1 \tag{6.161}$$

这是一个数论定理，对于任何互素 $a \leqslant N$，函数 $f_{a,N}$ 将在某个 $r<N$ 时输出 1。在它达到 1 后，数字序列将简单地重复。如果 $f_{a,N}(r)=1$，那么

$$f_{a,N}(r+1)=f_{a,N}(1) \tag{6.162}$$

可以写成一般式：

$$f_{a,N}(r+s)=f_{a,N}(s) \tag{6.163}$$

例 6.5.5　图表(6.151)～图表(6.153)显示，$f_{2,15}$，$f_{4,15}$ 和 $f_{13,15}$ 的周期分别为 4，2 和 4。图表(6.158)～图表(6.160)显示，$f_{2,371}$，$f_{6,371}$ 和 $f_{24,371}$ 的周期分别为 156，26 和 78。实际上，在图 6.4 中很容易看到 $f_{24,371}$ 的周期性。

练习 6.5.4　查找函数 $f_{2,247}$、$f_{17,247}$ 和 $f_{23,247}$ 的周期。

算法的量子部分。对于像 15、371 和 247 这样的小数，计算这些函数的周期相当容易。但是一个可能有数百位数长的大 N 呢？这将超出任何传统计算机的能力。我们将需要一台具有叠加能力的量子计算机来计算所有需要的 x 的 $f_{a,N}(x)$。

如何得到一个量子电路来找到这个周期？首先，必须证明有一个量子电路可以实现函数 $f_{a,N}$。此函数的输出将始终小于 N，因此需要 $n=\log_2 N$ 输出位。我们至少需要评估 x 的前 N^2 值的 $f_{a,N}$，因此至少需要

$$m=\log_2 N^2=2\log_2 N=2n \tag{6.164}$$

输入量子位。我们可得到的量子电路将是算子 $\boldsymbol{U}_{f_{a,N}}$，如下图所示。

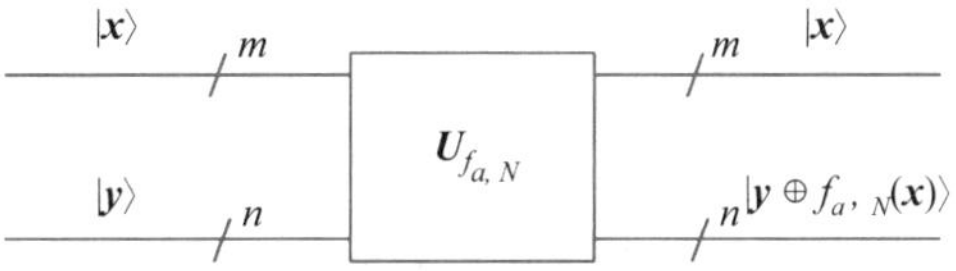

$|\boldsymbol{x}\rangle$ —/m— [$\boldsymbol{U}_{f_{a,N}}$] —/m— $|\boldsymbol{x}\rangle$
$|\boldsymbol{y}\rangle$ —/n— [$\boldsymbol{U}_{f_{a,N}}$] —/n— $|\boldsymbol{y}\oplus f_{a,N}(\boldsymbol{x})\rangle$　　(6.165)

其中 $|\boldsymbol{x},\boldsymbol{y}\rangle$ 转到 $|\boldsymbol{x},\boldsymbol{y}\oplus f_{a,N}(\boldsymbol{x})\rangle=|\boldsymbol{x},\boldsymbol{y}\oplus a^x \operatorname{Mod} N\rangle$。[①] 这个电路是如何形成的？为了不影响讨论的流程，我们将技术讨论留给本节末尾的一个小附录。

有了 $\boldsymbol{U}_{f_{a,N}}$，我们可以继续在下面的量子算法中使用它。第一件事是一次性评估所有输入。从前面的章节中，我们知道如何将 $\boldsymbol{x}$ 放入同等权重的叠加中。(事实上，这个算法的开头与 Simon 算法非常相似。)我们将解释这个量子电路的所有部分。

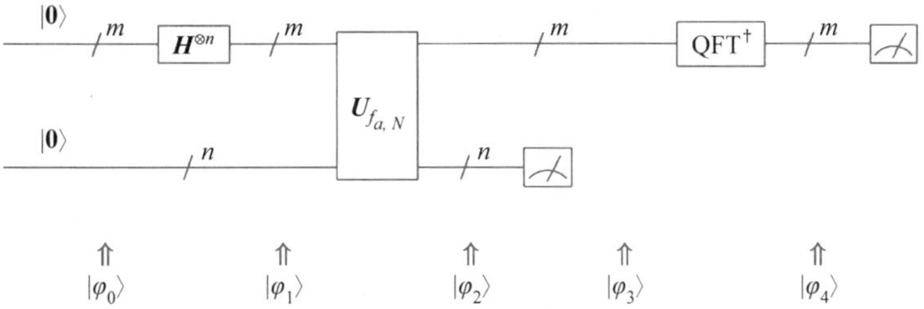

$|\boldsymbol{0}\rangle$ —/m— [$\boldsymbol{H}^{\otimes n}$] —/$m$— [$\boldsymbol{U}_{f_{a,N}}$] —/$m$— [$\mathrm{QFT}^{\dagger}$] —/$m$— [测量]
$|\boldsymbol{0}\rangle$ —/n— [$\boldsymbol{U}_{f_{a,N}}$] —/n— [测量]　　(6.166)

$\Uparrow$ $|\varphi_0\rangle$　$\Uparrow$ $|\varphi_1\rangle$　$\Uparrow$ $|\varphi_2\rangle$　$\Uparrow$ $|\varphi_3\rangle$　$\Uparrow$ $|\varphi_4\rangle$

矩阵形式为

$$(\text{Measure}\otimes \boldsymbol{I})(\mathrm{QFT}^{\dagger}\otimes \boldsymbol{I})(\boldsymbol{I}\otimes \text{Measure})\boldsymbol{U}_{f_{a,N}}(\boldsymbol{H}^{\otimes m}\otimes \boldsymbol{I})\,|\,\boldsymbol{0}_m,\boldsymbol{0}_n\rangle \tag{6.167}$$

其中 $\boldsymbol{0}_m$ 和 $\boldsymbol{0}_n$ 分别是长度为 m 和 n 的量子位字符串。下面看一下系统的状态。从起始状态：

① 到目前为止，我们已经将 x 视为任何数字，现在我们正在处理 x 作为其二进制扩展。这是因为我们正在考虑(量子)计算机中描述的 x。我们将交替使用这两种符号。

$$|\varphi_0\rangle = |\mathbf{0}_m, \mathbf{0}_n\rangle \tag{6.168}$$

然后，将输入放在所有可能输入的等权重叠加中：

$$|\varphi_1\rangle = \frac{\sum_{x\in\{0,1\}^m} |x, \mathbf{0}_n\rangle}{\sqrt{2^m}} \tag{6.169}$$

对所有这些可能性的 f 的评估，有：

$$|\varphi_2\rangle = \frac{\sum_{x\in\{0,1\}^m} |x, f_{a,N}(x)\rangle}{\sqrt{2^m}} = \frac{\sum_{x\in\{0,1\}^m} |x, a^x \text{Mod } N\rangle}{\sqrt{2^m}} \tag{6.170}$$

如示例所示，这些输出不断重复。它们是周期性的。必须清楚什么是周期。下面思考一下我们刚刚做了什么。正是在这里使用了量子计算的神奇力量。我们一次性评估了所有需要的值！只有量子并行可以执行这样的任务。

下面来看一些例子。

例 6.5.6 对于 $N=15$，将有 $n=4$ 和 $m=8$。对于 $a=13$，状态 $|\varphi_2\rangle$ 将为

$$\frac{|0,1\rangle + |1,13\rangle + |2,4\rangle + |3,7\rangle + |4,1\rangle + \cdots + |254,4\rangle + |255,7\rangle}{\sqrt{256}} \tag{6.171}$$

例 6.5.7 对于 $N=371$，将有 $n=9$ 和 $m=18$。对于 $a=24$，状态 $|\varphi_2\rangle$ 将为

$$\frac{|0,1\rangle + |1,24\rangle + |2,205\rangle + |3,97\rangle + |4,102\rangle + \cdots + |2^{18}-1, 24^{2^{18}-1} \text{Mod } 371\rangle}{\sqrt{2^{18}}} \tag{6.172}$$

练习 6.5.5 将 $N=247$ 和 $a=9$ 的状态写为 $|\varphi_2\rangle$。

继续讨论该算法，测量 $|\varphi_2\rangle$ 的底部量子位，该量子位处于许多状态的叠加状态。假设在测量底部量子位之后，发现

$$a^{\bar{x}} \text{Mod } N \tag{6.173}$$

对于某些 $\bar{x}$。但是，通过 $f_{a,N}$ 的周期性，也有

$$a^{\bar{x}} \equiv a^{\bar{x}+r} \text{Mod } N \tag{6.174}$$

和

$$a^{\bar{x}} \equiv a^{\bar{x}+2r} \text{Mod } N \tag{6.175}$$

事实上，对于任何 $s\in\mathbb{Z}$，都有

$$a^{\bar{x}} \equiv a^{\bar{x}+sr} \text{Mod } N \tag{6.176}$$

$|\varphi_2\rangle$ 中的 2^m 叠加 x 中有多少个以 $a^{\bar{x}}$ Mod N 作为输出？答案是 $\left\lfloor \frac{2^m}{r} \right\rfloor$。所以

$$|\varphi_3\rangle = \frac{\sum_{a^x \equiv a^{\bar{x}} \text{ Mod } N} |x, a^{\bar{x}} \text{Mod } N\rangle}{\sqrt{\left\lfloor \frac{2^m}{r} \right\rfloor}} \tag{6.177}$$

也可以写成

$$|\varphi_3\rangle = \frac{\sum_{j=0}^{2^m/r-1} |t_0 + jr, a^{\overline{x}} \text{ Mod } N\rangle}{\sqrt{\left\lfloor \frac{2^m}{r} \right\rfloor}} \tag{6.178}$$

其中 t_0 是 Mod N 的第一次 $a^{t_0} \equiv a^{\overline{x}}$，即第一次出现的测量值。我们将 t_0 称为该周期的偏移量，其原因很快就会变得显而易见。

重要的是要认识到，这个阶段以严肃的方式使用纠缠。顶部量子位和底部量子位以一种方式纠缠在一起，当测量底部时，顶部保持不变。

例 6.5.8 继续例 6.5.6，假设测量底部量子位后，找到了 7。在这种情况下，$|\varphi_3\rangle$将是

$$\frac{|3,7\rangle + |7,7\rangle + |11,7\rangle + |15,7\rangle + \cdots + |251,7\rangle + |255,7\rangle}{\sqrt{\left\lfloor \frac{256}{4} \right\rfloor}} \tag{6.179}$$

例如，如果查看 $f_{13,15}$，而不是图 6.3 中的条形图，我们将得到图 6.5 所示的条形图。

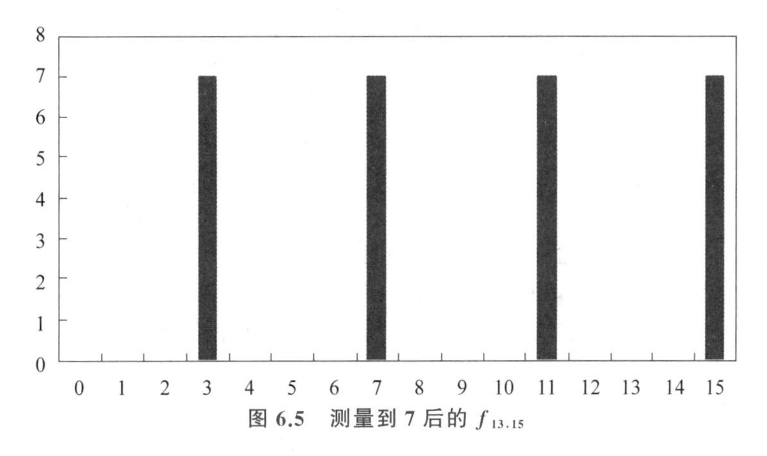

图 6.5 测量到 7 后的 $f_{13,15}$

例 6.5.9 继续例 6.5.7，假设在测量底部量子位后，发现 222(即 245 Mod 371)。在这种情况下，$|\varphi_3\rangle$将是

$$\frac{|5,222\rangle + |83,222\rangle + |161,222\rangle + |239,222\rangle + \cdots}{\sqrt{\left\lfloor \frac{2^{18}}{78} \right\rfloor}} \tag{6.180}$$

我们可以在图 6.6 中看到这个测量的结果。

练习 6.5.6 继续练习 6.5.5，假设在测量底部量子位后，发现了 55。$|\varphi_3\rangle$会是什么？

该算法的量子部分的最后一步是采用这样的叠加并返回其周期。这将使用一种傅里叶变换来完成。

我们不认为读者以前看过多项式评估。因此我们有理由离开手头的任务来谈谈它。考虑多项式

$$P(x) = a_0 + a_1 x^1 + a_2 x^2 + a_3 x^3 + \cdots + a_{n-1} x^{n-1} \tag{6.181}$$

我们可以用列向量 $[a_0, a_1, a_2, \cdots, a_{n-1}]^{\mathrm{T}}$ 表示这个多项式。假设想在数字 $x_0, x_1, x_2, \cdots, x_{n-1}$ 处评估这个多项式，即想找到$P(x_0), P(x_1), P(x_2), \cdots, P(x_{n-1})$。一种执行此任务的简单方法是使用以下的矩阵乘法：

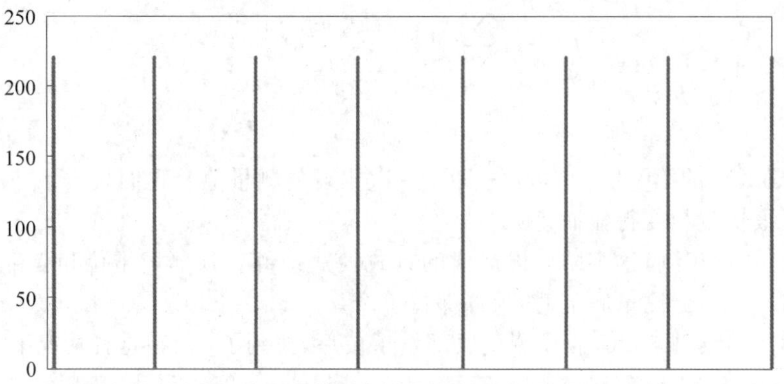

图 6.6 测量到 222 后的 $f_{24,371}$

$$\begin{bmatrix} 1 & x_0 & x_0^2 & \cdots & x_0^j & \cdots & x_0^{n-1} \\ 1 & x_1 & x_1^2 & \cdots & x_1^j & \cdots & x_1^{n-1} \\ 1 & x_2 & x_2^2 & \cdots & x_2^j & \cdots & x_2^{n-1} \\ \vdots & \vdots & \vdots & & \vdots & & \vdots \\ 1 & x_k & x_k^2 & \cdots & x_k^j & \cdots & x_k^{n-1} \\ \vdots & \vdots & \vdots & & \vdots & & \vdots \\ 1 & x_{n-1} & x_{n-1}^2 & \cdots & x_{n-1}^j & \cdots & x_{n-1}^{n-1} \end{bmatrix} \begin{bmatrix} a_0 \\ a_1 \\ a_2 \\ \vdots \\ a_j \\ \vdots \\ a_{n-1} \end{bmatrix} = \begin{bmatrix} P(x_0) \\ P(x_1) \\ P(x_2) \\ \vdots \\ P(x_k) \\ \vdots \\ P(x_{n-1}) \end{bmatrix} \tag{6.182}$$

左边的矩阵,其中每一行都是一个几何级数,称为范德蒙德(Vandermonde)矩阵,记作 $\nu(x_0,x_1,x_2,\cdots,x_{n-1})$。范德蒙德矩阵中允许使用的数字类型没有限制,因此,我们可以使用复数。事实上,我们需要它们是第 M 个统一根。ω_M^1 的幂请参阅 1.3 节的快速提醒。因为 M 在整个讨论中是固定的,所以我们只需将其表示为 ω。范德蒙德矩阵的大小也没有限制。用 $M=2^m$(可以用顶部量子位描述的数字量)描述,范德蒙德矩阵需要的是 $M\times M$ 的矩阵。我们想在 $\omega^0=1,\omega,\omega^2,\cdots,\omega^{M-1}$ 处评估多项式。为此,需要看$\mathcal{V}(\omega^0=1,\omega,\omega^2,\cdots,\omega^{M-1})$。为了以统一的第 M 次根的幂评估 $P(x)$,必须乘以

$$\begin{bmatrix} 1 & 1 & 1 & \cdots & 1 & \cdots & 1 \\ 1 & \omega^1 & \omega^2 & \cdots & \omega^j & \cdots & \omega^{M-1} \\ 1 & \omega^2 & \omega^{2\times 2} & \cdots & \omega^{2j} & \cdots & \omega^{2(M-1)} \\ \vdots & \vdots & \vdots & & \vdots & & \vdots \\ 1 & \omega^k & \omega^{k2} & \cdots & \omega^{kj} & \cdots & \omega^{k(M-1)} \\ \vdots & \vdots & \vdots & & \vdots & & \vdots \\ 1 & \omega^{n-1} & \omega^{(M-1)2} & \cdots & \omega^{(M-1)j} & \cdots & \omega^{(M-1)(M-1)} \end{bmatrix} \begin{bmatrix} a_0 \\ a_1 \\ a_2 \\ \vdots \\ a_j \\ \vdots \\ a_{M-1} \end{bmatrix} = \begin{bmatrix} P(\omega^0) \\ P(\omega^1) \\ P(\omega^2) \\ \vdots \\ P(\omega^k) \\ \vdots \\ P(\omega^{M-1}) \end{bmatrix} \tag{6.183}$$

$[P(\omega^0),P(\omega^1),P(\omega^2),\cdots,P(\omega^k),\cdots,P(\omega^{M-1})]^{\mathrm{T}}$ 是在第 M 个单位根处的多项式值的向量。

下面定义离散傅里叶变换(记作 ***DFT***):

$$\boldsymbol{DFT}=\frac{1}{\sqrt{M}}\mathcal{V}(\omega^0,\omega^1,\omega^2,\cdots,\omega^{M-1}) \tag{6.184}$$

正式地,***DFT*** 被定义为

$$\boldsymbol{DFT}[j,k]=\frac{1}{\sqrt{M}}\mathcal{V}\,\omega^{jk} \tag{6.185}$$

很容易看出,$\boldsymbol{DFT}$ 是一个酉矩阵:这个矩阵的伴随 $\boldsymbol{DFT}^{\dagger}$ 正式定义为

$$\boldsymbol{DFT}^{\dagger}[j,k]=\frac{1}{\sqrt{M}}\overline{\omega^{jk}}=\frac{1}{\sqrt{M}}\omega^{-jk} \tag{6.186}$$

为了证明 $\boldsymbol{DFT}$ 是酉的,将 $\boldsymbol{DFT}$ 和 $\boldsymbol{DFT}^{\dagger}$ 相乘:

$$(\boldsymbol{DFT}*\boldsymbol{DFT}^{\dagger})[j,k]=\frac{1}{M}\sum_{i=0}^{M-1}\omega^{ji}\omega^{-ik}=\frac{1}{M}\sum_{i=0}^{M-1}\omega^{-i(k-j)} \tag{6.187}$$

如果 $k=j$,即沿着对角线上的值为

$$\frac{1}{M}\sum_{i=0}^{M-1}\omega^{0}=\frac{1}{M}\sum_{i=0}^{M-1}1=1 \tag{6.188}$$

如果 $k\neq j$,即如果偏离对角线,那么我们得到一个总和为 0 的几何级数。所以,$\boldsymbol{DFT}*\boldsymbol{DFT}^{\dagger}=I$。

$\boldsymbol{DFT}^{\dagger}$ 执行什么任务?这里不会深入探讨这一重要操作的细节,但我们将尝试直观地了解正在发生的事情。让我们暂时忘记$\frac{1}{\sqrt{M}}$规范化,并直观地思考一下。矩阵 $\boldsymbol{DFT}$ 通过在圆上的不同的等距点评估多项式来作用于它们。这些评估的结果必然具有周期性,因为这些点围绕着圆旋转。因此,将列向量与 $\boldsymbol{DFT}$ 相乘得到一个序列,且输出一个周期序列。如果从一个周期列向量开始,那么 $\boldsymbol{DFT}$ 将转换周期性。同样,傅里叶变换的逆 $\boldsymbol{DFT}^{\dagger}$ 也会改变周期性。可以说,$\boldsymbol{DFT}^{\dagger}$ 完成了两个任务,如图 6.7 所示。

- 它将周期从 r 修改为$\frac{2^m}{r}$。
- 它消除了偏移量。

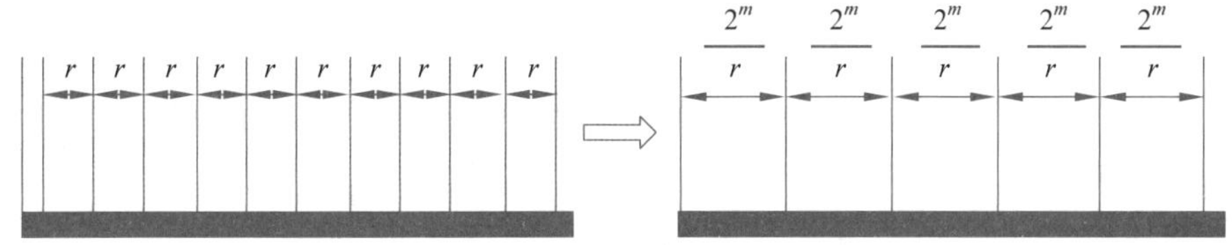

图 6.7 $\boldsymbol{DFT}^{\dagger}$ 的作用

电路(6.166)需要一种称为量子傅里叶变换的 $\boldsymbol{DFT}$ 变体,并表示为 $\boldsymbol{QFT}$,其反转表示为 $\boldsymbol{DFT}^{\dagger}$。$\boldsymbol{DFT}^{\dagger}$ 执行相同的操作,但其构造方式更适合量子计算机。(我们不会深入研究其构造的细节。)量子版本非常快,由"小"酉算子组成,量子计算机很容易实现。[①]

---

① 有些 Shor 算法的变种:其中之一是,我们可以使用 $\boldsymbol{QFT}$ 替代 $\boldsymbol{H}^{\otimes m}$ 电路(6.166)将 m 个量子位置于叠加态,可以获得相同的结果。但是,我们将其保留原样,因为此时读者熟悉 Hadamard 矩阵。
另一种变化是在执行 $\boldsymbol{QFT}^{\dagger}$ 操作之前不测量底部量子位。这使得数学稍微复杂一些。为了简单起见,我们将其保留原样。然而,如果同时采用这两种变体,我们的量子电路将看起来如下。

$|\boldsymbol{0}\rangle$ —/^{m}— $\boldsymbol{QFT}$ —/^{m}— $\boldsymbol{U}_{fa,N}$ —/^{m}— $\boldsymbol{QFT}^{\dagger}$ —/^{m}— (测量)
$|\boldsymbol{0}\rangle$ —/^{n}— $\boldsymbol{U}_{fa,N}$ —/^{n}—

(6.189)

其中 $\boldsymbol{QFT}$ 和 $\boldsymbol{QFT}^{\dagger}$ 将是我们的两次变换。
这更符合我们在 2.3 节末尾的讨论,我们解决问题的方式可以写成:

$$\text{变换}\mapsto\text{计算}\mapsto\text{逆变换} \tag{6.190}$$

电路的最后一步是测量顶部量子位。对于我们的演示，我们将做出简化的假设，即 r 均匀地分成 2^m。Shor 的实际算法没有做出这个假设，而是详细介绍了如何找到任何 r 的周期。当测量顶部量子位时，我们会发现它是 $\frac{2^m}{r}$ 的倍数。也就是说，我们将测量

$$x=\frac{\lambda 2^m}{r} \tag{6.191}$$

对于某个整数 λ。我们知道 2^m，测量后我们也会知道 x。将整数 x 除以 2^m 可得到

$$\frac{x}{2^m}=\frac{\lambda 2^m}{r 2^m}=\frac{\lambda}{r} \tag{6.192}$$

然后，可以将这个数字简化为不可约的部分，并将分母作为长期持续的 r。如果不做出简化的假设，即 r 均匀地分成 2^m，那么我们可能不得不多次执行此过程并分析结果。

下面看看周期 r 的知识将如何帮助我们找到 N 的因子。我们需要一个偶数的周期。有一个数论定理告诉我们，对于大多数 a，$f_{a,N}$ 的周期将是偶数。但是，如果确实选择了一个周期为奇数的 a，那么只需扔掉它并选择另一个。一旦找到偶数 r，以便

$$a^r \equiv 1 \text{ Mod } N \tag{6.193}$$

我们可以从等式(6.193)的两边减去 1，得到

$$a^r - 1 \equiv 0 \text{ Mod } N \tag{6.194}$$

或等效的

$$N \mid (a^r - 1) \tag{6.195}$$

记住 $1=1^2$ 和 $x^2-y^2=(x+y)(x-y)$，得到

$$N \mid (\sqrt{a^r}+1)(\sqrt{a^r}-1) \tag{6.196}$$

或

$$N \mid (a^{\frac{r}{2}}+1)(a^{\frac{r}{2}}-1) \tag{6.197}$$

（如果 r 是奇数，我们将无法均匀地除以 2。）这意味着，N 的任何因子也是 $(a^{\frac{r}{2}}+1)$ 或 $(a^{\frac{r}{2}}-1)$，或两者的因子。无论哪种方式，N 的因子都可以通过查看

$$\text{GCD}((a^{\frac{r}{2}}+1),N) \tag{6.198}$$

和

$$\text{GCD}((a^{\frac{r}{2}}-1),N) \tag{6.199}$$

找到 GCD，可以使用经典的欧几里得算法来完成。但是，有一点需要注意，我们必须确保

$$a^{\frac{r}{2}} \neq -1 \text{ Mod } N \tag{6.200}$$

因为如果 $a^{\frac{r}{2}} \equiv -1 \text{ Mod } N$，则式(6.197)的右侧将为 0。在这种情况下，我们没有得到任何关于 N 的信息，必须扔掉那个特定的 a，然后重新开始。

下面举几个例子。

例 6.5.10 在图表(6.151)中，我们看到 $f_{2,15}$ 的周期为 4，即 $2^4 \equiv 1 \text{ Mod } 15$。从式(6.197)中，得到

$$15 \mid (2^2+1)(2^2-1) \tag{6.201}$$

因此，有 GCD(5,15)=5 和 GCD(3,15)=3。

例 6.5.11 在图表(6.159)中，我们看到 $f_{6,371}$ 的周期为 26，即 $6^{26} \equiv 1 \text{ Mod } 371$。但是，

我们也可以看到 $6^{\frac{26}{2}} \equiv 6^{13} \equiv 370 \equiv -1 \text{ Mod } 371$。所以不能使用 $a=6$。

例 6.5.12 在图表(6.160)中,我们看到 $f_{24,371}$ 的周期为 78,即 $24^{78} \equiv 1 \text{ Mod } 371$。我们还可以看到,$24^{\frac{78}{2}} \equiv 24^{39} \equiv 160 \neq -1 \text{ Mod } 371$。从式(6.197)中,得到

$$371 \mid (24^{39}+1)(24^{39}-1) \tag{6.202}$$

因此,GCD(161,371)=7,GCD(159,371)=53 和 371=7×53。

练习 6.5.7 使用 $f_{7,247}$ 的周期为 12 的事实确定 247 的因子。

肖尔的算法。 我们终于准备好把所有部分放在一起,正式陈述 **Shor** 的算法。

输入: 一个带有 $n=\lceil \log 2N \rceil$ 的正整数 N。

输出: $\boldsymbol{N}$ 的因子 p(如果存在)。

步骤 1 使用多项式算法确定 N 是素数还是素数的幂。如果它是素数,则声明它是素数并退出;如果它是素数的幂,则声明它是素数的幂并退出。

步骤 2 随机选择一个整数 a,使得 $1<a<N$。执行欧几里得算法来确定 GCD(a,N)。如果 GCD 不是 1,则其返回并退出。

步骤 3 使用量子电路(6.166)找到一个周期 r。

步骤 4 如果 r 为奇数或 $a^{\frac{r}{2}} \equiv -1 \text{ Mod } N$,则返回步骤 2 并选择另一个 a。

步骤 5 使用欧几里得算法计算 GCD$((a^{\frac{r}{2}}+1),N)$ 和 GCD$((a^{\frac{r}{2}}-1),N)$。返回至少一个非平凡的解决方案。

此算法的最坏情况复杂性是多少?为了确定这一点,需要深入分析 $\boldsymbol{U}_{f(a,N)}$ 和 $\boldsymbol{QFT}^{\dagger}$ 如何实现的细节。人们还需要知道事情出错的百分比。例如,$f(a,N)$的一个奇数周期的百分比是多少?这里我们不深入细节,只讨论 Shor 算法的工作步骤数

$$O(n^2 \log n \log \log n) \tag{6.203}$$

其中 n 表示数字 N 所需的位数。这是 n 的多项式,与最知名的经典算法相比,这些算法需要的步骤数是:

$$O(e^{cn^{1/3}\log^{2/3} n}) \tag{6.204}$$

其中 c 是某个常量。这里,n 是指数级的。Shor 的量子算法确实更快。

附录:使用量子门实现 $\boldsymbol{U}_{f_{a,N}}$。 为了使 $\boldsymbol{U}_{f_{a,N}}$ 能够用酉矩阵实现,需要将操作"分解"为小的工序。这是通过拆分 x 完成的。下面用二进制书写 $\boldsymbol{x}$:

$$\boldsymbol{x}=x_{n-1}x_{n-2}\cdots x_2x_1x_0 \tag{6.205}$$

形式上,$\boldsymbol{x}$ 作为数字是

$$\boldsymbol{x}=x_{n-1}2^{n-1}+x_{n-2}2^{n-2}+\cdots+x_2 2^2+x_1 2+x_0 \tag{6.206}$$

使用 $\boldsymbol{x}$ 的这种描述,可以将我们的函数重写为

$$f_{a,N}(\boldsymbol{x})=a^{\boldsymbol{x}} \text{ Mod } N=a^{x_{n-1}2^{n-1}+x_{n-2}2^{n-2}+\cdots+x_2 2^2+x_1 2+x_0} \text{ Mod } N \tag{6.207}$$

或

$$a^{x_{n-1}2^{n-1}} \times a^{x_{n-2}2^{n-2}} \times \cdots \times a^{x_2 2^2} \times a^{x_1 2} \times a^{x_0} \text{ Mod } N \tag{6.208}$$

可以将此公式转换为 $\boldsymbol{U}_{f_{a,N}}(\boldsymbol{x})$的归纳定义[1]。我们将定义 $y_0,y_1,y_2,\cdots,y_{n-2},y_{n-1}$,其

---

① 这个归纳定义只不过是 Corman 等的著作[42]第 31.6 节或 Dasgupta,Papadimitriou 和 Vazirani 的著作[43]第 1.2 节中给出的模幂算法。

中 $y_{n-1}=\boldsymbol{U}_{f_{a,N}}(\boldsymbol{x})$：基本情况为

$$y_0=a^{x_0} \tag{6.209}$$

如果有 y_{j-1}，那么，为了得到 y_j，可使用方程(6.157)中的技巧：

$$y_j=y_{j-1}\times a^{x_j 2^j} \text{ Mod } N \tag{6.210}$$

注意，如果 $x_j=0$，则 $y_j=y_{j-1}$。换句话说，我们是否应该将 y_{j-1}乘以 a^{2^j} Mod N 取决于是否 $x_j=1$。事实证明，只要 a 和 N 互质，将一个数乘以 a^{2^j} Mod N 的运算是可逆的，实际上是酉的。因此，对于每个 j，都有一个酉算子，我们将其写为 $\boldsymbol{U}_{a^{2^j}}$。

$$\boldsymbol{U}_{a^{2^j} \text{ Mod } N} \tag{6.211}$$

由于我们想有条件地执行此操作，因此需要受控的$-\boldsymbol{U}_{a^{2^j}}$ 或 $c_{\boldsymbol{U}_{a^{2^j}}}$ 门。综上所述，有以下量子电路，它在多项式数的门实现 $f_{a,N}$：

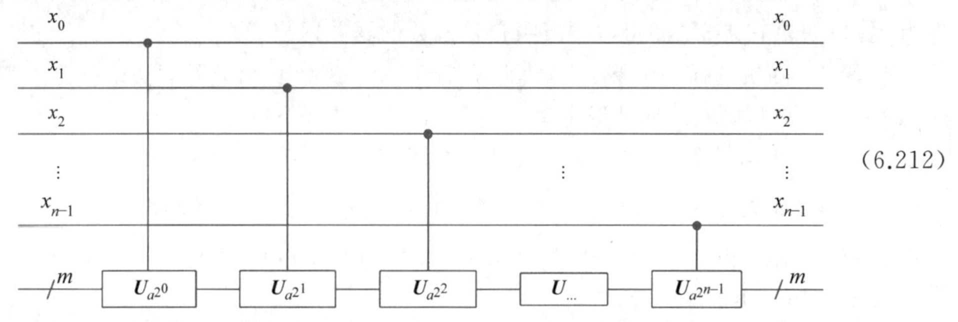

(6.212)

即使大规模量子计算机的真正实现，也还需要数年时间，但量子算法的设计和研究仍在进行中，并且是一个令人兴奋的领域。

参考文献：

（ⅰ）Deutsch 算法的第一个版本，首次在 Deutsch 1985 年发表的文章[44]中出现。

（ⅱ）Deutsch-Jozsa 算法在 Deutsch 和 Jozsa 1992 年发表的文章[45]中出现。

（ⅲ）Simon 的算法首次出现在 Simon 1994 年发表的文章[46]中。

（ⅳ）Grover 的搜索算法最初在 Grover 1997 年发表的文章[47]中提出。该算法的进一步发展可以在 Nielsen 和 Chuang 的著作[1]第 6 章中找到。有关 Grover 算法在图论中的良好应用，请参阅 Cirasella 的硕士论文[48]。

（ⅴ）Shor 算法首先在 Shor 1994 年的会议文章[49]中提出。在 Shor 1997 期刊文章[50]中也有一个非常详细的解读。该算法有几个细微的变化，并且有许多不同复杂程度的表示 Nielsen and Chuang 的著作[1]第 5 章完整地介绍了 Shor 算法。Dasgupta，Papadimitriou 和 Vazirani 的著作[43]第 10 章从量子计算介绍到 Shor 算法，共 20 页。

这几种算法在每本量子计算机教科书里都有介绍。例如，参见 Hirvensalo 的著作[51]以及 Kitaev，Shen 和 Vyalyi 的著作[52]，当然还有 Nielsen 和 Chuang 的著作[1]。Shor 还有一篇非常好的文章[53]，其中讨论了几种量子算法。Dorit Aharonov 写了一篇很好的调查文章[54]，介绍了许多算法。Peter Shor 写了一篇关于为什么量子算法稀缺的非常有趣的文章[55]。

第7章

编程语言

计算机程序员是宇宙的创造者，只有他才是宇宙的立法者。几乎无限复杂性的宇宙可以以计算机程序的形式创建。他们顺从地遵守自己的法律，生动地表现出他们的服从行为。没有一个剧作家，没有一个舞台导演，没有一个皇帝，无论多么强大，都曾行使过如此绝对的权力来安排一个舞台或战场，并指挥如此坚定不移的尽职尽责的演员或军队。

J.Weizmann，计算机能力与人类

原因：从判断到计算

本章将描述量子编程，即对量子计算机进行编程的艺术和科学。7.1节简要概述了对量子计算设备进行编程的含义。7.2节介绍了基于所谓的QRAM架构的量子汇编程序的简单版本。7.3节介绍了导致更高级编程语言和构造的可能步骤。7.4节简单地讨论了量子模拟器。

7.1 量子世界中的编程

当你即将阅读本章时，你无疑已经接触过各种风格的计算机编程，并且可能已经是现实生活中应用程序有成就的程序员。对经典机器进行编程具有即时、明确的意义。但是，我们将离开熟悉的二进制芯片世界，并学习如何对一些尚未指定的量子硬件进行编程。因此，我们应该花一分钟时间思考为量子计算设备编写代码可能意味着什么。

众所周知，对计算机进行编程意味着告诉它用机器理解的特定语言执行某些操作，无论是直接还是通过一个解释器作为中介。程序是一组指令，计划出计算机的行为。除所有复杂性，这组指令规定了如何以受控方式操作数据，如以下公式所示。

数据＋控制＝编程

这里的控制意味着程序是由一小组基本指令和一组控制结构(如条件、跳转、循环等)构建的。

该方案可以拓展到量子计算机的世界。下面我们可以假设一台机器位于我们面前；此外，这台机器是一台至少部分在量子水平上运行的计算机。目前，可以想象我们的计算机包含一个量子设备，具有一个量子数据输入区域，由一组可寻址的量子位表示，以及一组可以操纵量子数据的预先构建的操作。这些操作有两种类型：酉运算，它将演化量子数据，而且测量它将检查到数据的价值。我们还将假设可以组装越来越多基本操作之外的复杂操作。

粗略地说，指定此类组合的指令集将是我们的量子程序。以下是更新的“量子”标语：

量子数据＋控制＝量子编程

现在想象一下，我们有一个具体的问题待解决，额外的量子加速可能非常有益，经过一些思考，我们提出一些有效的量子算法，也许类似于我们在第 6 章中遇到的算法。

一个基本的要素仍然缺失，即用于编写我们的指令的编程语言。这样的语言将使我们能够控制量子计算设备并实现我们的量子算法[①]。

7.2 量子汇编编程

如今，经典机器有太多的编程语言。大多数程序员用一种或多种高级编程语言编写源代码，例如 C++、Perl 或 Java。开发人员经常忽略他/她正在使用的机器的体系结构，或者底层操作系统将如何处理程序的请求。这种状态有一个明显的优势：我们可以专注于手头的任务，只让解释器/编译器处理引擎盖下发生的事情。应该记住的是，必须有人具备必要的专业知识来构建这样的解释器-编译器；简单地说，这种专业知识仅限于庞大的软件开发人员社区中一个相对较小的子群体。不过，我们应该记住，事情并不总是这样：就在几十年前，汇编程序几乎是镇上唯一的游戏。在那些时代之前，唯一的选择是粗糙的机器语言[②]。

在探索量子编程语言时，我们不会从原始**量子机器语言**开始，这是量子硬件和量子软件之间的前沿领域；我们在第 11 章中触及了这个领域。不言而喻，为了能够在真正的量子机器水平上进行编程，需要在量子物理学和量子工程领域拥有大量的专业知识。未来的量子开发人员将不会拥有如此深入的专业知识，就像现代程序员在很大程度上对硬件问题知之甚少一样。此外，对某种程度上独立于机器的量子编程语言的需求是相当明显的：第 6 章中提出的算法显然与特定的物理实现无关。因此，我们应该能够以与经典算法相同的方式指定它们。为了完成所有这些工作，至少需要一个**量子汇编器**。

虽然可以在不涉及量子硬件细节的情况下描述量子汇编程序，但我们仍然需要为底层量子机器选择一个架构[③]。

至少有三种完全不同但可证明等效的量子计算候选架构[④]。你可能还记得，在第 5 章中，量子门被引入。通过结合量子门，人们最终会得到一种被称为量子电路的计算模型。操作方法如下。

- 第一个要素是输入设备，通过它可以提供量子数据。

---

① 我们故意将算法与实现它们的语言分开，以强调量子编程的重点不是量子算法本身，而是它们在量子语言中的表达方式（因此，我们可以考虑第 6 章中对算法的描述，如某种量子伪代码所示）。然而，在现实生活中，算法设计和特定编程语言的选择之间存在紧密的协同关系，正如每个有经验的软件工程师都知道的那样：一门好语言的选择会促进好的算法设计。

② 汇编器和机器语言经常混淆。事实上，对于大多数实际目的，它们可以安全地区分。然而，汇编器代表了最低限度的抽象：寄存器具有名称，基本的机器操作（如 ADD、PUSH 和 REMOVE）也是如此。

③ 在经典情况下，情况完全相同。在任何编译器设计类中，有限状态机、寄存器、堆、堆栈被引入来说明响应特定命令时发生的情况。

④ 事实上，至少有四个：最后一个在 Raussendorf 和 Briegel 的文章[56]中有所描述。在此模型中，不涉及网络。相反，纠缠量子位的簇是起点。信息是通过一系列单量子位测量提取的。我们感谢斯特凡诺·贝特利指出了这一点。

- 第二个要素是一组基本门。门可以按顺序和并行应用，形成称为量子电路的无环有向图。
- 第三个要素是使我们能够进行测量的设备。此操作的结果将是一系列标准位，这些标准位可以被读取并进一步显示、存储和操作。

有关量子电路的描述，它们的图形符号和一些示例，可以参考第5章和第6章。我们可以描述一个使用量子电路作为后台架构的量子汇编器。注意，在刚才介绍的模型中，测量仅在计算过程的末尾进行。这不是量子电路架构的理论限制，因为可以正式证明测量总是可以推到最后。但是，从编程的角度看，这可能有点尴尬，因为开发人员通常希望在计算过程中的任何地方检查其变量。作为第二种选择，我们可以选择**量子图灵机模型**，该模型将在第8章中介绍。这些正是图灵机的量子模拟。与经典图灵机非常相似，该模型对于讨论量子复杂性类和其他理论计算机科学问题非常方便，但不利于算法或编程语言的设计。

因此，在本章中采用的第三个更方便的替代方案，称为**量子随机存取存储器模型**(**QRAM**)。**QRAM**由以下部分组成。

- 一台经典的计算机，扮演着主机的角色。
- 一种量子计算设备(内部或外部)，可根据请求被主机访问。

图7.1是一个QRAM机器的简化结构图。

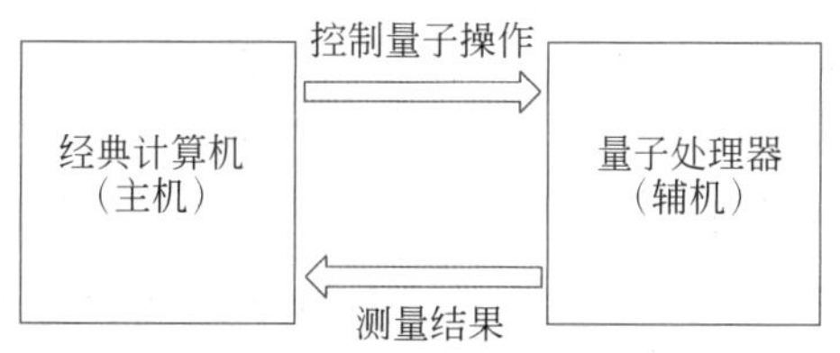

图7.1 一个简化的QRAM测量

QRAM背后的想法是程序员用标准的经典语言编写经典代码，比如C。当她需要额外的量子能力时，她会在自己的代码中添加几行量子汇编程序①。此q汇编程序是访问和使用量子设备的方式。注意，程序员不需要知道任何关于量子设备内部的信息。无须知道量子位是如何进行物理存储、初始化、操纵或测量的。她可能需要的唯一信息涉及设备的容量，即可用量子存储器的最大容量。其他一切都将通过**量子硬件接口**(**QHI**)发生，这会将主机发出的汇编程序命令转换为量子设备执行的显式操作。

正如你肯定没有注意到的那样，**QRAM**模型的描述非常模糊(图片中只有两个空框)。

让我们充实一下……第一个盒子是一台经典计算机。在主控计算机内部，控制寄存器将用于存储q汇编指令(毕竟，指令本身可以编码为位序列！)。当控制指针在一个或另一个量子指令上时，主设备将使用量子硬件接口将其推送到从设备。第二个盒子里面是什么？本质上是两件事：一组量子数据存储寄存器(我们将很快介绍它们)；在存储上应用操作的实用程序。

注意：顺便回顾一下，无克隆定理将阻止量子汇编程序具有复制指令。没有办法将寄存器的内容复制到另一个寄存器，但复制在普通汇编程序中是一种熟悉且普遍的操作。

① 这个概念并不牵强：想想图形开发人员编写复杂的3D游戏。当她需要执行计算密集型操作(例如，用于在场景中重新定位目标的快速矩阵乘法)时，她可以通过主程序中嵌入的几个代码段来利用图形加速器。

我们的程序员要做的第一件事是要求量子设备通过量子硬件接口初始化一个可寻址的量子位序列。这些事务通过称为量子寄存器或 q 寄存器的接口完成。

定义 7.2.1 量子寄存器是可寻址量子位序列的接口(见图 7.2)。每个 q 寄存器都有一个唯一的标识符,通常通过该标识符来引用它。

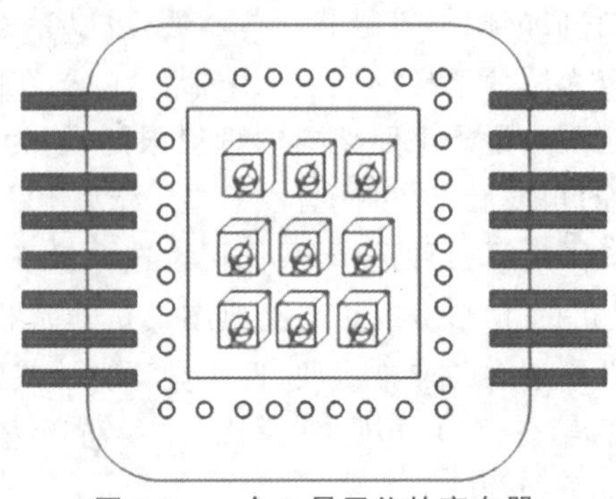

图 7.2 一个 9-量子位的寄存器

出于本次讨论的目的,我们可以放心地将量子寄存器视为相邻量子位的数组。在这种情况下,它们在量子芯片中实际存储的位置和方式无关紧要。

寄存器的实际大小是多少,有多少寄存器可用?这两个问题都得不到解答,因为它们取决于量子硬件的进展。目前,可以将每个寄存器视为具有固定大小和数字代码,通过该代码可以对其进行寻址。

在初始化和操作量子寄存器后,程序员可以发出命令,测量其中的选定部分。量子设备将执行请求的测量,它将返回一个经典值,该经典值可以显示和/或存储在主程序中的某个位置(例如,作为经典位数组),如图 7.3 所示。

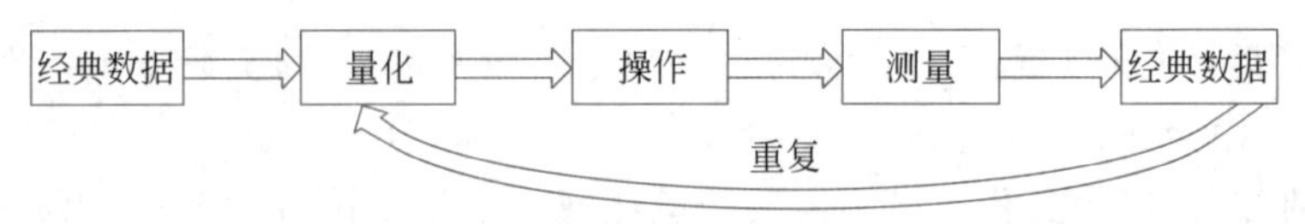

图 7.3 量子控制的流程图

图 7.3 中的环回箭头表示可以根据需要重复同一管道的次数。

正如我们已经提到的,在这个模型中,测量与其他命令交错在一起:我们的量子程序员可以在初始化后的任何时间询问寄存器任意部分的值①。

我们现在有了必要的理解,可以开始为 **QRAM** 模型设计一个量子汇编程序了。我们将要描述的玩具汇编程序在任何方面都不是标准的②。此处仅用于说明目的:现实生活中的 q 汇编程序可能与本节中的 q 汇编程序不同③。要在现实生活中的 **QRAM** 设置中全面介绍量子汇编程序,可以阅读 R. Nagarajan,N. Papanikolaou 和 D. Williams 的文章[57]。

在下文中,我们将用字母 $R_1, R_2, \cdots$,表示可用 q 寄存器的标识符(数字代码)。

---

① 但有一个重要的警告:每当她观察到寄存器的某些部分时,她就会破坏它的状态。

② 事实上,我们通过丢弃它们的高级构造,从一些现存的命令式量子语言提议中提取了它。

③ 他们肯定会利用特定的目标硬件。同样的情况也发生在经典案例中。没有通用的汇编语言,只有一个家族或密切相关的语言,每种语言都面向特定的平台。

为了便于讨论，我们还将假设所有寄存器的大小都是8，即它们可以存储一字节（一个**qubyte**）的量子模拟。前缀R将代表未指定的q寄存器的代码。现在，我们将列出构成我们语言的一组基本指令。**QRAM**架构使调用程序能够将每条单独的指令一次推送到量子芯片。

我们需要一种方法来初始化q寄存器。更具体地说，我们需要将位数组从主程序传递到给定的q寄存器，并要求量子设备相应地初始化它。

- 初始化寄存器***R***：
  - 初始化***R***[输入]

可选的输入是一个经典的位数组，其大小与寄存器的大小（即一字节）匹配。如果未指定，则假定它用零填充。

例 7.2.1 下面的示例初始化了一个带有8个量子位的寄存器R；然后使用位数组$B=[00001111]$作为输入重新初始化它。

```
...
var B= [00001111]      //在调用量子汇编程序之前
...
初始化 R1
初始化 R1 B
...
```

我们将假设默认初始化过程将所有量子位“冷却”到基态$|0\rangle$。换句话说，如果初始化大小为5的q寄存器，则联合状态为$|00000\rangle$。另一方面，如果确实提供了诸如[00101]之类的输入，则系统负责将我们的寄存器初始化为$|00101\rangle$。

一旦有了寄存器，就可以处理其单个量子位以进行操作。例如，R[0]将表示它的第一个量子位，以此类推。不过，为了方便起见，我们将通过选择子计算器变量的功能丰富汇编程序，以便以后根据需要使用它。子寄存器变量将由前缀字母S表示。

- 从中选择由从R[OFFSET]开始的NUMQUBITS量子位组成的子注册。将地址存储在变量S中。
- **选择 S_R 偏移位数**。

例 7.2.2 可以迭代指令，从现有子寄存器中提取子寄存器：

```
⋮
初始化 R1
选择 S R1 2 3
⋮
```

在量子汇编程序的这一段中，我们初始化了一个量子寄存器，然后提取了一个由索引2，3，4的量子位形成并由变量S表示的子寄存器（注意，假设索引从0开始，就像C数组一样）。

练习 7.2.1 考虑程序段：

```
初始化 R1 [01110001]
选择 S1 R1 2 4
选择 S2 S1 0 2
⋮
```

我们在 S_2 中选择了 R_1 的哪些量子位?

正如我们已经提到的,第二个基本要素是基本的酉变换,称为门(我们已将第 5.4 节专用于量子门,请参阅那里的有关详细信息):

$$\mathbf{GATES}=\{G_0,G_1,\cdots,G_{n-1}\} \tag{7.1}$$

注意:可以对基本量子门做出不同的选择[①],只要集合 **GATES** 是一个通用的门集,即它通过组合和张量的连续应用在有限维希尔伯特空间上生成所有酉变换。在实践中,像 Hadamard 这样经常被使用的门应该是基元的一部分,所以 **GATES** 不一定是最小的生成集(允许冗余)。

在以下练习和示例中,将采用以下一组门:

$$\mathbf{GATES}=\{H,R_\theta,I_n,\mathrm{CNOT}\} \tag{7.2}$$

其中 H,R_θ,I_n 和 CNOT 分别表示 Hadamard,角度 θ 的相移,$n\times n$ 个单位矩阵和受控非门。

- 基本指令如下所示:

```
APPLY U R
```

U 是与寄存器 R 的大小相匹配的合适的酉门。

大多数经典汇编程序都支持宏,这里我们将采用相同的方法。我们需要通过连接更多基本的构建块和取逆来构建新的酉变换(记住:酉变换对于合成和逆是封闭的!)。生成的转换有一个名称,每次我们打算使用它时,它都会被汇编程序内联扩展为其组成部分。现在让我们看看如何:

- 复合运算,从右到左依次执行两个酉变换 $\boldsymbol{U}_1$ 和 $\boldsymbol{U}_2$,并将结果保存在变量 ***U*** 中:

  U CONCAT $\mathbf{U}_1$ $\mathbf{U}_2$

- 运算的张量积(别名并行化):***U*** 是张量 $\boldsymbol{U}_1$ 和 $\boldsymbol{U}_2$ 的结果:

  U TENSOR $\mathbf{U}_1$ $\mathbf{U}_2$

- 逆:***U*** 是取 $\boldsymbol{U}_1$ 逆的结果(即"撤销"$\boldsymbol{U}_1$ 的变换):

  U INVERSE $\mathbf{U}_1$

注意:为什么是单位矩阵?简单的原因是需要将酉变换填充到适当的大小。例如,假设你有一个包含四个量子位的 q 寄存器,但你只想通过 Hadamard 操作前两个。你要做的是用 I_2 张量 ***H***,使第三个和第四个量子位保持不变。

例 7.2.3 在汇编程序中表达一些简单的酉变换:

```
U₁ CONCAT R_{π/4} R_{π/2}
U₂ CONCAT U₁ U₁
U₃ CONCAT U₂ H
```

哪个酉变换对应 $\boldsymbol{U}_3$?我们只遵循矩阵运算的顺序:

$$\boldsymbol{U}_3=\boldsymbol{U}_2*\boldsymbol{H}=(\boldsymbol{U}_1*\boldsymbol{U}_1)*\boldsymbol{H}$$

① 在现实生活中的量子汇编程序的设计中,选择至少部分地决定在目标硬件上轻松实现门。

$$= (R_{\frac{\pi}{4}} * R_{\frac{\pi}{2}}) * (R_{\frac{\pi}{4}} * R_{\frac{\pi}{2}}) * H$$

$$= R_{\frac{\pi}{4}} * R_{\frac{\pi}{2}} * R_{\frac{\pi}{4}} * R_{\frac{\pi}{2}} * H \tag{7.3}$$

现在，用相应的矩阵替换每个门：

$$U_3 = \frac{1}{\sqrt{2}}\begin{bmatrix}1 & 0\\0 & e^{i\frac{\pi}{4}}\end{bmatrix}\begin{bmatrix}1 & 0\\0 & e^{i\frac{\pi}{2}}\end{bmatrix}\begin{bmatrix}1 & 0\\0 & e^{i\frac{\pi}{4}}\end{bmatrix}\begin{bmatrix}1 & 0\\0 & e^{i\frac{\pi}{2}}\end{bmatrix}\begin{bmatrix}1 & 1\\1 & -1\end{bmatrix}$$

$$= \begin{bmatrix}0.70711 & 0.70711\\-0.70711i & 0.70711i\end{bmatrix} \tag{7.4}$$

在下面的练习中将使用张量。

练习 7.2.2　下面是一段量子代码：

```
… …
U1 TENSOR CNOT CNOT
U2 CONCAT U1 U1
… …
```

哪个酉变换对应变量 U_2？它作用于多少个量子位？

练习 7.2.3　根据基本门集 **GATES** 写汇编代码来生成以下酉变换：

$$U = \begin{bmatrix}1 & 0 & 0 & 0\\0 & -1 & 0 & 0\\0 & 0 & 1 & 0\\0 & 0 & 0 & -1\end{bmatrix} \tag{7.5}$$

U 在 2 量子位子寄存器上的作用是什么？

让我们向前迈进。我们需要测量寄存器：

- 测量寄存器 **R** 并将结果放在经典变量 **RES** 中，指向一个位数组：

  MEASURE R RES

例 7.2.4　以下是量子汇编程序段：

```
INITIALIZE R 2
U TENSOR H H
APPLY U R
MEASURE R RES
```

现在，我们可以读取位数组 **RES**。我们找到序列 11 的概率有多大？下面一次读取一行代码。

（1）第一条指令分配一个名为 R 的 2 量子位寄存器，并将其初始化为 $|00\rangle$。

（2）第二行创建大小为 4×4 的酉矩阵 U：

$$U = H \otimes H = \frac{1}{2} \times \begin{bmatrix}1 & 1 & 1 & 1\\1 & -1 & 1 & -1\\1 & 1 & -1 & -1\\1 & -1 & -1 & 1\end{bmatrix} \tag{7.6}$$

(3) 第三行将 $\boldsymbol{U}$ 应用于 $\boldsymbol{R}$:

$$\frac{1}{2}\begin{bmatrix}1 & 1 & 1 & 1\\1 & -1 & 1 & -1\\1 & 1 & -1 & -1\\1 & -1 & -1 & 1\end{bmatrix}\begin{bmatrix}1\\0\\0\\0\end{bmatrix}=\begin{bmatrix}\frac{1}{2}\\\frac{1}{2}\\\frac{1}{2}\\\frac{1}{2}\end{bmatrix}=\frac{1}{2}|00\rangle+\frac{1}{2}|01\rangle+\frac{1}{2}|10\rangle+\frac{1}{2}|11\rangle \tag{7.7}$$

(4) 最后一行测量 q 寄存器 $\boldsymbol{R}$ 并将结果存储在位数组 **RES** 中。**RES**$=|11\rangle$的概率是多少?我们只是根据$|11\rangle$的系数计算它:

$$\left|\frac{1}{2}\right|^2=\frac{1}{4}=0.25 \tag{7.8}$$

这并不奇怪:$\boldsymbol{H}$ 并行应用于两个量子位,使寄存器处于四个基本状态的平衡叠加状态。

在最后一个示例中,测量是最后一步。以下练习显示了一些代码,其中门和测量是交错的,并且测量仅限于子寄存器。

练习 7.2.4 考虑量子汇编代码:

```
INITIALIZE R 2
U TENSOR H I2
APPLY U R
SELECT S1 R 0 1
MEASURE S1 RES
APPLY CNOT R
MEASURE R RES
```

现在,我们可以读取位数组 **RES**。我们找到位序列 10 的概率有多大?

到目前为止,有一个明显的遗漏:没有控制结构,例如熟悉的条件跳跃。原因是它们是可有可无的。如果程序员想实现一个 if-then-else,她可以发出一个测量语句,取回一个位数组,并使用一个经典的条件结构(如 if,while,case 等)来分支。例如,回到上一个练习,她可以添加一个语句,例如

如果 **RES**==[10],则应用 **CNOT R**,否则应用 **H R**。

条件的确切语法将取决于经典的"主机"语言,即她用来运行主机器的语言。

练习 7.2.5 回到练习 7.2.4。在初始化(第一条指令)之后,添加一个 while 循环,该循环包括 while 块中的所有其他指令,并且仅在 **RES**=[10]时停止。是否能保证程序将始终终止?

到目前为止,我们呈现的是一个相当简约的 q-assembler:它只包含一种数据类型,即量子二进制字符串。但是,我们已经完成了所要做的事情:现在有一种可以表达量子算法的量子语言(试试下面的练习)。

练习 7.2.6 编写一个程序,实现第 6 章中描述的 Deutsch 算法。

7.3 节将研究如何使用更复杂的构造来扩展它。

编程练习 7.2.1 为本节中介绍的量子汇编程序编写词法分析器。可以使用各种各样的工具,包括 UNIX 上的 Lex、Linux 上的 Bison、Java 中的 JavaCC,以及 Haskell 的 Parsec。

7.3 面向更高层次的量子编程

7.2 节中描述的量子汇编程序至少在原则上足以实现量子算法,例如第 6 章中看到的量子算法。就像经典计算中的所有内容最终都表示为比特序列一样,在量子计算中,基本组成部分是量子比特序列。然而,在经典计算中,有大量语言提供了几种内置数据类型,例如整数、浮点数、字符串,以及创建新的用户定义类型的功能(例如 C 中的结构,或 C++ 、Java 或 Perl 中的对象)。如果同样的事情发生在这里,那就太好了。

事实上,即使从我们提出的算法的角度看,这种需求也非常自然地出现了:例如,Shor 的算法是关于整数的,而不是位序列。量子汇编程序中的实现需要将整数表示为位序列,从而表示为量子位序列(通常的 0 用$|0\rangle$表示,1 用$|1\rangle$表示),全部由我们明确完成。类似地,如果想将两个整数相加,则必须找到对应于加法的酉变换,并且将其写成基本门序列。

为了衡量这里涉及的内容,值得探索如何将经典运算实现为酉变换。下面从布尔映射开始

$$f:\{0,1\}^n \to \{0,1\}^n \tag{7.9}$$

换句话说,从 n 位序列到自身的映射。我们打算产生一个映射:

$$\boldsymbol{U}_f:\mathbb{C}^{2^n} \to \mathbb{C}^{2^n} \tag{7.10}$$

当用相应的量子位序列$|b_1\rangle\cdots|b_N\rangle=|b_1\cdots b_N\rangle$识别位序列 $b_1\cdots b_N$ 时,使得它对常规比特序列的"限制",是精确的映射,f:$f(|b_1\cdots b_N\rangle)=|f(b_1\cdots b_N)\rangle$。如果 f 是一个可逆映射,就很容易了。在这种情况下,通过定义 U_f 来线性扩展 f 就足够了。

$$\begin{aligned}&U_f(c_0\,|\,0\cdots00\rangle+c_1\,|\,0\cdots01\rangle+\cdots+c_{2^n-1}\,|\,1\cdots11\rangle)\\&=c_0\,|\,f(0\cdots00)\rangle+c_1\,|\,f(0\cdots01)\rangle+\cdots+c_{2^n-1}\,|\,f(1\cdots11)\rangle\end{aligned} \tag{7.11}$$

U_f 不仅是线性的,而且是酉的,因此在我们的量子设备的范围内。

练习 7.3.1 验证 f 可逆意味着 $\boldsymbol{U}_f$ 是一个酉映射。

不幸的是,如果 f 不可逆,则 $\boldsymbol{U}_f$ 不是酉的。

练习 7.3.2 提供一个简单的例子,说明一个不可逆的 f 按照式(7.11)给出的方法生成一个非酉映射。

幸运的是,事情并没有那么糟糕。有一种方法可以解决,这需要付出一些代价,因为它需要额外的量子内存。下面看看它是如何工作的。基本思想是,通过携带输入与结果,将不可逆函数用于从位序列转换为位序列,最后转为可逆函数:

$$\boldsymbol{U}_f:|\,\boldsymbol{x}\rangle\,|\,\boldsymbol{y}\rangle \mapsto |\,\boldsymbol{x}\rangle\,|\,f(\boldsymbol{x})\oplus \boldsymbol{y}\rangle \tag{7.12}$$

特别是,对于 $y=0$,我们得到

$$\boldsymbol{U}_f:|\,\boldsymbol{x}\rangle\,|\,\boldsymbol{0}\rangle \mapsto |\,\boldsymbol{x}\rangle\,|\,f(\boldsymbol{x})\oplus\boldsymbol{0}\rangle=|\,\boldsymbol{x}\rangle\,|\,f(\boldsymbol{x})\rangle \tag{7.13}$$

如果 $\boldsymbol{x}_1\neq\boldsymbol{x}_2$,其中 $\boldsymbol{x}_1,\boldsymbol{x}_2$ 是两个具有相同长度 n 的位序列,

$$\boldsymbol{U}_f(|\,\boldsymbol{x}_1\rangle\,|\,\boldsymbol{0}\rangle)=|\,\boldsymbol{x}_1\rangle\,|\,f(\boldsymbol{x}_1)\rangle\neq|\,\boldsymbol{x}_2\rangle\,|\,f(\boldsymbol{x}_2)\rangle=\boldsymbol{U}_f(|\,\boldsymbol{x}_2\rangle\,|\,\boldsymbol{0}\rangle) \tag{7.14}$$

$\boldsymbol{U}_f$ 在用零填充的标准基上是单射的。事实上,$\boldsymbol{U}_f$ 在所有输入上都是可逆的。

练习 7.3.3 证明 $\boldsymbol{U}_f$ 是从 $\mathbb{C}^{2^{2n}}$ 到自身的可逆映射。

因此，可以使用式(7.11)中给出的配方，通过一个通用输入的线性来扩展它。

如果您已经阅读了第 6 章，那么应该很熟悉与函数 f 关联的映射 $\boldsymbol{U}_f$：它确实是许多算法中用于表示经典函数的相同映射。

观察输入寄存器的长度，发现增加了一倍：每次我们希望将 f 应用于输入 $|x\rangle$ 时，必须用与输入本身一样长的 0 序列对其进行填充。

一个简单的例子将说明上述情况。

例 7.3.1 考虑下表给出的布尔函数 f：

x	$f(x)$
00	00
01	00
10	01
11	11

(7.15)

函数 f 显然不是可逆的。下面把它变成一个可逆的函数。

x,y	$x,f(x)\oplus y$	x,y	$x,f(x)\oplus y$
0000	0000	1000	1001
0001	0001	1001	1000
0010	0010	1010	1011
0011	0011	1011	1010
0100	0100	1100	1111
0101	0101	1101	1110
0110	0110	1110	1101
0111	0111	1111	1100

(7.16)

现在，我们可以简单地通过线性扩展上述图表以获得所需的 $\boldsymbol{U}_f$：

$$\begin{aligned}&\boldsymbol{U}_f(c_0\,|\,0000\rangle+c_1\,|\,0001\rangle+\cdots+c_{15}\,|\,1111\rangle)\\&=c_0\,|\,0000\rangle+c_1\,|\,0001\rangle+\cdots+c_{15}\,|\,1100\rangle\end{aligned}\tag{7.17}$$

为了计算输入 11 上的 f，只需用适当数量的零(在本例中为 2)“填充”它，并将寄存器设置为 $|1100\rangle$。现在，我们将 $\boldsymbol{U}_f$ 应用于它并得到 1111。最后，我们测量由最后面两个索引给出的子寄存器，根据需要获得 11。

这种迂回的方式似乎是一种空闲的练习，只是为了执行经典计算，这些计算可以在经典机器上安全而迅速地执行。但事实并非如此：再想想 $\boldsymbol{U}_f$ 在 Deutsch 算法中扮演的角色。我们可以用它计算经典输入叠加上的 f。例如，如果 f 代表某种算术运算，那么我们现在可以在所有经典输入上执行它，只需一个步骤：应用 $\boldsymbol{U}_f$。

练习 7.3.4 考虑正整数 $\{0,1,\cdots,15\}$ 的集合。换句话说，若用四位表示的数字，则产生一个酉映射，如果 $n\leqslant 13$，它将对应于映射 $f(n)=n+2$，否则 $f(n)=n$。

前面描述的技巧有两个主要成本：

(1) 我们手动执行的逆向化操作需要对所有输入值明确计算 f，并且表格的输入大小呈指数级增长。当然，这是不可接受的，因为这样的预处理会侵蚀量子加速的所有好处(更

不用说通过 U_f 执行简单的算术运算的令人不快的事实,我们必须已经计算了所有 f 的值!)

(2) 需要分配的额外量子位。就目前而言,它可能产生一个很大的量子内存问题,以防我们需要连续执行多个操作。

至于第一个问题,存在有效的方法可以在多项式时间内将不可逆函数转换为可逆函数,至少对于某些函数类,无须明确计算。关键思想是,人们根据其递归定义分析函数,并使用该表示将其重建为可逆函数。我们不会在这里探讨这个引人入胜的话题,但你可以在 Bennett 1988 年的文章[37]中找到一些有用的参考资料。

关于第二项,根据文献[37],有一个优雅的解决方案,被称为量子暂存器。下面是它的工作原理:假设将函数 g 应用于函数 f 的输出:

$$|x,0,0\rangle \mapsto |x,f(x),0\rangle \mapsto |x,f(x),g(f(x))\rangle \mapsto |x,0,g(f(x))\rangle \tag{7.18}$$

注意,在最后一步中,我们刚刚通过应用 U_f 的逆来“撤销”$|x,f(x)\rangle$。现在,未使用的零量子位可以被回收用于未来的计算。

练习 7.3.5 尝试使用便笺技巧计算 $f\circ f$,其中 f 与练习 7.3.4 中的 f 相同。

我们学到了什么?假设要在量子设备上表示经典数据类型(如 Int)及其基本操作,所涉及的步骤如下。

(1) 以通常的方式将数据类型表示为位序列。

(2) 将其每个操作表示为酉映射,方法是首先将其转换为可逆映射。

(3) 分析在前一项中获得的量子电路的酉运算,即根据量子门分解它们①。

使用量子汇编程序通过这些步骤完成我们的任务。有点麻烦,不是吗?然后,我们可以设想未来的量子语言,所有这些都发生在编译器级别的底层。例如,程序员首先声明一个整数类型的经典变量,并将其初始化为某个值:

$$\text{Int } n = 3 \tag{7.19}$$

其次,她决定“量化”它,因此创建了一个 QInt 类型的“量子整数值”qn,并将其设置为等于 n。最后,她将一些门 G 应用于 qn,对其进行测量,并将值存储回 n 中。

```
QInt qn= n
...
APPLY G qn
MEASURE qn n
```

我们将在本节结束时对设计更高级的量子语言进行非常粗略的研究,以了解我们的实际位置。有兴趣的读者可以查阅 P. Selinger[58]、J. Gay[59] 和 R. Rüdiger[60] 这三篇优秀的调查文章,以获得相当全面的观点。

经典的高级语言被分为广泛的组,最广泛和最著名的一种是命令式编程。本课程包含工作场所常用的大部分语言。一个典型的程序主要是一个命令序列,其中穿插着流控制语句。C、C++、Java、Perl、Python 和许多其他的语言,都适合这种编程范式。

---

① 我们已经提到,只有某些类别的函数才能有效地转化为可逆映射,并作为量子电路实现。这一点至关重要,否则量子加速潜在的巨大好处很容易被这些预处理步骤侵蚀。

量子语言的一些最早的提议受到命令式模型的启发。一个典型的例子是 QCL,由 Bernhard Omer 提出。QCL 具有类似 C 的语法,并由新的 QReg 类型增强,允许程序员访问量子寄存器。对于我们在 7.2 节中遇到的寄存器有一个重要的区别:在这里,寄存器是变量。就像在经典的高级语言中一样,你不需要指定任何具体的内存位置。

你只要说:“给我一个大小为 N 的寄存器”,编译器就会分配量子内存。本着同样的精神,在 QCL 中,酉门是运算符(它们的外观和感觉就像 C 函数)。QCL 开发人员可以编写熟悉的经典类 C 代码,其中穿插了 q 寄存器的实例化和操作。

```
...
quregR[4];                         //4 量子位量子寄存器
...
H(R[2]);寄存器第三量子位上的 Hadamard 操作
...
```

QCL 不仅是具有内存管理的量子汇编程序,因为它支持用户定义的运算符和函数,与现代经典语言的方式大致相同。下面是一个简单的示例:

```
operator myop (qureg q)
H(q);                              //Q 上的 Hadamard 变换
Not(q);                            //Q 上的 NOT 门
CPhase(pi,q);                      //q 上的受控相移; 如果 q= 1111,它会旋转它……
```

QCL 不仅仅是量子语言的规范。C++ 中的实现已经存在,并且可以从 Ömer 的网站上下载。

编程练习 7.3.1 下载并安装 QCL,然后编写 Grover 算法的实现。

类似于 QCL 的命令式量子语言是 Q,它是由 S. Bettelli 和其他人创建的。Q 采取的立场是将操作员提升到成熟的对象,就像在 C++ 中一样。与自包含的 QCL 不同,Q 看起来像 C++ 的扩展,具有 QRegisters 和 Qoperators 操作。

有关 QCL 和 Q 的比较,可以阅读 Ömer 和 Bettelli 的联合访谈(见参考文献[60]),其中阐述了他们的指导设计理念。

尽管它们很受欢迎,但命令式语言绝不是唯一的选择;例如,Prolog 是一种属于所谓的逻辑编程类的语言,其中程序是一阶逻辑片段中属性和关系的规范,然后进行诸如以下的查询:变量 a 是否确实具有属性 P? 在撰写本文时,尚未提出任何量子逻辑编程语言,但将来可能会发生变化。

第三个子类称为函数式编程。在这里,程序可以看作函数的规范。程序将为函数提供一个可接受的值,并将计算返回值。典型示例是 LISP,如果你参加过专家系统课程,可能已经遇到过这种语言。

还有许多其他函数式编程语言,例如 ML,Miranda 或 Haskell。这些语言非常强大,非常灵活,但在工业界并不是很受欢迎①。他们的主要用户是在理论计算机科学和人工智能

① 尽管事情正在迅速变化:新流行的 Ruby 是一种 OOP 命令式语言,它结合了函数范式的一些特性(最值得注意的是编写元程序的能力)。Web 框架 Rails 完全用 Ruby 编写,基于 Ruby 的元编程功能。我们预计,类似于 Ruby 的混合语言将在未来的 IT 中发挥重要作用,因为此类程序不仅会处理数据,还会处理其他程序。

领域工作的院士和工业研究人员。因此，毫不奇怪，一些首批建议的高级量子编程语言是函数式语言。然而，还有其他更深层次的动机：函数式语言，经典或量子，非常适合编译时的类型检查和正确性校验。对于此类语言，在命名和操作语义方面有大量的工作，可用作新量子语言设计者的基线。

第221页的“量子标语”说，量子编程是量子数据加控制。但是，是什么样的控制呢？Peter Selinger[61]提出了一种函数式量子编程语言，称为**QFC**，它结合了量子数据和经典控制。塞林格(Selinger)量子标语的变体是：

量子数据　和　经典控制

控件能使用流程图语法说明。图7.4是一段量子程序的流程图。

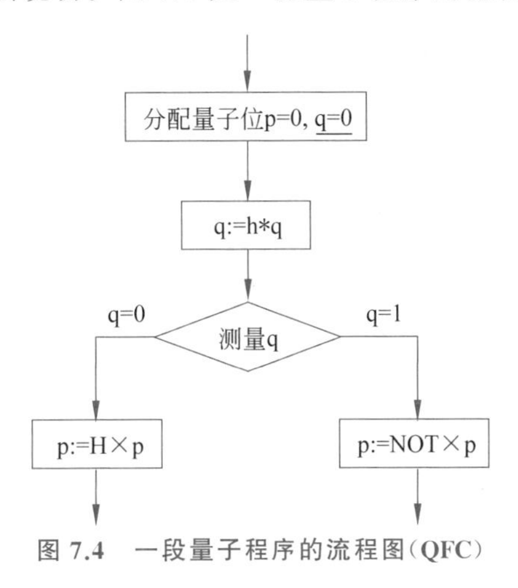

图7.4　一段量子程序的流程图(QFC)

文本语法中的相同程序是：

```
new q bit p,q:= 0          //将两个量子位初始化为|0⟩
q * = H                    //将第二个量子位乘以 Hadamard
measure q then             //开始条件：测量第二个量子位
{p * = H}                  //如果结果为 0,则将 Hadamard 应用于第一个量子位
else                       //如果结果为 1
{p * = NOT}                //翻转第一个量子位
```

练习7.3.6　下载Selinger关于QFC的论文，并编写一个简单的程序，该程序

(1) 将三个量子位初始化为零；

(2) 将Hadamard应用于第一个量子位；

(3) 测量第一个量子位。如果为零，则翻转第二个量子位；否则，它最大限度地纠缠了第二个和第三个量子位。

在经典的函数式编程中，数据和控制之间的区别是模糊的：程序本身可以作为数据处理，自然地生成元编程模式(即操作其他程序的程序，甚至它们自己)。事实上，此功能是功能范式的较大优势之一。Grattage和Alterlich[62]提出一种新的函数式量子编程语言，称为

QML,声称数据和控制都是量子的①。

7.4 量子计算机之前的量子计算

目前,除一些在非常小的量子位寄存器上运行的实验设备外,没有可用的量子计算机(第11章中将对此进行详细介绍)。

尽管如此,事情并不太令人沮丧:只要它们的量子数据存储很小,我们仍然可以在经典计算机上模拟量子计算机。正如我们将在第8章中学习的那样,原则上量子机器可以被图灵机成功模拟,因此也可以由普通计算机成功模拟。不幸的是,这种仿真在量子位寄存器的大小上呈指数级增长,使其很快变得不可行。但是,如果使用仅涉及少量量子位的程序,则可以在台式机上运行成功的仿真。

从头开始构建量子仿真器实际上需要什么?正如我们在7.2节中看到的,量子计算设备由量子寄存器和作用于它们的操作组成。为了模拟量子寄存器,首先需要模拟单个量子位。现在,通过标准表示,量子位只是一对(归一化的)复数。一些语言,如MATLAB或Maple,已经配备了复数(有关使用MATLAB进行量子计算仿真的教程,请参阅MATLAB附录)。对于其他人,可以使用合适的外部库或自己定义它们。大小为 N 的量子寄存器可以表示为 $2N$ 复数的数组,而寄存器的酉变换将由 $2N \times 2N$ 的矩阵表示(可以想象,事情很快就会失控!)

可以在Quantiki网站上(http://www.quantiki.org/wiki/index.php/Main Page)找到众多量子仿真器的列表,你只需要选择语言。更好的是,你可以构建自己的语言!

编程练习 7.4.1 使用你选择的语言设计和实现量子计算机仿真器。(提示:如果你始终如一地完成所有的其他编程练习,则几乎完成了练习。)

参考文献:

QRAM首次在Knill 1996年的技术报告[63]中引入。根据Peter Selinger的调查[58],对量子编程语言的研究,Knill的论文也是首先已知的关于量子编程的论文。下列这些都是很好的研究量子编程的文章:Bettelli,Calarco和Serafini的文章[64],Gay的文章[59],以及Selinger的文章[58]。

① 在撰写本文时,该主张的正确程度尚有争议。一方面,QML确实提供了新的条件构造,例如新的“量子if”语句;另一方面,这样的条件构造不能嵌套,从而大大限制了控制的概念,因为通常是需要它的。

第 8 章

理论计算机科学

世界的意义是愿望和事实的分离。

库尔特·戈德尔，引自王浩的“一个逻辑旅程：从戈德尔到哲学”，第 309 页①

从某种意义上说，理论计算机科学具有研究量子计算的独特资格。毕竟，艾伦·图灵(Alan Turing)和其他理论计算机科学的创始人早在工程师实际生产出现实生活中的计算机之前就研究了形式计算。目前，大规模量子计算机尚未成为现实。然而，量子可计算性和复杂性的理论分析正在顺利进行。

在 8.1 节中，我们首先快速回顾一下确定性图灵机和非确定性图灵机的一些基础知识，以及它们所产生的复杂性类。但是，我们将以一种便于推广的方式讨论它们。8.2 节继续讨论概率图灵机及其复杂度类的动物园。在 8.3 节中可以找到我们的主要目标，那里介绍了量子图灵机及其复杂性类别。我们还将陈述一些关于量子计算的基本定理和思想。

8.1 确定性和非确定性计算

理论计算机科学处理“什么是可计算的”问题。显然，理论计算机科学是一个更加多样化的主题。我们必须立即定性这个问题：“可根据哪种计算模型进行计算?”事实证明，如果忽略效率问题，所有足够复杂的计算形式模型都可以相互模拟。然而，为了修正我们的想法和符号，我们必须坚持使用一个模型。由于历史原因，我们选择了图灵机模型。

我们将假设读者已经知道图灵机的基本“瑜伽”(见图 8.1)。简单的事实是，图灵机是一种设备。

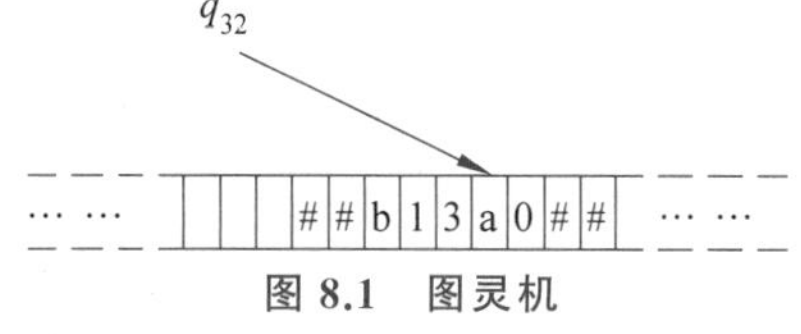

图 8.1 图灵机

双向无限磁带，一个地方用来读取输入，写入输出，执行报废工作，以及存储可能无限量的信息。磁带被分成一个一维的无限盒子阵列，每个盒子一次只能容纳一个符号。机器可以在任何给定时刻处于一组有限的状态之一，并且一次“看到”一个盒子。它可以沿着磁带在两个方向中的任何一个方向上移动：左 (L) 或右 (R)。在每个时间步长中，机器可以读取磁带上的一个框，在该框中写入、移动和更改状态。

① 感谢 John D. Barrow 提供此引文的来源。

形式上，**确定性图灵机** M 是一个 6 元组

$$M=(\mathcal{Q},\Sigma,q_{\text{start}},q_{\text{accept}},q_{\text{reject}},\delta) \tag{8.1}$$

其中$\mathcal{Q}$是一组有限的状态；Σ 是一个非空的有限字母表，包含一个符号 #，我们称之为"空白"；$q_{\text{start}},q_{\text{accept}},q_{\text{reject}}$都是$\mathcal{Q}$的元素；$\delta$ 是一个**转移函数**。

$$\delta:\mathcal{Q}\times\Sigma\rightarrow\mathcal{Q}\times\Sigma\times\{L,R\} \tag{8.2}$$

对于给定的 $q\in\mathcal{Q}$和 $\sigma\in\Sigma$，如果 $\delta(q,\sigma)=(q',\sigma',D)$，我们的意思是

如果图灵机 M 处于状态 q 并且眼睛遇到符号 σ，则机器应将符号 σ 交换为 σ'，向方向 $D\in\{L,R\}$移动一个框，并且进入状态 $q'\in\mathcal{Q}$。

等价地，可以将函数 δ 写为

$$\delta':\mathcal{Q}\times\Sigma\times\mathcal{Q}\times\Sigma\times\{L,R\}\rightarrow\{0,1\} \tag{8.3}$$

这里，

$$\delta'(q,\sigma,q',\sigma',D)=1,\text{当且仅当}\ \delta(q,\sigma)=(q',\sigma',D) \tag{8.4}$$

因为对于每个 $q\in\mathcal{Q}$和 $\sigma\in\Sigma$，δ 正好有一个输出$(q',\sigma',D)\in\mathcal{Q}\times\Sigma\times\{L,R\}$，我们的(确定性)转换函数必须满足以下要求：

$$(\forall q\in\mathcal{Q})(\forall\sigma\in\Sigma)\sum_{q'\in\mathcal{Q},\sigma'\in\Sigma,D\in\{L,R\}}\delta'(q,\sigma,q',\sigma',D)=1 \tag{8.5}$$

不难看出，任何 δ 都等价于满足等式(8.5)的 δ'。

Σ 中不带空格的所有单词的集合表示为$(\Sigma-\{\#\})^*$。此集合中的输入字符串放置在磁带上的特定起始位置。假定磁带上的其余部分有空白。然后，图灵机从状态 q_{start} 中"释放"，并遵循 δ 所描述的规则。这样的机器有三种可能性：①图灵机可以达到 q_{accept} 状态；②图灵机可以达到 q_{reject}状态；③图灵机可以进入无限循环，永远不会达到 q_{accept} 或 q_{reject} 状态。想象图灵机是通过提供输入然后检查机器将进入哪个状态来解决问题的。每个这样的机器确定机器接受的那些单词的语言 $L\subseteq(\Sigma-\{\#\})^*$。

虽然还有许多其他计算模型，但是由于以下论点，我们对确定性图灵机感到满意：

古典教派-图灵论点指出，任何直观可计算的问题都可以由确定性图灵机计算。

这一论点无法得到证明，因为不可能给出"直观可计算"的确切定义。然而，大多数研究人员都认为这个论点是正确的陈述。

在本章中，我们将通过几个示例进行工作，并展示一些涉及图灵机的练习，这些练习遵循相同的主题。这些机器逐渐增强，直到达到我们的目标——双缝实验的图灵机版本。

例 8.1.1 考虑以下问题：输入字母 $\Sigma=\{0,1,\#\}$中奇数长度的单词，并询问该字符串是否包含"1"。至少有一个"1"的词被接受，全是"0"的词被拒绝。我们正在决定语言：

$$L=\{w\in(\Sigma-\{\#\})^*:|w|=2m+1,(\exists i)w_i=\text{"1"}\} \tag{8.6}$$

通常的惯例是图灵机的磁头位于输入的最左侧字母，但我们将稍微不合常规，并假设磁头正在读取奇数长度字符串的中心符号。下面描述一个确定性的图灵机来解决这个问题。机器磁头应从中心开始①。头部应向左移动，寻找"1"。如果到达单词的左端，则头部应向右移动以搜索"1"。如果找到"1"，则计算机应输入 q_{accept}。如果头部到达单词的右端而没有找到"1"，则机器进入 q_{reject}状态。按照惯例，如果机器进入停止状态，那么磁头就会停留在

① 我们采用了一个约定，如果这个词是空的，它就会被拒绝。

那里。这个图灵机不会改变磁带上的任何东西①。

形式上，状态集将是 $Q=\{q_{\text{start}}, q_{\text{accept}}, q_{\text{reject}}, q_L, q_R\}$，且 $\boldsymbol{\delta}$ 由下表定义：

δ	0	1	#
q_{start}	q_L, L	q_{accept}	q_{reject}
q_L	q_L, L	q_{accept}	q_R, R
q_R	q_R, R	q_{accept}	q_{reject}

(8.7)

每一行说明了在该状态下应该做什么。列描述了所看到的符号。各个元素告诉我们要进入哪个状态以及向哪个方向移动。换句话说，搜索从继续向左移动的 q_L 开始。当机器命中＃时，状态进入总是向右移动的 q_R。任何时候，如果找到"1"，机器就会进入 q_{accept} 状态。图灵机的配置（也称为快照或瞬时描述）包含机器在特定时间步长的完整信息。需要描述以下三个信息。

（1）磁带的内容。

（2）机器的状态。

（3）图灵机磁头的位置。

我们将通过把磁带的内容和状态准确写入机器正在读取的位置的左侧来总结这三个信息。

一个配置的例子显示如下：

$$\#00001001_{q_{45}}0010101\# \tag{8.8}$$

这意味着＃000010010010101＃在磁带上，状态为 q_{45}，磁头正在读取第 9 个符号，即"0"。（我们稍后将需要一个明显的事实，即所有配置都可以按字典顺序排列。典型的计算，即一系列配置，可能如下所示：

$$\begin{gathered}\#000q_{\text{start}}0010\# \mapsto \#00q_L00010\# \mapsto \#0q_L000010\# \mapsto \#q_L0000010\# \mapsto \\ q_L\#0000010\# \mapsto \#q_R0000010\# \mapsto \#0q_R000010\# \mapsto \#00q_R00010\# \mapsto \\ \#000q_R0010\# \mapsto \#0000q_R010\# \mapsto \#00000q_R10\# \mapsto \#00000q_{\text{accept}}10\#\end{gathered} \tag{8.9}$$

在最坏的情况下，对于大小为 n 的输入，机器必须在找到"1"之前或在意识到单词中没有"1"之前执行 $n+\frac{n}{2}$ 操作。8.2 节将会重新讨论此示例。

练习 8.1.1　编写一个确定性图灵机，用于确定输入字符串是否具有子字符串"101"。你可能必须从稍微偏离中心开始。对于大小为 n 的输入，在最坏的情况下，图灵机必须进行多少次移动？

可以计算和不能计算的不是我们独有的兴趣。另一个重要问题是可以有效计算什么。我们将研究不同难度的不同问题集。复杂性类是一组问题，它们都可以在一定的效率范围内通过特定的计算模型来解决。通过检查和比较不同的复杂性类别，我们将推导出关于不同计算模型的原理。

① 事实上，我们所描述的是一个双向有限自动机。此示例不需要图灵机的完整定义。

机器在进入接受或拒绝状态之前必须经历的计算时间步数是计算的步数。该数字通常取决于输入的大小。因此,我们描述了一个从输入大小到计算步数的函数。这样的函数可能是多项式。如果问题的每个输入都可以在多项式步数内求解,则问题被称为可以在多项式步数中求解。

> 复杂度:P 是一组问题,可以由确定性图灵机在多项式步数内解决。

由于以下论点,此复杂性类很重要。

论点　库克-卡普论点指出,"易于计算"的问题可以在多项式时间内由确定性图灵机计算,即在 $\boldsymbol{P}$ 中。

这一论点也无法得到证明,因为不可能对我们非正式地所说的"易处理的可计算"给出一个确切的定义。事实上,很难说一个需要 n^{100} 步骤来处理大小为 n 的输入的问题是易于处理的。然而,n^{100} 是一个函数,增长得比任何非平凡的指数函数(包括1.001^n)都慢。

练习 8.1.2　找到最小值 n,使得 $1.001^n \geqslant n^{100}$。

还有其他有趣的计算模型。**非确定性图灵机**类似于确定性图灵机,但我们消除了在计算的每一步中,机器正好进入一个后续步骤的要求。换句话说,对于给定的 $q\in Q$和一个 $\sigma\in\Sigma$,机器可以进入 $Q\times\Sigma\times\{L,R\}$的子集(可能为空)。形式上,非确定性图灵机 M 是 6 元组:

$$M=(Q,\Sigma,q_{\text{start}},q_{\text{accept}},q_{\text{reject}},\delta) \tag{8.10}$$

其中$Q,\Sigma,q_{\text{start}},q_{\text{accept}},q_{\text{reject}}$和以前一样,$\delta$ 是一个函数

$$\delta: Q\times\Sigma\rightarrow\wp(Q\times\Sigma\times\{L,R\}) \tag{8.11}$$

其中$\wp$是幂集函数。对于给定的 $q\in Q$和 $\sigma\in\Sigma$,如果$(q',\sigma',D)\in\delta(q,\sigma)$,即

如果图灵机 M 处于状态 q 并且眼睛遇到符号 σ,则机器可以执行的操作之一是将符号 σ 交换为 σ',在方向 $D\in\{L,R\}$移动一个框,然后输入状态 $q'\in Q$。就像重写函数(8.2)一样,也可以重写函数(8.11):

$$\bar{\delta}: Q\times\Sigma\rightarrow\{0,1\}^{Q\times\Sigma\times\{L,R\}} \tag{8.12}$$

其中$\{0,1\}^{Q\times\Sigma\times\{L,R\}}$是从$Q\times\Sigma\times\{L,R\}$到$\{0,1\}$的函数集。函数(8.11)中的 δ 选择$Q\times\Sigma\times\{L,R\}$的子集,而在函数(8.12)中 $\bar{\delta}$ 选择同一子集的特征函数。可以编写 δ 类似于函数(8.3):

$$\delta': Q\times\Sigma\times Q\times\Sigma\times\{L,R\}\rightarrow\{0,1\} \tag{8.13}$$

但这一次,我们不坚持要求 δ'必须满足方程(8.5)。换句话说,

$$(\forall q\in Q)(\forall\sigma\in\Sigma)\sum_{q'\in Q,\sigma'\in\Sigma,D\in\{L,R\}}\delta'(q,\sigma,q',\sigma',D)=0,\text{or}1,\text{or}2,\cdots,\text{or }n \tag{8.14}$$

n 最大为$|Q\times\Sigma\times\{L,R\}|$。

练习 8.1.3　证明每个非确定性图灵机都等效于一个非确定性图灵机,每个时间步长正好分为两个状态。另一种说法是,式(8.14)中的和正好是 2。

在非确定性图灵机中,在每个时间步长内的计算可以执行几个不同任务之一。我们说,如果存在一个以 q_{accept}结尾的计算路径,我们就说一个词被这样的机器 M 接受。

复杂度：**NP** 是一组问题，可以由非确定性图灵机在多项式步长内解决。

因为每个确定性图灵机也是一个非确定性图灵机（即任何满足方程(8.5)的 δ' 也满足方程(8.14)），所以每个可以在多项式时间内由确定性图灵机在多项式时间内解决的问题也可以由非确定性图灵机在多项式时间内求解。因此，**P**⊆**NP**。百万美元的问题是 **P**，但是否 **P**=**NP**？这个问题在案文中将不予回答。

如果一个问题有一个“是”的答案，那么问题的补有一个“否”的答案，反之亦然。因此，我们定义以下内容：

复杂度：**coP** 是一组问题，其补集可以通过确定性图灵机在多项式步骤中解决。

复杂度：**coNP** 是一组问题，其补集可以通过非确定性图灵机在多项式步长中解决。

如果可以用确定性图灵机解决一个问题，那么通过交换 q_{accept} 和 q_{reject} 状态，可以解决问题的补。由此我们知道 **P**=**coP**。注意，此技巧不适用于非确定性图灵机：如果存在至少一个以接受状态结尾的计算路径，则非确定性图灵机接受单词。如果计算除一条路径外，所有路径都以接受状态结尾，则该单词将被接受。如果交换了接受和拒绝状态，那么除一条路径外，所有路径都将以拒绝状态结束，而恰好一条路径将以接受状态结束。由于单一的接受状态，计算也将被接受。因此，一个词将被 **NP** 中的问题和 **coNP** 中的相应问题所接受。这不可能。总之，虽然已知 **P**=**coP**，但我们不知道是否 **NP**=**coNP**。事实上，大多数研究人员认为 **NP**≠**coNP**。出于与 **P**⊆**NP** 相同的原因，有：

$$\mathbf{P} = \mathbf{coP} \subseteq \mathbf{coNP} \tag{8.15}$$

我们感兴趣的不仅是计算使用了多少时间，还关注图灵机的无限磁带使用了多少。

复杂度类：**PSPACE** 是一组问题，可以通过确定性图灵机在磁带上使用多项式 SPACE 来解决。

可以使用非确定性图灵机编写相同的定义。萨维奇（Savitch）定理①的结果是，在观察空间（与时间相对）时，确定性多项式空间和非确定性多项式空间之间的区别并不重要。

因为（非确定的）图灵机每个时间步长只能改变一个盒子，所以使用 $p(n)$ 时间步长解决问题的机器不能使用超过其无限磁带的 $p(n)$ 空间。因此，有 **NP**⊆**PSPACE**。出于类似的原因，**coNP**⊆**PSPACE**。

---

① Savitch 定理指出，任何使用 $f(n)$ 空间的非确定性计算都可以通过最多使用 $(f(n))^2$ 空间的确定性计算来模拟。如果 $f(n)$ 是多项式，则 $(f(n))^2$ 也是多项式。例如，Sipser 的著作[65]中第 306 页或 Papadimitriou 的著作[66]中第 149 页。

可以总结迄今为止定义的复杂性类别的包含内容如下：

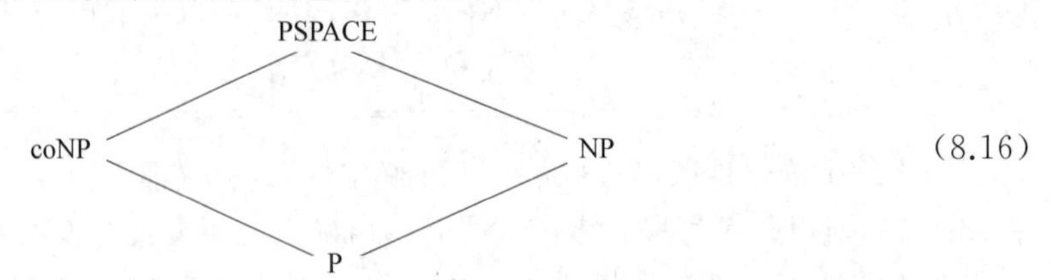

(8.16)

一个复杂度类和另一个复杂度类之间的一条线意味着较低的复杂度类包含在较高的复杂度类中。必须强调的是，这些内含物中是否有任何一个是适当的内含物，这是未知的。

8.2 概率计算

概率计算发生在计算过程中在几个可能的转换中随机选择时。概率可以用区间$[0,1]\subseteq \mathbb{R}$中的实数描述。没有计算机的内存可以容纳一个任意实数[①]，因此此集合超出了我们的界限，需要$[0,1]$的一些可处理的可计算子集。考虑可计算实数$\widetilde{\mathbb{R}}\subseteq\mathbb{R}$。这些是实数，因此确定性图灵机可以在多项式时间内计算它们的第 n 位数字。我们将关注：

$$\widetilde{[0,1]}=[0,1]\cap\widetilde{\mathbb{R}} \tag{8.17}$$

概率图灵机是在每个时间步长随机执行多个任务之一的图灵机。形式上，概率图灵机是一个 6 元组：

$$M=(Q,\Sigma,q_{\text{start}},q_{\text{accept}},q_{\text{reject}},\delta) \tag{8.18}$$

其中，除 δ 的转移函数外，一切都像以前一样，δ 现在是一个函数

$$\delta: Q\times\Sigma\rightarrow\widetilde{[0,1]}^{Q\times\Sigma\times\{L,R\}} \tag{8.19}$$

其中$\widetilde{[0,1]}^{Q\times\Sigma\times\{L,R\}}$是所有可能操作集合中的函数集$Q\times\Sigma\times\{L,R\}$到$\widetilde{[0,1]}$。对于给定的状态和符号，$\delta$ 将描述机器可以移动的概率。从$Q\times\Sigma\times\{L,R\}$到$\widetilde{[0,1]}$的任意函数还不够好。我们还必须限制 δ，以便所有概率的总和等于 1。δ 限制如下：类似函数(8.3)和(8.13)，定义

$$\delta': Q\times\Sigma\times Q\times\Sigma\times\{L,R\}\rightarrow\widetilde{[0,1]} \tag{8.20}$$

这里，

$$\delta'(q,\sigma,q',\sigma',D)\rightarrow r\in\widetilde{[0,1]} \tag{8.21}$$

当且仅当

$$\delta(q,\sigma)\text{ 是一个将}(q',\sigma',D)\text{ 取值为 }r\in\widetilde{[0,1]}\text{ 的函数} \tag{8.22}$$

不难看出，每个 δ 都有一个执行相同工作的唯一 δ'。但是，我们坚持认为 δ' 满足以下要求(类似于方程(8.5)和方程(8.14))：

$$(\forall q\in Q)(\forall\sigma\in\Sigma)\sum_{q'\in Q,\sigma'\in\Sigma,D\in\{L,R\}}\delta'(q,\sigma,q',\sigma',D)=1 \tag{8.23}$$

这意味着，在每个状态下，查看每个符号时，所有可能移动的概率之和等于 1。这台机

① 任意实数都可能具有一个无限扩展。人们可以在该扩展中对任何语言进行编码。

器是如何工作的？在每个时间步，机器将处于某个状态，例如 q_6，并且将查看磁带上的某个符号，例如 σ_{16}。函数 δ 给出了非零概率，这里使用 $\boldsymbol{Q}$、Σ 和 $\{L,R\}$ 的排序按字典顺序列出所有可能性。

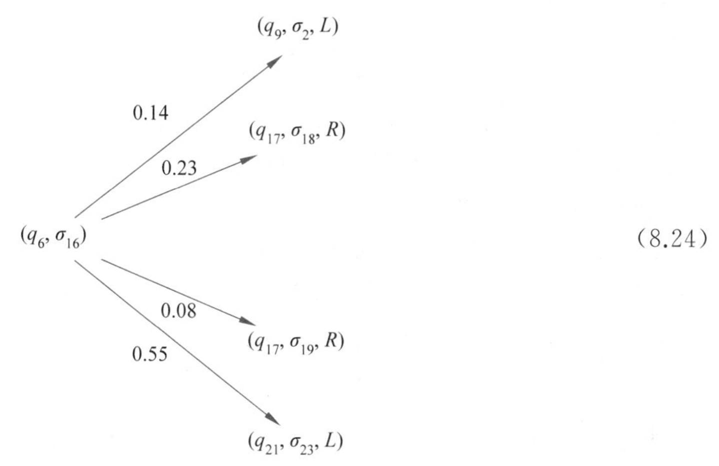

(8.24)

随机选择0到1之间的实数。这个实数将决定图灵机应该执行的操作。例如，如果实数为0.12，介于0.0和0.14，则机器将执行 (q_9, q_2, L) 运算。如果实数为0.39，介于0.14+0.23和0.14+0.23+0.08，则计算机将执行 (q_{17}, q_{19}, R) 操作。

练习 8.2.1 遵循练习8.1.3的精神，证明每个概率图灵机都等效于一个图灵机，它可以进入两种配置之一。机器可以通过掷硬币或查看带有随机序列"0"和"1"的磁带选择这两种配置之一。如果存在"0"，则计算机将选择一个操作；如果存在"1"，则计算机选择另一个操作。(提示：将概率 r 写为有限二进制序列。

与常规图灵机一样，输入将放置在磁带上，计算机将处于 q_{start} 状态，然后机器将"运行"。在每个时间步长中，随机选择一个任意实数，图灵机执行相应的下一个操作。某些时候，计算机可能进入停止状态并停止。

例 8.2.1 在示例8.1.1之后，描述一个解决相同问题的概率图灵机。由于我们正在处理概率算法，因此将允许假阴性，即机器可能会报告没有"1"，而实际上有一个。

我们将执行给定动作的概率放在动作的左侧。

δ	0	1	#
q_{start}	$\frac{1}{2}: q_L, L; \frac{1}{2}: q_R, R$	$1: q_{accept}$	$1: q_{reject}$
q_L	$1: q_L, L$	$1: q_{accept}$	$1: q_{reject}$
q_R	$1: q_R, R$	$1: q_{accept}$	$1: q_{reject}$

(8.25)

这是如何工作的？当计算机启动时，50%的时间磁头向左移动，50%的时间磁头向右移动。机器将检查 $\frac{n}{2}+1$ 个盒子，因此将在一半以上的时间内给出正确答案。在最坏的情况下，机器将不得不经历 $\frac{n}{2}$ 个时间步长。

练习 8.2.2 描述一个不会产生任何假阴性的概率图灵机。机器应从随机向左或向右移动开始。但是，无论方向如何，如果它击中单词的左端或右端而没有找到“1”，它就应该反转。确保机器不会陷入无限循环！证明在最坏的情况下，必须有$\frac{3n}{2}$个时间步长。

练习 8.2.3 描述一个概率图灵机，它确定输入字符串中是否存在子字符串“101”。对允许假阴性和不允许假阴性的解决方案执行相同的操作。

下面看一下为概率图灵机定义的不同复杂性类。由于这种图灵机执行的概率性质，当在同一输入上执行相同的程序时，可能有不同的最终状态，即图灵机有可能产生错误。一个输入应该被图灵机接受，但机器拒绝它(假阴性)；或者一个输入应该被拒绝但被机器接受(假阳性)。

我们还将注意力限制在那些概率图灵机上，这些图灵机在输入长度的多项式时间步长内停止。在允许错误方面，我们感兴趣的最大一类问题是那些可以通过概率图灵机解决的问题，这些图灵机允许一些假阴性和一些假阳性的误报。

> 复杂度类：**BPP** 是一组问题，可以在多项式时间内由概率图灵机解决，并可能存在一些错误。确切地说，如果 M 是一个概率图灵机，它决定 $L \in$ **BPP**，并且如果 x 是一个词，那么
>
> $$x \in L \Rightarrow \text{Prob}(M \text{ accepts } x) > \frac{2}{3} \tag{8.26}$$
>
> 且 $$x \notin L \Rightarrow \text{Prob}(M \text{ rejects } x) > \frac{2}{3} \tag{8.27}$$

下面讨论分数$\frac{2}{3}$的使用。一组较小的问题是那些可以使用概率图灵机解决的问题，该图灵机允许假阳性误报，但不允许假阴性。

> 复杂度类：**RP** 是一组问题，可以在多项式时间内由概率(即随机)图灵机解决，只有假阴性的可能性。换句话说，如果 M 是一个概率图灵机，它决定 $L \in$ **RP**，如果 x 是一个词，那么
>
> $$x \in L \Rightarrow \text{Prob}(M \text{ accepts } x) > \frac{2}{3} \tag{8.28}$$
>
> 且 $$x \in L \Rightarrow \text{Prob}(M \text{ rejects } x) = 1 \tag{8.29}$$

还可以考虑通过概率图灵机制解决的问题，这些图灵机制只允许假阳性误报。

> **coRP** 是概率图灵机在多项式时间内可以解决的问题集，只有假阳性误报的可能性。换句话说，如果 M 是一个概率图灵机，它决定 $L \in$ **coRP**，如果 x 是一个词，那么
>
> $$x \in L \Rightarrow \text{Prob}(M \text{ accepts } x) = 1 \tag{8.30}$$
>
> 且 $$x \in L \Rightarrow \text{Prob}(M \text{ rejects } x) > \frac{2}{3} \tag{8.31}$$

最简单的问题是那些可以通过概率图灵机解决的问题，其中不允许出现任何错误。

> 复杂度类：**ZPP** 是一组问题，可以通过概率图灵机在多项式时间内解决，误差为零。换句话说，如果 M 是一个概率图灵机，它决定 $L \in$ **ZPP**，如果 x 是一个词，那么机器在"不知道"状态下完成的可能性不到 50%，否则，如果机器知道，则
>
> $$x \in L \Rightarrow \text{Prob}(M \text{ accepts } x) = 1 \tag{8.32}$$
>
> 以及
>
> $$x \in L \Rightarrow \text{Prob}(M \text{ rejects } x) = 1 \tag{8.33}$$

事实上，**RP**∩**coRP**=**ZPP**①

如果我们能够解决一个没有错误的问题(**ZPP**)，那么绝对可以解决允许假阴性漏报(**RP**)的问题，并且绝对可以解决允许假阳性误报(**coRP**)的问题。此外，如果我们能够解决仅允许假阴性(**RP**)的问题，那么绝对可以解决允许假阴性和假阳性(**BPP**)的问题。对于 **coRP**，也可以提出类似的论点。因此，有以下包含图：

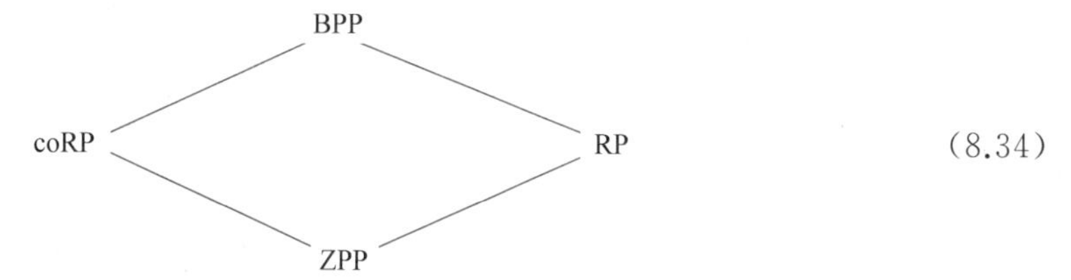

(8.34)

必须强调的是，这些内含物中是否有任何一个是适当的内含物，这是未知的。

人们可能想知道为什么分数$\frac{2}{3}$在这里起着如此重要的作用。事实上，我们可以使用任何大于$\frac{1}{2}$的分数，并且问题的类别将是相同的。其原因是放大引理②。这个想法是，人们可以执行图灵机多项式次数，并根据大多数执行的结果接受或拒绝输入。此方法在排除假阳性误报和假阴性漏报的可能性方面提供了指数级增长。

下面将本节的复杂性类与 8.1 节的复杂性类联系起来。人们可以将确定性图灵机视为概率图灵机，它不会做出任何猜测，并且总能得出正确的答案。由此可见，我们有了 **P**⊆**ZPP**。另一种看待 $L \in$ **RP** 的方式是，如果 $x \in L$，那么至少有三分之二的计算路径以 q_{accept} 结尾，如果 $x \notin L$，那么所有的计算路径都以 q_{reject} 结束。

类似地，可以将 $L \in$ **NP** 视为声明，如果 $x \in L$，则至少有一个计算路径以 q_{accept} 结尾；如果 $x \notin L$，则所有计算路径都以 q_{reject} 结束。由于三分之二的计算路径(**RP** 计算的)大于一个计算路径(**NP** 计算的)，因此不难看出 **RP**⊆**NP**。同样，**coRP**⊆**coNP**。

对于每个 $L \in$ **BPP**，我们可以创建一个遍历所有计算路径的机器，并跟踪以 q_{accept} 和 q_{reject} 结尾的路径。计算路径后没有理由保存路径，因此我们不妨重复使用该空间。这样的机器需要很长时间才能计算出答案，但它只会使用多项式的空间量。由此可见，**BPP**⊆**PSPACE**。通过类似的分析，可以看出 **NP**⊆**PSPACE**，**coNP**⊆**PSPACE**。可以用下

① 例如，帕帕迪米特里欧，参见 Papadimitriou 的著作[66]中第 256 页。

② 例如，见 Zachos 的文章[67]，Sipser 的著作[65]中第 369 页，或 Papadimitriou 的著作[66]中第 259 页。

图总结。

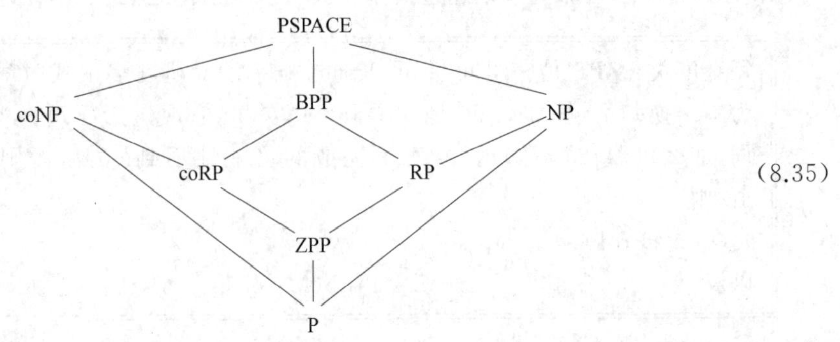

(8.35)

同样，必须强调的是，这些内含物中是否有任何一个是适当的内含物是未知的。**BPP** 和 **NP** 之间的关系也是未知的。

由于概率图灵机如此通用，并且因为它们允许一些错误（"噪声"），因此有以下论点。

论点 强教派-图灵论点指出，任何可以由任何物理机器执行的有效计算都可以由概率图灵机在多项式时间内（即 BPP）进行模拟。

我们将在 8.3 节结束时重新审视这一论点。

8.3 量子计算

正如你可能已经猜到的那样，量子图灵机与复数有关。与 8.2 节一样，一般复数$\mathbb{C}$超出了有限机器的可及范围。因此，我们需要所有**容易计算复数**的子集$\widetilde{\mathbb{C}}\subseteq\mathbb{C}$。$\widetilde{\mathbb{C}}$由这些复数组成，使得它们的实部和虚部的第 n 个数字可以在多项式时间内确定性地计算[①]。

最后，我们来看看量子图灵机的定义。量子图灵机是一个 6 元组：

$$M=(Q,\Sigma,q_{\text{start}},q_{\text{accept}},q_{\text{reject}},\delta') \tag{8.38}$$

其中，除 δ 的转移函数外，一切都像以前一样（类似于函数(8.3)、方程(8.13) 和(8.20)）

$$\delta':Q\times\Sigma\times Q\times\Sigma\times\{L,R\}\rightarrow\widetilde{\mathbb{C}} \tag{8.39}$$

我们要求[②] δ'满足（类似于方程(8.5)、方程(8.14)和方程(8.23)）

$$(\forall q\in Q)(\forall\sigma\in\Sigma)\sum_{q'\in Q,\sigma'\in\Sigma,D\in\{L,R\}}|\delta'(q,\sigma,q',\sigma',D)|^2=1 \tag{8.40}$$

---

① 这样做是出于 8.2 节中给出的原因。在 Adleman，DeMarrais 和 Huang 的文章[68]中证明，任何量子图灵机都可以由仅使用数字的机器模拟，比如：

$$\left\{-1,-\frac{4}{5},-\frac{3}{5},0,\frac{3}{5},\frac{4}{5},1\right\} \tag{8.36}$$

或者，如果允许非有理数机器模拟，比如：

$$\left\{-1,-\frac{1}{\sqrt{2}},0,\frac{1}{\sqrt{2}},1\right\} \tag{8.37}$$

② 这个要求并不是严格需要的，因为我们现在要提出一个更严格的要求。（它留在文本中是为了在经典概率图灵机和量子图灵机之间建立联系）此外，可以允许任意易处理的可计算复数，然后使用归一化技巧计算概率，就像在 4.1 节中所做的那样。

在简单的英语中，量子图灵机就像概率图灵机，但概率以复数振幅给出①。我们要求对任何特定的 $q \in Q$ 和 $\sigma \in \Sigma$，振幅的平方范数之和等于 1。这可以通过类似于图表(8.24)但具有复数的图表来可视化。另一种思考方式是考虑计算机所处的配置，以及它将通过操作进入哪些配置。

复数决定将更改哪种配置的概率，如下所示。

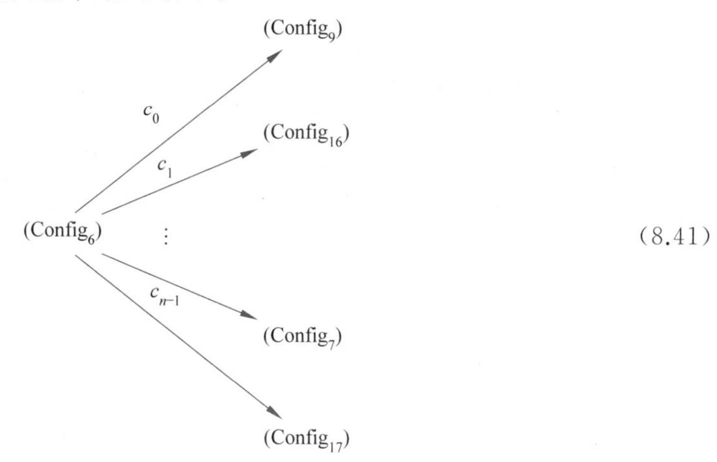

(8.41)

量子图灵机的工作方式与概率图灵机不同。它不是执行其中一种可能性，而是执行所有操作并进入所有结果状态的叠加。量子图灵机只有在被测量时才会坍缩成单一的配置。事实上，如果在每一步之后观察量子图灵机的状态和磁带的内容，那么量子图灵机将与概率图灵机相同。不同之处在于，当不观察磁带的状态和内容时，执行一个操作后再执行另一个操作的概率将总结为复数(对 3.3 节的简短回顾是需要的)。因此，当不观察时，磁带的内容物就会受到干扰和叠加。

Bernstein 和 Vazirani[69] 坚持他们的量子图灵机要遵循许多惯例。这有许多不同的原因。虽然这些约定对他们的工作很重要，但我们将忽略其中的大多数，因为我们只想展示量子图灵机的基本工作原理。

当然，量子图灵机有许多变体，例如具有许多磁带和许多轨道的机器。Yao[70] 表明，其中许多变体在多项式上等价于前面描述的量子图灵机。

在图灵机中需要的许多属性，如迭代、子例程和循环，存在于 Bernstein 和 Vazirani[69] 描述的量子图灵机。其中一些是经过巨大努力完成的。所有这些不同的属性结合在一起，表明人们实际上可以构建一个通用的量子图灵机，即它可以模拟②所有的其他量子图灵机。有了这样一个通用的量子图灵机，我们就获得了许多类似于经典递归理论的结果。

还有另一种思考量子图灵机的方式。对于给定的计算机，存在该计算机的所有可能配置的集合。可以从这些配置中形成一个可数的无限维复向量空间 $\mathfrak{C}$。这个向量空间中的向

---

① 聪明的读者会注意到本章中 δ 的进展。它们都是相同的函数，只是它们采用不同集合中的值。我们从 $\{0,1\}$ 到实数(适当的类型)到复数(适当的类型)。此进展与第 3 章中讨论的加权图的邻接矩阵中元素的进展完全相同。这是有道理的。毕竟，第 3 章中讨论的不同系统是为了揭示不同类型的计算能力而引入的。然而，这个类比凸显了第 3 章的一个问题。正如在本章中将实数和复数的值限制为可计算的实数和复数，我们也应该限制经典概率系统和量子系统矩阵中元素的值。但是，为了简单起见，我们按原样编写了它。

② 由于计算的概率性质，因此必须适当调整模拟的概念。不能简单地说一台机器的输出是另一台机器，必须有一个关于模拟输出与真实输出“有多远”的陈述。

量将是这些配置的有限复数线性组合[①]。人们可以把向量想象成一个可数无限的复数序列，由图灵机的配置索引，其中除有限数量的复数外，所有复数都是 0。

$$\begin{matrix} \text{Config}_0 \\ \text{Config}_1 \\ \text{Config}_2 \\ \vdots \\ \text{Config}_j \\ \vdots \end{matrix}\begin{bmatrix} c_0 \\ c_1 \\ c_2 \\ \vdots \\ c_j \\ \vdots \end{bmatrix} \tag{8.42}$$

量子图灵机的经典状态将是一个向量，其中除一个复数外的所有复数均为 0，唯一的非零 c_i 为 1。这说明图灵机的配置是 Config_i。在向量空间 $\mathbb{C}$ 的任意向量将对应经典配置的叠加，可以写为

$$|\psi\rangle = \sum_j c_j \mid \text{Config}_j\rangle \tag{8.43}$$

其中总和在有限集合上，这对于系统的状态很好。系统本身如何变化？下面制作一个可数无限的“矩阵”$\boldsymbol{U}_M$。

$$\boldsymbol{U}_M : \mathbb{C} \to \mathbb{C} \tag{8.44}$$

此矩阵的每一行和每一列都将对应机器可能的配置。

$$\boldsymbol{U}_M = \begin{matrix} & \mathbf{Config}_0 & \mathbf{Config}_1 & \mathbf{Config}_2 & \cdots & \mathbf{Config}_j & \cdots \\ \mathbf{Config}_0 & c_{0,0} & c_{0,1} & c_{0,2} & \cdots & c_{0,j} & \cdots \\ \mathbf{Config}_1 & c_{1,0} & c_{1,1} & c_{1,2} & \cdots & c_{1,j} & \cdots \\ \mathbf{Config}_2 & c_{2,0} & c_{2,1} & c_{2,2} & \cdots & c_{2,j} & \cdots \\ \vdots & \vdots & \vdots & \vdots & & \vdots & \cdots \\ \mathbf{Config}_i & c_{i,0} & c_{i,1} & c_{i,2} & \cdots & c_{i,j} & \cdots \\ \vdots & \vdots & \vdots & \vdots & & \vdots & \cdots \end{matrix} \tag{8.45}$$

矩阵的元素是复数，它们描述从一种配置到另一种配置的幅度。也就是说，$c_{i,j}$ 将是 δ' 描述的振幅，它将配置 j 更改为配置 i，如图(8.41)所示。显然，此矩阵的大多数元素将为 0。

定义 8.3.1 如果构造的 U_M 在 $\mathbb{C}$ 中保留了内积(是等距的)，则一个量子图灵机被很好地建立。

借助结构良好的量子图灵机，人们又回到了熟悉的酉矩阵世界。如果让 $|\text{Config}_i\rangle$ 是初始配置，则 $\boldsymbol{U}_M|\text{Config}_i\rangle$ 将是一个时间步长后的一种配置或配置的叠加。$\boldsymbol{U}_M^2|\text{Config}_i\rangle$ 将是两个步骤后配置的叠加。如果图灵机在时间 $t(n)$ 中运行，那么我们将不得不观察状态

$$\underbrace{\boldsymbol{U}_M \circ \boldsymbol{U}_M \circ \cdots \circ \boldsymbol{U}_M}_{\text{时间}t(n)} \mid \text{Config}_I\rangle = \boldsymbol{U}_M^{t(n)} \mid \text{Config}_I\rangle \tag{8.46}$$

例 8.3.1 关于配置集 $\mathbb{C}$ 和作用于它的矩阵，没有什么特别的量子。事实上，对于确定性图灵机也可以这样做。在确定性的情况下，我们只关心有一个元素为 1，而所有其他元素为 0 的向量(注意，这不是 $\mathbb{C}$ 的子向量空间，因为它在加法下不闭合)。U_M 将使得每一列都

① 这个复向量空间是一个内积空间，但不是希尔伯特空间，因为定义是有限的。如果放宽有限性要求，那么内积空间实际上是完整的，因此是希尔伯特空间。

有一个 1，其余元素都为 0。

练习 8.3.1　对可逆图灵机和概率图灵机进行与例 8.3.1 类似的分析。

例 8.3.2　本着例 8.1.1 和例 8.2.1 的精神，下面描述一个解决相同问题的量子图灵机。

δ	0	1	#
q_{start}	$\frac{1}{\sqrt{2}}: q_L, L; \frac{1}{\sqrt{2}}: q_R, R$	$1: q_{accept}$	$1: q_{reject}$
q_L	$1: q_L, L$	$1: q_{accept}$	$1: q_{reject}$
q_R	$1: q_R, R$	$1: q_{accept}$	$1: q_{reject}$

(8.47)

这个量子图灵机不是从向右或向左移动开始的。相反，它同时向右和向左移动。典型的计算可能如下所示。

$$|\#000q_{start}0010\#\rangle \mapsto \frac{|\#00q_L00010\#\rangle + |\#0000q_R010\#\rangle}{\sqrt{2}} \mapsto$$

$$\frac{|\#0q_L000010\#\rangle + |\#00000q_R10\#\rangle}{\sqrt{2}} \mapsto \frac{|\#q_L0000010\#\rangle + |\#00000q_R10\#\rangle}{\sqrt{2}} \quad (8.48)$$

很明显，机器将在 $\frac{n}{2}$ 步骤中解决此问题，而不会出现假阳性误报或假阴性漏报。同样，我们想强调的是，这并不是一个真正的量子图灵机，因为它不符合 Bernstein 和 Vazirani 的文章[69]中规定的所有约定。

我们有信心将其确定为“双缝实验的图灵机版本”。双缝实验是由对光子着陆感兴趣的物理学家进行的。光子表现出叠加现象，因此光子同时穿过两个狭缝。我们是计算机科学家，解决搜索问题。通过拆分成两个计算路径的同时叠加，在 $\frac{n}{2}$ 时间内解决这个问题。当然，这并不是真正的双缝实验，因为没有干涉，只有叠加。

下面总结一下我们在示例 8.1.1、8.2.1 和 8.3.2 以及练习 8.2.2 中所做的工作。对于同样的问题，即给定一个字符串来确定它是否包含“1”，我们定制了确定性、概率和量子图灵机。其中一些机器解决了问题而没有错误，且为我们提供了概率解决方案。不同图灵机解决这个问题的时间显示如下①。

图灵机运行时间		
	精确的	可能的
确定性的	$n+\frac{n}{2}$	N/A
概率性的	$n+\frac{n}{2}$	$\frac{n}{2}$
量子	$\frac{n}{2}$	N/A

① 我们有意从图表中省略了非确定性情况，原因是非确定性图灵机也可以在 $\frac{n}{2}$ 个步骤中解决问题。这与量子图灵机一样快，并且会“偷走它的雷声”，减少它的影响力。我们应该提醒读者，非确定论是一种数学虚构，而量子力学定律是一个物理事实。

(8.49)

练习 8.3.2 编写一个量子图灵机，用于确定磁带上是否有子字符串“101”。

量子图灵机只是量子计算的一个模型。在第 5 章和第 6 章中，我们讨论了另一个问题，即量子电路。(第 7 章中讨论的 QRAM 模型是描述量子计算的另一种方式)。在经典情况下，逻辑电路和确定性图灵机是多项式等价的。这意味着每个模型都可以实现另一个模型，只需多项式的“开销”量。Yao[70]证明了量子案例的类似结果。也就是说，量子电路和量子图灵机在多项式上是等价的。Yao[70]在量子案例中证明了类似的结果。也就是说，量子电路和量子图灵机是多项式等价的。以下简单示例显示了量子图灵机如何实现通用量子电路。

例 8.3.3 第 6 章中的许多算法要求将 $\boldsymbol{H}^{\otimes n}$ 应用于一串量子位。下面展示一下如何使用量子图灵机做到这一点。假设一串 n 个“0”和“1”在磁带上，并且磁头指向字符串最右边的符号。

δ	0	1	#
q_{start}	$\left(\frac{1}{\sqrt{2}}:0,q_{\text{start}},L\right)$	$\left(\frac{1}{\sqrt{2}}:0,q_{\text{start}},L\right)$	$1:q_{\text{stop}}$
	$\left(\frac{1}{\sqrt{2}}:1,q_{\text{start}},L\right)$	$\left(-\frac{1}{\sqrt{2}}:1,q_{\text{start}},L\right)$	

(8.50)

基本上，量子图灵机将穿过字符串并改变“0”或“1”，就像 Hadamard 矩阵一样。(这是对 Bernstein 和 Vazirani 的著作[69]中定理 8.4.1 的简化。我们的图灵机更简单，因为没有遵循他们所有的惯例。)

下面来看量子图灵机的复杂性类。与 8.2 节一样，由于计算的概率性质，因此存在假阳性误报和假阴性漏报的可能性。我们被引向以下三个定义：

复杂性类：**BQP** 是量子图灵机在多项式时间内可以解决的一组问题，两侧都有零误差。换句话说，如果 M 是一个量子图灵机，它决定 $L\in\mathbf{BQP}$，且 x 是一个词，那么

$$x\in L\Rightarrow \text{Prob}(M\text{ accepts }x)>\frac{2}{3} \tag{8.51}$$

和

$$x\notin L\Rightarrow \text{Prob}(M\text{ accepts }x)>\frac{2}{3} \tag{8.52}$$

Bennett 等[71]证明了这一点：适用于概率复杂性类的同样放大引理也适用于 **BQP**。因此，分数 2/3 并不重要。

复杂性类：**ZQP** 是量子图灵机在多项式时间内可以解决的一组问题，两边都有有界误差。换句话说，如果 M 是一个量子图灵机，它决定 $L\in\mathbf{ZQP}$，如果 x 是一个词，那么机器在“不知道”状态下完成的可能性不到 50%，否则如果机器知道，那么

$$x \in L \Rightarrow \text{Prob}(M \text{ accepts } x) = 1 \tag{8.53}$$

和

$$x \notin L \Rightarrow \text{Prob}(M \text{ rejects } x) = 1 \tag{8.54}$$

复杂性类：**EQP** 是可以用量子图灵机在多项式时间内精确（无错误）解决的问题集。换句话说，如果 M 是一个量子图灵机，它决定 $L \in$ **EQP**，如果 x 是一个词，那么

$$x \in L \Rightarrow \text{Prob}(M \text{ accepts } x) = 1 \tag{8.55}$$

和

$$x \notin L \Rightarrow \text{Prob}(M \text{ rejects } x) = 1 \tag{8.56}$$

很明显，

$$\mathbf{EQP} \subseteq \mathbf{ZQP} \subseteq \mathbf{BQP} \tag{8.57}$$

现在将这些复杂性类与 8.1 节和 8.2 节的复杂度类相关联。因为确定性图灵机可以看作一种量子图灵机，所以有 **P**⊆**EQP**。鉴于可以让量子图灵机通过使用 Hadamard 矩阵作为公平的硬币投掷来模拟概率图灵机，有 **BPP**⊆**BQP**。此外，出于同样的原因，**BPP** 可以由仅使用多项式空间的机器模拟，因此 **BQP** 也可以由这样的机器模拟。这样的机器是量子仿真器的理论版本。**BQP** 中的每个问题都可以由 **PSPACE** 中的某些东西模拟，这一事实表明，每个量子计算都可以由经典计算机模拟。当然，如果精确的话，模拟可能会使用指数时间①。综上所述，有(8.58)。

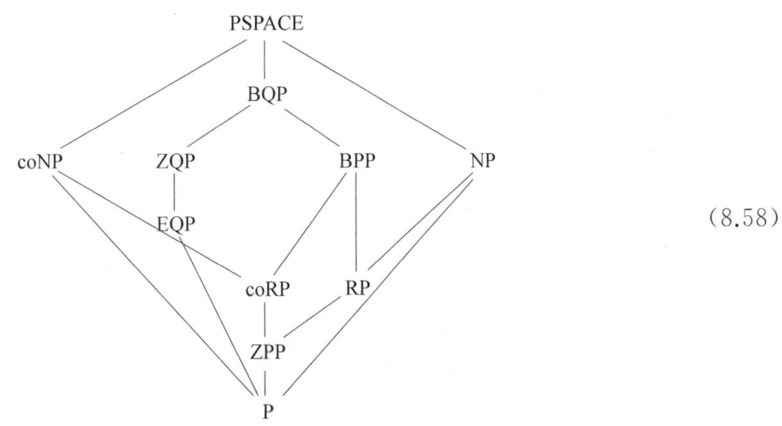

(8.58)

目前尚不清楚这些内含物中是否有任何一个是适当的内含物。关于这些复杂性类之间的关系，还有很多悬而未决的问题。

由于 Shor 算法以及我们相信没有用于分解数的因子的多项式概率算法，因此强烈认为 **BPP**⊄**BQP**。

应该注意的是，如果要证明 **BPP**≠**BQP**，那么我们就会知道 **P**≠**PSPACE**，这已经是一个

① 也可以对 QSPACE 做出明确的定义。Watrous[72] 表明，$\text{QSPACE}(f(n)) \subseteq \text{SPACE}((f(n))^2)$。这类似于 Savitch 的关于非确定性计算的定理。

很长一段时间的开放问题。应该注意的是，Shor 算法并不是我们看到的唯一具有指数加速的算法。正如我们在第 6 章中看到的，与任何经典算法相比，Deutsch-Jozsa 算法和 Simon 算法都具有指数加速的优势。

如果一台大规模的量子计算机被建造出来，那么将有证据表明，强大的 Church-Turing 论点将被证明是无效的。这样的量子计算机将是一种物理机器，可以执行没有已知多项式时间概率机器的计算（如分解大数）。（当然，将来可能有人创建这样一个概率机器）。

需要强调的是，尽管 Shor 算法解决了因子分解问题，但因子分解并不被认为是 NP-complete 问题。因子分解问题，作为一个决策问题，是一个 **NP** 问题（和一个 **coNP** 问题），但从未被证明比任何已知的 **NP-complete** 问题更难。就量子计算机而言，这意味着即使有一台大规模的量子计算机，我们也无法使用 Shor 算法解决所有已知的 **NP-complete** 问题。

一些研究人员认为，因式分解问题存在量子算法这一事实是"侥幸"，而不是许多问题的预期结果。他们认为，类似于 Shor 算法的方法对其他难题不会很有帮助。

与 Shor 算法相比，Grover 算法在 **NP** 问题方面可能非常有趣。尽管使用 Grover 算法的加速是从 n 到$\sqrt{n}$，这是二次的而不是指数的，但它仍然很重要。考虑一下你最喜欢的 **NP** 问题。一般来说，此类问题的搜索空间要么是 $n!$，要么是 2^n。人们可以设置 Grover 算法来搜索问题的搜索空间。因此，如果问题是 SAT，我们可以使用 Grover 的算法搜索公式中 n 个变量的所有 2^n 个可能的值。如果问题是哈密顿图，则搜索所有 $n!$ 图上的路径以查找哈密顿路径。事实上，我们正在解决一个搜索问题，而不是一个决策问题①。

下面执行一些计算，以显示 Grover 的加速是多么重要。比如，我们想解决一些搜索空间为 2^n 的 **NP** 问题。想象一下，一台运行 Grover 算法的量子计算机每秒可以执行 1000 次函数评估。这台量子计算机将不得不执行 $\sqrt{2^n}$ 次函数评估。与此相反，经典计算机在搜索空间的所有 2^n 个可能成员中运行蛮力搜索。假设这台经典计算机比量子计算机快 100 倍，即每秒可以执行 100000 次函数评估。下表显示了这两种算法在不同的 n 值上的比较方式。

	经典蛮力搜索		量子 Grover 算法	
n	2^n 操作	时间	$\sqrt{2^n}$ 操作	时间
5	32	0.000 32 秒	5.656 854 249	0.005 66 秒
10	1024	0.010 24 秒	32	0.032 秒
15	32768	0.327 68 秒	81.019 339	0.181 02 秒
20	1 048 576	10.485 76 秒	1.024	1.024 秒
25	33 554 432	335.544 32 秒	5 792.618 751	5.792 61 秒
30	1 073 741 824	10 737.418 24 秒	32 768	32.768 秒

① 我们证明了可以使用 Grover 算法在 $O(2^{\frac{n}{2}})$时间内解决 **NP** 问题。我们被引向一个显而易见的问题，即我们是否能做得更好。Bennett 等[71]已经表明，相对于以概率 1 均匀随机选择的预言机，NP 类不能通过量子图灵机在 $O(2^{\frac{n}{2}})$时间内求解。

续表

经典蛮力搜索			量子 Grover 算法	
n	2^n 操作	时间	$\sqrt{2^n}$ 操作	时间
40	1.099 51E+12	127.258 29 天	1 048 576	1 048.576 秒
50	1.125 9E+15	356.776 15 天	33 554 432	33 554.432 秒
60	1.152 92E+18	365 338.778 8 天	1 073 741 824	12.427 56 天
70	1.180 59E+21	374 106 909.5 天	34 359 738 368	397.682 15 天
100	1.267 65E+30	4.016 94E+17 天	1.1269E+15	35 677.615 12 天
125	4.253 53E+37	1.347 86E+25 天	6.52191E+18	206 666 822.3 天

(8.59)

可以看到,当 $n=15$ 时,量子计算机将比经典计算机运行得更快。结论是,在处理棘手的计算机问题时,Grover 的算法可能具有重要意义。

练习 8.3.3 编写一个短程序或使用 MATLAB 或 Microsoft Excel 来确定 n,让运行 Grover 算法的较慢量子计算机将会快于运行蛮力算法的经典计算机。

练习 8.3.4 对搜索空间为 $n!$ 的 NP 问题执行与表(8.59)所示类似的分析。

参考文献:

对于一般的图灵机,请参阅 Davis,Weyuker 和 Sigal 的文章[73]或 Garey 和 Johnson 的文章[74]。另一本优秀的作品是 Sipser 的文章[65]。

关于概率图灵机,参见 Sipser 的文章[65]中 10.2 节或 Papadimitriou 的文章[66]中第 11 章。关于一般复杂性理论,见 Papadimitriou 的文章[66]。第 8.3 节主要遵循 Bernstein 和 Vazirani 的文章[69]。他们对量子图灵机的定义是 Deutsch 1985 年的文章[44]中制定的图灵机的变体。阅读以下调查论文将获益匪浅: Cleve 的文章[75],Fortnow 的文章[76]和 Vazirani 的文章[77]。

Scott Aaronson 有一个非常有趣的博客 Shtetl-Optimized,其中探讨了量子可计算性和复杂性理论中的问题: http://www.scottaaronson.com/blog/,非常值得一读。他还是一个网页(http://qwiki.caltech.edu/wiki/Complexity Zoo)的"动物园管理员",该网页有 400 多个不同的复杂性类。这些是开始了解有关此主题的更多信息的好地方。

第9章

密　码　学

我们围成一圈跳舞，并且知道秘密坐在中间。

——罗伯特·弗罗斯特，秘密坐镇（1942）

本章将探讨量子计算和经典密码学的融合。这是一个新的、令人兴奋的纯理论和应用的研究领域，称为**量子密码学**。

我们从9.1节中的经典密码学的基础知识开始。9.2节演示使用两个不同基的量子加密协议。我们在9.3节中对此进行了改进，其中使用了具有一个基的协议。9.4节介绍如何使用纠缠秘密发送消息。本章以9.5节结束，其中演示了量子瞬移。

9.1　经典密码学

在深入研究量子密码学之前，需要熟悉经典密码学的核心思想。一个好的起点是以下定义。

定义 9.1.1　加密是隐藏消息的艺术。

事实上，这正是词源所揭示的："密码学（Cryptography）"是两个希腊词 crypton[①] 和 graphein 的复合体，它们分别意味着隐藏和书写。

将普通信息变成不可破译的信息称为**加密**。相反的动作，即恢复原始消息，是**解密**。原始消息一般称为**明文**，加密消息称为**密文**。一种加密方法通常被称为**加密协议**。

密码学的历史很长。一旦人们开始相互发送不属于公众的信息，隐私的需求就出现了。就在此时，一些聪明的人设计了加密思想和技术，另一个人同样聪明地着手破解它们。于是，**密码学**诞生了。

要呈现加密和解密方法，需要设置场景。首先，需要两个角色——消息的发送者和接收者。在标准的密码学文献中，这两个人被命名为 Alice 和 Bob。Alice 想向 Bob 发送一条消息，比如说，一串纯文本 T。假设 Alice 和 Bob 在物理上是分开的，他们可以通过某种不安全的渠道相互通信[②]。

---

① 现在你知道氪星的名字从何而来。它很少被发现，因此是"隐藏的"。它通常保持隐藏，除非莱克斯·卢瑟抓住它！

② 为什么不安全？首先，如果频道是万无一失的，没有任何合理的怀疑，就不会有故事。如果没有其他人可以监视该消息，为什么要为加密而烦恼？其次，在安全消息传输的背景下，除非被证明是安全的，否则必须假定每个通道都是不安全的。

Alice 使用一种加密算法(我们称之为 ENC),它将 T 转换为一些加密文本 E。可以将 ENC 视为某种可计算的函数,将 T 和称为加密密钥的附加参数 K_E 作为输入。ENC 计算加密消息 E,该消息将传输给 Bob。

$$ENC(T,K_E)=E \tag{9.1}$$

Bob 接收 E(假设不涉及噪声),并将解密算法 DEC 应用于加密消息以重建 T。DEC 需要解密密钥 K_D 作为输入。

$$DEC(E,K_D)=T \tag{9.2}$$

整个方案如图 9.1 所示。

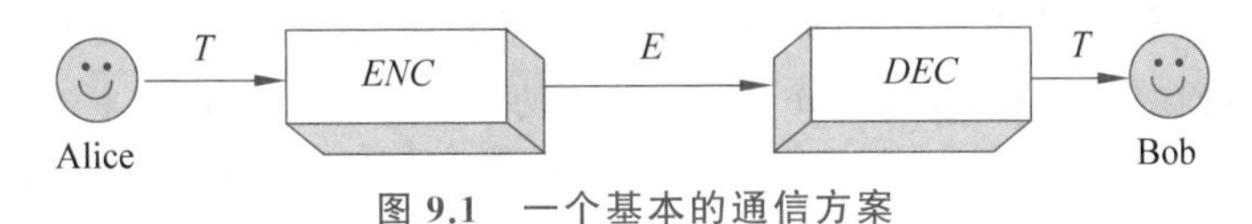

图 9.1　一个基本的通信方案

总之,$ENC(-,K_E)$和 $DEC(-,K_D)$是一对可计算函数,使得对于每个消息 T,以下等式成立:

$$DEC(ENC(T,K_E),K_D)=T \tag{9.3}$$

这个等式告诉我们什么?它指出,只要使用正确的密钥,始终可以完整地检索提取原始消息,而不会丢失任何信息。

练习 9.1.1　方程(9.3)是否意味着 $ENC(-,K_E)$和 $DEC(-,K_D)$是一对相互反转的双射函数?

现在来看加密协议的一个具体例子,这种方法被称为凯撒协议[①]。将英文字母表的字母排列成圆圈,使顺序为

$$\cdots,A,B,C,\cdots,X,Y,Z,A,B,\cdots \tag{9.4}$$

设 $ENC=DEC=\text{shift}(-,-)$,其中 $\text{shift}(T,n)=T'$,如果 n 为正,则通过顺时针移动每个字符 n 步长或逆时针(例如,shift(“*MOM*,”3)=“*PRP*”)从 T 获得的字符串卡。孩子们实际上为这种加密协议制作了一个有用的玩具,如图 9.2所示。这个玩具由两个同心圆组成,每个圆圈上顺时针写有字母表。可以转动圆圈,直到所需的字母匹配为止。使用此加密协议,解密密钥只是符号已更改的加密密钥:$K_D=-K_E$。

图 9.2　孩子们的一个加密玩具

练习 9.1.2　破译以下消息“**JNTGMNF VKRIMHZKTIAR BL YNG**”。(提示:使用图 9.2)

编程练习 9.1.1　使用恺撒协议实现文本的加密和解密。使用 ASCII 使文本的加密和解密变得特别容易。

为了让我们的故事更加精彩,需要第三个角色——窃听者 Eve,她可以拦截加密的消息并尝试对其进行解码。如前所述,Alice 正在使用不安全的通道(如公共电话线)向 Bob 传

① 朱利叶斯·凯撒显然在他的军事行动中使用了像这样的加密技术来与他的将军们交流,参见 Suetonius 的 *Life of Julius Caesar* 中第 56 段。

输消息。因此,Eve 可以进入频道并窃听其内容。我们刚才提出的协议非常原始,经不起 Eve 审查太久。

想象一下,假如你是夏娃(Eve),通过单击不安全的通道,可以保存来自 Alice 的相当长的加密消息。你将如何发现加密机制？如果你是 Eve,你可能会对刚刚介绍的简单协议的弱点有预感。缺点在于原始消息和加密消息高度相关。通过计算加密文本的简单统计数据,Eve 可以很容易地找到回到原始文本的方式。除了她的恶意目的外,Eve 的工作方式完全像一个考古学家解码一种古老的未知语言。

为了对抗 Eve 的洞察力,Alice 和 Bob 改变了他们的协议。他们理想的策略是创建一个与原始消息 T 没有统计相关性的加密消息 E。如何实现？这里有一个令人惊讶的简单答案：一个简单易懂的协议,称为 One-Time-Pad 协议或 Vernam 密码。

由于我们是计算机科学家,因此在本章的其余部分,我们将把 T 称为长度为 n 的二进制字符串。Alice 投掷硬币 n 次,并生成一系列随机位,她将其用作自己的随机密钥 K。假设 Alice 和 Bob 都共享 K,他们可以通过以下协议交换消息。

步骤 1 Alice 计算 $E=T\oplus K$,其中$\oplus$代表按位异或运算[①]。

步骤 2 Alice 通过一个公共不安全的通道发送 E。

步骤 3 Bob 检索 E 并根据 $T=E\oplus K$ 计算 T。

在已经引入的这个符号中,

$$K_E=K_D=K \tag{9.5}$$

$$ENC(T,K)=DEC(T,K)=T\oplus K \tag{9.6}$$

且

$$\begin{aligned} DEC(ENC(T,K),K) &= DEC(T\oplus K,K) \\ &= (T\oplus K)\oplus K = T\oplus(K\oplus K) = T \end{aligned} \tag{9.7}$$

例 9.1.1 下表显示了 One-Time-Pad 协议的实现示例。

One-Time-Pad 协议							
原始信息 T		0	1	1	0	1	1
加密密钥 K	$\oplus$	1	1	1	0	1	0
加密的信息 E		1	0	0	0	0	1
公共通道		⇓	⇓	⇓	⇓	⇓	⇓
接收的信息 E		1	0	0	0	0	1
解密密钥 K	$\oplus$	1	1	1	0	1	0
解密的信息 T		0	1	1	0	1	1

(9.8)

练习 9.1.3 找一个朋友,掷硬币,得到一个加密密钥 K。然后使用 K 发送消息。看看它是否有效。

编程练习 9.1.2 实现 One-Time-Pad 协议。

---

① 关于异或的快速提醒：它只是按位加法模二。$01001101\oplus11110001=10111100$。

练习 9.1.4 假设 Alice 只生成一个 Pad 密钥 K，并用它加密两条消息 T_1 和 T_2（假设它们的长度完全相同）。证明通过拦截 E_1 和 E_2，Eve 可以获得 $T_1 \oplus T_2$，因此更接近原始文本。

One-Time-Pad 协议存在以下几个问题。

（1）如练习 9.1.4 所示，每次发送新消息时都需要生成新密钥 K。如果使用相同的密钥两次，则可以通过统计分析发现文本，因此名称为 One-Time-Pad。

（2）只有在密钥 K 没有被 Eve 拦截的情况下，协议才是安全的（记住，Alice 和 Bob 必须共享同一个 Pad 才能进行通信）。在 9.2 节中会看到量子计算将拯救这个关键问题。

到目前为止，我们假设密钥 K_E 和 K_D 是保密的。事实上，只需要一个密钥，因为知道第一个密钥就意味着知道第二个密钥，反之亦然①。一种加密协议，其中两个密钥可以相互计算，因此要求两个密钥都保密，称为私钥。

在这个领域存在另一个游戏：20 世纪 70 年代，Ronald Rivest、Adi Shamir 和 Leonard Adleman[78] 引入了公钥密码学的首批例子之一，现在简称为 RSA。在公钥协议中，有一个密钥的知识并不能计算出第二个密钥。确切地说，从第一个钥开始计算第二个钥应该很困难②。

现在，假设 Bob 已经计算了 K_E 和 K_D 这样一对密钥。此外，假设在给定 K_E 的情况下，使用穷举试验和错误找到 K_D 对 Eve 或其他任何人来说都是完全不可行的（例如，可能有无穷无尽的候选密钥列表）。Bob 的行动方针如下：Bob 将加密密钥 K_E 放在某个公共领域，任何人都可以在那里获得它。他可以安全地宣传自己的协议，即 $ENC(-,-)$ 和 $DEC(-,-)$ 的知识。同时，他自己保管解密密钥。当 Alice 想向 Bob 发送消息时，她只需在消息中使用 K_E。即使 Eve 截获了加密的文本，她也无法检索 Bob 的解密密钥，因此消息是安全的。此方案如图 9.3 所示。

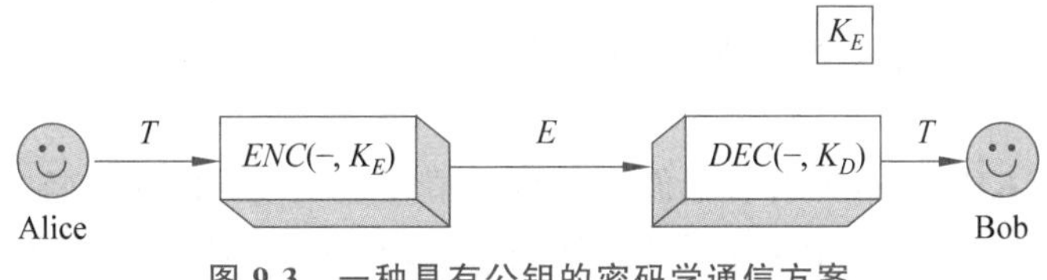

图 9.3 一种具有公钥的密码学通信方案

下面重新表述上述内容：一旦 Bob 拥有了自己的一对神奇的密钥，他就会发现自己有两个可计算的函数

$$F_E(-) = ENC(-, K_E) \tag{9.9}$$

$$F_D(-) = DNC(-, K_D) \tag{9.10}$$

使得 F_D 是 F_E 的逆，但不能轻易地从已知的 F_E 计算出来。像 F_E 这样的函数，它很容易计算，但如果没有额外的信息，就很难反转，它被称为暗门函数。这个名字很有启发性：就像老式哥特式城堡中的暗门一样，它在你的脚下打开，但不会让你轻易回来。因此，暗门的

① 在 Caesar 的协议中，解密密钥只是带有更改符号的加密密钥，而在 One-Time-Pad 协议中，两个密钥完全相同。

② 这里所说的"难"是指从第一个密钥到第二个密钥的计算步骤数超过第一个密钥长度的多项式。

功能是 Bob 所需要的[①]。

公钥加密有优缺点。从正面来说,它解决了阻碍私钥协议的密钥分发问题。如果 Alice 想向 Bob 发送消息,她不需要知道 Bob 的私钥。从负面来看,迄今为止的所有公钥协议都依赖于这样一个事实,即从公钥计算私钥似乎很困难。这只是意味着到目前为止,还没有已知的算法可以完成这项工作。在计算复杂性方面取得突破性结果的可能性仍然存在,这将使所有现有的公钥密码方案失效[②]。最后,公钥协议往往比其私钥对等协议慢得多。

鉴于上述情况,密码学家设计了两种方法的结合,以实现两全其美:公钥加密仅用于分发某些私钥协议的密钥 K_E,而不是整个文本消息。一旦 Alice 和 Bob 安全地共享 K_E,他们就可以使用更快的私钥方案继续他们的对话。因此,在本章的其余部分,我们唯一关心的是传达适当长度的二进制 K_E。

在结束本节之前,我们必须扩展迄今为止勾勒的密码学图景。消息的安全通信只是面临的问题之一。以下是另外两个问题。

入侵检测:Alice 和 Bob 想确定 Eve 是否真的在偷听。

认证:我们希望确保没有人冒充 Alice 并发送虚假信息。

我们将展示如何实现包含第一个特征的协议。第二个特征在量子密码学的背景下进行了讨论,但不在本文的范围内。

练习 9.1.5 假设 Alice 和 Bob 使用某种公钥协议进行通信。Alice 有一对密钥(一个是公共密钥,一个是私钥),Bob 也是如此。设计一种方法,让 Alice 和 Bob 在验证他们的消息时可以同时通信。(提示:考虑将一条消息编码到另一条"内部"。)

9.2 量子密钥交换 I:BB84 协议

在讨论一次性 Pad 协议时,我们指出,安全传输密钥的问题是一个严肃的问题。20 世纪 80 年代,两位作者提出一个利用量子力学的想法。这个想法构成了第一个量子密钥交换(**QKE**)协议的基础。

在详细介绍 **QKE** 之前,先看看我们是否可以猜测量子世界的哪些特征对密码学家有吸引力。在经典的例子中,Eve 在不安全的信道上的某个地方监听一些信息。她能做什么?

(1) 她可以复制加密位流的任意部分,并将它们存储在某个地方,以供以后分析和调查使用。

(2) Eve 可以在不影响比特流的情况下收听,即她的窃听不会留下痕迹。

现在假设 Alice 通过某个通道而不是位[③]发送量子位。

(1) Eve 无法完美地复制量子比特流:5.4 节中讨论的无克隆定理阻止了这种情况的发生。

---

① Bob 在哪里可以找到暗门函数?目前,有相当多的公钥协议从高等数学中汲取技术,如数论(素数分解)或代数曲线理论(椭圆曲线)。建议阅读 Koblitz 的著作[79]中的相关信息。(注意:准备执行一些计算!)

② Quantum 计算本身为破解代码提供了前所未有的机会,正如 Shor 的著名成果充分展示的那样(参见 6.5 节)。有关量子计算与计算复杂性之间关系的讨论,参见 8.3 节。

③ 本章不涉及量子密码学的硬件实现。该主题将在第 11 章中讨论。就目前而言,只要注意任何二维量子系统(如自旋或光子偏振)都可用于传输就足够了。

(2) 测量量子比特流的行为改变了它。

乍一看,上面提出的观点似乎是局限性,但从 Alice 和 Bob 的角度看,它们实际上是很好的机会。如何？首先,无克隆定理阻碍了 Eve 使用过去的信息进行分析。更重要的是,每次 Eve 测量量子比特流时,都会打扰它,让 Alice 和 Bob 在通道上检测到她的存在。

第一个量子密钥交换协议是由 Charles Bennett 和 Gilles Brassard 于 1984 年推出的,因此得名 **BB84**[80]。

Alice 的目标是通过量子通道向 Bob 发送密钥。就像在 One-Time-Pad 协议中一样,Alice 的密钥是通过抛硬币获得的随机(经典)位序列。Alice 每次生成密钥的新位时都会发送一个量子位。但是她应该发送哪个量子位呢？

在此协议中,Alice 将采用图 9.4 所示的两个不同的正交基:

$$+=\{|\rightarrow\rangle, |\uparrow\rangle\}=\{[1,0]^{\mathrm{T}},[0,1]^{\mathrm{T}}\} \tag{9.11}$$

和

$$X=\{|\nwarrow\rangle, |\nearrow\rangle\}=\left\{\frac{1}{\sqrt{2}}[-1,1]^{\mathrm{T}},\frac{1}{\sqrt{2}}[1,1]^{\mathrm{T}}\right\} \tag{9.12}$$

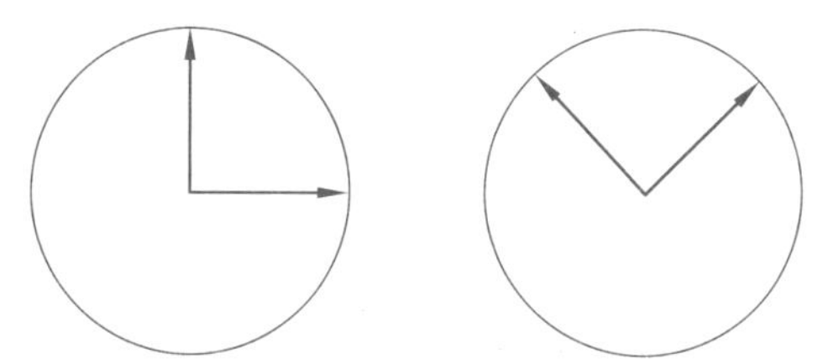

图 9.4 BB84 中的两个不同的正交基

我们将第一个基数称为“加”基,第二个基数称为“倍”基。本质上,它们是 Alice 和 Bob 用来交流的两个替代词汇。

在这些词汇表中,$|0\rangle$和$|1\rangle$的状态应由下表描述。

基本状态	$+$	$\times$
$\|0\rangle$	$\|\rightarrow\rangle$	$\|\nearrow\rangle$
$\|1\rangle$	$\|\uparrow\rangle$	$\|\nwarrow\rangle$

(9.13)

例如,在+基中,$|\rightarrow\rangle$对应$|0\rangle$。如果 Alice 想在×基中工作,并希望传达一个$|1\rangle$,她会发送一个$|\nwarrow\rangle$。同样,如果 Alice 发送$|\uparrow\rangle$,且 Bob 在+基上测量$|\uparrow\rangle$,他应该记录一个$|1\rangle$。这对于基本状态来说很好,但是叠加呢？如果 Bob 使用+基测量光子,他只会看到$|\rightarrow\rangle$或$|\uparrow\rangle$。如果 Alice 发送$|\nearrow\rangle$,且 Bob 在+基上测量它会怎样？那么,它将处于状态的叠加状态

$$|\nearrow\rangle=\frac{1}{\sqrt{2}}|\uparrow\rangle,\frac{1}{\sqrt{2}}|\rightarrow\rangle \tag{9.14}$$

换句话说,经过测量,Bob 有 50-50 的机会记录$|0\rangle$或$|1\rangle$。同样,Alice 可以使用×基,打算发送$|0\rangle$,而 Bob 有 50-50 的机会记录$|1\rangle$和 50-50 的机会记录$|0\rangle$。总共有四种可能的叠加态:

- $|\nwarrow\rangle$相对于+基，将有叠加态$\frac{1}{\sqrt{2}}|\uparrow\rangle-\frac{1}{\sqrt{2}}|\rightarrow\rangle$。
- $|\nearrow\rangle$相对于+基，将有叠加态$\frac{1}{\sqrt{2}}|\uparrow\rangle+\frac{1}{\sqrt{2}}|\rightarrow\rangle$。
- $|\uparrow\rangle$相对于×基，将有叠加态$\frac{1}{\sqrt{2}}|\nearrow\rangle+\frac{1}{\sqrt{2}}|\nwarrow\rangle$。
- $|\rightarrow\rangle$相对于×基，将有叠加态$\frac{1}{\sqrt{2}}|\nearrow\rangle-\frac{1}{\sqrt{2}}|\nwarrow\rangle$。

练习 9.2.1 根据这两个基，计算出$|\leftarrow\rangle$，$|\downarrow\rangle$，$|\swarrow\rangle$和$|\searrow\rangle$。

有了这些词汇和两个基固有的不确定性，Alice 和 Bob 已经准备好开始交流了。以下是执行该协议的步骤。

步骤 1 Alice 首先掷硬币 n 次，以确定要发送哪些经典位；然后，她再掷硬币 n 次，以确定在两个底座中的哪一个基发送这些位；最后，她以适当的基发送那些位。

例如，如果 n 为 12，则可能具有类似如下的内容。

步骤 1：Alice 用一个随机基发送 n 个随机位												
位数	1	2	3	4	5	6	7	8	9	10	11	12
Alice 的随机位	0	1	1	0	1	1	1	0	1	0	1	0
Alice 的随机基	+	+	×	+	+	+	×	+	×	×	×	+
Alice 发送	→	↑	↖	→	↑	↑	↖	→	↖	↗	↖	→
量子通道	⇓	⇓	⇓	⇓	⇓	⇓	⇓	⇓	⇓	⇓	⇓	⇓

(9.15)

步骤 2 当量子比特的序列到达 Bob 时，他不知道 Alice 用哪个基数发送它们，所以，为了确定测量它们的基数，他也掷了 n 次硬币。然后，他继续测量这些随机基数中的量子位。在示例中，可能有类似这样的东西：

步骤 2：Bob 在随机测量中收到 n 个随机位												
位数	1	2	3	4	5	6	7	8	9	10	11	12
Bob 的随机基	×	+	×	×	+	×	+	+	×	×	×	+
Bob 接收	↗	↑	↖	↖	↑	↗	↑	→	↖	↗	↖	→
Bob 接收的位	0	1	1	1	1	0	1	0	1	0	1	0

(9.16)

这里有一个问题：在大约一半时间里，Bob 的基将与 Alice 的相同，在这种情况下，他测量量子比特后的结果将与 Alice 的原始比特相同。然而，在另一半时间里，Bob 的基与 Alice 的不同。在这种情况下，Bob 的测量结果将在大约 50%的情况下与 Alice 的原始比特一致。

编程练习 9.2.1 编写函数来模拟 Alice、Bob 及其交互。**Alice** 应生成两个相同长度的随机位字符串。一个称为 **BitSent**，另一个称为 **SendingBasis**。

Bob 将是一个函数，它生成一个相同长度的随机位字符串，称为 **ReceiveBasis**。

所有这三个位字符串都应该发送到一个名为 **Knuth** 的"全知"函数。此函数必须查看所有三个位，并创建名为 **BitReceived** 的第四个位字符串。这由以下指令定义：

$$\text{BitReceived}[i]=\begin{cases}\text{BitReceived}[i] & \text{SedingBasis}[i]=\text{ReceivingBasis}[i]\\ \text{random}\{0,1\} & \text{其他}\end{cases}\tag{9.17}$$

这个 random{0,1}是量子位坍缩成一位的经典模拟。

Knuth 必须进一步评估 Bob 准确接收的位的百分比。

下面继续执行协议：如果邪恶的 Eve 在窃听，她一定是在读取 Alice 传输的信息，并将这些信息发送给 Bob，如图 9.5 所示。

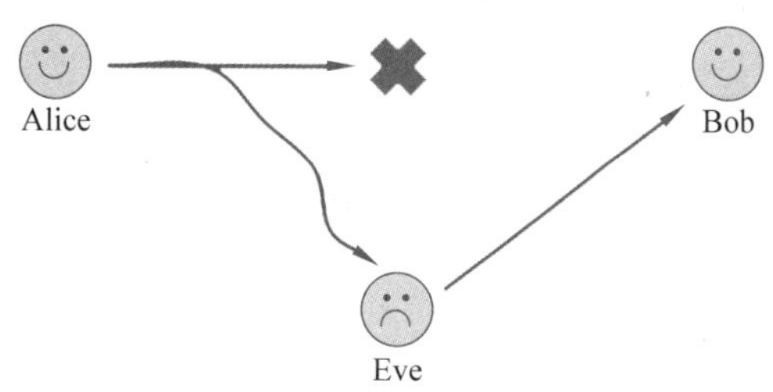

图 9.5　Eve 截断量子线并传输她自己的信息

Eve 也不知道 Alice 在哪个基上发送了每个量子位，所以她必须像 Bob 一样行事。她每次也会掷硬币。如果 Eve 的基与 Alice 的相同，她的测量将是准确的，她将依次把准确的信息发送给 Bob。另一方面，如果她的基与 Alice 的不同，那么她只有 50%的时间会与 Alice 一致。然而，这里有一个问题：量子比特现在已经坍缩到 Eve 的基的两个元素之一。由于无克隆定理，Eve 没有奢侈地复制原始量子位，然后将其发送(在她的探测之后)，所以她只是在观察后发送量子位。现在 Bob 将在错误的基上收到它。他获得 Alice 相同身份的机会有多大？答：他的机会是 50-50[①]。

因此，如果 Eve 拦截并测量发送的每个量子位，她将对 Bob 与 Alice 达成协议的机会产生负面影响。

练习 9.2.2　如果 Eve 经常窃听，请估计 Bob 的比特与 Alice 的比特一致的概率。

通过计算一些简单的统计，可以检测到 Eve 的潜在入侵。这暗示了如何完成 BB84。下面检查一下细节。

Bob 完成对 Qubit 流的解码后，他手中有一个长度为 n 的比特流。Bob 和 Alice 将讨论 n 个比特中哪些是在同一基上发送和接收的。他们可以在公共渠道(例如电话线)上执行此操作。图 9.6 对我们很有帮助。

图 9.6　Alice 和 Bob 在量子通道和公共通道上通信，Eve 窃听

① 事实上，Eve 确实有其他选择。例如，她可以用第三个基"监听"。然而，这种考虑会把我们带得太远。

步骤 3 Bob 和 Alice 公开比较了他们在每一步中使用的基。例如,Bob 可以告诉 Alice ×,+,×,×,…。Alice 回答他什么时候是对的,什么时候不对。每次他们不同意时,Alice 和 Bob 都会画出相应的位。以这种方式进行,直到最后,它们各自都留下了一个在相同基上发送和接收的位的子序列。如果 Eve 没有侦听量子信道,则此子序列应该完全相同。平均而言,此子序列的长度为$\frac{n}{2}$。

步骤 3：Alice 和 Bob 公开比较所用的基

位数	1	2	3	4	5	6	7	8	9	10	11	12
Alice 的随机基	+	+	×	+	+	+	×	+	×	×	×	+
公共通道	⇕	⇕	⇕	⇕	⇕	⇕	⇕	⇕	⇕	⇕	⇕	⇕
Bob 的随机基	×	+	×	×	+	×	+	+	×	×	×	+
哪些是一致的		√	√		√			√	√	√	√	√
共享的密钥		1	1		1			0	1	0	1	0

(9.18)

编程练习 9.2.2 继续最后一次编程练习,编写一个名为 **Knuth2** 的函数,该函数接受所有三位字符串,并创建一个名为 AgreedBits 的位字符串(长度可能更短),它是 **BitSent** 和 **BitReceived** 的子字符串。

但是,如果 Eve 在窃听呢? Alice 和 Bob 还想进行一些入侵检测。他们想知道 Eve(或其他任何人)是否在听。他们通过比较子序列的一些位来做到这一点。

步骤 4 Bob 随机选择$\frac{n}{2}$位中的一半,并公开将它们与 Alice 进行比较。如果比较结果不一致,超过一个非常小的百分比(这可以归因于噪声),他们就知道 Eve 正在监听,然后发送她收到的东西。在这种情况下,他们会毁掉整个序列并尝试其他方法。如果暴露的序列大多相似,则意味着 Eve 具有很强的猜测能力(不可能),或者 Eve 没有在监听。在这种情况下,他们只是划掉了泄露的测试子序列,剩下的就是未公开的秘密私钥。

步骤 4：Alice 和 Bob 公开地比较剩余位的一半

位数	1	2	3	4	5	6	7	8	9	10	11	12
共享的密钥		1	1		1			0	1	0	1	0
随机选择比较			√						√	√		√
公共通道			⇕						⇕	⇕		⇕
共享的密钥		1	1		1			0	1	0	1	0
哪些是一致的			√						√	√		√
未泄露的密钥		1			1			0			1	

(9.18′)

在这个协议中,步骤 3 已经消除了发送的原始量子位的一半。因此,如果从 n 个量子位开始，则在步骤 3 之后只有$\frac{n}{2}$个量子位可用。此外，Alice 和 Bob 在步骤 4 中公开展示了生成的量子位的一半。这给我们留下了$\frac{n}{4}$个原始量子位。不要为此感到不安，因为 Alice 可以根据需要生成她的量子比特流量。因此，如果 Alice 有兴趣发送 m 位密钥，她只需从 $4m$ 量子位流开始。

9.3　量子密钥交换Ⅱ：B92 协议

9.2 节介绍了第一个量子密钥交换协议。Alice 有两个不同的正交基供使用。事实证明，使用两个不同的基是多余的，只要采用一个稍微更行之有效的测量方法。这种简化导致另一个量子密钥分发协议，称为 **B92**。**B** 代表它的发明者 Charles Bennett，92 指出版的年份 1992。

B92 中的主要思想是：Alice 只使用一个非正交基。下面通过以下示例说明这个协议：

$$\{|\rightarrow\rangle \mid \nearrow\rangle\} = \{[1,0]^{\mathrm{T}}, \frac{1}{\sqrt{2}}[1,1]^{\mathrm{T}}\} \tag{9.19}$$

练习 9.3.1　验证这两个向量实际上不是正交的。

在详细讨论之前，需要停下来反思一下。我们知道，所有可观察量都有特征向量的正交基。这意味着，如果考虑非正交基，则没有可观察的特征向量基是我们选择的基。反过来，这意味着没有一个单一的实验，其结果状态恰好是我们的基的成员。换句话说，没有一个实验可用于明确区分基的非正交状态的特定目的。

Alice 设$|\rightarrow\rangle$为 0 和$|\nearrow\rangle$为 1。使用这种语言，可以开始描述这个协议。

步骤 1　Alice 掷硬币 n 次，并用量子信道以适当的极化向 Bob 传输这 n 个随机位。

下面是一个示例。

步骤 1：Alice 使用∠基发送 n 个随机位

位数	1	2	3	4	5	6	7	8	9	10	11	12
Alice 的随机位	0	0	1	0	1	0	1	0	1	1	1	0
Alice 的量子位	→	→	↗	→	↗	→	↗	→	↗	↗	↗	→
量子通道	⇓	⇓	⇓	⇓	⇓	⇓	⇓	⇓	⇓	⇓	⇓	⇓

(9.20)

步骤 2　对于 n 个量子位中的每一个，Bob 以＋基或×基测量接收到的量子位。他掷硬币来确定使用哪个基。可能发生以下几种情况：

如果 Bob 使用＋基并观察到$|\uparrow\rangle$，那他就知道 Alice 一定送来了$|\nearrow\rangle=|1\rangle$，因为如果 Alice 发送了$|\rightarrow\rangle$，Bob 就会收到$|\rightarrow\rangle$。

如果 Bob 使用＋基并观察到$|\rightarrow\rangle$，那他并不清楚 Alice 发送了哪个量子位。她本可以发送一个$|\rightarrow\rangle$，但她也可以发送$|\nearrow\rangle$坍塌到一个$|\rightarrow\rangle$。因为 Bob 有疑问，所以他会省略这一位。

如果 Bob 使用×基并观察到$|\nwarrow\rangle$，那他知道 Alice 一定发送了一个$|\rightarrow\rangle=|0\rangle$，因为如

果 Alice 发了一个|↗⟩,Bob 就会收到一个|↗⟩。

如果 Bob 使用×基并观察到|↗⟩,那他就不清楚 Alice 发送了哪个量子位。她本可以发送一个|↗⟩,但她也可以发送一个|→⟩坍塌到|↗⟩。因为 Bob 有疑问,所以他会省略这一位。

继续这个例子,则有以下内容。

步骤 2: Bob 在一个随机基上接收 n 个随机位												
位数	1	2	3	4	5	6	7	8	9	10	11	12
Alice 的随机位	→	→	↗	→	↗	→	↗	→	↗	↗	↗	→
量子通道	⇓	⇓	⇓	⇓	⇓	⇓	⇓	⇓	⇓	⇓	⇓	⇓
Bob 的随机基	×	+	×	×	+	×	+	+	×	+	×	+
Bob 的观测	↖	→	↗	↖	↑	↖	→	→	↗	↑	↗	→
Bob 接收的位	0	?	?	0	1	0	?	?	?	1	?	?

(9.21)

Bob 可以用两种可能的基来测量。对于每个基,有两种类型的结果。对于这四个结果,一半发送的位是确定的,另一半则是不确定的。Bob 必须忽略不确定的,并隐藏其他的。他必须把这件事告诉 Alice。

步骤 3 Bob 公开告诉 Alice 哪些位是不确定的,他们都忽略这些位。

此时,Alice 和 Bob 知道哪些位是秘密的,所以他们可能会使用这些位。但是,如果他们想检测 Eve 是否在监听,则还有一步。他们可以像 BB84 的步骤 4 一样,牺牲一半的隐藏位并公开比较它们。如果他们在一个比较大的位数上不一致,那么他们知道邪恶的 Eve 一直在做她的恶行,整个位字符串应该被忽略。

编程练习 9.3.1 编写三个函数来模拟 Alice、Bob 及其交互。函数名为 Alice92、Bob92 和 Knuth92。这些函数应该创建执行 B92 协议的位字符串。

9.4 量子密钥交换Ⅲ:EPR 协议

1991 年,Artur K. Ekert 提出一种基于纠缠的完全不同类型的量子密钥分发协议[81]。我们将提供协议的简化版本,然后指向原始版本。

提醒读者,可以将两个量子位置于以下纠缠状态①:

$$\frac{|00\rangle+|11\rangle}{\sqrt{2}} \tag{9.22}$$

$$\frac{|01\rangle+|10\rangle}{\sqrt{2}} \tag{9.23}$$

如第 4 章所述,当任何一个量子位被测量时,它们都将坍塌到相反的值。我们将处理式(9.22)中给出的稍微容易一些的版本。很明显,如果使用式(9.23),那么 Alice 和 Bob 将具

① 在现实世界中,纠缠的对很可能处于某种状态。

有相反的位字符串。但是,如果使用式(9.22)中给出的简化项,它们将共享完全相同的位字符串。

在4.5节中看到,当测量其中一个量子位时,它们都将坍缩到相同的值。

假设Alice想向Bob发送一个密钥。可以生成一系列纠缠的量子比特,并且每个通信器都可以发送其中一对纠缠量子对。当Alice和Bob准备好通信时,他们可以测量各自的量子比特。谁先测量并不重要,因为无论谁先测量,都会将另一个量子位坍塌到相同的随机值。我们完成了! Alice和Bob现在有一个其他人没有的随机位序列。

有更复杂的协议可用于检测窃听者或量子位是否从纠缠中掉落。就像在BB84中一样,可以用两个不同的基测量它,比如×和+,而不是在一个基上测量一个量子位。

按照9.2节的×和+的词汇,我们提出了协议。

步骤1 Alice和Bob各分配了一系列纠缠量子对中的一对。

当他们准备好进行通信时,他们会转到步骤2。

步骤2 Alice和Bob分别选择一个随机的基序列测量他们的粒子。然后,他们在所选的基上测量他们的量子位。

一个可能的例子如下所示。

步骤2:Alice和Bob各自在他们的随机基上测量

位数	1	2	3	4	5	6	7	8	9	10	11	12
Alice的随机位	×	×	+	+	×	+	×	+	+	×	+	×
Alice的观测	↗	↖	→	↑	↗	→	↖	→	→	↗	→	↗
Bob的随机基	×	+	+	×	×	+	+	+	+	×	×	+
Bob的观测	↗	→	→	↗	↗	→	↑	→	→	↗	↖	→

(9.24)

步骤3 Alice和Bob公开比较所使用的基,并仅保留以相同基测量的那些位。

步骤3:Alice和Bob公开比较他们使用的基

位数	1	2	3	4	5	6	7	8	9	10	11	12
Alice的随机基	×	×	+	+	×	+	×	+	+	×	+	×
公共通道	⇕	⇕	⇕	⇕	⇕	⇕	⇕	⇕	⇕	⇕	⇕	⇕
Bob的随机基	×	+	+	×	×	+	+	+	+	×	×	+
哪些是一致的	√		√		√	√		√	√	√		

(9.25)

如果一切正常,Alice和Bob会共享一个完全随机的密钥。但问题可能已经发生。纠缠对可能已经暴露在环境中并被解开[①],或邪恶的Eve可能已经抓住其中一对,测量它们,并发送解开的量子比特。

通过执行BB84的步骤4中所做的工作来解决此问题。Alice或Bob随机选择剩余量

① 纠缠确实是一种挥发性。有关纠缠的进一步讨论,以及当它暴露在环境中时会发生什么,请参阅第11章。

子位的一半，并公开比较这些位（而不是基）。如果他们是一致的，那么最后四分之一的隐藏量子比特可能是好的。如果超过一小部分人不同意（来自噪声），那么我们必须怀疑 Eve 的邪恶行为，友好的通信双方必须抛弃整个序列。

Ekert 的原始协议甚至更加复杂。对于步骤 2，不是在两个不同的基中测量量子位，而是在三个不同的基中测量它们。与 BB84 一样，Alice 和 Bob 将公开比较他们测量序列的一半结果，以检测量子位是否仍然纠缠在一起。然后，他们将对结果进行某些测试，以确定它们是否仍然纠缠在一起。如果没有，那么他们就会扔掉整个序列。

他们将进行的测试基于约翰·贝尔著名的贝尔不等式[①]，这是量子力学基础的核心。

贝尔不等式是描述在两个粒子的三个不同基上的测量结果的一种方式。如果粒子彼此独立，就像经典物体一样，那么测量将满足不等式。如果粒子不是彼此独立的，即它们是纠缠的粒子，那么贝尔不等式就会失效。

Ekert 提议使用贝尔不等式测试 Alice 和 Bob 的位序列，以确保当它们被测量时，它们实际上是纠缠在一起的。这是通过公开比较序列中随机选择的部分完成的。我们将研究粒子自旋的三个可能方向 x，y 和 z 之一。如果序列的泄露部分尊重贝尔不等式，那么我们知道量子比特不是纠缠的（即独立的），它们的行为就像经典对象一样。在这种情况下，我们扔掉整个序列并重新开始。如果泄露的部分不符合贝尔不等式，那么我们可以假设整个序列是在量子纠缠状态下测量的，因此序列仍然是私有的。

9.5 量子隐形传态

在 9.4 节中，我们成为处理纠缠量子比特的专家。我们希望利用这些专业知识执行量子隐形传态。

定义 9.5.1 量子隐形传态是任意量子位的状态从一个位置转移到另一个位置的过程。

重要的是要认识到，在本节中描述的不是科幻小说。量子隐形传态已经在实验室中进行了。隐形传态的未来确实值得期待。

回想一下，在 5.4 节中，我们遇到了无克隆定理，该定理指出我们无法复制任意量子位的状态。这意味着，当原始量子位的状态被传送到另一个位置时，原始量子位的状态必然会被破坏。如无克隆定理的限制所述，移动是可能的，复制是不可能的。

在继续讨论协议之前，必须做一些准备工作。可以发现，使用巧妙选择的非规范基并在规范基和非规范基之间切换对我们是有帮助的。在使用单个量子比特时，我们使用规范基

$$\{|0\rangle, |1\rangle\} \tag{9.26}$$

和非规范基

$$\left\{\frac{|0\rangle+|1\rangle}{\sqrt{2}}, \frac{|0\rangle-|1\rangle}{\sqrt{2}}\right\} \tag{9.27}$$

隐形传态算法将与两个纠缠的量子位一起工作，一个由 Alice 持有，另一个由 Bob 持

---

① 事实上，计算机科学的先驱之一 George Boole 就注意到了描述经典独立对象的类似不等式。Boole 称它们为“可能的经验条件”。

有。这个四维空间的明显规范基是

$$\{|0_A0_B\rangle, |0_A1_B\rangle, |1_A0_B\rangle, |1_A1_B\rangle\} \tag{9.28}$$

非规范基,称为贝尔基,以纪念约翰·贝尔,它由以下四个向量组成。

$$|\psi^+\rangle = \frac{|0_A1_B\rangle + |1_A0_B\rangle}{\sqrt{2}} \tag{9.29}$$

$$|\psi^-\rangle = \frac{|0_A1_B\rangle - |1_A0_B\rangle}{\sqrt{2}} \tag{9.30}$$

$$|\phi^+\rangle = \frac{|0_A0_B\rangle + |1_A1_B\rangle}{\sqrt{2}} \tag{9.31}$$

$$|\phi^-\rangle = \frac{|0_A0_B\rangle - |1_A1_B\rangle}{\sqrt{2}} \tag{9.32}$$

这个基中的每个向量都是纠缠在一起的。

为了证明这些向量形成一个基,必须证明它们是线性独立的(我们把它留给读者),并且$\mathbb{C}^2\otimes\mathbb{C}^2$中的每个向量都可以写成贝尔基的向量的线性组合。我们没有针对$\mathbb{C}^2\otimes\mathbb{C}^2$中的每个向量显示它,而是表明对于$\mathbb{C}^2\otimes\mathbb{C}^2$的规范基中的每个向量都如此:

$$|0_A0_B\rangle = \frac{1}{\sqrt{2}}(|\phi^+\rangle + |\phi^-\rangle) \tag{9.33}$$

$$|1_A1_B\rangle = \frac{1}{\sqrt{2}}(|\phi^+\rangle - |\phi^-\rangle) \tag{9.34}$$

$$|0_A1_B\rangle = \frac{1}{\sqrt{2}}(|\psi^+\rangle + |\psi^-\rangle) \tag{9.35}$$

$$|1_A0_B\rangle = \frac{1}{\sqrt{2}}(|\psi^+\rangle - |\psi^-\rangle) \tag{9.36}$$

因为$\mathbb{C}^2\otimes\mathbb{C}^2$中的每个向量都是规范基向量的线性组合,而每个规范基向量都是贝尔基向量的线性组合,所以所有贝尔基实际上是一个基。贝尔基向量是如何形成的?在二维情况下,我们看到非规范基的元素可以使用 Hadamard 矩阵形成。记住,$\boldsymbol{H}$ 执行以下操作:

$$|0\rangle \mapsto \frac{|0\rangle + |1\rangle}{\sqrt{2}} \text{ 和 } |0\rangle \mapsto \frac{|0\rangle - |1\rangle}{\sqrt{2}} \tag{9.37}$$

在四维情况下,需要一些更复杂的东西:

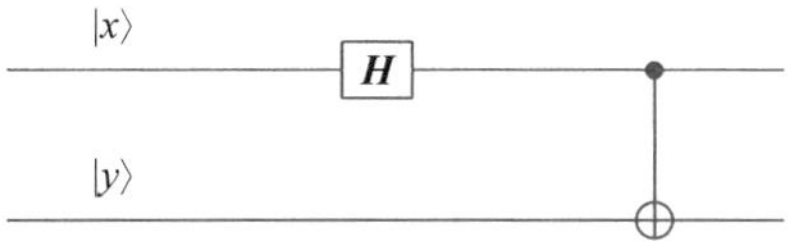

$|x\rangle$ —[$\boldsymbol{H}$]—●—

$|y\rangle$ ————————⊕— (9.38)

很容易看出,这个具有适当输入的量子电路创造了贝尔基的元素。

$$|00\rangle \mapsto |\phi^+\rangle, |01\rangle \mapsto |\psi^+\rangle, |10\rangle \mapsto |\phi^-\rangle, |11\rangle \mapsto |\psi^-\rangle \tag{9.39}$$

现在,我们的工具箱中有足够的工具来推进量子隐形传态协议。Alice 有一个量子位$|\psi\rangle = \alpha|0\rangle + \beta|1\rangle$处于任意状态,她想传送给 Bob。

步骤 1 两个纠缠的量子位形成$|\Phi^+\rangle$,一个给了 Alice,一个给了 000。

可以将这三个量子位设想为三条线。

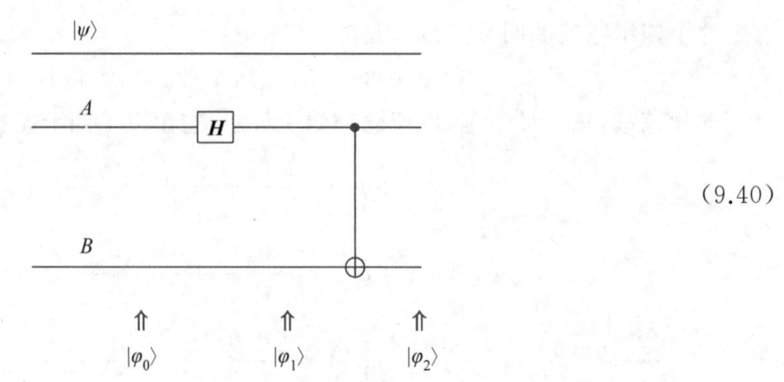

(9.40)

前两条线在 Alice 的手中，底线在 Bob 的手中。状态如下。

$$|\varphi_0\rangle=|\psi\rangle\otimes|0_A\rangle\otimes|0_B\rangle=|\psi\rangle\otimes|0_A0_B\rangle \tag{9.41}$$

$$|\varphi_1\rangle=|\psi\rangle\otimes\frac{|0_A\rangle+|1_A\rangle}{\sqrt{2}}\otimes|0_B\rangle \tag{9.42}$$

$$\begin{aligned}|\varphi_2\rangle&=|\psi\rangle\otimes|\phi^+\rangle=|\psi\rangle\otimes\frac{|0_A0_B\rangle+|1_A1_B\rangle}{\sqrt{2}}\\&=(\alpha|0\rangle+\beta|1\rangle)\otimes\frac{|0_A0_B\rangle+|1_A1_B\rangle}{\sqrt{2}}\\&=\frac{\alpha|0\rangle(|0_A0_B\rangle+|1_A1_B\rangle)+\alpha|1\rangle(|0_A0_B\rangle+|1_A1_B\rangle)}{\sqrt{2}}\end{aligned} \tag{9.43}$$

步骤 2 Alice 让她的$|\psi\rangle$与她的纠缠量子比特互动。下图显示了步骤 1～步骤 3。

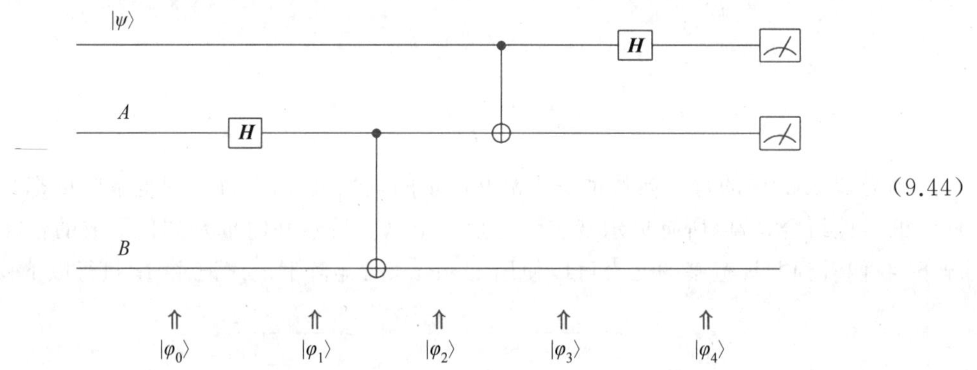

(9.44)

我们有

$$|\varphi_3\rangle=\frac{\alpha|0\rangle(|0_A0_B\rangle+|1_A1_B\rangle)+\beta|1\rangle(|1_A0_B\rangle+|0_A1_B\rangle)}{\sqrt{2}}$$

$$\begin{aligned}|\varphi_4\rangle&=\frac{1}{2}(\alpha(|0\rangle+|1\rangle)(|0_A0_B\rangle+|1_A1_B\rangle)+\beta(|0\rangle-|1\rangle)(|1_A0_B\rangle+|0_A1_B\rangle)\\&=\frac{1}{2}(\alpha(|000\rangle+|011\rangle+|100\rangle+|111\rangle)+\beta(|010\rangle+|001\rangle-|110\rangle-|101\rangle))\end{aligned} \tag{9.45}$$

根据$|xy\rangle$重新组合三元组$|xyz\rangle$，这是 Alice 拥有的，我们有

$$|\varphi_4\rangle=\frac{1}{2}(|00\rangle(\alpha|0\rangle+\beta|1\rangle)+|01\rangle(\beta|0\rangle+\alpha|1\rangle)$$

$$+|10\rangle(\alpha|0\rangle-\beta|1\rangle)+|11\rangle(-\beta|0\rangle+\alpha|1\rangle) \tag{9.46}$$

因此，三个量子位的系统现在处于四种可能状态的叠加状态。

步骤3 Alice测量她的两个量子位，并确定系统崩溃到四种可能状态中的哪一种。

目前，Alice测量了她的两个量子位；所有三个量子位都坍缩成四种可能性之一。因此，如果Alice测量$|10\rangle$，则第三个量子位处于$\alpha|0\rangle-\beta|1\rangle$状态。

有以下两个问题需要处理：

(a) Alice知道这种状态，但Bob不知道。

(b) Bob的$\alpha|0\rangle-\beta|1\rangle$，而不是所需的$\alpha|0\rangle+\beta|1\rangle$。这两个问题都可以通过步骤4来解决。

步骤4 Alice将她的两个位（不是量子位）的副本发送给Bob，Bob使用该信息实现所需的状态$|\psi\rangle$。

换句话说，如果Bob从Alice那里收到$|01\rangle$，他就知道自己的量子比特处于以下状态：

$$\alpha|0\rangle-\beta|1\rangle=\begin{bmatrix}\alpha\\-\beta\end{bmatrix} \tag{9.47}$$

因此，Bob应该使用以下矩阵作用于他的量子比特：

$$\begin{bmatrix}1&0\\0&-1\end{bmatrix}\begin{bmatrix}\alpha\\-\beta\end{bmatrix}=\begin{bmatrix}\alpha\\\beta\end{bmatrix}=\alpha|0\rangle+\beta|1\rangle=|\psi\rangle \tag{9.48}$$

具体来说，Bob在收到Alice的信息后，必须应用以下矩阵。

Bob的重构矩阵

接收的位	$\|00\rangle$	$\|01\rangle$	$\|10\rangle$	$\|11\rangle$
矩阵应用	$\begin{bmatrix}1&0\\0&1\end{bmatrix}$	$\begin{bmatrix}0&1\\1&0\end{bmatrix}$	$\begin{bmatrix}1&0\\0&-1\end{bmatrix}$	$\begin{bmatrix}0&1\\-1&0\end{bmatrix}$

(9.49)

应用矩阵后，Bob将拥有与Alice相同的量子位。

以下时空图对我们可能会有所帮助。我们使用的约定是，直线箭头对应位的移动，弯曲箭头对应移动中的量子位。

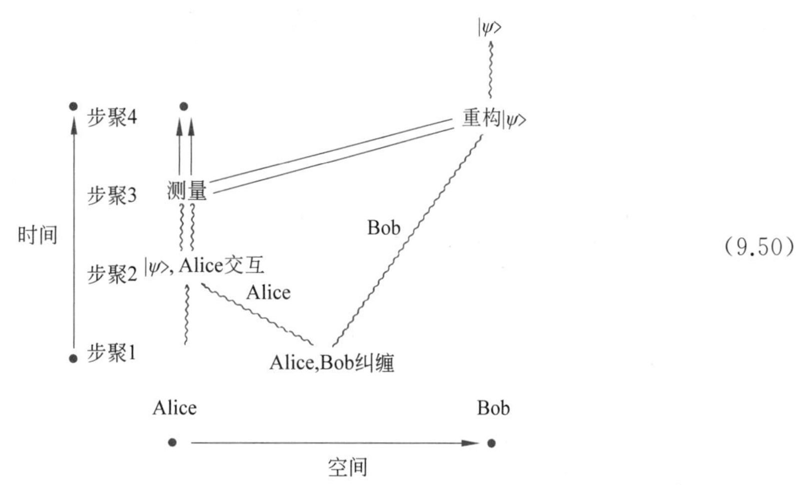

(9.50)

注意，$|\psi\rangle$从Alice拥有的左下角移动到Bob拥有的右上角。任务完成！关于该协议，

应该提出以下几点。

- Alice 不再拥有$|\psi\rangle$。她只有两个经典的比特位。
- 正如我们所看到的，要“传送”单个量子粒子，Alice 必须发送两个经典位。如果不收到它们，Bob 就无法知道他拥有什么。这些经典位沿着经典通道行进，因此它们以有限的速度(小于光速)传播。纠缠，尽管它具有无可争议的魔力，但并不会让你以比光速更快的速度进行交流。爱因斯坦的相对论不允许这种交流。
- 他们可以有一个无限的十进制扩展。然而，这潜在的无限量的信息仅通过两个比特就从 Alice 传递到了宇宙中的 Bob。然而，重要的是要意识到这种潜在的无限量的信息作为量子比特传递，对 Bob 毫无用处。一旦他测量了量子比特，它就会缩到一位。
- 有人可能争辩说，调用上述所有隐形传态有点牵强。事实上，根本没有任何粒子被移动。然而，从量子力学和物理学的角度看，两个具有完全相同量子态的粒子是不可区分的，因此可以被视为相同的粒子。如果像柯克船长一样配置到最细微的细节，那么你就是柯克船长!

练习 9.5.1 Eve 呢? 她当然可以利用古典频道并抢夺两个位。但这对她有用吗?

练习 9.5.2 Alice 使用$|\Phi^{+}\rangle$缠住她的$|\psi\rangle$。她可以很容易地使用其他三个贝尔向量中的任何一个。计算出她是否使用了$|\Phi^{-}\rangle$。

参考文献:

关于经典密码学的综合文本是 Schneier 的著作[83]。有关更数学化的处理，请参阅 Koblitz 的著作[79]。量子密码学的一般介绍可以在 Lomonaco 的文章[84]中找到。

BB84 在 Bennett 和 Brassard 的 1984 年的文章[80]中首次被描述。**B92** 首次在 Bennett 1992 年发表的文章[85]中介绍。**EPR** 协议在 Ekert 1991 年的文章[81]中首次被描述。

量子密码学的简短历史可以在 Brassard 和 Crepeau 1996 年的文章[86]中找到。Buchmann 等从经典的加密学角度描述了量子密码学[87]。量子隐形传态首次出现在 Bennett 和 Brassard 等 1993 发表的文章[88]中。

第10章

信　息　论

我发现我所掌握的很大一部分信息是通过查找某些东西并在途中找到其他东西而获得的。

——富兰克林·亚当斯

本章的主题是量子信息,即量子世界中的信息。这里介绍的材料是量子计算范围内各个领域的核心,例如第9章中描述的量子密码学和本章的量子数据压缩。量子信息扩展和修订了经典信息论中发展的概念,因此有必要对信息的数学概念进行简要回顾。

在10.1节中,我们回顾了经典信息论的基础知识。10.2节概括了这项工作,以获得量子信息理论。10.3节讨论了经典和量子数据压缩。最后,我们用10.4节纠错码来结束本章。

10.1　经典信息和香农熵

什么是真正的信息?20世纪40年代中期,美国数学家克劳德·香农(Claude Shannon)着手在坚实的基础上建立信息数学理论。为了看到这一点,我们使用Alice和Bob。Alice和Bob正在交换消息。假设Alice只能发送由字母A、B、C和D编码的四种不同消息中的一种。

这里,这四个字母的含义如下。

符号	意义
A	我现在感到难过
B	我现在很生气
C	我现在觉得很幸福
D	我现在觉得无聊

(10.1)

Bob是一个细心的倾听者,所以他跟踪每个字母的频率。通过观察来自Alice的N条连续消息,他报告了以下内容:A出现N_A次,B出现N_B次,C出现N_C次,D出现N_D次,其中$N_A+N_B+N_C+N_D=N$。Bob得出结论,每个字母出现的概率由式(10.2)给出。

$$p(\mathrm{A})=\frac{N_\mathrm{A}}{N},p(\mathrm{B})=\frac{N_\mathrm{B}}{N},p(\mathrm{C})=\frac{N_\mathrm{C}}{N},p(\mathrm{D})=\frac{N_\mathrm{D}}{N} \tag{10.2}$$

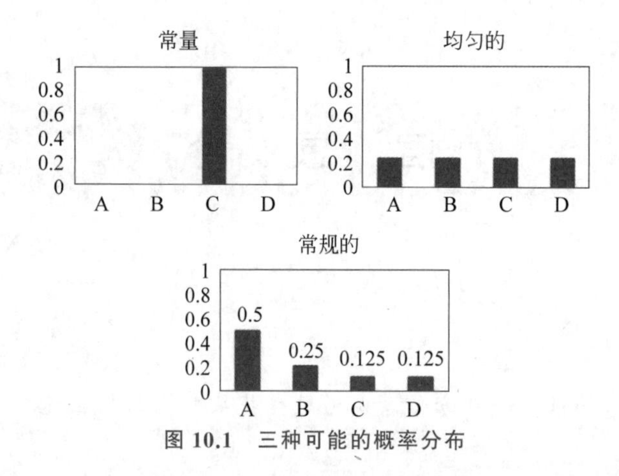

图 10.1 三种可能的概率分布

通常将每个基本符号与其概率相关联的表称为源的**概率分布函数**(简称 pdf)。当然,概率分布可能有不同的形状(见图 10.1)。例如,Alice 可能总是很高兴(或者至少对 Bob 这么说),所以 pdf 看起来像

$$p(\mathrm{A})=\frac{0}{N}=0, p(\mathrm{B})=\frac{0}{N}=0, p(\mathrm{C})=\frac{N}{N}=1, p(\mathrm{D})=\frac{0}{N}=0 \tag{10.3}$$

这样的 pdf 被称为**常量分布**。在这种情况下,Bob 肯定知道,他从 Alice 那里得到的下一个符号将是 C。按理说,在这种情况下,C 不会带来任何新信息:它的信息内容为零。在光谱的另一边,假设 Alice 非常喜怒无常,事实上,就她的情绪状态而言,她是完全不可预测的。那么,pdf 将如下所示。

$$p(\mathrm{A})=\frac{1}{4}, p(\mathrm{B})=\frac{1}{4}, p(\mathrm{C})=\frac{1}{4}, p(\mathrm{D})=\frac{1}{4} \tag{10.4}$$

这样的 pdf 被称为**均匀分布**。在这种情况下,当 Bob 从 Alice 那里观察到新符号时,他将获得信息,实际上是这个有限的字母表可以传达的最大信息量。这两种情况只是无数其他情况中的两个极端。例如,pdf 可能看起来像

$$p(\mathrm{A})=\frac{1}{2}, p(\mathrm{B})=\frac{1}{4}, p(\mathrm{C})=\frac{1}{8}, p(\mathrm{D})=\frac{1}{8} \tag{10.5}$$

很明显,这种一般情况在其他两者之间,从某种意义上说,其结果不如常量 pdf 提供的结果确定,但比均匀分布的 pdf 更确定。

我们刚刚发现了不确定性和信息之间的深层联系。结果越不确定,Bob 通过知道结果获得的信息就越多。Bob 事先可以预测的并不重要:只有新颖性才能带来信息[①]! 均匀的概率分布代表了结果的最大不确定性:一切都可能以相同的可能性发生;同样,它的信息量也是最大的。

现在,我们需要什么就变得很清楚了:一种量化给定概率分布中不确定性量的方法。香农在经典统计热力学的基础上精确地引入了这样一个度量。

定义 10.1.1 具有概率分布 $\{p_i\}$ 的源的香农熵是数量

$$H_s=-\sum_{i=1}^{n} p_i \times \log_2(p_i)=\sum_{i=1}^{n} p_i \times \log_2\left(\frac{1}{p_i}\right) \tag{10.6}$$

① 毕竟,这只是常识。如果事先知道日报的内容,你会费心阅读日报吗?

如果已采用约定：$0\times\log_2(0)=0$。[1]

注意：减号用于确保熵始终为正或为零，如以下练习所示。

练习 10.1.1　证明香农熵始终为正或为零。

为什么我们应该相信式(10.6)确实捕捉到了源的不确定性？更好的方法是为上述每种情况计算 H。下面计算常数 pdf 的熵：

$$\begin{aligned}H_s &= -0\times\log_2(0)-0\times\log_2(0)-1\times\log_2(1)-0\times\log_2(0)\\ &= -\log_2(1)=0\end{aligned}\tag{10.7}$$

正如我们看到的，熵尽可能低，如我们所期望的那样。当熵为零时，意味着源中绝对没有不确定性。下面转到均匀分布的 pdf：

$$\begin{aligned}H_s &= -\frac{1}{4}\times\log_2\left(\frac{1}{4}\right)-\frac{1}{4}\times\log_2\left(\frac{1}{4}\right)-\frac{1}{4}\times\log_2\left(\frac{1}{4}\right)-\frac{1}{4}\times\log_2\left(\frac{1}{4}\right)\\ &= -\log_2\left(\frac{1}{4}\right)=2\end{aligned}\tag{10.8}$$

这是有道理的。毕竟，因为 Bob 没有真正的先前信息，所以他需要不少于两位的信息来描述正在发送给他的字母。

现在的一般情况：

$$H_s=-\frac{1}{2}\times\log_2\left(\frac{1}{2}\right)-\frac{1}{4}\times\log_2\left(\frac{1}{4}\right)-\frac{1}{8}\times\log_2\left(\frac{1}{8}\right)-\frac{1}{8}\times\log_2\left(\frac{1}{8}\right)=1.75\tag{10.9}$$

因此，我们已经验证了，至少对于前面的例子，熵公式确实对系统的不确定性量进行了分类。

练习 10.1.2　创建第四个场景，该场景严格介于式(10.9)中的常规分布的和均匀分布的 pdf 之间。换句话说，确定四符号源的 pdf，其熵验证 $1.75<H<2$。

练习 10.1.3　查找四符号源的 pdf，以便熵小于 1，但严格为正。

综上所述，可以将上述内容概括为以下两个互补的口号。

更大的熵意味着更大的不确定性
更大的熵意味着更多的信息

(10.10)

编程练习 10.1.1　编写一个简单的程序，让用户选择源字母表有多少个字母，然后输入概率分布。程序应该可视化它，并计算它的香农熵。

10.2　量子信息与冯·诺依曼熵

10.1 节讨论了经典信息的传输，即可以编码为比特流的信息。我们现在要研究，当我们关注发射量子比特流的源时，事情会在多大程度上发生变化。

---

[1] 精通微积分的读者会很快认识到这个约定的合理性：当 x 接近零时，函数 $y=x\ \log_2(x)$ 的极限为零。还有另一个更哲学的动机：如果一个符号从未被发送，它对熵计算的贡献应该是零。

事实证明，有一种熵的量子类似物，称为冯·诺依曼熵。正如香农熵测量经典系统中的阶数一样，冯·诺依曼熵将测量给定量子系统中的阶数。让我们首先设置量子场景。Alice在$\mathbb{C}^m$中选择了一组归一化状态作为她的量子字母表：

$$\{|w_1\rangle, |w_2\rangle, \cdots, |w_n\rangle\} \tag{10.11}$$

如果 Alice 希望通知 Bob 她的情绪，就像 10.1 节一样，她可以在某个状态空间中选择四个规范化状态。即使是单个量子位空间，也相当宽敞(有无限多不同的量子位)，所以她可以选择以下集合：

$$\left\{|A\rangle=|0\rangle, |B\rangle=|1\rangle, |C\rangle=\frac{1}{\sqrt{2}}|0\rangle+\frac{1}{\sqrt{2}}|1\rangle, |D\rangle=\frac{1}{\sqrt{2}}|0\rangle-\frac{1}{\sqrt{2}}|1\rangle\right\} \tag{10.12}$$

注意，Alice 不必选择一组正交状态，它们只需要是不同的。

现在，假设 Alice 向 Bob 发送了她的状态与概率

$$p(|w_1\rangle)=p_1, p(|w_2\rangle)=p_2, \cdots, p(|w_n\rangle)=p_n \tag{10.13}$$

可以与上表关联一个线性算子，该算子称为密度算子[①]，由以下表达式定义：

$$\boldsymbol{D}=p_1|w_1\rangle\langle w_1|+p_2|w_2\rangle\langle w_2|+\cdots+p_n|w_n\rangle\langle w_n| \tag{10.14}$$

D 看起来不像我们迄今为止遇到的任何东西。它是基本表达式的加权和，形式为$|w\rangle\langle w|$，即 bra 及其相关 ket 的产品。为了了解 **D** 的实际作用，首先研究其构建块的运作方式。$|w_i\rangle\langle w_i|$通过以下方式作用于 ket 向量$|v\rangle$：

$$|w_i\rangle\langle w_i|(|v\rangle)=(\langle w_i|v\rangle)|w_i\rangle \tag{10.15}$$

简言之，将$|w_i\rangle\langle w_i|$应用于通用 ket$|v\rangle$的结果只是将$|v\rangle$投影到$|w_i\rangle$上，如图 10.2 所示。投影的长度是标量积$\langle w_i|v\rangle$(事实上，在这里所有使用的 w_i 都归一化)。

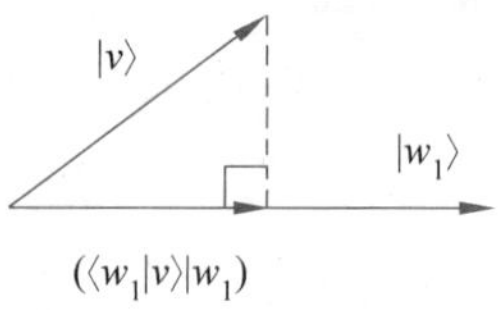

图 10.2 $|v\rangle$投影到$|w\rangle$

练习 10.2.1 假设 Alice 始终只发送一个向量，例如 w_1。显示本例中的 **D** 看起来像$|w_1\rangle\langle w_1|$。

现在我们知道每个组件如何作用于 ket，因此不难理解 **D** 的整个作用。它作用于左侧的 ket 向量

$$\boldsymbol{D}|v\rangle=p_1\langle w_1|v\rangle|w_1\rangle+p_2\langle w_2|v\rangle|w_2\rangle+\cdots+p_n\langle w_n|v\rangle|w_n\rangle \tag{10.16}$$

换句话说，**D** 是在$|w_i\rangle$上的所有投影的总和，按它们各自的概率加权。

练习 10.2.2 证明我们刚才描述的动作使 **D** 成为 ket 上的线性运算(检查它是否保留了和，以及标量乘法的特性)。

由于 **D** 现在是 ket 空间上的合法线性算子，因此一旦指定了基，它就可以用矩阵表示。下面是一个示例。

例 10.2.1 令$|w_1\rangle=\frac{1}{\sqrt{2}}|0\rangle+\frac{1}{\sqrt{2}}|1\rangle$，$|w_2\rangle=\frac{1}{\sqrt{2}}|0\rangle-\frac{1}{\sqrt{2}}|1\rangle$，假设发送$|w_1\rangle$的概率为

① 密度算子的起源在于统计量子力学。到目前为止，假设量子系统处于明确定义的状态，那么我们迄今为止所呈现的形式主义是有效的。现在，在研究量子粒子的大型集合时，我们最多可以假设的是，我们知道单个粒子的量子态的概率分布，即我们知道随机选择的粒子将处于状态$|w_1\rangle$，概率为 p_1，以此类推。

$p_1=\frac{1}{4}$,发送$|w_2\rangle$的概率为 $p_2=\frac{3}{4}$。请在标准基中描述相应的密度矩阵。为了做到这一点,只计算 **D** 对两个基向量的影响即可:

$$\begin{aligned}\boldsymbol{D}(|0\rangle) &= \frac{1}{4}\langle w_1|0\rangle|w_1\rangle+\frac{3}{4}\langle w_2|0\rangle|w_2\rangle=\left(\frac{1}{4}\frac{1}{\sqrt{2}}\right)|w_1\rangle+\left(\frac{3}{4}\frac{1}{\sqrt{2}}\right)|w_2\rangle \\ &= \frac{1}{4\sqrt{2}}\left(\frac{1}{\sqrt{2}}|0\rangle+\frac{1}{\sqrt{2}}|1\rangle\right)+\frac{3}{4\sqrt{2}}\left(\frac{1}{\sqrt{2}}|0\rangle-\frac{1}{\sqrt{2}}|1\rangle\right) \\ &= \left(\frac{1}{8}|0\rangle+\frac{3}{8}|0\rangle\right)+\left(\frac{1}{8}|1\rangle-\frac{3}{8}|1\rangle\right)=\frac{1}{2}|0\rangle-\frac{1}{4}|1\rangle \end{aligned}\tag{10.17}$$

$$\begin{aligned}\boldsymbol{D}(|1\rangle) &= \frac{1}{4}\langle w_1|1\rangle|w_1\rangle+\frac{3}{4}\langle w_2|1\rangle|w_2\rangle=\left(\frac{1}{4}\frac{1}{\sqrt{2}}\right)|w_1\rangle-\left(\frac{3}{4}\frac{1}{\sqrt{2}}\right)|w_2\rangle \\ &= \frac{1}{4\sqrt{2}}\left(\frac{1}{\sqrt{2}}|0\rangle+\frac{1}{\sqrt{2}}|1\rangle\right)-\frac{3}{4\sqrt{2}}\left(\frac{1}{\sqrt{2}}|0\rangle-\frac{1}{\sqrt{2}}|1\rangle\right) \\ &= \left(\frac{1}{8}|0\rangle-\frac{3}{8}|0\rangle\right)+\left(\frac{1}{8}|1\rangle+\frac{3}{8}|1\rangle\right)=-\frac{1}{4}|0\rangle+\frac{1}{2}|1\rangle \end{aligned}\tag{10.18}$$

密度矩阵

$$\boldsymbol{D}=\begin{bmatrix}\frac{1}{2} & -\frac{1}{4}\\ -\frac{1}{4} & \frac{1}{2}\end{bmatrix}\tag{10.19}$$

练习 10.2.3 写出在等式(10.12)中字母表的密度矩阵,其中

$$p(|A\rangle)=\frac{1}{2},p(|B\rangle)=\frac{1}{6},p(|C\rangle)=\frac{1}{6},p(|D\rangle)=\frac{1}{6}\tag{10.20}$$

D 也使用镜像配方作用于右侧的 bra 向量:

$$\langle v|\boldsymbol{D}=p_1\langle v|w_1\rangle\langle w_1|+p_2\langle v|w_2\rangle\langle w_2|+\cdots+p_n\langle v|w_n\rangle\langle w_n|\tag{10.21}$$

我们刚刚发现,D 可以同时在 bra 和 ket 上进行操作,这表明我们将左右两侧的动作一次性结合在了一起。给定任何状态$|v\rangle$,可以形成

$$\langle v|\boldsymbol{D}|v\rangle=p_1|\langle v|w_1\rangle|^2+p_2|\langle v|w_2\rangle|^2+\cdots+p_n|\langle v|w_n\rangle|^2\tag{10.22}$$

数字$\langle v|\boldsymbol{D}|v\rangle$的含义一会儿将会显现。假设 Alice 发送一个状态,Bob 执行一个测量,其可能的结果是正交状态集

$$\{|v_1\rangle,|v_2\rangle,\cdots,|v_n\rangle\}\tag{10.23}$$

下面计算 Bob 观察到状态$|v_i\rangle$的概率。Alice 发送概率为 p_1 的$|w_1\rangle$。每次 Bob 收到$|w_1\rangle$时,结果为$|v_i\rangle$的概率正好为$|\langle v_i|w_1\rangle|^2$。因此,$p_1|\langle v_i|w_1\rangle|^2$ 是 Alice 发送$|w_1\rangle$,而 Bob 观察到$|v_i\rangle$的概率。对于$|w_2\rangle,|w_3\rangle,\cdots,|w_n\rangle$也是如此。结论:$\langle v_i|\boldsymbol{D}|v_i\rangle$是 Bob 看到$|v_i\rangle$无论 Alice 向他发送了哪个状态的概率。

例 10.2.2 假设 Alice 有一个量子字母表,该字母表仅由两个符号组成,即向量

$$|w_1\rangle=\frac{1}{\sqrt{2}}|0\rangle+\frac{1}{\sqrt{2}}|1\rangle\tag{10.24}$$

和

$$|w_2\rangle=|0\rangle \tag{10.25}$$

注意，与示例 10.2.1 不同，此处的两种状态不是正交的。Alice 发送$|w_1\rangle$带有频率$p_1=\frac{1}{3}$，而$|w_2\rangle$带有频率 $p_2=\frac{2}{3}$。Bob 使用标准基础$\{|0\rangle,|1\rangle\}$进行测量。

密度运算为

$$\boldsymbol{D}=\frac{1}{3}|w_1\rangle\langle w_1|+\frac{2}{3}|w_2\rangle\langle w_2| \tag{10.26}$$

让我们在标准基上写下密度矩阵：

$$\boldsymbol{D}(|0\rangle)=\frac{1}{3\sqrt{2}}\left(\frac{1}{\sqrt{2}}|0\rangle+\frac{1}{\sqrt{2}}|1\rangle\right)+\frac{2}{3}|0\rangle=\frac{5}{6}|0\rangle+\frac{1}{6}|1\rangle \tag{10.27}$$

$$\boldsymbol{D}(|1\rangle)=\frac{1}{3\sqrt{2}}\left(\frac{1}{\sqrt{2}}|0\rangle+\frac{1}{\sqrt{2}}|1\rangle\right)+0|0\rangle=\frac{1}{6}|0\rangle+\frac{1}{6}|1\rangle \tag{10.28}$$

因此，密度矩阵

$$\boldsymbol{D}=\begin{bmatrix}\frac{5}{6} & \frac{1}{6}\\ \frac{1}{6} & \frac{1}{6}\end{bmatrix} \tag{10.29}$$

现在可以计算$\langle 0|\boldsymbol{D}|0\rangle$和$\langle 1|\boldsymbol{D}|1\rangle$：

$$\langle 0|\boldsymbol{D}|0\rangle=[1,0]\begin{bmatrix}\frac{5}{6} & \frac{1}{6}\\ \frac{1}{6} & \frac{1}{6}\end{bmatrix}\begin{bmatrix}1\\0\end{bmatrix}=\frac{5}{6} \tag{10.30}$$

$$\langle 1|\boldsymbol{D}|1\rangle=[0,1]\begin{bmatrix}\frac{5}{6} & \frac{1}{6}\\ \frac{1}{6} & \frac{1}{6}\end{bmatrix}\begin{bmatrix}0\\1\end{bmatrix}=\frac{1}{6} \tag{10.31}$$

如果计算香农熵相对于这个基，可以得到

$$-\frac{1}{6}\log_2\left(\frac{1}{6}\right)-\frac{5}{6}\log_2\left(\frac{5}{6}\right)=0.65 \tag{10.32}$$

即使 Alice 发送$|w_i\rangle$，从 Bob 的角度看，源仍表现为状态的发射器。

$$|v_1\rangle,|v_2\rangle,\cdots,|v_n\rangle \tag{10.33}$$

概率分布由式(10.34)给出

$$\langle v_1|\boldsymbol{D}|v_1\rangle,\langle v_2|\boldsymbol{D}|v_2\rangle,\cdots,\langle v_n|\boldsymbol{D}|v_n\rangle \tag{10.34}$$

很容易得出结论，源具有与经典案例相同的配方给出的熵：

$$-\sum_i\langle v_i|\boldsymbol{D}|v_i\rangle\times\log_2(\langle v_i|\boldsymbol{D}|v_i\rangle) \tag{10.35}$$

但是，事情越复杂，越有趣。Bob 可以选择不同的测量值，每个测量值都与自己的正交基相关联。概率分布将随着基差的变化而变化，如下例所示。

例 10.2.3 假设 Bob 满足基

$$|v_1\rangle=\frac{1}{\sqrt{2}}|0\rangle+\frac{1}{\sqrt{2}}|1\rangle \tag{10.36}$$

$$|v_2\rangle = \frac{1}{\sqrt{2}}|0\rangle - \frac{1}{\sqrt{2}}|1\rangle \tag{10.37}$$

下面计算$\langle v_1|\boldsymbol{D}|v_1\rangle$和$\langle v_2|\boldsymbol{D}|v_2\rangle$(密度矩阵与实例10.2.2相同)：

$$\langle v_1 | \boldsymbol{D} | v_1\rangle = \left[\frac{1}{\sqrt{2}},\frac{1}{\sqrt{2}}\right]\begin{bmatrix}\frac{5}{6} & \frac{1}{6}\\ \frac{1}{6} & \frac{1}{6}\end{bmatrix}\begin{bmatrix}\frac{1}{\sqrt{2}}\\ \frac{1}{\sqrt{2}}\end{bmatrix} = \frac{2}{3} \tag{10.38}$$

$$\langle v_2 | \boldsymbol{D} | v_2\rangle = \left[\frac{1}{\sqrt{2}},-\frac{1}{\sqrt{2}}\right]\begin{bmatrix}\frac{5}{6} & \frac{1}{6}\\ \frac{1}{6} & \frac{1}{6}\end{bmatrix}\begin{bmatrix}\frac{1}{\sqrt{2}}\\ -\frac{1}{\sqrt{2}}\end{bmatrix} = \frac{1}{3} \tag{10.39}$$

下面计算这个pdf的香农熵：

$$-\frac{1}{3}\log_2\left(\frac{1}{3}\right) - \frac{2}{3}\log_2\left(\frac{2}{3}\right) = 0.9183 \tag{10.40}$$

与等式(10.32)相比，Bob所感知的香农熵增加了，因为pdf比以前更不清晰。然而，消息来源根本没有改变：很简单，Bob用一副新眼镜取代了他的"一副眼镜"(即他的测量基础)！

练习10.2.4 写出式(10.14)描述的在$\mathbb{C}^m$的标准基中一般密度算子$\boldsymbol{D}$的矩阵，并验证它始终是厄米算子。验证此矩阵的迹线(即其对角线元素的总和)是否为1。

我们可以问问自己，在Bob可以选择的基中，是否有特权基础。换句话说，有没有一个基可以最小化方程(10.35)中香农熵的计算？事实证明，这种基确实存在。由于密度算子是厄米算子，因此我们看到命题2.6.4的有限维自伴随算子的频谱定理，它可以以对角线形式放置。假设其特征值为

$$\lambda_1,\lambda_2,\cdots,\lambda_m \tag{10.41}$$

那么，可以定义冯·诺依曼熵如下。

定义10.2.1 密度算子$\boldsymbol{D}$表示的量子源的冯·诺依曼熵[①]由式(10.42)给出。

$$H_V = -\sum_{1}^{m}\lambda_i\log_2(\lambda_i) \tag{10.42}$$

其中$\lambda_1,\lambda_2,\cdots,\lambda_m$是$\boldsymbol{D}$的特征值。

如果Bob选择基

$$\{|e_1\rangle,|e_2\rangle,\cdots,|e_m\rangle\} \tag{10.43}$$

对应方程(10.41)中列出的特征值的$\boldsymbol{D}$的正交特征向量，冯·诺依曼熵与方程(10.40)中香农熵相对于特征向量基的计算完全相同。为什么？如果计算

$$\{\langle e_1 | \boldsymbol{D} | e_1\rangle\} \tag{10.44}$$

会得到

$$\langle e_1 | \lambda_1 e_1\rangle = \lambda_1 \tag{10.45}$$

① 大多数文本首先使用所谓的Trace算子引入冯·诺依曼熵，然后通过对角化恢复我们的表达式。为了简单起见，我们牺牲了数学的优雅，也因为就目前的目的而言，特征值的显式公式是相当方便的。

这同样适用于所有特征向量：特征值 λ_i 是 Bob 在特征向量基中测量传入状态时观察到 $|e_i\rangle$ 的概率。

例 10.2.4 下面继续例 10.2.2 中开始的调查。密度矩阵 $\boldsymbol{D}$ 具有特征值

$$\lambda_1 = 0.1273, \lambda_2 = 0.8727 \tag{10.46}$$

对应于归一化特征向量

$$|e_1\rangle = +0.2298|0\rangle - 0.7932|1\rangle \text{ 和 } |e_2\rangle = -0.9732|0\rangle - 0.2298|1\rangle \tag{10.47}$$

$\boldsymbol{D}$ 的冯·诺依曼熵由式(10.48)给出。

$$H_V(\boldsymbol{D}) = -0.1273 * \log_2(0.1273) - 0.8727 * \log_2(0.8727) = 0.5500 \tag{10.48}$$

下面验证冯·诺依曼熵与香农熵在 $\boldsymbol{D}$ 的特征向量的正交基上是相同的。

$$\langle e_1|\boldsymbol{D}|e_1\rangle = [0.2298, -0.9732]\begin{bmatrix} \frac{5}{6} & \frac{1}{6} \\ \frac{1}{6} & \frac{1}{6} \end{bmatrix}\begin{bmatrix} 0.2298 \\ -0.9732 \end{bmatrix} = 0.1273 \tag{10.49}$$

$$\langle e_2|\boldsymbol{D}|e_2\rangle = [-0.9732, -0.2298]\begin{bmatrix} \frac{5}{6} & \frac{1}{6} \\ \frac{1}{6} & \frac{1}{6} \end{bmatrix}\begin{bmatrix} -0.9732 \\ -0.2298 \end{bmatrix} = 0.8727 \tag{10.50}$$

由于特征值 0.8727+0.1273 的和为 1，并且两个特征值均为正，因此符合真实概率。还要注意，熵低于使用其他两个基计算的熵；这确实可以证明熵尽可能低。

练习 10.2.5 完成示例 10.2.2，10.2.3 和 10.2.4 的所有步骤，假设 Alice 发送相同的状态，但概率相等。

注意，对于本练习，你需要计算特征向量和特征值。在第 2 章中，我们说明了什么是特征值和特征向量，但没有说明如何计算给定对称或厄米矩阵的特征值和特征向量。要完成本练习，有以下两个同样可接受的选项。

(1) 查找线性代数上特征值公式的任何标准参考(搜索“特征多项式”)。

(2) 使用数学库帮你完成工作。例如，在 MATLAB 中，函数 eig 是合适的(Mathematica 和 Maple 配备了类似的函数)。

正如我们所说，Alice 可以自由地选择她的字母表。如果她选择了一组正交向量，会发生什么？答案在以下两个练习中。

练习 10.2.6 返回到例 10.2.1。两个状态 $|w_1\rangle$ 和 $|w_2\rangle$ 是一对正交向量，因此是一个量子位空间的正交基。证明它们是等式(10.19)中给出的密度矩阵的特征向量，因此是 Bob 的测量传入消息的最佳选择。

练习 10.2.7 本练习只是在更正式的设置中对练习 10.2.6 的概括。假设 Alice 从一组正交状态向量中进行选择

$$\{|w_1\rangle, |w_2\rangle, \cdots, |w_n\rangle\} \tag{10.51}$$

频率为

$$p_1, p_2, \cdots, p_n \tag{10.52}$$

请为她的消息编写代码。证明，在这种情况下，每个 $|w_i\rangle$ 都是具有特征值 p_i 的密度矩阵的归一化特征向量。结论是，在这种情况下，源的行为类似于经典源(当然，前提是 Bob

知道正交集并使用它测量传入状态)。

在上述两个练习之后,我们知道正交量子字母表是不那么令人惊讶的。回到例 10.2.2: Alice 的选择是一个非正交集。如果显式计算它的冯·诺依曼熵,结果等于 0.55005,而比特源的经典熵是 0.91830,使得 $p(0)=\frac{1}{3}$ 和 $p(1)=\frac{2}{3}$。

我们刚刚揭开了量子世界的另一个显著特征:如果坚持熵衡量秩序的核心思想,那么就会得出一个不可避免的结论,即上面的量子源比其经典对应物表现出更多的秩序。这个秩序从哪里来?如果字母表是正交的,则这两个数字是相同的。因此,这种明显的魔力是由于通过替代物的叠加而在量子中有额外的空间[1]。我们的发现很有价值,同样考虑到熵和数据压缩之间的重要联系,这是 10.3 节的主题。

编程练习 10.2.1　编写一个程序,让用户选择量子源的字母表包含多少个量子位,输入与每个量子位关联的概率,并计算冯·诺依曼熵以及相关密度矩阵的正交基础。

10.3　经典和量子数据压缩

本节将介绍位和量子位流的数据压缩的基本思想。先从位开始。

什么是数据压缩?Alice 有一条由位流表示的消息。她希望对其进行编码以进行存储或传输,以使编码的流比原始消息短。她主要有以下两个选择。

- 无损数据压缩,这意味着她的压缩算法必须具有完全重建其消息的反函数。
- 有损数据压缩(如果她在压缩数据时允许丢失信息)。

在数据压缩中,总是假设字符串之间的相似性概念,即一个使我们能够比较不同字符串的函数(在我们的场景中,压缩前的消息和解压缩后的消息):

$$\mu:\{0,1\}^{*}\times\{0,1\}^{*}\rightarrow\mathbb{R}^{+}\tag{10.53}$$

使得

- $\mu(s,s)=0$(字符串与自身相同);
- $\mu(s_1,s_2)=\mu(s_2,s_1)$(相似性的对称性)[2]。

有了这种相似性的概念,现在就可以定义压缩了。

定义 10.3.1　让 μ 是二进制字符串的相似性的度量,ε 是固定阈值,且 len()是二进制字符串的长度。给定源 s,压缩方案是从有限二进制字符串集到自身的一对函数(ENC,DEC),使得

- 平均而言,len(ENS(s))<len(s);
- 对于所有序列 $\mu(s$,DEC(ENC(s)))。

如果所有字符串 $\mu(s$,DEC(ENC(s)))=0,则压缩方案是无损的。

在第一项中,我们说“平均”,换句话说,即对于来源发送的大多数消息。重要的是要认识到压缩方案总是与源匹配:如果源的 pdf 更改,方案可能会变得无用。

---

① 当考虑复合源时,经典域和量子域中的熵之间的差异变得更大。在那里,纠缠创造了一种新的秩序类型,这种秩序由系统的全局熵反映出来。如果想了解更多关于这种现象的信息,请转到本书末尾的附录 E。

② 数据压缩领域使用了几种相似性概念,具体取决于人们可能具有的特定需求。大多数实际上是距离,这意味着除这里提到的两个条件外,它们还满足三角不等式。

定义 10.3.1 列出的两个选项中实际选择哪一个取决于具体的问题。例如，如果发送者想传输图像，则可能决定进行有损压缩，因为较小的细节损失几乎不会影响重建的图像[①]。另一方面，如果正在传输或存储，比如，一个程序的源代码，那么每比特都可能要计算。Alice 在这里没有浪费；她必须进行无损压缩[②]。根据经验，有损压缩可以使你实现更大的压缩（它的要求不那么严格），所以，如果你不关心精确的重建，这显然是可取的方法。

香农熵和数据压缩之间存在根本联系。下面通过使用 10.1 节中给出的一般 pdf 证实我们的直觉。

注意：我们在本节中假设源代码是独立分布的。这仅仅意味着每次 Alice 发送一个新的符号时，概率保持不变，并且与之前发送的符号没有相关性。

Alice 必须传输四个符号之一。使用二进制字母 0、1，Alice 可以使用 $\log_2(4)=2$ 位对她的 A，B，C，D 进行编码。假设她遵循此编码

A	00
B	01
C	10
D	11

(10.54)

每个符号平均会发送多少位？

$$2\times\frac{1}{2}+2\times\frac{1}{4}+2\times\frac{1}{8}+2\times\frac{1}{8}=2 \tag{10.55}$$

听起来不太好，不是吗？Alice 绝对可以做得更好。核心思想很简单：她将使用一种编码，该编码对具有较高概率的符号使用较少的位。

经过思考，Alice 想出了下面这个编码：

A	0
B	11
C	100
D	101

(10.56)

现在，计算 Alice 将使用此编码传输的每个符号的平均位数：

$$1\times\frac{1}{2}+2\times\frac{1}{4}+3\times\frac{1}{8}+3\times\frac{1}{8}=1.75 \tag{10.57}$$

正如你已经注意到的，这正是我们为源的熵找到的值。

练习 10.3.1 尝试为下列四符号源的 pdf 确定最有效的编码：

$$p(\mathrm{A})=\frac{1}{2},p(\mathrm{B})=\frac{1}{6},p(\mathrm{C})=\frac{1}{6},p(\mathrm{D})=\frac{1}{6} \tag{10.58}$$

我们刚刚看到的远非偶然：事实上，它代表了香农发现的一个一般事实的具体例子，即一个与熵相关的边界，关于给定源的压缩能够有多好。

---

① 极其流行的 JPEG 和 MPEG 格式，分别用于图像和视频，是有损压缩算法的两个流行示例。

② ZIP 是一个广泛流行的应用程序，基于所谓的 Lempel-Ziv 无损压缩算法，通常用于压缩文本文件。

定理 10.3.1　（香农无噪声信道编码定理）。让源 s 从具有给定概率分布的字母表中发出符号。通过无噪声通道发送的长度为 n 且 n 足够大的消息可以平均压缩，而不会丢失信息到最小 $H(s)\times n$ 位。

这里不提供香农定理的正式证明，只提供它背后的基本启发式方法。为了简单起见，想象一下源仅传输二进制序列。如果消息的长度 n 足够大，则大多数序列将具有 0 和 1 的分布，这将大致对应它们各自的概率。这些行为良好的序列称为**典型**序列，它们共同构成了所有消息的子集，称为**典型集**。例如，假设出现 1 的概率为 $p=\frac{1}{3}$，出现 0 的概率为 $p=\frac{2}{3}$。例如，一个典型序列，其长度是 90，它将有 30 位设置为 1。

有多少个典型的序列？事实证明，它们的数量大致由 $2^{H(s)n}$ 给出。从图 10.3 中可以看出，只要 $H<1$，这就是所有长度为 n 的序列的集合的一个适当子集（整个集合有 2^n 个元素）。

理想的压缩策略如下。

- 为长度为 n 的所有典型序列创建一个查找表。表的密钥需要精确到 $H(s)n$ 位。此查找表由 Alice 和 Bob 共享。
- 当发送长度为 n 的消息时，Alice 会发送一标志位来通知 Bob 该序列是典型的，并且这些位用于查找结果。如果这个序列不是典型序列，Alice 将发送"非典型"标志位和原始序列。

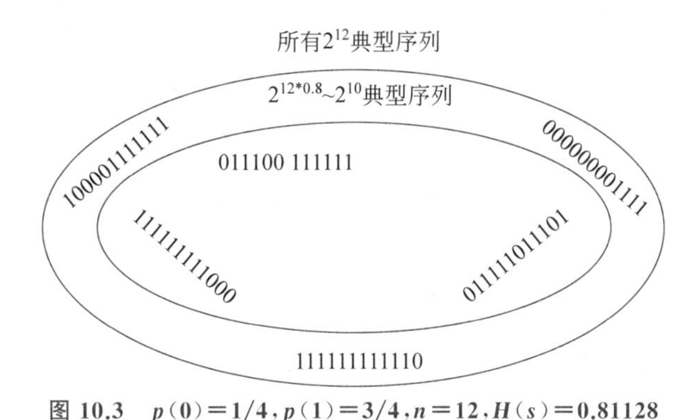

图 10.3　$p(0)=1/4$，$p(1)=3/4$，$n=12$，$H(s)=0.81128$

当 n 足够大时，几乎所有的序列都是典型的或接近典型的，因此传输的平均位数将非常接近香农界。

练习 10.3.2　假设源发出 0 的概率为$\frac{n_0}{n}$，发出 1 的概率为 $1-\frac{n_0}{n}$。计算有多少个长度为 n 的典型序列。（提示：从一些具体的例子开始，设置 $n=2,3,\cdots$，然后概括。）

编程练习 10.3.1　编写一个程序，接受 0 和 1 的 pdf，给定长度 n，并生成长度为 n 的所有典型序列的列表作为输出。

注意：香农定理并没有说所有序列都会被压缩，只是说最佳压缩方案的平均压缩率是多少。实际上，不存在对所有二进制序列进行无损压缩的通用配方，可以通过完成以下练习来证实。

练习 10.3.3　证明从有限二进制字符串集合到自身没有双射映射 f，使得对于每个序列 s，$\text{length}(f(s))<\text{length}(s)$。（提示：从一般序列 s_0 开始，将 f 应用于它。现在迭代

序列$\{s_0, f(s_0), f(f(s_0)), \cdots\}$会发生什么变化?

香农定理建立了无损压缩算法的边界,但它并没有为我们提供一个边界。在某些情况下,正如我们在前面例子中看到的那样,我们可以很容易地手动找到最佳协议。但是,大多数情况下,我们必须执行次优协议。最著名和最基本的算法被称为霍夫曼算法[①]。你可能在算法和数据结构类中已遇到过它。

编程练习 10.3.2 首先实现霍夫曼算法,然后通过更改源的 pdf 进行实验。对于哪些源类型,它的性能较差?

现在是时候讨论量子位压缩了。正如我们在 10.3 节开头已经提到的,Alice 现在正在发射具有一定频率的量子位序列来发送她的信息。更具体地说,假设 Alice 从 k 个不同但不一定是正交量子位的量子位字母$\{|q_1\rangle, |q_2\rangle, \cdots, |q_k\rangle\}$中抽取,频率为 $p_1, p_2, \cdots, p_k$。长度为 n 的典型消息可能如下所示。

$$|q_1 q_2 q_3 \cdots q_k\rangle \tag{10.59}$$

换句话说,任何这样的消息都将是一个张量积$\mathbb{C}^2 \otimes \mathbb{C}^2 \otimes \cdots \otimes \mathbb{C}^2 = \mathbb{C}^{2^n}$。如果你还记得 Alice 的故事,Alice 会发送一些信息告诉 Bob 她的情绪,如图 10.4 所示。Alice 正在用自旋发送粒子流。

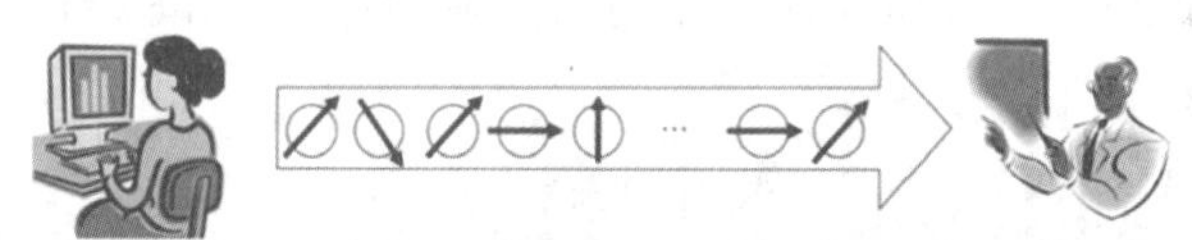

图 10.4 Alice 以一个 4-量子位的形式发送信息给 Bob

我们想知道 Alice 是否有办法将她的量子消息压缩到更短的量子位字符串。

我们需要首先定义量子压缩器,看看熵和压缩之间是否存在联系,以及这种联系如何延续到量子世界。为此,我们必须升级词汇量:在经典数据压缩中,我们谈论压缩/解压函数和典型子集,在这里将分别用压缩/解压酉映射和典型子空间替换它们。

定义 10.3.2 对于以下指定的量子源,k-n 量子数据压缩方案由基差的酉变换指定

$$QC : \mathbb{C}^{2^n} \rightarrow \mathbb{C}^{2^n} \tag{10.60}$$

及其反转

$$QC^{-1} : \mathbb{C}^{2^n} \rightarrow \mathbb{C}^{2^n} \tag{10.61}$$

量子压缩器的保真度定义如下:考虑来自长度为 n 的消息,例如$|m\rangle$。设 $P_k(QC(|m\rangle))$将转换后的消息截断为由前 k 个量子位组成的压缩版本(因此,$P_k(QC(|m\rangle))$的长度为 k)。现在,用 $n-k$ 个零填充它,得到$|P_k(QC(|m\rangle))00\cdots0\rangle$保真度是概率。

$$|\langle QC^{-1}(|P_k(QC(|m\rangle))00\cdots0\rangle)|m\rangle|^2 \tag{10.62}$$

即量子压缩器的保真度是在接收方填充压缩消息,应用反向映射并最终测量它之后,原始消息将被完美检索的可能性。

简言之,量子压缩器是一个酉的映射(因此是可逆的),使得大多数变换后的消息只有 k 个有效量子位,即它们几乎完全位于典型的 k 维子空间内。

---

① 霍夫曼算法实际上是最优的,也就是说,它达到了香农界,但仅限于特殊的 pdf。

如果 Alice 拥有这样的量子压缩器,她和 Bob 就有了一个定义明确的策略来压缩量子位流,如图 10.5 所示。

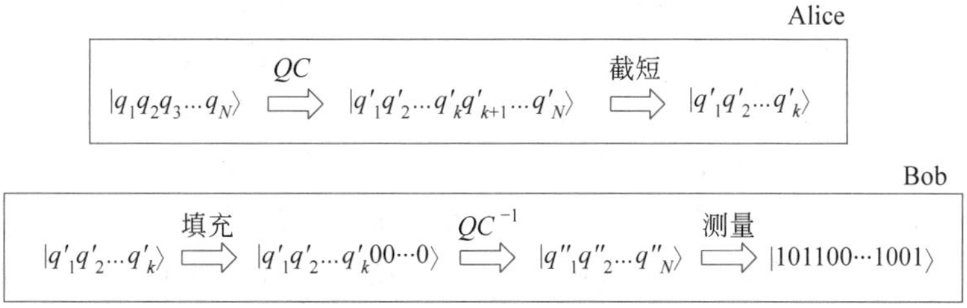

Alice

$|q_1q_2q_3\cdots q_N\rangle \overset{QC}{\Longrightarrow} |q'_1q'_2\cdots q'_kq'_{k+1}\cdots q'_N\rangle \overset{截短}{\Longrightarrow} |q'_1q'_2\cdots q'_k\rangle$

Bob

$|q'_1q'_2\cdots q'_k\rangle \overset{填充}{\Longrightarrow} |q'_1q'_2\cdots q'_k00\cdots0\rangle \overset{QC^{-1}}{\Longrightarrow} |q''_1q''_2\cdots q''_N\rangle \overset{测量}{\Longrightarrow} |101100\cdots1001\rangle$

图 10.5 一个量子压缩方案

步骤 1 Alice 将压缩器应用于她的消息。除了对应典型子空间的振幅,其余振幅可以安全地设置为零。经过重新排列后,振幅已经列出,因此前面的 k 个量子位属于子空间,而其他 $n-k$ 是可以忽略不计的,可以设置为零。

步骤 2 Alice 将她的消息截断到有效 k 个量子位,并将其发送给 Bob。

步骤 3 Bob 将缺少的零(填充步骤)追加到收到的消息中。

步骤 4 Bob 将填充的消息更改回原始基础。

步骤 5 然后,Bob 测量消息并阅读它。

Alice 如何以及在哪里可以找到她的量子处理器?和以前一样,为了证实我们的直觉,下面分析一个具体的例子。回到例 10.2.2 并使用相同的设置。Alice 的量子字母表由两个向量 $|w_1\rangle$ 和 $|w_2\rangle$ 组成,她分别以 $\frac{1}{3}$ 和 $\frac{2}{3}$ 的频率发送。长度为 n 的消息将如下所示:

$$|\psi_1\psi_2\cdots\psi_n\rangle \tag{10.63}$$

这里,

$$|\psi_i\rangle=|w_1\rangle \text{ 或 } |\psi_i\rangle=|w_2\rangle \tag{10.64}$$

假设 Alice 在发送消息之前更改了基。她选择密度矩阵的特征向量基替代规范基,即在示例 10.2.4 中明确计算的向量 $|e_1\rangle$ 和 $|e_2\rangle$。

Alice 的信息可以在这个基上描述为

$$c_1|e_1e_1e_1\cdots e_1\rangle+c_2|e_1e_1e_1\cdots e_2\rangle+\cdots+c_{2^n}|e_2e_2e_2\cdots e_2\rangle \tag{10.65}$$

这种基的变化有什么好处?作为向量,消息仍然是 $\mathbb{C}^{2^n}$ 中的一个点,因此其长度没有改变。然而,这里正在发生一些非常有趣的事情。我们将发现,相当多的 c_i 确实非常小,以至于可以丢弃。首先计算 $|w_1\rangle$ 和 $|w_2\rangle$ 在特征向量 e_1 和 e_2 的投影:

$$|\langle e_1|w_1\rangle|=0.526,\ |\langle e_1|w_2\rangle|=0.230,\ |\langle e_2|w_1\rangle|=0.851,\ |\langle e_2|w_2\rangle|=0.973 \tag{10.66}$$

我们刚刚发现,$|w_1\rangle$ 或 $|w_2\rangle$ 在 $|e_1\rangle$ 的投影小于它们在 $|e_2\rangle$ 的投影。

利用方程(10.66)的投影,我们现在可以计算一般消息在特征基上的分量 c_i。例如,消息 $|w_1w_1w_1w_1w_1w_1w_1w_1w_2w_2\rangle$ 在 $|e_1e_1e_1e_1e_1e_1e_1e_1e_1e_1\rangle$ 上的分量是:

$$|c_1|=(|\langle e_1|w_1\rangle|)^8(|\langle e_1|w_2\rangle|)^2=3.08\times10^{-4} \tag{10.67}$$

练习 10.3.4 假设与前一个设置相同,考虑消息 $|v_1\rangle|v_1\rangle|v_1\rangle|v_1\rangle|v_2\rangle|v_1\rangle|v_1\rangle|v_1\rangle|v_1\rangle|v_2\rangle$ 在 $|e_2\rangle|e_2\rangle|e_2\rangle|e_1\rangle|e_1\rangle|e_2\rangle|e_2\rangle|e_2\rangle|e_1\rangle|e_1\rangle$ 上的分量的值是多少?

正如我们预期的那样，许多系数 c_i 是可有可无的(见图 10.6)。有效系数是与特征向量的典型序列相关联的系数，即 $|e_1\rangle$ 和 $|e_2\rangle$ 的相对比例与其在方程(10.49)和方程(10.50)中计算的概率一致的序列。所有这些典型序列的集合跨越了我们一直在寻找的 C^{2^n} 的典型子空间。它的维数由 $2^{N\times H(s)}$ 给出，其中 $H(s)$ 是源的冯・诺依曼熵。Alice 和 Bob 现在有了压缩和解压量子位序列的一个策略，遵循前面在步骤 1～步骤 5 中概述的方法。

我们刚刚展示了一个具体的例子。然而，Alice 的发现可以被推广和正式证明，Benjamin Schumacher(1995b)提出了香农编码定理的量子模拟。

定理 10.3.2 **(舒马赫量子编码定理)** 从已知密度的给定量子源 QS 发出的长度为 n 的量子位流平均可以压缩为长度为 $n\times H(QS)$ 的量子比特流，其中 $H(QS)$ 是源的冯・诺依曼熵。当 n 变为无穷大时，保真度接近 1。

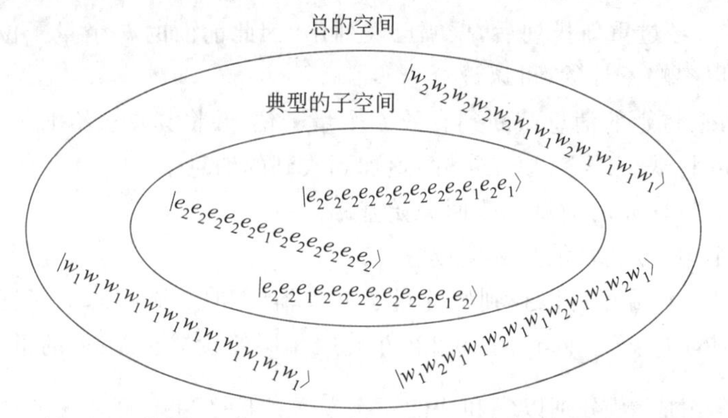

图 10.6 **例 10.2.2 的源：$p(|w_1\rangle)=1/3$，$p(|w_2\rangle)=2/3$，$n=12$，$H(s)=0.54999$**

注意： 从某种意义上说，边界 $n\times H(QS)$ 代表了我们对量子源所能做的最好的事情。这个定理令人特别兴奋，因为我们在最后一节末尾看到了，即冯・诺依曼熵可以低于经典熵。这意味着，至少在原则上，量子压缩方案可以设计成比经典世界中的压缩经典信息更紧凑的方式压缩量子信息。

然而，这种神奇的效果是有代价的：在经典领域，人们可以创建纯粹的无损数据压缩方案，但在量子领域不一定如此。事实上，如果 Alice 选择她的量子字母表作为一组非正交状态，那么没有测量方法来测量 Bob 这边，其特征向量恰好是 Alice 的“量子字母”。这意味着无法确保消息完美重建。这里有一个权衡：量子世界肯定比我们自己的宏观世界宽敞，从而允许新的压缩方案，但同时它也是模糊的，携带着不可避免的内在不确定性元素，不容忽视。

编程练习 10.3.3 编写一个程序，首先让用户输入两个量子位及其相应的概率；然后计算密度矩阵，将其对角化，并存储相应的特征基；最后，用户输入一条量子消息。程序将在特征基中写入消息，并返回属于典型子空间的截断部分。

10.4 纠错码

信息论还有另一方面不容忽视。信息总是通过某些物理介质发送或存储。无论哪种情况，都可能发生随机错误：我们的宝贵数据可能会随着时间的推移而降级。

经典数据会出现错误，但问题在量子领域更为严重：正如我们将在第11章中看到的，一种称为去相关的新现象，使得这个问题对于可靠的量子计算机的存在绝对至关重要。

为了缓解这种令人不快的状态，信息理论研究人员已经开发出各种各样的技术来检测错误，并纠正错误。最后一节简要介绍了其中一种技术，包括经典版本和量子版本。

正如我们刚才所说，我们的敌人是随机错误。根据它们的定义，它们是不可预测的。但是，我们经常可以预测我们的物理设备遭受哪些类型的错误。这很重要：通过这些知识，我们通常可以制定出适当的防御策略。

假设你发送了一个位，并且预计25%的时间会出现位翻转错误。你会怎么做？一个有效的技巧是简单地重复。因此，下面引入一个基本的**重复代码**：

0	000
1	111

(10.68)

我们只是重复了三次。人们可以通过**多数定律**解码三元组：如果至少有两个量子位是零，那么它就是零；否则，它是一。

练习 10.4.1 错误解码一位的概率是多少？

继续讨论量子位消息。量子比特不如比特“刚性”，因此可能发生新的错误类型：例如，除量子比特翻转外，

$$\alpha|0\rangle+\beta|1\rangle \mapsto \beta|0\rangle+\alpha|1\rangle \tag{10.69}$$

符号也可以翻转：

$$\alpha|0\rangle+\beta|1\rangle \mapsto \alpha|0\rangle-\beta|1\rangle \tag{10.70}$$

练习 10.4.2 回到第5章，回顾一下量子位的布洛赫（Bloch）球面表示。符号翻转的几何解释是什么？

可以肯定的是，在处理量子比特时，可能发生其他类型的错误，而不仅仅是“跳跃”错误（即离散错误）。例如，α 或 β 都可能发生少量变化。又如，α 的相位可能变化了15°。不过，为了简单起见，我们只设相位和符号翻转。

如果要查找方程(10.68)中给出的重复代码的量子模拟，必须确保能检测到这两种类型的错误。由于Peter W. Shor(1995)的说法，因此有一个代码可以完成这项工作，该代码称为9-量子位代码[①]：

$\|0\rangle$	$(\|000\rangle+\|111\rangle)\otimes(\|000\rangle+\|111\rangle)\otimes(\|000\rangle+\|111\rangle)$
$\|1\rangle$	$(\|000\rangle-\|111\rangle)\otimes(\|000\rangle-\|111\rangle)\otimes(\|000\rangle-\|111\rangle)$

(10.71)

为什么是9个量子位？$3\times3=9$：通过两次使用多数规则，一次用于量子位翻转，另一次用于符号反转，可以同时纠正两者。

练习 10.4.3 假设符号翻转的次数为25%，单个量子位翻转的次数为10%，并假设这两个错误彼此独立。我们错误地解码原始量子位的可能性有多大？

量子纠错是量子计算的一个蓬勃发展的领域，已经出现许多有趣的结果。如果你对此

① 9-量子位代码是第一个已知的量子纠错代码。

感兴趣,可以看看参考文献,深入学习相关内容。

参考文献:

信息论基本定律的首次表述包含在克劳德·香农[89]撰写的开创性(且可读的!)论文《通信的数学理论》中。本文可在线免费获取。信息论和香农定理的一个很好的参考文献是Ash于1990年出版的著作[90]。

霍夫曼(Huffman)的算法可以,例如,可在Corman等的著作[42]第385~393页找到。

关于数据压缩的一个很好的全方位参考是Sayood于2005年出版的著作[91]。关于舒马赫(Schumacher)定理,请参考舒马赫1996年的文章[92]。

最后,Knill等2002年提供了一个对量子纠错的全面调查[93]。

第 11 章

硬　件

机器不会将人与自然的重大问题隔离开来，而是使人更深入地融入自然。

——安东尼·德·圣艾修伯里，《风，沙和星星》

本章将讨论一些硬件问题和建议。你是否曾经想过（也许不止一次！）到目前为止，我们所提出的只是猜测，对现实世界没有实际影响。

为了将事情落到实处，必须解决一个基本的问题：我们真的知道如何构建量子计算机吗？

事实证明，量子计算机的实现对工程师和应用物理学家社区来说是一个巨大的挑战。然而，有一些期待：最近，一些由几个量子位组成的简单量子器件已经成功构建和测试。考虑到来自不同方面（学术界、私营部门和军方）投入这项工作中的资源数量，如果在不久的将来取得明显进展，也就不足为奇了。

在 11.1 节中，我们阐明了在前进道路上的障碍，主要与称为去相干的量子现象有关。我们还列举了量子设备所需功能的愿望清单。11.2 节和 11.3 节专门描述了两个主要建议：离子阱和光学量子计算机。11.4 节提到另外两个建议，并列出迄今为止已经实现的一些里程碑。11.5 节对量子设备的未来进行了一些思考。

这里有一个小小的免责声明。量子硬件是一个研究领域，就其本质而言，它需要量子物理学和量子工程的深厚背景，远远超出我们对读者的要求。本章具有相当基本的特征。有关更高级的参考资料，请参阅参考书目。

读者须知：我们很乐意布置诸如“为你的机器人构建一个量子微控制器”或“组装一个量子芯片网络”之类的练习。但我们不能这样做。在不违反上述免责声明的情况下，我们也不能要求你对电磁场调制或类似事项进行复杂的计算。因此，本章中只有少数练习（但不要跳过它们：你的努力会得到回报）。

11.1　量子硬件：目标和挑战

第 6 章描述了量子计算设备的通用架构：我们需要一些可寻址的量子比特，能够正确初始化它们，对它们应用一系列酉变换，最后测量它们。

量子计算机的初始化类似经典计算机的初始化：在计算开始时，我们将机器设置为明

图 11.1 一台与环境分离的 PC

确定义的状态。绝对至关重要的是，机器必须保持我们将其置于的状态，直到我们通过已知的计算步骤以受控的方式对其进行修改。对于经典计算机，这在原则上很容易做到[①]：经典计算机可以被认为是一个孤立的系统。理论上讲，来自环境的影响可以减少到零。你可以牢记图 11.1。

量子计算机的情况则大不相同。正如我们已经看到的，量子力学的核心特征之一是纠缠：如果一个系统 S 由两个子系统 S_1 和 S_2 组成，它们的状态可能会纠缠在一起。在实践中，这意味着如果我们对 S_1 的演变方式感兴趣，就不能忽视 S_2 会发生什么(反之亦然)。此外，无论两个子系统在物理上有多分离，这种奇怪的现象都会发生。这与构建量子计算机的任务有何关系？机器及其环境变得纠缠在一起，阻止了量子寄存器状态的演变完全依赖于应用于它的门。为了修正我们的想法，假设设备中的量子寄存器是一个由 1000 个电子组成的序列，量子位被编码为它们的自旋状态。在这种情况下，初始化意味着将所有电子设置为某个指定的自旋状态，如图 11.2 所示。例如，它们可以全部向上旋转，也可以全部向下旋转。关键的一点是，我们需要控制寄存器的全局状态。在物理学术语中，明确定义的状态称为纯状态，如图 11.2 所示。

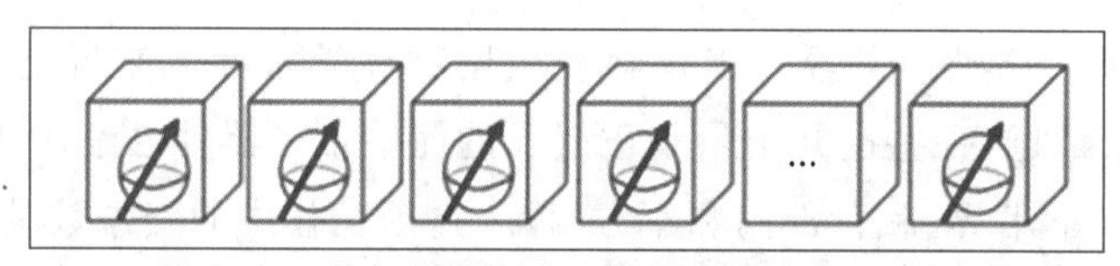

图 11.2 一个非耦合寄存器初始化为向上旋转

当将寄存器从隔离中取出时，这些电子倾向于与环境中的数十亿其他电子耦合，转变为自旋上升和自旋下降的某种叠加态，如图 11.3 所示。

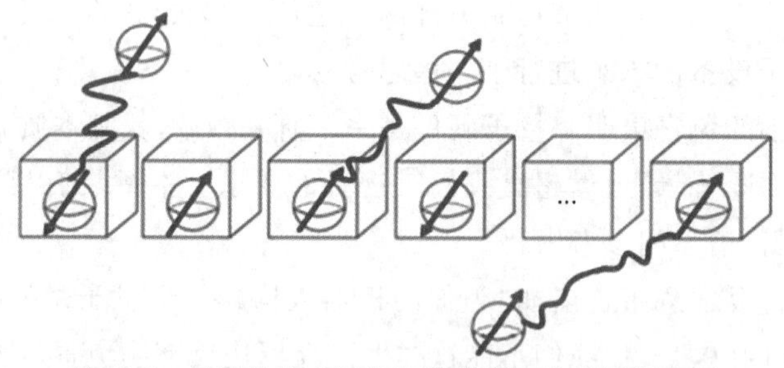

图 11.3 量子比特由于与环境的相互作用而退相干

这里的问题是，我们完全不知道环境电子的精确初始状态，也不知道它们与量子寄存器中电子相互作用的细节。过一会儿我们将看到，寄存器的全局状态不再是纯粹的；相反，它已经成为纯态的概率混合，或者在量子术语中被称为**混合态**[②]。纯态和混合态在量子力学

---

① 当然，在现实中，经典机器也容易出错。

② 密度矩阵，在 10.2 节中为了讨论熵已介绍，也是研究混合状态的基本工具。实际上，单个纯量子态 $|\psi\rangle$ 与密度算子的特殊形式相关联，$|\psi\rangle\langle\psi|$，而任意混合态可以由通用密度算子表示。

中具有不同的地位。总有一个特定的测量值在纯状态下总是返回真值。相反，混合状态不存在这种情况，如以下练习所示。

练习 11.1.1 考虑纯态 $|\psi\rangle=\frac{|0\rangle+|1\rangle}{\sqrt{2}}$，且通过掷硬币获得混态，如果结果是正面，则其设置为 $|0\rangle$，否则其状态设置为 $|1\rangle$。[1] 请设计一个判断这两个状态的实验。提示：如果在以下基上测量量子位，会发生什么？

$$\left\{\frac{|0\rangle+|1\rangle}{\sqrt{2}},\frac{|0\rangle-|1\rangle}{\sqrt{2}}\right\} \tag{11.1}$$

纯状态和混合状态之间的区别究竟在哪里？考虑以下自旋状态系列：

$$|\psi_\theta\rangle=\frac{|0\rangle+e^{i\theta}|1\rangle}{\sqrt{2}} \tag{11.2}$$

对于角度 θ 的每一种选择，都有一个明显的纯态。这些状态中的每一个都以特定的相对相位为特征，即在极坐标表示中，$|0\rangle$ 和 $|1\rangle$ 分量的角度之间的差[2]。如何在物理上检测它们的差？在标准基上进行测量是不行的(关于这个基的概率没有受到影响)。但是，可以改变基。

沿 x 轴观察 $|\psi_\theta\rangle$，并计算沿此方向的平均自旋值[3] $\langle\psi_\theta|S_x|\psi_\theta\rangle$。正如你可以在下一个练习中自己验证的那样，平均值取决于 θ！

练习 11.1.2 计算 $\langle\psi_\theta|S_x|\psi_\theta\rangle$。$\theta$ 的哪个值使得平均值最大？

如果你现在考虑练习 11.1.1 的混合态，即通过掷硬币并决定 $|0\rangle$ 或 $|1\rangle$ 而获得的混合状态，则相对相位及其伴随的信息将丢失。正是由于缺乏相对相位，才能区分纯态和混合态。状态从纯态变为混合态的一种方式是通过与环境的不可控交互。

定义 11.1.1 由于与环境的相互作用，因此量子系统状态纯度的损失被称为退相干。

这里不会提供退相干的完整说明[4]。然而，非常值得勾勒出它是如何工作的，因为它是我们在现实生活量子计算道路上的强大挑战者(《孙子兵法》指出："了解你的敌人!")。

在对量子系统的所有描述中，我们都隐含地假设它们与环境隔离。可以肯定的是，它们可以与外部世界互动。例如，电子可以受到电磁场的影响，但相互作用一如既往地受到控制。系统的演变由其哈密顿量描述(见 4.4 节)，其中可能包括考虑外部影响的组件。因此，只要知道哈密顿量和初始状态，它是完全可预测的。在这种情况下，系统总会从纯状态演变为其他纯状态。唯一不可预测的因素是测量。总之，我们总是隐含地假设我们确切地知道环境如何影响量子系统。

下面转向一个更现实的场景：我们的系统，比如说，一个电子自旋，沉浸在一个巨大的

---

① 混合状态用密度矩阵 $\frac{|0\rangle\langle 0|+|1\rangle\langle 1|}{2}$ 表示。

② 只有这个相对相位才有一些物理影响，我们马上就会看到。实际上，将两个分量乘以 $e^{i\theta}$ 只会使它们旋转相同的角度，并生成完全等效的物理状态，正如 4.1 节中指出的那样。

③ 平均值和隐式 S_x 的公式在 4.2 节中进行了描述。

④ 自量子力学早期以来，去相干性就已为人所知。然而，后来它又受到极大的关注，不仅在量子计算方面，而且作为一个强大的工具，用于理解我们熟悉的经典世界如何从不可思议的量子世界中浮现出来。为什么我们在处理宏观物体时通常看不到干扰？退相干提供了答案：大型物体往往退相干非常快，从而失去了它们的量子特征。一项关于退相干作为解释宏观物体经典行为的一种方式的有趣调查是 Zurek 2003 年发表的文章[94]。

环境中。我们可以对这个扩展系统进行建模吗？是的，可以，通过将环境视为一个巨大的量子系统，由其组件组装而成。

为了理解发生了什么，让我们从小事做起。我们不应着眼于整个环境，而应将自己限制在与单个外部电子的相互作用中。回到刚才的电子，假设它已经与另一个电子纠缠在一起，形成全局状态。

$$|\psi_{\text{global}}\rangle=\frac{|00\rangle+\mathrm{e}^{\mathrm{i}\theta}|11\rangle}{\sqrt{2}} \tag{11.3}$$

现在，我们只测量电子在 x 方向上的自旋，就像我们以前所做的那样。此步骤对应可观测的 $\boldsymbol{S}_x\otimes\boldsymbol{I}$，即 $\boldsymbol{S}_x$ 的张量积，其恒等式在第二个电子上。因此，必须计算

$$\langle\psi_{\text{global}}|\boldsymbol{S}_x\otimes\boldsymbol{I}|\psi_{\text{global}}\rangle \tag{11.4}$$

在矩阵表示法中(以标准基编写)，

$$|\psi_{\text{global}}\rangle=\frac{1}{\sqrt{2}}[1,0,0,\mathrm{e}^{\mathrm{i}\theta}]^{\mathrm{T}} \tag{11.5}$$

且$\left(这里忽略了常数因子\frac{\hbar}{2}\right)$

$$\boldsymbol{S}_x\otimes\boldsymbol{I}=\begin{bmatrix}0&1\\1&0\end{bmatrix}\otimes\begin{bmatrix}1&0\\0&1\end{bmatrix} \tag{11.6}$$

因此，我们只是在评估

$$\left[\frac{1}{\sqrt{2}},0,0,\exp(-\mathrm{i}\theta)\frac{1}{\sqrt{2}}\right]\begin{bmatrix}0&0&1&0\\0&0&0&1\\1&0&0&0\\0&1&0&0\end{bmatrix}\left[\frac{1}{\sqrt{2}},0,0,\mathrm{e}^{\mathrm{i}\theta}\frac{1}{\sqrt{2}}\right]^{\mathrm{T}}=0 \tag{11.7}$$

我们计算的最终结果是相位显然消失了：平均值中没有 θ 的痕迹！我们这样说显然是有原因的：这个相位只是隐藏在纠缠带来的帷幕后面。为了“抽出相位”，必须对两个电子进行测量。如何？我们简单地计算 $|\psi_{\text{global}}\rangle$ 上的 $\boldsymbol{S}_x\otimes\boldsymbol{S}_x$ 的平均值。现在的值确实取决于 θ，因为你可以查看练习 11.1.3。

练习 11.1.3 计算 $\langle\psi_{\text{global}}|\boldsymbol{S}_x\otimes\boldsymbol{S}_x|\psi_{\text{global}}\rangle$。

现在总结一下我们所学的东西。只有在测量了第二个电子后才能恢复宝贵的相位信息。现在，想象一下我们的电子以一种未知的方式与来自环境中的许多同伴相互作用。如果能像上面所做的那样，追踪它们，并测量它们各自的状态，就不会有问题。但我们不能这样做：我们的相位已经无可挽回地迷失了，把我们的纯态变成一种混合态。注意，退相干不会导致状态向量的任何实际坍缩。信息仍然在那里，就像它一样，被困在广阔的量子海洋中。退相干性给我们带来以下两方面挑战。

- 一方面，采用非常容易与环境“挂钩”的基本量子系统(电子就是一个很好的例子，因为它们倾向于与附近的其他电子相互作用)，使得管理我们机器的状态非常困难。
- 另一方面，我们确实需要与量子设备进行交互，以初始化它，应用门等。我们是环境的一部分。量子系统倾向于保持冷漠，我们很难访问它的状态。

退相干带来的挑战有多严重？它的效果如何？答案各不相同，具体取决于人们选择的实现(例如，对于单离子量子位，如 11.2 节所述，只需几秒)。但它的严重性足以引起人们关

注。你可以在格雷厄姆·P·柯林斯(Graham P. Collins)的《科学美国人》(*Scientific American*)文章《量子虫子》(Quantum Bug)中悠闲地阅读相关的叙述[95]。如果退相干是量子生命的重要组成部分,我们怎么能指望建立一个可靠的量子计算设备呢?这听起来像是 Catch-22,不是吗?然而,主要有以下两个答案。

- 一个可能的出路是快速门的执行:与我们的控制相比,人们试图使退相干足够慢,以便有时间安全地应用量子门。通过努力在速度赛中击败大自然,至少在非常短的时间内,我们仍然希望获得有意义的结果。
- 另一种策略是容错。实际中,如何实现容错?10.4 节简要概述了量子纠错码的主题。其基本原理是,使用一定的冗余,至少可以防止某些类型的错误。此外,在冗余保护伞下的另一种可能的策略是重复计算足够多的次数,以便随机错误相互抵消①。

下面以 IBM 公司的 David P. DiVincenzo 制定的候选量子计算机的重要愿望清单结束本节。

DiVincenzo 的愿望清单[96]。

- 量子机器必须具有足够数量的可单独寻址的量子位。
- 必须能够将所有量子位初始化为零状态,即 $|00\cdots000\rangle$。
- 进行计算时的错误率应相当低,即退相干时间必须远远长于门操作时间。
- 我们应该能够在量子比特对之间执行基本逻辑运算。
- 最后,我们应该能够可靠地读出测量结果。

这 5 点阐明了量子计算设备的每个预期实现都必须应对的挑战。我们现在将看到过去十年中出现的一些建议。

11.2 实现量子计算机Ⅰ:离子阱

在开始讨论具体实现之前,提醒自己,量子比特是二维希尔伯特空间中的状态向量。因此,任何状态空间都具有 2^N 维的物理量子系统,至少在原则上,可以用来存储 N 个量子比特的可寻址序列(即在第 7 章的符号中的 q 寄存器)。

有哪些选项?

通常,标准策略是寻找具有二维状态空间的量子系统。然后,可以通过组装此类系统的大量副本实现 q 寄存器。规范的二维量子系统是具有自旋的粒子。电子以及单个原子都有自旋。因此,自然界中有足够的空间来编码量子位。自旋并不是唯一的选项:另一个自然选项是原子的激发态,正如我们稍后将看到的那样。下面总结一下我们需要的所有步骤。

- 将所有粒子初始化为某个明确定义的状态。
- 在单个粒子上执行受控的量子位旋转(此步骤将实现单量子位门)。
- 能够混合两个粒子的状态(此步骤旨在实现通用的双量子位门)。
- 测量每个粒子的状态。
- 保持构成 q 寄存器的粒子系统尽可能与环境绝缘,至少在应用量子门的短时间内。

量子硬件的第一个提案被称为**离子阱**。它是最古老的一个,可以追溯到 20 世纪 90 年

① 警告:不能重复太多次,否则量子并行性的好处将完全被侵蚀!

代中期,它仍然是量子硬件最受欢迎的候选者①。

核心思想很简单:**离子**是一个带电的原子。离子有两种类型:正离子或**阳离子**,它是失去一个或多个电子的原子;负离子或**阴离子**,即已经获得了一些电子的原子。电离原子可以通过电磁场作用,因为它们是带电的;更准确地说,我们可以将电离原子限制在特定体积内,称为离子阱(见图 11.4)。

在实践中,已经用钙的正离子 Ca^{2+} 进行了实验。首先,金属进入气态;其次,单个原子被剥离一些电子;最后,通过合适的电磁场,产生的离子被限制在阱中。

量子位是如何编码的?原子可以处于**激发态**或**基态**(见图 11.5)。

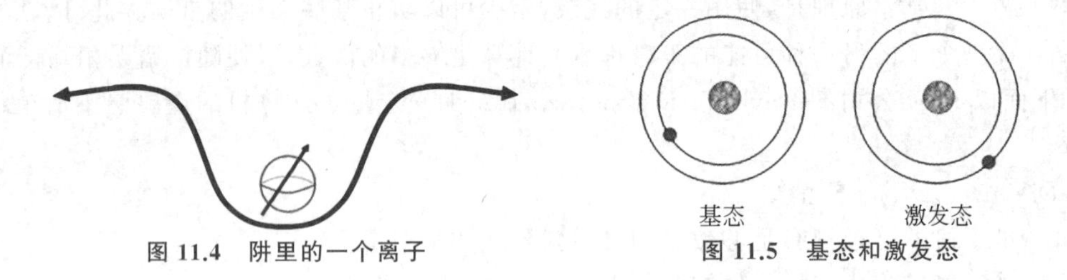

图 11.4 阱里的一个离子

图 11.5 基态和激发态

这两种状态代表原子的两个能级,它们构成了二维希尔伯特空间的正交基。正如我们在第 4 章(光电效应)中看到的那样,如果通过使原子吸收光子将能量泵入一个处于基态的原子中,它将升至激发态。相反,原子可以通过发射光子失去能量。该过程称为**光泵浦**,它使用激光(即相干光束)进行。使用激光的原因是它具有极高的分辨率,允许操作员"击中"单个离子,从而实现对量子寄存器的良好控制。通过光泵浦,可以将寄存器初始化为具有高保真度(几乎 100%)的初始状态。

接下来,我们需要操作寄存器。正如我们在 7.2 节中提到的,在量子计算中,在实现一组特定的门时,只要该集是完备的,就有相当大的自由度。特定的选择取决于硬件架构:选择易于实现并提供良好保真度的门。在离子阱模型中,通常的选择如下。

- 单量子位旋转:通过用给定振幅、频率和持续时间的激光脉冲"击中"单个离子,可以适当地旋转其状态。
- 双量子位门:从某种意义上说,阱中的离子被所谓的共振模式串联在一起。同样,使用激光可以影响它们的共模,实现所需的纠缠(有关详细信息,请参阅 Holzscheiter 的论文[99])。双量子位门的最初选择是受控-NOT 门,由 Cirac 和 Zoller 于 1995 年提出[98]。后来,还实施了其他几个更可靠的方案。

最后一步是测量。本质上,用于设置量子位的相同机制可用于读数。如何?除两个主要的长寿命状态 $|0\rangle$ 和 $|1\rangle$(基和激发)外,当离子被脉冲轻轻击中时,离子可以进入短暂的状态,我们称之为 $|s\rangle$(简称"s")。把 $|s\rangle$ 想象成坐在另外两个状态中间。如果离子处于基态并被推到 $|s\rangle$,它将返回到基并发射光子。另一方面,如果它处于激发态,则不会。通过多次重复跃迁,可以检测发射的光子(如果有的话),从而确定量子比特的位置。

为了结束本节,下面列出离子阱模型的主要优点和缺点。

---

① 第一个量子门,受控 NOT,是由 Monroe 等[97]1995 年用离子捕获实验实现的。他们遵循了 Cirac 和 Zoller 几个月前提出的建议[98]。

- 从好的方面来说，这种模式具有较长的相干时间，大约为 1～10s。其次，测量非常可靠，非常接近 100%。最后，可以在计算机中传输量子位，这是一个不错的功能（记住，不允许复制，因此移动东西是好的）。
- 在负的一面，就栅极时间而言，离子阱很慢（这里的慢意味着需要几十毫秒）。其次，如何将光学部分缩放到数千个量子位尚不清楚。

11.3　实现量子计算机Ⅱ：线性光学

我们将要考虑的量子机器的第二个实现是线性光学。在这里，人们用纯粹的光建造了一台量子机器！

要构建量子计算机，第一步是清楚地说明我们将如何实现量子比特。现在，正如我们在 5.1 节中所说，每个具有维度 2 的量子系统原则上都是有效的候选者。由于光子偏振的物理现象（见 4.3 节），光的量子（光子）是足够好的候选者。我们看到偏振在起作用：一束光穿过偏振滤光片后，结果是一束偏振光束，即沿着特定方向振动的电磁波。

由于光子的偏振特征，人们可以设定如何利用偏振实现量子比特：某个偏振轴，比如垂直偏振，将模拟 $|0\rangle$，而 $|1\rangle$ 将由水平偏振表示，这足以实现量子比特。这里的初始化很简单：一个合适的偏振滤波器就可以了。门是基本的，尤其是纠缠门，因为光子倾向于保持超然状态。因此，在经济方面是值得的，即实现一些小的通用量子门集。我们在第 5 章中讨论了受控非门。如果要遵循一个简单的思路，受控非门将需要双光子相互作用。这种情况很少发生，这使得这个实现非常不切实际。但是，通常我们总会有方法解决。要创建受控非，需要控制和目标输入，以及更多的光学工具。具体来说，我们需要镜子、偏振分束器、额外的辅助光子和单光子探测器。这种方法被称为线性光学量子计算（LOQC），因为它仅使用线性光学原理和方法。

在 LOQC 中，测量的非线性源于检测额外的辅助光子。图 11.6 是 LOQC 受控非门的示意图（详细信息可在 Pittman，Jacobs 和 Franson 2004 年发表的论文[100]中找到）。

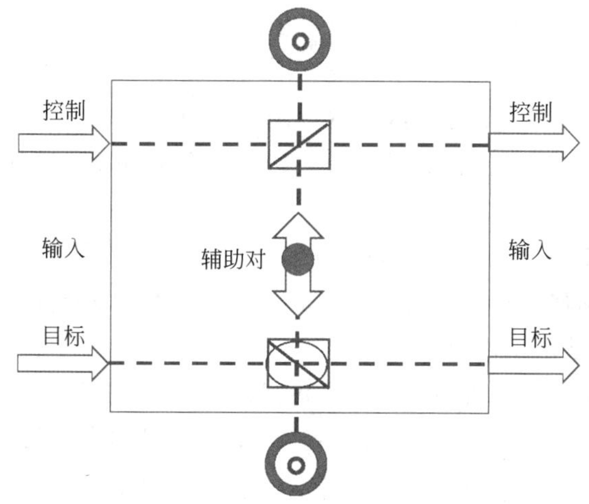

图 11.6　基于 LOQC 的可控非门的基本思路

最终输出的测量没有困难。偏振滤光片和单光子探测器的组合就可以了。

光学方案的优缺点如下。

- 从好的方面来说，光会传播。这意味着量子门和量子存储器件可以通过光纤轻松连接。在其他方法中，如离子阱，此步骤可能是一个相当复杂的过程。这确实是一个很大的优势，因为它为分布式量子计算创造了一个很好的环境。
- 从负面来说，与电子和其他物质粒子不同，光子不容易纠缠。这实际上是一个加分项，因为它可以防止与其环境的纠缠（退相干），但它也使门的创建更具挑战性。

11.4 实现量子计算机Ⅲ：核磁共振和超导体

除 11.2 节和 11.3 节描述的两种模式外，目前还有其他几个提案正在研究，很快就会出现更多的提案。这里顺便提一下另外两个在过去几年中受到很多关注的模式。

核磁共振（NMR）。这个想法不是将量子位编码为单个粒子或原子，而是编码为某些流体中许多分子的全局自旋状态。这些分子漂浮在杯子中，杯子被放置在 NMR 机器中，非常类似于医院用于磁共振成像的设备。这种大型分子集合具有大量的内置冗余，使得它可以在相对较长的时间跨度（几秒）内保持相干性。

第一台双量子位 NMR 计算机由牛津大学的 J.A. Jones 和 M. Mosca 演示于 1998 年，同时由 IBM 的 Almaden 研究中心的 Isaac L. Chuang 以及斯坦福大学和麻省理工学院的同事演示，引自 Berggren[101] 引用的参考文献。

超导量子计算机（SQP）。NMR 使用流体，而 SQP 使用超导体①。通过约瑟夫森（Josephson）结-夹在两块超导金属之间的非导电材料薄层，在非常低的温度下，超导体中的电子就像它们一样成为朋友，并配对形成无阻力流动的“超流体”，并以单一、均匀的波形穿过介质。该波泄漏到绝缘中间，电流像乒乓球一样以有节奏的方式在连接处来回流动。

量子比特是如何实现的？通过现在所谓的**约瑟夫森结量子比特**实现。在此实现中，$|0\rangle$ 和 $|1\rangle$ 状态由流经结点的电流的两个最低频率振荡表示。这些振荡的频率非常高，每秒数十亿次。

我们现在在哪里？

2001 年，Shor 算法在 IBM 的阿尔马登（Almaden）研究中心和斯坦福大学首次演示。他们考虑了数字 15：无论如何，它都不是一个令人印象深刻的数字，而是一个明确的开始！（顺便说一句，答案是 15=5×3。）

2005 年，使用 NMR，对 12 量子位量子寄存器进行了基准测试。至少到目前为止，可扩展性似乎是一个主要障碍。在过去几年中，几乎一次取得了一个量子比特的进展。从积极方面看，新的建议和方法层出不穷。

如果想更多地了解量子硬件研究的最新消息，最好的办法是看看美国国家标准与技术研究院（NIST）的**发展规划**。NIST 是正在实施量子计算机的主要力量，后来发布的一份全面的发展规划，列出了量子硬件的所有主要方向，以及每种方法的弱点和优势的比较表。可

① 超导体是在非常低的温度下的物质，表现出所谓的超导特性。

以在 NIST 网站上(http://qist.lanl.gov/qcomp_map.shtml)下载。

正如可以从这个简短的调研中想象的那样,人们此刻正忙于试图让神奇的量子发挥作用。

值得一提的是,在撰写本书时(2007 年年底),已经有三家公司的主要业务是开发量子计算技术:D-Wave Systems,MagicQ 和 Id Quantique。2007 年 2 月 13 日,D-Wave 在加利福尼亚州山景城的历史博物馆公开展示了一台名为 Orion 的原型量子计算机。D-Wave 的声明在学术研究人员中引起一些怀疑。

11.5　量子产品的未来

最后,展望一下未来。伟大的物理学家尼尔斯·玻尔(Niels Bohr)是量子力学发展的主要参与者,他有一句很棒的名言:预测总是很难的,尤其是对未来的预测①。

我们完全同意。可以肯定地说,量子计算未来很有可能成为现实,甚至可能在相对不久的将来。如果发生这种情况,信息技术的许多领域很可能会受到影响。当然,首先是通信和密码学。这些领域明显领先,因为一些具体的量子加密系统已经实施和测试。

假设在某个时间点可以使用相当大的量子设备,那么计算机科学还有另一个重要的领域,人们可以合理地预期量子计算的一些影响,即人工智能。在某些方面,有人认为意识现象与量子有一些联系(例如,Paola Zizzi 的令人感兴趣的论文[102] 或 Roger Penrose 爵士在 1994 年[10]和 1999 年[103]出版的两本书中的任何一本)。有人甚至说,与传统的神经网络相比,我们的大脑可能更好地建模为一个巨大的量子计算网络(尽管大多数当代神经科学家和认知科学家并不赞同这一观点)。尽管如此,一个新的研究领域已经诞生,它将传统的人工智能与量子计算融合在一起。

交互以两种方式发生:例如,遗传算法之类的人工智能方法已被提议作为设计量子算法的一种方式。本质上讲,基因编码候选电路、选择和突变完成其余的工作。这是一个重要的方向,因为就目前而言,我们对量子算法设计的理解仍然相当有限。另一方面,量子计算为人工智能提供了新的工具。一个典型的例子是量子神经网络。在这里,我们的想法是用复数值映射替换激活映射,类似于在 3.3 节中看到的。

除了这些相对温和的预测外,还有大量的科幻小说。有趣的是,量子计算已经渗透到科幻小说中(nextQuant 博客保留了当前以量子计算为主题的科幻作品列表)。例如,著名科幻作家格雷格·伊根(Greg Egan)写了一本新书,名为《希尔德的阶梯》[104],其中推测了量子计算设备在遥远的未来对增强思维能力的作用。真?假?

很多时候,今天的梦想就是明天的现实。

参考文献:

本章所涵盖主题的文献比比皆是,尽管非专家很难跟上它。以下是一些有用的提示:

对于退相干,Wojciech H. Zurek 有一篇出色的可读性论文[94]。

① Yogi Berra 也有相同的说法。

David P.DiVincenzo 的规则可以在文章[96] 中找到。

离子阱模型在很多地方都有讨论。一个很好的通用参考是 Holzscheiter 的论文[99]。

Pittman、Jacobs 和 Franson 的一篇论文中清晰而优雅地描述了光学计算机[100]。

对于核磁共振计算,参见 Vandersypen 等 2001 年的论文[105]。

Berggren 2004 年的一篇文章很好地介绍了超导体量子计算[101]。

附录 A

量子计算的历史参考书

吉尔·西拉塞拉（Jill Cirasella）

这里回顾了量子计算领域的开创性论文。虽然量子计算是一门新兴的学科，但其研究人员已经发表了数千篇论文，值得一提的文章太多了，这里就不一一列举了。因此，本附录不是该领域出现和演变的全面编年史，而是对一些激励、形式化和促进深入量子计算学习论文的引导。

量子计算借鉴了计算机科学、物理学和数学，大多数论文都是由熟悉这三个领域的研究人员撰写的。尽管如此，本附录中描述的所有文章都得到了计算机科学家的赞赏。

A.1　阅读科学文章

如果文章看起来难以理解，请不要被吓倒。请记住，使我们感到舒服一些的是，即使教授级专业人士，也很难理解这些文章。这要归功于伟大的物理学家理查德·费曼的名言："如果你认为自己了解量子力学，那你就不懂量子力学。"

有些文章难以理解，不仅是因为量子理论非常难以捉摸，也因为科学写作可能是不透明的。幸运的是，有一些处理科学文章的技巧，可从下面这些预备的步骤开始。

- 阅读标题。它可能包含有关文章目的或发现的线索。
- 阅读摘要。它总结了文章，将帮助你阅读时识别要点。
- 阅读引言和结论。通常用通俗易懂的语言，引言和结论将帮助你解码文章的其余部分。
- 浏览文章。略读以了解文章的结构，这将有助于你在阅读时保持文章的定向。

一旦你理解了一篇文章的目的和结构，就可以开始阅读全文了。为了最大限度地理解并最大限度地减少挫折感，请遵循以下提示。

- **积极阅读**。阅读时做笔记。在关键短语处标记下画线；标记重要段落；记录重点；用草图论证和证明；复算。（当然，不要写在图书馆拥有的任何东西上，而是做一份副本。）
- **不要停留**。略过或跳过困难部分，稍后再返回。你阅读后续部分后，可能对这些内容的印象更深刻。
- **查阅参考书目**。如果有什么让你感到困惑，其中某篇参考文章可能会更好地解释它或提供有用的背景信息。

- **多次阅读文章**。每次阅读,你都会有更好的理解。
- **知道何时停止**。不要沉迷于一篇文章。某些时候,你也许已经得到你预期的(暂时)。部分甚至大部分文章可能仍然让你无法理解;不过,看完这篇文章之后,你会了解更多,接着,你就可以准备阅读其他文章了。
- **讨论文章**。与其他学生一起仔细考虑这篇文章,如果需要帮助,可以询问你的导师。阅读完文章后,继续讨论,向你的班级、学习小组,甚至不熟悉这个领域的人解释它。毕竟,学习知识的最好方法就是教给别人!

A.2 计算模型

理查德·费曼(Feynman)在1981年的一次演讲中第一次提出量子力学系统可能比经典计算机更强大。本次讲座转载在1982年的国际理论物理学杂志上[19]。

费曼问什么样的计算机可以模拟物理,然后争辩说只有量子计算机才能有效地模拟量子物理学。他专注于量子物理学,而不是经典物理学,因为正如他所说的那样,“自然不是经典的,如果你想模拟自然,最好让它成为量子力学,这是一个很棒的问题,因为它看起来并不那么容易”(第486页)。

大约同一时间,在“图灵机的量子力学模型不耗散能量”[106]和相关文章中,Paul Benioff证明量子力学系统可以模拟图灵机。换句话说,他证明了量子计算至少与经典计算一样强大。但是,量子计算比经典计算更强大吗? David Deutsch在他1985年的论文“Quantum理论、Church-Turing原理和通用量子计算机”[44]中探索了这个问题和更多的方面。首先,他介绍了图灵机和通用图灵机的量子对应物。然后他证明了通用量子计算机可以做通用图灵机做不到的事情,包括生成真正的随机数,在单寄存器中执行一些并行计算,且完美地模拟有限维状态空间的物理系统。

1989年,在“量子计算网络”[36]中,Deutsch描述了量子计算的第二种模型:量子电路。他展示了量子门可以结合起来实现量子计算,如同布尔门可以组合起来实现经典计算。然后他证明了量子电路可以计算任何通用量子计算机可以计算的问题,反之亦然。

Andrew Chi-Chih Yao继续Deutsch的研究,在他1993年的论文“量子电路复杂性”[70]中,解决了量子计算的复杂性问题。具体来说,他证明了任何可以用量子图灵机在多项式时间内计算的函数,也可以通过多项式大小的量子电路计算。这一发现使研究人员能够专注于量子电路,它比量子图灵机更容易设计和分析。同样,1993年,Bernstein和Vazirani[107]提出了“量子复杂性理论”,其中描述了一个可以有效模拟任何量子图灵机的通用量子图灵机。和许多量子文章一样,直到几年后该论文的最终版本发表在*SIAM Journal of Computing*[69]。正如其标题所示,Bernstein和Vazirani的论文开启了对量子复杂性理论的研究。

A.3 量子门

1995年,一系列文章研究了哪些量子门集足以用来执行量子计算——也就是说,哪些门集足以创建任何给定的量子电路。在这些论文中,后来引用最多的一篇论文是“量子计算的基本门"[108]。在这篇文章中,Barenco 等表明仅使用一个量子位的量子门和两个量子位的可控或门就可以构建任何量子电路。虽然那篇论文可以说是最有影响力的,但其他文章也很重要,包括"双位门对于量子计算是通用的"[109],在这篇文章中,David DiVincenzo 证明了两个量子比特的量子门就足够了;在"条件量子动力学和逻辑门"[110]一文中,作者表明,量子控制非门和单量子位门一起就足够了;以及在"几乎任何量子逻辑门是通用的"[111]一文中,Seth Lloyd 表明,几乎任何一个具有两个或更多输入的量子门都是通用的(即本身就足够了)。

A.4 量子算法和实现

David Deutsch 和 Richard Jozsa[45]合作解决了"量子计算速解问题",他们在文中提出一种算法,确定函数 f 在所有输入上是否为常数(即要么对于所有 x 等于 1,或对于所有 x 等于 0)或平衡(即对于 x 的一半的值等于 1,对于 x 另一半的值等于 0)。Deutsch-Jozsa 算法是第一个在所有情况下都比经典算法运行得更快的量子算法。所以,即使这个问题只是一个示例,该算法还是值得注意的,而且这篇文章值得一读。另外值得一读的是"实验实现一个量子算法"[112],文中作者详细地介绍了他们如何使用体核磁共振技术实现 Deutsch-Jozsa 算法的简化版。

在"量子复杂性理论"[107]一文中,(前面也提到过),Bernstein 和 Vazirani 发现了一个问题,通过量子算法在多项式时间内可以求解,但用经典算法求解需要的时间超过多项式时间。第二年,Daniel R. Simon 提出一个问题,使用量子算法求解比使用任何已知的经典算法求解以指数级的速度加速。他的研究启发了 Peter W. Shor,随后 Peter W. Shor 发明了两种量子算法,胜过所有其他人的算法:求解素因数的多项式时间算法和离散对数,这些问题被广泛认为在经典计算机上需要用指数时间求解。Simon 和 Shor 在 1994 年 IEEE 计算机科学基础研讨会都展示了他们的发现,"关于量子计算的力量"[46]和"量子计算算法:离散对数和因式分解"[49],并且最终版分别发表在 *SIAM Journal of Computing*[113],[50]。

Shor 的因式分解算法尤其令人兴奋,甚至人们对量子计算的力量和前景产生了焦虑。具体来说,该算法引起轩然大波,因为它威胁到加密信息的安全性,根据 Ronald L. Rivest Adi Shamir 和 Leonard M. Adleman 开发的广泛使用的密码系统。众所周知,RSA 密码学依赖于这个假设-分解大数是困难的,这是一个未知的问题,需要指数时间,但不存在经典的多项式时间算法。

Rivest、Shamir 和 Adleman 在 1978 年的"一个方法用于获取数字签名和公钥密码系统"[78]一文中描述了他们的密码系统。这是一篇简短、优雅且与任何人都非常相关的文章,这些人对 Shor 算法、密码学或复杂性理论很感兴趣。

当然,Shor 算法必须在可以容纳和操纵大数值的量子计算机上实现,才能对 RSA 密码学构成实际威胁,而这些还不存在。也就是说,Isaac L. Chuang 和他的研究团队在量子计算机上用 7 个量子位分解数字 15 时,成为头条新闻。他们 2001 年的成就报告"使用核磁共振实现 Shor 量子因子分解算法实验"[105],这是一个很好的说明,提醒人们 Shor 的算法是多么令人瞩目。

另一个影响很大的算法是 Lov K. Grover 的算法,搜索无序列表,在"快速量子力学算法用于数据库搜索"[114]和"量子力学帮助大海捞针"[47]中都有描述。与 Shor 的算法不同，Grover 算法解决了一个问题，存在多项式时间内的经典算法来解决这个问题；然而，Grover 算法比经典算法快两倍。与前面提到的算法一样，使用 Grover 算法，Chuang，Gerstenfeld 和 Kubinec[115]报告了 Grover 算法的第一个实现——"快速量子搜索的实验实现"。

当然，还有比前面讨论的更多的量子算法。然而，还是远少于研究人员现在希望的数量，并且量子算法的研究跟不上量子计算和量子信息其他方面的研究。Shor[55]在一篇题为"为什么没有更多的量子算法被建立？"的文章中讨论了这种停滞。虽然不能确定该问题的答案，但 Shor 提出几种可能的解释，包括计算机科学家尚未开发出对量子行为的直觉的可能性。所有计算机科学专业的学生应该被要求阅读这篇文章，这有助于他们形成量子直觉。

A.5 量子密码学

如前所述，Shor 的因式分解算法尚未在许多量子比特上实现。但是，如果大数值的有效分解变成可能，RSA 密码学将需要被一种新形式的密码学所取代，一种不会被经典计算机或量子计算机挫败的密码学。传统地，这种方法已经存在；事实上，它是在 Shor 发明他的因式分解算法之前开发的算法。巧合的是，它也依赖于量子力学。所讨论的加密方法是量子密钥分发，它是 Bennett 和 Brassard[80] 1984 年在"量子密码学：公钥分发和抛硬币"一文中介绍的，因此通常被称为 BB84。简言之，量子密钥分发是安全的，不是因为消息以某种难以解密的方式加密，而是因为窃听者无法拦截未被发现的消息，与计算资源无关。

虽然量子密钥分发是最著名的量子力学的密码学应用，但它不是唯一的，也不是第一个。20 世纪 60 年代，Stephen Wiesner 构思了两种应用：一种是发送两条消息但只能读取其中一条的方法；另一种是设计无法伪造的货币的方法。直到 1983 年，他的想法很大程度上仍鲜为人知，当时他在一篇题为"共轭编码"[116]的文章中描述了这些想法。

前面提到的论文在量子密码学的发展中并不是唯一的里程碑。好奇的读者应该关注 SIGACT News 的密码学专栏中的相关文章，比如 Brassard 和 Crépeau [86]的"量子密码学的 25 年"，特别是最新发表的文章，以及 Crépeau 网站上的由 Brassard 提供的密码学参考目录（https://www.cs.mcgill.ca/～crepeau/CRYPTO/Biblio-QC.html）。自这些文章发表以来，量子密码学已经成熟，从理论和实验到市场产品；来自制造商的产品开发信息层出不穷，比如 MagiQ Technologies(http://www.magiqtech.com/)，id Quantique (http://www.idquantique.com/)和 Quantum Ai (https://quantum-ai.io/)。

A.6 量子信息

安全的通信渠道当然至关重要，但安全信息传输中并不是唯一的考虑。因此，量子密码学只是新兴量子信息领域的几个主题之一。其他主题有量子纠错、容错量子计算、量子数据压缩和量子隐形传态。

信息需要被保护，不仅要免受窃听者的侵害，而且要避免信道噪声，实施缺陷，以及在量子情况下退相干所引起的各种错误。Shor，不仅是量子算法的开拓者，而且是量子纠错和容错量子计算先驱，他第一个提出了一种量子纠错方法。在 1995 年他发表的"减少量子计算机内存中的退相干”[117]文章中，他证明了将每个量子位信息编码成 9 个量子位可以提供一些保护反对退相干。几乎同时，但未知 Shor 的文章，Andrew M. Steane 写了“在量子理论中的纠错码”[118]，取得了类似的结果。不久之后，Calderbank 和 Shor[119]在“存在良好的量子纠错码”中给出了改进的结果。20 世纪 90 年代后期，量子纠错和容错量子计算研究飞速发展，Shor，Steane 和 Calderbank 仍然是主要贡献者。

错误并不是信息理论家努力减少的唯一事情。他们也寻求以减少表示信息所需的空间。具有里程碑意义的关于数据的经典表示和压缩的论文是“一种通讯的数学理论”，由信息论之父 Shannon[89]撰写。在 1948 年的这篇论文中，Shannon 表明，在一定限度内，有可能压缩数据，而不丢失信息；若超出这个限制，一些信息必然会失去。（这篇论文在很多方面都有开创性，也奠定了经典的纠错码的基础。）

近 50 年后，本杰明·舒马赫(Benjamin Schumacher)开发了一个量子版本的香农定理。舒马赫首先在一篇题为“量子编码”的文章中描述了他的发现，他在 1993 年提交给物理评论 A，直到 1995 年才出版[120]。（不幸但并不罕见）在提交和出版之间的间隔时间，他和 Richard Jozsa 发表了“量子无噪声编码定理的一个新证明”[121]，它提供了比原先文章更简单的证明。

并非量子信息论中的所有内容都能在经典信息理论中找到先例。1993 年，Charles H. Bennett 等震惊了科学界，而且他们展示的量子隐形传态在理论上的可能性使科幻迷们感到兴奋。在“通过对偶经典和 Einstein-Podolsky-Rosen 通道”这篇文章中[88]，他们描述了一个未知的量子态如何被分解，然后在另一个位置重新被完美地架构。第一批通过实验验证这种隐形传输方法的研究人员是 Dik Bouwmeester 等人，他们在 1997 年发表的“实验性量子隐形传态”[122]一文中报告了他们的成就。

A.7　更多里程碑？

量子计算继续吸引研究人员关注，无疑，他们会继续提出具有挑战性的问题，发现创造性和优雅的解决方案，找出绊脚石，并取得实验性的胜利。学习如何评估自己的发展，请参阅附录 D，“及时了解量子新闻：网络上和文献中的量子计算”。

附录 B

选择的练习答案

第 1 章

练习 1.1.1

$$x^4+2x^2+1=(x^2+1)(x^2+1)=0 \tag{B.1}$$

由于这两个因素都没有实数解，因此整个问题都没有实数解。

练习 1.1.2 $-\mathrm{i}$

练习 1.1.3 $-1-3\mathrm{i};-2+14\mathrm{i}$

练习 1.1.4 简单地计算出$(-1+\mathrm{i})^2+2(-1+\mathrm{i})+2$，显示它等于 0。

练习 1.2.1 $(-5,5)$

练习 1.2.2 设 $c_1=(a_1,b_1)$，$c_2=(a_2,b_2)$，且 $c_3=(a_3,b_3)$，则有

$$\begin{aligned}
c_1\times(c_2\times c_3)&=(a_1,b_1)\times(a_2a_3-b_2b_3,a_2b_3+a_2b_3)\\
&=(a_1(a_2a_3-b_2b_3)-b_1(a_2b_3+a_3b_2),a_1(a_2b_3+a_3b_2)+\\
&\quad(a_2a_3-b_2b_3)b_1)\\
&=(a_1a_2a_3-a_1b_2b_3-b_1a_2b_3-b_1b_2a_2,a_1a_2b_3+a_1b_2a_3+\\
&\quad b_1a_2a_3-b_1b_2b_3)\\
&=((a_1a_2-b_1b_2,a_1b_2+b_1a_2)\times(a_3,b_3)\\
&=((a_1,b_1)\times(a_2,b_2))\times(a_3,b_3)=(c_1\times c_2)\times c_3
\end{aligned}\tag{B.2}$$

练习 1.2.3 $(-3-3\mathrm{i})/2$

练习 1.2.4 5

练习 1.2.5 设 $c_1=(a_1,b_1)$和 $c_2=(a_2,b_2)$，则

$$\begin{aligned}
|c_1||c_2|&=\sqrt{a_1^2+b_1^2}\sqrt{a_2^2+b_2^2}=\sqrt{(a_1^2+b_1^2)(a_2^2+b_2^2)}\\
&=\sqrt{a_1^2a_2^2+a_1^2b_2^2+b_1^2a_2^2+b_1^2b_2^2}\\
&=\sqrt{(a_1a_2-b_1b_2)^2+(a_1b_2+a_2b_1)^2}\\
&=|a_1a_2-b_1b_2,a_1b_2+a_2b_1|=|c_1c_2|
\end{aligned}\tag{B.3}$$

练习 1.2.6 这可以像练习 1.2.5 一样以代数方式进行。还应该阅读 1.3 节后，以几何方式思考这一点。基本上这说明三角形的任何一边不大于其他两条边的和。

练习 1.2.7 考考你！

练习 1.2.8 太简单！

练习 1.2.9 $(a_1,b_1)(-1,0)=(-1a_1-0b_1,0a_1-1b_1)=(-a_1,-b_1)$。

练习 1.2.10 设 $c_1=(a_1,b_1)$ 且 $c_2=(a_2,b_2)$，则

$$\bar{c}_1+\bar{c}_2=(a_1,-b_1)+(a_2,-b_2)=(a_1+a_2,-(b_1+b_2))=\overline{c_1+c_2}。\tag{B.4}$$

练习 1.2.11 设 $c_1=(a_1,b_1)$ 且 $c_2=(a_2,b_2)$，则

$$\bar{c}_1\times\bar{c}_2=(a_1,-b_1)\times(a_2,-b_2)=(a_1a_2+b_1b_2,-a_1b_2-a_2b_1),\tag{B.5}$$

$$(a_1a_2+b_1b_2,-(a_1b_2+a_2b_1))=\overline{c_1\times c_2}。\tag{B.6}$$

练习 1.2.12 虽然映射是双射的，但它不是域同构，因为它不遵循乘法，即，一般来说，

$$\overline{-(c_1\times c_2)}\neq-\bar{c}_1\times-\bar{c}_2=\overline{c_1\times c_2}。\tag{B.7}$$

练习 1.3.1 3+0i。

练习 1.3.2 1−2i。

练习 1.3.3 1.5+2.6i。

练习 1.3.4 5i。

练习 1.3.5 如果 $c=a+bi$，则乘以 r_0 的效果就是 r_0a+r_0bi。向量在平面上已被常数因子 r_0 拉伸。可以在极坐标中看到：只有向量的大小发生了变化，角度保持不变。对平面的影响是整体膨胀 r_0，没有旋转。

练习 1.3.6 掌握此练习的最佳方法是将其传递给极坐标表示：令 $c=(\rho,\theta)$ 和 $c_0=(\rho_0,\theta_0)$。它们的乘积是$(\rho\rho_0,\theta+\theta_0)$。这对所有 c 都是正确的。该平面已扩大了因子 ρ_0 并旋转了角度 θ_0。

练习 1.3.7 2i。

练习 1.3.8 (1−i)5=−4+4i。

练习 1.3.9 1.0842+0.2905i，−0.7937+0.7937i，−0.2905−1.0842i。

练习 1.3.12 $\frac{c_1}{c_2}=\frac{\rho_1}{\rho_2}e^{i(\theta_1-\theta_2)}$。 (B.8)

练习 1.3.15 设 $c_0=d_0+d_1i$ 是我们的常数复数，$x=a+bi$ 是任意复数的输入，则 $(a+d_0)+(b+d_1)i$，即 x 由 c_0 平移。

练习 1.3.17 设 $a''=(aa'+b'c)$，$b''=(a'b+b'd)$，$c''=(ac'+cd')$ 且 $d''=(bc'+dd')$，则得到两个变换的合成。

练习 1.3.18 $a=1,b=0,c=0,d=1$。注意 $ad-bc=1$，所以条件满足。

练习 1.3.19 可以作变换$\frac{dx-b}{-cx+a}$。注意，这个还是莫比乌斯(Mobius)，因为

$$da-(-b)(-c)=da-bc=ad-bc。\tag{B.9}$$

第2章

练习 2.1.1

$$\begin{bmatrix}12+5i\\6+6i\\2.53-6i\\21.4+3i\end{bmatrix}\tag{B.10}$$

练习 2.1.2

$$(\boldsymbol{V}+(\boldsymbol{W}+\boldsymbol{X}))[j]=\boldsymbol{V}[j]+(\boldsymbol{W}+\boldsymbol{X})[j]=\boldsymbol{V}[j]+(\boldsymbol{W}[j]+\boldsymbol{X}[j])$$

$$=(\boldsymbol{V}[j]+\boldsymbol{W}[j])+\boldsymbol{X}[j]=(\boldsymbol{V}+\boldsymbol{W})[j]+\boldsymbol{X}[j]$$
$$=((\boldsymbol{V}+\boldsymbol{W})+\boldsymbol{X})[j] \tag{B.11}$$

练习 2.1.3

$$\begin{bmatrix} 132.6-13.6i \\ -14-56i \\ 48-12i \\ 32-42i \end{bmatrix} \tag{B.12}$$

练习 2.1.4

$$((c_1+c_2)\times\boldsymbol{V})[j]=(c_1+c_2)\times(\boldsymbol{V}[j])=(c_1\times(\boldsymbol{V}[j]))+(c_2\times(\boldsymbol{V}[j]))$$
$$=(c_1\times\boldsymbol{V})[j]+(c_2\times\boldsymbol{V})[j]=((c_1\times\boldsymbol{V})+(c_2\times\boldsymbol{V}))[j] \tag{B.13}$$

练习 2.2.1 二者均等于$\begin{bmatrix} 12 \\ -24 \\ 6 \end{bmatrix}$。

练习 2.2.3 对于属性(ⅵ)：

$$\begin{bmatrix} -2+6i & -12+6i \\ -12-4i & -18+4i \end{bmatrix} \tag{B.14}$$

对于属性(ⅷ)：

$$\begin{bmatrix} 5+3i & 3+12i \\ -6+10i & 17i \end{bmatrix} \tag{B.15}$$

练习 2.2.4 属性(ⅴ)有单元 1.属性(ⅵ)按式(B.16)完成：

$$(c_1\times(c_2\times\boldsymbol{A}))[j,k]=c_1\times((c_2\times\boldsymbol{A})[j,k])=c_1\times(c_2\times\boldsymbol{A}[j,k])$$
$$=(c_1\times c_2)\times\boldsymbol{A}[j,k]=((c_1\times c_2)\times\boldsymbol{A})[j,k] \tag{B.16}$$

属性(ⅷ)和这类似,并且类似于练习 2.1.4。

练习 2.2.5

$$\begin{bmatrix} 6-3i & 0 & 1 \\ 2+12i & 5+2.1i & 2+5i \\ -19 & 17 & 3-4.5i \end{bmatrix};\begin{bmatrix} 6+3i & 2-12i & 19i \\ 0 & 5-2.1i & 17 \\ 1 & 2-5i & 3+4.5i \end{bmatrix};$$
$$\begin{bmatrix} 6+3i & 0 & 1 \\ 2-12i & 5-2.1i & 2-5i \\ 19i & 17 & 3+4.5i \end{bmatrix} \tag{B.17}$$

练习 2.2.6

$$(\overline{c\cdot\boldsymbol{A}})[j,k]=\overline{(c\times(\boldsymbol{A}[j,k]))}=\bar{c}\times\overline{(\boldsymbol{A}[j,k])}=(\bar{c}\cdot\bar{\boldsymbol{A}})[j,k] \tag{B.18}$$

练习 2.2.7 我们仅做属性(ⅸ),其余类似。

$$(c\cdot\boldsymbol{A})^{\dagger}=\overline{(c\cdot\boldsymbol{A})}^{\mathrm{T}}=(\bar{c}\cdot\bar{\boldsymbol{A}})^{\mathrm{T}}=\bar{c}\cdot\bar{\boldsymbol{A}}^{\mathrm{T}}=\bar{c}\cdot\boldsymbol{A}^{\dagger} \tag{B.19}$$

练习 2.2.8

$$\begin{bmatrix} 37-13i & 10 & 50-44i \\ 12+3i & 6+28i & 3+4i \\ 31+9i & -6+32i & 4-60i \end{bmatrix} \tag{B.20}$$

练习 2.2.9

$$((\boldsymbol{A}\times\boldsymbol{B})^{\mathrm{T}})[j,k]=(\boldsymbol{A}\times\boldsymbol{B})[k,j]=\sum_{i=1}^{n}\boldsymbol{A}[k,i]\times\boldsymbol{B}[i,j]=\sum_{i=1}^{n}\boldsymbol{B}[i,j]\times\boldsymbol{A}[k,i]$$

$$=\sum_{i=1}^{n}\boldsymbol{B}^{\mathrm{T}}[j,i]\times\boldsymbol{A}^{\mathrm{T}}[i,k]=(\boldsymbol{B}^{\mathrm{T}}*\boldsymbol{A}^{\mathrm{T}})[j,k]。\tag{B.21}$$

练习 2.2.10

$$\begin{bmatrix}26+52\mathrm{i} & 9-7\mathrm{i} & 48+21\mathrm{i}\\ 60-24\mathrm{i} & 1-29\mathrm{i} & 15-22\mathrm{i}\\ 26 & 14 & 20+22\mathrm{i}\end{bmatrix}\tag{B.22}$$

练习 2.2.11

$$(\boldsymbol{A}\times\boldsymbol{B})^{\dagger}=\overline{(\boldsymbol{A}\times\boldsymbol{B})}^{\mathrm{T}}=(\bar{\boldsymbol{A}}\times\bar{\boldsymbol{B}})^{\mathrm{T}}=\bar{\boldsymbol{B}}^{\mathrm{T}}\times\bar{\boldsymbol{A}}^{\mathrm{T}}=\boldsymbol{B}^{\dagger}\times\boldsymbol{A}^{\dagger}\tag{B.23}$$

练习 2.2.13　Poly_5 的每个成员能写成如下形式：

$$c_0+c_1x+c_2x^2+c_3x^3+c_4x^4+c_5x^5+0x^6+0x^7\tag{B.24}$$

很明显，这个子集在加法和标量乘法下是闭合的。

练习 2.2.14　给定以下两个矩阵

$$\begin{bmatrix}x & y\\ -y & x\end{bmatrix}和\begin{bmatrix}x' & y'\\ -y' & x'\end{bmatrix}\tag{B.25}$$

其和为

$$\begin{bmatrix}x+x' & y+y'\\ -(y+y') & x+x'\end{bmatrix}\tag{B.26}$$

因此，集合在加法下是闭合的。与标量乘法类似。此总和也等于

$$f(x+y\mathrm{i})+f(x'+y'\mathrm{i})=f((x+x')+(y+y')\mathrm{i})。\tag{B.27}$$

练习 2.2.17　给定的向量对$\left\langle\begin{bmatrix}c_0\\ c_1\\ \vdots\\ c_{m-1}\end{bmatrix},\begin{bmatrix}c'_0\\ c'_1\\ \vdots\\ c'_{n-1}\end{bmatrix}\right\rangle$可转换成

$$[c_0,c_1,\cdots,c_{m-1},c'_0,c'_1,\cdots,c'_{n-1}]^{\mathrm{T}}\tag{B.28}$$

练习 2.2.18　$\mathbb{C}^m$ 中的一个元素 $[c_0,c_1,\cdots,c_{m-1}]^{\mathrm{T}}$ 能被看作 $\mathbb{C}^m\times\mathbb{C}^n$ 中的元素 $\left\langle\begin{bmatrix}c_0\\ c_1\\ \vdots\\ c_{m-1}\end{bmatrix},\begin{bmatrix}0\\ 0\\ \vdots\\ 0\end{bmatrix}\right\rangle$

练习 2.3.1

$$2\cdot[1,2,3]^{\mathrm{T}}+[1,-4,-4]^{\mathrm{T}}=[3,0,2]^{\mathrm{T}}\tag{B.29}$$

练习 2.3.2

规范基可以很容易地写成这些向量的线性组合。

练习 2.4.1

式(2.101)的两边是 11，式(2.102)的两边是 31。

练习 2.4.3

我们将在式(2.101)中显示它。

$$(\boldsymbol{A}+\boldsymbol{B})^{\mathrm{T}}=\begin{bmatrix}1 & -1\\1 & 1\end{bmatrix};\quad (\boldsymbol{A}+\boldsymbol{B})^{\mathrm{T}}\times\boldsymbol{C}=\begin{bmatrix}1 & -2\\3 & 4\end{bmatrix}\tag{B.30}$$

此矩阵的迹(或迹数)为 5。右侧是 $\mathrm{Trace}(\boldsymbol{A}^{\mathrm{T}}\times\boldsymbol{C})=7$ 加到 $\mathrm{Trace}(\boldsymbol{B}^{\mathrm{T}}\times\boldsymbol{C})=-2$,其和为 5。

练习 2.4.5 $\sqrt{439}$

练习 2.4.6 $\sqrt{47}$

练习 2.4.7 $\sqrt{11}$

练习 2.4.8

$$\langle\boldsymbol{V},\boldsymbol{V}'\rangle=|\boldsymbol{V}||\boldsymbol{V}'|\cos\theta\tag{B.31}$$

$$8=3\sqrt{10}\cos\theta\tag{B.32}$$

$$\cos\theta=0.843\tag{B.33}$$

$$\theta=32.51^{\circ}\tag{B.34}$$

练习 2.5.1 它们的特征值分别为 $-2,-2$ 和 4。

练习 2.6.1 看看它。

练习 2.6.2 关键思想是,采用

$$\bar{\boldsymbol{A}}^{\mathrm{T}}=\boldsymbol{A}\tag{B.35}$$

两侧的转置,并记住 T 运算是幂等的。

练习 2.6.3 证明与厄米矩阵的情况相同,但伴随被转置操作所取代。

练习 2.6.4 证明类似于厄米矩阵的情况。

练习 2.6.5 将其乘以它的伴随,并记住基本的三角恒等式:

$$\sin^2\theta+\cos^2\theta=1\tag{B.36}$$

练习 2.6.6 将其乘以它的伴随以获得恒等式。

练习 2.6.7 如果 $\boldsymbol{U}$ 是酉的,则 $\boldsymbol{U}*\boldsymbol{U}^{\dagger}=\boldsymbol{I}$。同样,如果 $\boldsymbol{U}$ 是酉的,则 $\boldsymbol{U}'*\boldsymbol{U}'^{\dagger}=\boldsymbol{I}$。结合这些,可以得到

$$\begin{aligned}(\boldsymbol{U}\times\boldsymbol{U}')\times(\boldsymbol{U}\times\boldsymbol{U}')^{\dagger}&=(\boldsymbol{U}\times\boldsymbol{U}')\times(\boldsymbol{U}'^{\dagger}*\boldsymbol{U}^{\dagger})=\boldsymbol{U}\times\boldsymbol{U}'\times\boldsymbol{U}'^{\dagger}\times\boldsymbol{U}^{\dagger}\\&=\boldsymbol{U}\times\boldsymbol{I}\times\boldsymbol{U}^{\dagger}=\boldsymbol{U}\times\boldsymbol{U}^{\dagger}=\boldsymbol{I}\end{aligned}\tag{B.37}$$

练习 2.6.8

$$d(\boldsymbol{U}\boldsymbol{V}_1,\boldsymbol{U}\boldsymbol{V}_2)=|\boldsymbol{U}\boldsymbol{V}_1-\boldsymbol{U}\boldsymbol{V}_2|=|\boldsymbol{U}(\boldsymbol{V}_1-\boldsymbol{V}_2)|=|\boldsymbol{V}_1-\boldsymbol{V}_2|=d(\boldsymbol{V}_1,\boldsymbol{V}_2)\tag{B.38}$$

练习 2.6.9

这是一个简单的观察,它们是自己的伴随矩阵。

练习 2.7.1

$$[-3,6,-4,8,-7,14]^{\mathrm{T}}\tag{B.39}$$

练习 2.7.2 不。我们正在寻找像这样的值:

$$[x,y,z]^{\mathrm{T}}\times[a,b]^{\mathrm{T}}=[5,6,3,2,0,1]^{\mathrm{T}}\tag{B.40}$$

这意味着 $za=0$,这意味着 $z=0$ 或 $a=0$。如果 $z=0$,则不会有 $zb=1$,如果 $a=0$,则不会有 $xa=5$。所以没有这样的值存在。

练习 2.7.3

$$\begin{bmatrix} 3+2i & 1+18i & 29-11i & 5-i & 19+17i & 18-40i & 2i & -8+6i & 14+10i \\ 26+26i & 18+12i & -4+19i & 52 & 30-6i & 15+23i & -4+20i & 12i & -10+4i \\ 0 & 3+2i & -12+31i & 0 & 5-i & 19+43i & 0 & 2i & -18+4i \\ 0 & 0 & 0 & 12 & 36+48i & 60-84i & 6-3i & 30+15i & 9-57i \\ 0 & 0 & 0 & 120+24i & 72 & 24+60i & 66-18i & 36-18i & 27+24i \\ 0 & 0 & 0 & 0 & 12 & 24+108i & 0 & 6-3i & 39+48i \\ 2 & 6+8i & 10-14i & 4+4i & -4+28i & 48-8i & 9+3i & 15+45i & 66-48i \\ 20+4i & 12 & 4+10i & 32+48i & 24+24i & -12+28i & 84+48i & 54+18i & 3+51i \\ 0 & 2 & 4+18i & 0 & 4+4i & -28+44i & 0 & 9+3i & -9+87i \end{bmatrix} \tag{B.41}$$

练习 2.7.5 两个关联相等。

$$\begin{bmatrix} 18 & 15 & 12 & 10 & 36 & 30 & 24 & 20 \\ 9 & 6 & 6 & 4 & 18 & 12 & 12 & 8 \\ -6 & -5 & 0 & 0 & -12 & -10 & 0 & 0 \\ -3 & -2 & 0 & 0 & -6 & -4 & 0 & 0 \\ 0 & 0 & 0 & 0 & 18 & 15 & 12 & 10 \\ 0 & 0 & 0 & 0 & 9 & 6 & 6 & 4 \\ 0 & 0 & 0 & 0 & -6 & -5 & 0 & 0 \\ 0 & 0 & 0 & 0 & -3 & -2 & 0 & 0 \end{bmatrix} \tag{B.42}$$

练习 2.7.6 对于 $r\boldsymbol{A}\in\boldsymbol{C}^{m\times m'}$，$\boldsymbol{B}\in\boldsymbol{C}^{n\times n'}$，且 $\boldsymbol{C}\in\boldsymbol{C}^{p\times p'}$，有

$$\begin{aligned}
(\boldsymbol{A}\otimes(\boldsymbol{B}\otimes\boldsymbol{C})[i,k] &= \boldsymbol{A}\left[\frac{i}{np},\frac{k}{n'p'}\right]\times(\boldsymbol{B}\otimes\boldsymbol{C})[j\ \mathrm{Mod}(np),k\ \mathrm{Mod}(n'p')] \\
&= \boldsymbol{A}\left[\frac{i}{np},\frac{k}{n'p'}\right]\times\boldsymbol{B}\left[\frac{j\ \mathrm{Mod}(np)}{p},\frac{k\ \mathrm{Mod}(n'p')}{p'}\right]\times \\
&\quad \boldsymbol{C}[(j\,\mathrm{Mod}(np))\mathrm{Mod}\ p,(k\,\mathrm{Mod}(n'p'))\mathrm{Mod}\ p'] \\
&= \boldsymbol{A}\left[\frac{\left(\frac{i}{p}\right)}{n},\frac{\left(\frac{k}{p'}\right)}{n'}\right]\times\boldsymbol{B}\left[\left(\frac{j}{p}\right)\mathrm{Mod}\ n,\left(\frac{k}{p'}\right)\mathrm{Mod}\ n'\right]\times \\
&\quad \boldsymbol{C}[j\,\mathrm{Mod}\ p,k\,\mathrm{Mod}\ p'] \\
&= (\boldsymbol{A}\otimes\boldsymbol{B})\left[\frac{j}{p},\frac{k}{p'}\right]\times\boldsymbol{C}[j\ \mathrm{Mod}\ p,k\ \mathrm{Mod}\ p'] \\
&= (\boldsymbol{A}\otimes\boldsymbol{B})\left[\frac{i}{p},\frac{k}{p'}\right]\times\boldsymbol{C}[j\ \mathrm{Mod}\ p,k\ \mathrm{Mod}\ p'] = ((\boldsymbol{A}\otimes\boldsymbol{B})\otimes\boldsymbol{C})[j,k]
\end{aligned} \tag{B.43}$$

式(B.43)的核心等式来自这三个可以很容易检查的恒等式：

$$j/(np)=(j/n)/p \tag{B.44}$$

$$(j\ \mathrm{Mod}(np))/p=(j/p)\mathrm{Mod}\ n \tag{B.45}$$

$$(j\ \mathrm{Mod}\ (np))\ \mathrm{Mod}\ p=j\ \mathrm{Mod}\ p \tag{B.46}$$

练习 2.7.7 它们都等于：

$$\begin{bmatrix} 2 & 6 \\ 4 & 8 \\ 3 & 9 \\ 6 & 12 \end{bmatrix} \tag{B.47}$$

练习 2.7.8 对于 $\boldsymbol{A}\in\boldsymbol{C}^{m\times m'}$ 和 $\boldsymbol{B}\in\boldsymbol{C}^{n\times n'}$，有

$$\begin{aligned}(\boldsymbol{A}\otimes\boldsymbol{B})^{\dagger}[j,k]&=\overline{(\boldsymbol{A}\otimes\boldsymbol{B})^{\dagger}[k,j]}=\overline{(\boldsymbol{A}\left[\frac{k}{n},\frac{j}{n'}\right]\times\boldsymbol{B}[k\ \mathrm{Mod}\ n,j\ \mathrm{Mod}\ n'])}\\&=\overline{\boldsymbol{A}\left[\frac{k}{n},\frac{j}{n'}\right]}\times\overline{\boldsymbol{B}[k\ \mathrm{Mod}\ n',j\ \mathrm{Mod}\ n]}\\&=\boldsymbol{A}^{\dagger}\left[\frac{j}{n},\frac{k}{n'}\right]\times\boldsymbol{B}^{\dagger}[j\ \mathrm{Mod}\ n',k\ \mathrm{Mod}\ n]=\boldsymbol{A}^{\dagger}\otimes\boldsymbol{B}^{\dagger}[j,k]\end{aligned} \tag{B.48}$$

练习 2.7.9

对于 $\boldsymbol{A}\in\boldsymbol{C}^{m\times m'}$，$\boldsymbol{A}'\in\boldsymbol{C}^{m'\times m''}$，$\boldsymbol{B}\in\boldsymbol{C}^{n\times n'}$ 和 $\boldsymbol{B}'\in\boldsymbol{C}^{n'\times n''}$，有：
$\boldsymbol{A}\times\boldsymbol{A}'\in\boldsymbol{C}^{m\times m''}$，$\boldsymbol{B}\times\boldsymbol{B}'\in\boldsymbol{C}^{n\times n''}$，$(\boldsymbol{A}\otimes\boldsymbol{B})\in\boldsymbol{C}^{mn\times m'n'}$，$(\boldsymbol{A}'\otimes\boldsymbol{B}')\in\boldsymbol{C}^{m'n'\times m''n''}$。

$$\begin{aligned}(\boldsymbol{A}\otimes\boldsymbol{B})\times(\boldsymbol{A}'\otimes\boldsymbol{B}')[j,k]&=\sum_{t=0}^{m',n'-1}((\boldsymbol{A}\otimes\boldsymbol{B})[j,t]\times(\boldsymbol{A}'\otimes\boldsymbol{B}')[t,k])\\&=\sum_{t=0}^{m',n'-1}(\boldsymbol{A}[j/n,t/n']\times\boldsymbol{B}[j\ \mathrm{Mod}\ n,t\ \mathrm{Mod}\ n']\times\\&\quad\boldsymbol{A}'[t/n',k/n'']\times\boldsymbol{B}'[t\ \mathrm{Mod}\ n',k\ \mathrm{Mod}\ n''])\end{aligned} \tag{B.49}$$

这些 $m'n'$ 项可以重新排列如下：

$$\begin{aligned}&\left(\sum_{i=0}^{m'-1}\boldsymbol{A}\left[\frac{j}{n},i\right]\times\boldsymbol{A}'\left[i,\frac{k}{n'}\right]\right)\times\left(\sum_{i=0}^{n'-1}\boldsymbol{B}[j\mathrm{Mod}\ n,i]\times\boldsymbol{B}'^{[i,k\mathrm{Mod}\ n']}\right)\\&=(\boldsymbol{A}\times\boldsymbol{A}')\left[\frac{j}{n},\frac{k}{n'}\right]\times(\boldsymbol{B}\times\boldsymbol{B}')[j\mathrm{Mod}\ n,k\mathrm{Mod}\ n']=((\boldsymbol{A}\times\boldsymbol{A}')\otimes(\boldsymbol{B}\times\boldsymbol{B}'))[j,k]\end{aligned} \tag{B.50}$$

第 3 章

练习 3.1.1

$$[0,0,20,2,0,5]^{\mathrm{T}} \tag{B.51}$$

练习 3.1.2

$$\boldsymbol{MM}=\boldsymbol{M}^2=\begin{bmatrix}0&0&0&0&0&0\\0&0&0&0&0&0\\1&0&0&0&1&0\\0&0&0&1&0&0\\0&1&0&0&0&1\\0&0&1&0&0&0\end{bmatrix} \tag{B.52}$$

$$\boldsymbol{MMM}=\boldsymbol{M}^2\boldsymbol{M}=\boldsymbol{MM}^2=\boldsymbol{M}^3=\begin{bmatrix}0&0&0&0&0&0\\0&0&0&0&0&0\\0&0&1&0&0&0\\0&0&0&1&0&0\\1&0&0&0&1&0\\0&1&0&0&0&1\end{bmatrix}\tag{B.53}$$

$$\boldsymbol{M}^6=\boldsymbol{M}^3\boldsymbol{M}^3=\begin{bmatrix}0&0&0&0&0&0\\0&0&0&0&0&0\\0&0&1&0&0&0\\0&0&0&1&0&0\\1&0&0&0&1&0\\0&1&0&0&0&1\end{bmatrix}\tag{B.54}$$

它们都在顶点 2 结束。

练习 3.1.3　每个顶点中的弹珠会“神奇地”自我繁殖，而且弹珠的许多副本将到达每个具有连接边的顶点。考虑一下不确定性！

练习 3.1.4　弹珠会“神奇地”消失。

练习 3.1.5　邻接矩阵是

$$\boldsymbol{A}=\begin{bmatrix}0&1&0&0&0&0&0&0&0\\1&0&0&0&0&0&0&0&0\\0&0&0&0&0&0&0&0&0\\0&0&0&1&0&0&0&0&0\\0&0&0&0&0&0&0&0&0\\0&0&1&0&0&0&0&0&0\\0&0&0&0&0&0&0&0&0\\0&0&0&0&1&0&1&0&0\\0&0&0&0&0&1&0&1&1\end{bmatrix}\tag{B.55}$$

$$\boldsymbol{A}^2=\begin{bmatrix}1&0&0&0&0&0&0&0&0\\0&1&0&0&0&0&0&0&0\\0&0&0&0&0&0&0&0&0\\0&0&0&1&0&0&0&0&0\\0&0&0&0&0&0&0&0&0\\0&0&0&0&0&0&0&0&0\\0&0&0&0&0&0&0&0&0\\0&0&0&0&0&0&0&0&0\\0&0&0&0&0&0&0&0&0\\0&0&1&0&1&1&1&1&1\end{bmatrix};\boldsymbol{A}^4=\begin{bmatrix}1&0&0&0&0&0&0&0&0\\0&1&0&0&0&0&0&0&0\\0&0&0&0&0&0&0&0&0\\0&0&0&1&0&0&0&0&0\\0&0&0&0&0&0&0&0&0\\0&0&0&0&0&0&0&0&0\\0&0&0&0&0&0&0&0&0\\0&0&0&0&0&0&0&0&0\\0&0&0&0&0&0&0&0&0\\0&0&1&0&1&1&1&1&1\end{bmatrix}\tag{B.56}$$

如果起始状态是 $\boldsymbol{X}=[1,1,1,1,1,1,1,1,1]^{\mathrm{T}}$，那么 $\boldsymbol{AX}=[1\ 1\ 0\ 1\ 0\ 1\ 0\ 2\ 3]^{\mathrm{T}}$，且 $\boldsymbol{A}^2\boldsymbol{X}=\boldsymbol{A}^4\boldsymbol{X}=[1\ 1\ 0\ 1\ 0\ 0\ 0\ 0\ 6]^{\mathrm{T}}$。

练习 3.2.1

$$\boldsymbol{Y}=\left[\frac{5}{12},\frac{3}{12},\frac{4}{12}\right]^{\mathrm{T}} \tag{B.57}$$

练习 3.2.2

(a) 给定 $\sum_i \boldsymbol{M}[i,k]=1$ 和 $\sum_i \boldsymbol{X}[i]=1$，那么，有

$$\sum_i \boldsymbol{Y}[i]=\sum_i(\boldsymbol{MX})[i]=\sum_k\left(\sum_i \boldsymbol{M}[i,k]\right)\boldsymbol{X}[k]=\sum_k(1\times \boldsymbol{X}[k])=1 \tag{B.58}$$

(b) 如果 $\sum_i \boldsymbol{X}[i]=x$，$\sum_i \boldsymbol{Y}[i]=\sum_k(1\times \boldsymbol{X}[k])=x$

练习 3.2.3 这与练习 3.2.2 几乎相同。

练习 3.2.4

$$\boldsymbol{M}\times\boldsymbol{N}=\begin{bmatrix}\frac{1}{2} & \frac{1}{2}\\ \frac{1}{2} & \frac{1}{2}\end{bmatrix} \tag{B.59}$$

练习 3.2.5 令 $\boldsymbol{M}$ 和 $\boldsymbol{N}$ 是两个双重随机矩阵。我们将证明对于任何 j，$\boldsymbol{M}\times\boldsymbol{N}$ 的第 j 行总和为 1。（类似地，第 k 列的和也是 1。）

$$\begin{aligned}\sum_i \boldsymbol{M}\times\boldsymbol{N}[j,i]&=\sum_i\sum_k(\boldsymbol{M}[j,k]\times\boldsymbol{N}[k,i])=\sum_k\sum_i(\boldsymbol{M}[j,k]\times\boldsymbol{N}[k,i])\\&=\sum_k \boldsymbol{M}[j,k]\times\left(\sum_i \boldsymbol{N}[k,i]\right)=\sum_k \boldsymbol{M}[j,k]\times(1)=1\end{aligned} \tag{B.60}$$

练习 3.2.6 让 m 代表数学，p 代表物理，c 代表计算机科学。那么，对应的邻接矩阵为

$$\boldsymbol{A}=\begin{matrix} & m & p & c\\ m & 0.1 & 0.7 & 0.2\\ p & 0.6 & 0.2 & 0.2\\ c & 0.3 & 0.1 & 0.6\end{matrix};\quad \boldsymbol{A}^2=\begin{bmatrix}0.49 & 0.23 & 0.28\\ 0.24 & 0.48 & 0.28\\ 0.27 & 0.29 & 0.44\end{bmatrix} \tag{B.61}$$

$$\boldsymbol{A}^4=\begin{bmatrix}0.3709 & 0.3043 & 0.3248\\ 0.3084 & 0.3668 & 0.3248\\ 0.3207 & 0.3289 & 0.3504\end{bmatrix};\quad \boldsymbol{A}^8=\begin{bmatrix}0.335576 & 0.331309 & 0.333115\\ 0.33167 & 0.335215 & 0.333115\\ 0.332754 & 0.333476 & 0.33377\end{bmatrix} \tag{B.62}$$

要计算可能的专业，请将这些矩阵乘以 $[1,0,0]^{\mathrm{T}}$，$[0,1,0]^{\mathrm{T}}$，然后乘以 $[0,0,1]^{\mathrm{T}}$。

练习 3.3.1

$$\begin{bmatrix}\cos^2\theta & \sin^2\theta & 0\\ \sin^2\theta & \cos^2\theta & 0\\ 0 & 0 & 1\end{bmatrix} \tag{B.63}$$

它是双重随机的事实来自三角恒等式：$\sin^2\theta+\cos^2\theta=1$ (B.64)

练习 3.3.2 设 $\boldsymbol{U}$ 为酉矩阵。$\boldsymbol{U}$ 是酉的意味着：

$$\boldsymbol{U}\times\boldsymbol{U}^{\dagger}[j,k]=\sum_i \boldsymbol{U}[j,i]\times\boldsymbol{U}^{\dagger}[i,k]=\sum_i \boldsymbol{U}[j,i]\times\overline{\boldsymbol{U}[k,i]}=\delta_{j,k} \tag{B.65}$$

其中 $\delta_{j,k}$ 是 Kronecker δ 函数。我们将证明酉矩阵模平方的第 j 行元素总和是 1。（类似地，可以证明酉矩阵模平方的第 k 列元素之和是 1。）

$$\sum_k |\boldsymbol{U}[j,k]|^2=\sum_k(\boldsymbol{U}[j,k]\times\overline{\boldsymbol{U}[j,k]})=\delta_{j,j.}=1 \tag{B.66}$$

第一个等式来自等式(1.49)。

练习 3.3.3　令 $\boldsymbol{U}$ 为酉矩阵，$\boldsymbol{X}$ 为列向量，使得 $\sum_j |\boldsymbol{X}[j]|^2 = <\boldsymbol{X}, \boldsymbol{X}> = x$。

$$(\boldsymbol{U} \times \boldsymbol{X})[j] = \sum_k \boldsymbol{U}[j,k] \times \boldsymbol{X}[k]$$

$$\sum_j |(\boldsymbol{U} \times \boldsymbol{X})[j]|^2 = <\boldsymbol{UX}, \boldsymbol{UX}> = <\boldsymbol{X}, \boldsymbol{X}> = x \tag{B.67}$$

这里用了式(2.150)。

练习 3.4.2

$$\boldsymbol{N} \otimes \boldsymbol{N} = \begin{bmatrix} \frac{1}{9} & \frac{2}{9} & \frac{2}{9} & \frac{4}{9} \\ \frac{2}{9} & \frac{1}{9} & \frac{4}{9} & \frac{2}{9} \\ \frac{2}{9} & \frac{4}{9} & \frac{1}{9} & \frac{2}{9} \\ \frac{4}{9} & \frac{2}{9} & \frac{2}{9} & \frac{1}{9} \end{bmatrix} \tag{B.68}$$

练习 3.4.3

$$\boldsymbol{M} \otimes \boldsymbol{N} = \begin{bmatrix} \frac{1}{6} & \frac{1}{6} & \frac{2}{6} & \frac{2}{6} \\ \frac{1}{6} & \frac{1}{6} & \frac{2}{6} & \frac{2}{6} \\ \frac{2}{6} & \frac{2}{6} & \frac{1}{6} & \frac{1}{6} \\ \frac{2}{6} & \frac{2}{6} & \frac{1}{6} & \frac{1}{6} \end{bmatrix} \tag{B.69}$$

练习 3.4.4　对于 $\boldsymbol{M} \in \boldsymbol{C}^{m \times m}$ 和 $\boldsymbol{N} \in \boldsymbol{C}^{n \times n}$，将有 $\boldsymbol{M} \otimes \boldsymbol{N} \in \boldsymbol{C}^{mn \times m'n'}$。在图 $G_{M \otimes N}$ 中从 j 到 k 的边的权重是：

$$\boldsymbol{M}[j/n, k/n'] \times \boldsymbol{N}[j \text{ Mod } n, k \text{ Mod } n'] \tag{B.70}$$

并将对应于一对边：

$$(j/n \to k/n',\ j \text{ Mod } n \to k \text{ Mod } n') \tag{B.71}$$

练习 3.4.5　这与练习 3.4.4 非常相似。

练习 3.4.6　“一个弹珠在图 M 上运行，一个弹珠在图 N 上运行”。

与“一个弹珠在图 N 上，一个弹珠在图 M 上”是相同的。

练习 3.4.7　它基本上意味着“一个弹珠从图 M 移动到图 M'”和“弹珠从图 N 移动到图 N'”，也可以说：“两个弹珠分别从图 M 和图 N 移动到图 M' 和图 N'”。

参见式 (5.47)给出的图。

第 4 章

练习 4.1.1　$|\psi\rangle$ 的长度为 $||\psi\rangle| = 4.4721$。我们得到

$p(x_3) = 1/4.4721^2$，$p(x_4) = 4/4.4721^2$。

练习 4.1.2 在文本中，这是在 $c=2$ 时完成的。一般问题是完全相同的。

练习 4.1.3 如果它们代表相同的状态，就会有一个复标量 c，第二个向量是第一个向量的 c 倍。第二个向量的第一个组件是 $2(1+\mathrm{i})$，$1+\mathrm{i}$ 是第一个向量的第一个分量。然而，如果乘以第二个分量，则得到 $2(2-\mathrm{i})=4-2\mathrm{i}$，而不是 $1-2\mathrm{i}$。因此，它们不代表同一个状态。

练习 4.1.9 $\langle\psi|=[3-\mathrm{i},2\mathrm{i}]$。

练习 4.2.2 $S_x|\uparrow\rangle=|\downarrow\rangle$。（这会翻转它们！）如果测量向下状态的旋转，它将保持这个状态；因此，发现它仍处于向上状态的概率为零。

练习 4.2.3 以 $\boldsymbol{A}[j,k]=\overline{\boldsymbol{A}[k,j]}$ 作为厄米量的定义，我们考虑 $r\times A$，其中 r 是一个标量。

$$r\times\boldsymbol{A}[j,k]=r\times\overline{\boldsymbol{A}[k,j]}=\overline{r\times\boldsymbol{A}[k,j]} \tag{B.72}$$

这里使用了对于任何实数 r，$r=\bar{r}$ 的事实。

练习 4.2.4 令 $\boldsymbol{M}=\begin{bmatrix}0&1\\1&0\end{bmatrix}$。$\boldsymbol{M}$ 一定是厄米矩阵（事实上，是实对称的）。将其乘以 i：

$$\boldsymbol{N}=\mathrm{i}\boldsymbol{M}=\begin{bmatrix}0&\mathrm{i}\\\mathrm{i}&0\end{bmatrix} \tag{B.73}$$

现在，$\boldsymbol{N}$ 不是厄米矩阵，$\boldsymbol{N}$ 的伴随是 $\begin{bmatrix}0&-\mathrm{i}\\\mathrm{i}&0\end{bmatrix}$，而每个厄米矩阵都是它自己的伴随。

练习 4.2.5 设 $\boldsymbol{A}$ 和 $\boldsymbol{A}'$ 是两个厄米矩阵。

$$\begin{aligned}(\boldsymbol{A}+\boldsymbol{A}')[j,k]&=\boldsymbol{A}[j,k]+\boldsymbol{A}'[j,k]=\overline{\boldsymbol{A}[k,j]}+\overline{\boldsymbol{A}'[k,j]}\\&=\overline{\boldsymbol{A}[k,j]+\boldsymbol{A}'[k,j]}=\overline{(\boldsymbol{A}+\boldsymbol{A}')[k,j]}\end{aligned} \tag{B.74}$$

练习 4.2.6 通过直接检查，两个矩阵都是平凡的厄米矩阵（第一个矩阵在非对角元素上有 i 和 −i，第二个矩阵有对角线元素）。下面计算一下它们的乘积：

$$\boldsymbol{\Omega}_1\times\boldsymbol{\Omega}_2=\begin{bmatrix}2&-4\mathrm{i}\\2\mathrm{i}&4\end{bmatrix} \tag{B.75}$$

$$\boldsymbol{\Omega}_2\times\boldsymbol{\Omega}_1=\begin{bmatrix}2&-2\mathrm{i}\\4\mathrm{i}&4\end{bmatrix} \tag{B.76}$$

它们不符合交换律。

练习 4.2.7

$$\begin{aligned}[\boldsymbol{\Omega}_1,\boldsymbol{\Omega}_2]&=\boldsymbol{\Omega}_1\times\boldsymbol{\Omega}_2-\boldsymbol{\Omega}_2\times\boldsymbol{\Omega}_1=\begin{bmatrix}1+\mathrm{i}&-3-2\mathrm{i}\\-1&3-\mathrm{i}\end{bmatrix}-\begin{bmatrix}1-\mathrm{i}&-1\\-3+2\mathrm{i}&3+\mathrm{i}\end{bmatrix}\\&=\begin{bmatrix}2\mathrm{i}&-2-2\mathrm{i}\\2-2\mathrm{i}&-2\mathrm{i}\end{bmatrix}\end{aligned} \tag{B.77}$$

练习 4.2.8

如果 $\boldsymbol{A}^\dagger=\boldsymbol{A}$ 且 $\boldsymbol{B}^\dagger=\boldsymbol{B}$，则有：

$$[\boldsymbol{A},\boldsymbol{B}]^\dagger=(\boldsymbol{AB}-\boldsymbol{BA})^\dagger=(\boldsymbol{AB})^\dagger-(\boldsymbol{BA})^\dagger=\boldsymbol{B}^\dagger\boldsymbol{A}^\dagger-\boldsymbol{A}^\dagger\boldsymbol{B}^\dagger=\boldsymbol{BA}-\boldsymbol{AB}=-[\boldsymbol{A},\boldsymbol{B}]$$

从方程(4.57)中可见：例如，换向器 $[\boldsymbol{S}_x,\boldsymbol{S}_y]$ 等于 $2\mathrm{i}\boldsymbol{S}_z$。算子 $\boldsymbol{S}_z$ 是厄米算子，但算子 $2\mathrm{i}\boldsymbol{S}_z$ 是反厄米算子，因为 2i 不是实数（见练习 4.2.3 和练习 4.2.4）。

第 5 章

练习 5.1.1

$$(3+2\mathrm{i})|0\rangle+(4-2\mathrm{i})|1\rangle \tag{B.78}$$

练习 5.1.2

$$(0.67286-0.15252\mathrm{i})|0\rangle+(0.09420-0.71772\mathrm{i})|1\rangle \tag{B.79}$$

练习 5.1.3

$$|1\rangle\otimes|0\rangle\otimes|1\rangle=\begin{matrix}000\\001\\010\\011\\100\\101\\110\\111\end{matrix}\begin{bmatrix}0\\0\\0\\0\\0\\1\\0\\0\end{bmatrix};|011\rangle=\begin{matrix}000\\001\\010\\011\\100\\101\\110\\111\end{matrix}\begin{bmatrix}0\\0\\0\\1\\0\\0\\0\\0\end{bmatrix};|1\quad 1\quad 1\rangle=\begin{matrix}000\\001\\010\\011\\100\\101\\110\\111\end{matrix}\begin{bmatrix}0\\0\\0\\0\\0\\0\\0\\1\end{bmatrix} \tag{B.80}$$

练习 5.1.4

$$\begin{matrix}00\\01\\10\\11\end{matrix}\begin{bmatrix}0\\3\\0\\2\end{bmatrix} \tag{B.81}$$

练习 5.2.1

$$\begin{bmatrix}1&1&1&0\\0&0&0&1\end{bmatrix}\begin{bmatrix}0\\0\\1\\0\end{bmatrix}=\begin{bmatrix}1\\0\end{bmatrix}=|0\rangle \tag{B.82}$$

练习 5.2.2

$$\begin{bmatrix}1&0&0&0\\0&1&1&1\end{bmatrix}\begin{bmatrix}w\\x\\y\\z\end{bmatrix}=\begin{bmatrix}0\\1\end{bmatrix}=|1\rangle \tag{B.83}$$

当且仅当 x 或 y 或 z 为 1。

练习 5.2.3

$$\boldsymbol{NOR}=\boldsymbol{NOT}\times\boldsymbol{OR}=\begin{bmatrix}0&1\\1&0\end{bmatrix}\begin{bmatrix}1&0&0&0\\0&1&1&1\end{bmatrix}=\begin{bmatrix}0&1&1&1\\1&0&0&0\end{bmatrix} \tag{B.84}$$

练习 5.2.4 这意味着哪个操作是“顶部”，哪个操作是“底部”并不重要，即电线可以按如下方式交叉：

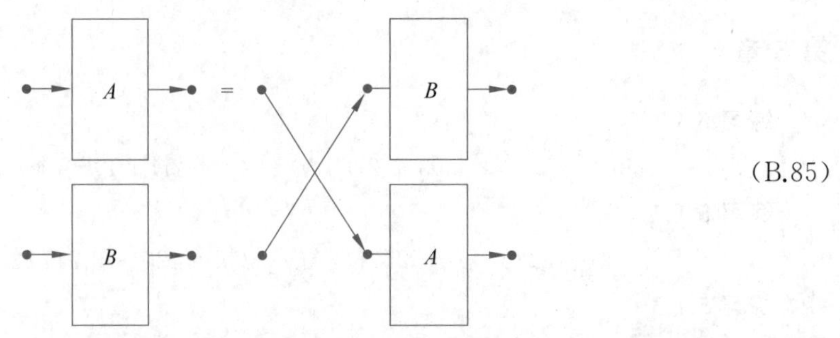

(B.85)

练习 5.2.5 意思就是可以把图看成在做并行操作,每个都包含两个顺序操作,或者等效地,可以考虑图表示两个顺序操作,每个操作有两个并行操作。无论哪种方式,操作的行为都是相同的。

练习 5.2.7

$$\boldsymbol{NOT} \times \boldsymbol{OR} \times (\boldsymbol{NOT} \otimes \boldsymbol{NOT}) = \begin{bmatrix} 0 & 1 \\ 1 & 0 \end{bmatrix} \times \begin{bmatrix} 1 & 0 & 0 & 0 \\ 0 & 1 & 1 & 1 \end{bmatrix} \times \left(\begin{bmatrix} 0 & 1 \\ 1 & 0 \end{bmatrix} \otimes \begin{bmatrix} 0 & 1 \\ 1 & 0 \end{bmatrix} \right) = \begin{bmatrix} 1 & 1 & 1 & 0 \\ 0 & 0 & 0 & 1 \end{bmatrix} \tag{B.86}$$

练习 5.2.8

$$\begin{array}{c} \\ 00 \\ 01 \\ 10 \\ 11 \end{array} \begin{array}{c} \begin{array}{cccccccc} 000 & 001 & 010 & 011 & 100 & 101 & 110 & 111 \end{array} \\ \begin{bmatrix} 1 & 0 & 0 & 0 & 0 & 0 & 0 & 0 \\ 0 & 0 & 0 & 1 & 0 & 1 & 1 & 0 \\ 0 & 1 & 1 & 0 & 1 & 0 & 0 & 0 \\ 0 & 0 & 0 & 0 & 0 & 0 & 0 & 1 \end{bmatrix} \end{array} \tag{B.87}$$

练习 5.3.2

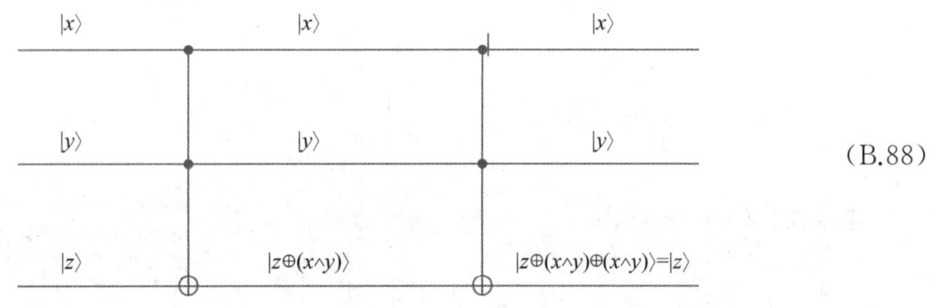

(B.88)

练习 5.3.3 设置 $|z = |1\rangle$ 给出与非门(**NAND**)。

练习 5.3.4 组合一个 Fredkin 门和一个 Fredkin 门,得到以下结果:

$$|0,y,z\rangle \mapsto |0,y,z\rangle \mapsto |0,y,z\rangle \tag{B.89}$$

和

$$|1,y,z\rangle \mapsto |1,y,z\rangle \mapsto |1,y,z\rangle \tag{B.90}$$

练习 5.4.1 除 $\boldsymbol{Y}$ 之外,它们都是自己的共轭。简单的乘法表明我们得到单位矩阵。

练习 5.4.2

$$\begin{bmatrix} 0 & 1 \\ 1 & 0 \end{bmatrix} \begin{bmatrix} c_0 \\ c_1 \end{bmatrix} = \begin{bmatrix} c_1 \\ c_0 \end{bmatrix} \tag{B.91}$$

$$\begin{bmatrix} 0 & -\mathrm{i} \\ \mathrm{i} & 0 \end{bmatrix} \begin{bmatrix} a_0 + b_0\mathrm{i} \\ a_1 + b_1\mathrm{i} \end{bmatrix} = \begin{bmatrix} b_1 - a_1\mathrm{i} \\ -b_0 + a_0\mathrm{i} \end{bmatrix} \tag{B.92}$$

练习 5.4.9 这样做的一种方法是证明两个门具有相同的矩阵执行该操作。

第 6 章

练习	0 ↦ 0, 1 ↦ 1	0 ↦ 0, 1 ↦ 0	0 ↦ 1, 1 ↦ 1
6.1.1:	$\begin{array}{c} \\ 0 \\ 1 \end{array}\begin{bmatrix} 0 & 1 \\ 1 & 0 \\ 0 & 1 \end{bmatrix}$	$\begin{array}{c} \\ 0 \\ 1 \end{array}\begin{bmatrix} 0 & 1 \\ 1 & 1 \\ 0 & 0 \end{bmatrix}$	$\begin{array}{c} \\ 0 \\ 1 \end{array}\begin{bmatrix} 0 & 1 \\ 0 & 0 \\ 1 & 1 \end{bmatrix}$
6.1.3	$\begin{array}{cccc} 1 & 0 & 0 & 0 \\ 0 & 1 & 0 & 0 \\ 0 & 0 & 0 & 1 \\ 0 & 0 & 1 & 0 \end{array}$	$\begin{array}{c} \\ 00 \\ 01 \\ 10 \\ 11 \end{array}\begin{bmatrix} 00 & 01 & 10 & 11 \\ 1 & 0 & 0 & 0 \\ 0 & 1 & 0 & 0 \\ 0 & 0 & 1 & 0 \\ 0 & 0 & 0 & 1 \end{bmatrix}$	$\begin{array}{c} \\ 00 \\ 01 \\ 10 \\ 11 \end{array}\begin{bmatrix} 00 & 01 & 10 & 11 \\ 0 & 1 & 0 & 0 \\ 1 & 0 & 0 & 0 \\ 0 & 0 & 0 & 1 \\ 0 & & 1 & 0 \end{bmatrix}$
6.1.4:	$\frac{\|0,0\rangle+\|1,1\rangle}{\sqrt{2}}$	$\frac{\|0,0\rangle+\|1,0\rangle}{\sqrt{2}}$	$\frac{\|0,1\rangle+\|1,1\rangle}{\sqrt{2}}$
6.1.5:	$\left[\frac{\|0\rangle-\|1\rangle}{\sqrt{2}}\right]\left[\frac{\|0\rangle-\|1\rangle}{\sqrt{2}}\right]$	$\left[\frac{\|0\rangle+\|1\rangle}{\sqrt{2}}\right]\left[\frac{\|0\rangle-\|1\rangle}{\sqrt{2}}\right]$	$\left[\frac{-\|0\rangle-\|1\rangle}{\sqrt{2}}\right]\left[\frac{\|0\rangle-\|1\rangle}{\sqrt{2}}\right]$
6.1.6:	$+1\|0\rangle\left[\frac{\|0\rangle-\|1\rangle}{\sqrt{2}}\right]$	$+1\|1\rangle\left[\frac{\|0\rangle-\|1\rangle}{\sqrt{2}}\right]$	$-1\|1\rangle\left[\frac{\|0\rangle-\|1\rangle}{\sqrt{2}}\right]$

(B.93)

练习 6.1.2 这个矩阵的共轭和原来的一样。如果乘它本身,就得到 $\boldsymbol{I}_4$。

练习 6.2.1 $2^{(2n)}, 2^n C_{2^{n-1}} = \frac{(2^n)!}{((2^{n-1})!)^2}$ 和 2。

练习 6.2.2

$$\begin{array}{c} \\ 000 \\ 001 \\ 010 \\ 011 \\ 100 \\ 101 \\ 110 \\ 111 \end{array}\begin{bmatrix} 000 & 001 & 010 & 011 & 100 & 101 & 110 & 111 \\ 1 & & & & & & & \\ & 1 & & & & & & \\ & & 1 & & & & & \\ & & & 1 & & & & \\ & & & & & 1 & & \\ & & & & 1 & & & \\ & & & & & & & 1 \\ & & & & & & 1 & \end{bmatrix} \tag{B.94}$$

练习 6.2.3

$$\begin{array}{c} \\ 000 \\ 001 \\ 010 \\ 011 \\ 100 \\ 101 \\ 110 \\ 111 \end{array}\begin{bmatrix} 000 & 001 & 010 & 011 & 100 & 101 & 110 & 111 \\ & 1 & & & & & & \\ 1 & & & & & & & \\ & & & 1 & & & & \\ & & 1 & & & & & \\ & & & & & 1 & & \\ & & & & 1 & & & \\ & & & & & & & 1 \\ & & & & & & 1 & \end{bmatrix} \tag{B.95}$$

练习 6.2.4 我们看到，对于 $n=1$，标量系数是 $2^{-\frac{1}{2}}$。假设 $n=k$ 为真，即 $\boldsymbol{H}^{\otimes k}$ 的标量系数为 $2^{-\frac{k}{2}}$。对于 $n=k+1$，该系数将是 $n=k$ 时的系数乘以 $2^{-\frac{1}{2}}$，因此有

$$2^{-\frac{k}{2}}2^{-\frac{1}{2}}=2^{-\frac{k+1}{2}} \tag{B.96}$$

练习 6.2.5 这取决于函数离平衡或常数有多远。如果它接近常数，那以我们可能在测量顶部量子位时得到 $|0\rangle$；如果它接近平衡，那么我们将很少得到 $|0\rangle$，否则它将是随机的。

练习 6.3.1

- $000\oplus011=011$；因此，$f(000)=f(011)$。
- $001\oplus011=010$；因此，$f(001)=f(010)$。
- $010\oplus011=001$；因此，$f(010)=f(001)$。
- $011\oplus011=000$；因此，$f(011)=f(000)$。
- $100\oplus011=111$；因此，$f(100)=f(111)$。
- $101\oplus011=110$；因此，$f(101)=f(110)$。
- $110\oplus011=101$；因此，$f(110)=f(101)$。
- $111\oplus011=101$；因此，$f(111)=f(101)$。

练习 6.4.1 对于“挑出”00 的函数，有

$$\begin{array}{c|cccccccc} & 000 & 001 & 010 & 011 & 100 & 101 & 110 & 111 \\ \hline 000 & & 1 & & & & & & \\ 001 & 1 & & & & & & & \\ 010 & & & 1 & & & & & \\ 011 & & & & 1 & & & & \\ 100 & & & & & 1 & & & \\ 101 & & & & & & 1 & & \\ 110 & & & & & & & 1 & \\ 111 & & & & & & & & 1 \end{array} \tag{B.97}$$

对于“挑出”01 的函数，有

$$\begin{array}{c|cccccccc} & 000 & 001 & 010 & 011 & 100 & 101 & 110 & 111 \\ \hline 000 & 1 & & & & & & & \\ 001 & & 1 & & & & & & \\ 010 & & & & 1 & & & & \\ 011 & & & 1 & & & & & \\ 100 & & & & & 1 & & & \\ 101 & & & & & & 1 & & \\ 110 & & & & & & & 1 & \\ 111 & & & & & & & & 1 \end{array} \tag{B.98}$$

对于“挑出”11 的函数，有

$$
\begin{array}{c} \\ 000 \\ 001 \\ 010 \\ 011 \\ 100 \\ 101 \\ 110 \\ 111 \end{array}
\begin{array}{c} \begin{array}{cccccccc} 000 & 001 & 010 & 011 & 100 & 101 & 110 & 111 \end{array} \\
\begin{bmatrix} 1 & & & & & & & \\ & 1 & & & & & & \\ & & 1 & & & & & \\ & & & 1 & & & & \\ & & & & 1 & & & \\ & & & & & 1 & & \\ & & & & & & & 1 \\ & & & & & & 1 & \end{bmatrix} \end{array}
\tag{B.99}
$$

练习 6.4.2 平均值为 36.5。反转的数是 68,35,11,15,52 和 38。

练习 6.4.3

$$
\boldsymbol{A} \times \boldsymbol{A}[i,j] = \sum_k \boldsymbol{A}[i,k] \times \boldsymbol{A}[k,j] = \sum_k \frac{1}{2^n} \times \frac{1}{2^n} = 2^n \times \frac{1}{2^n} \times \frac{1}{2^n} = \frac{1}{2^n} = \boldsymbol{A}[i,j]
\tag{B.100}
$$

练习 6.5.1 160,123 和 1。

练习 6.5.2 余数是 1,128 和 221。

练习 6.5.4 周期是 36,18 和 18。

练习 6.5.7 $\mathrm{GCD}(7^6+1,247)=\mathrm{GCD}(117650,247)=13$ 和 $\mathrm{GCD}(7^6-1,247)=\mathrm{GCD}(117648,247)=19$. $13\times 19=247$。

第 7 章

练习 7.2.2

$$
\begin{aligned}
\boldsymbol{U}_1 &= \boldsymbol{CNOT} \otimes \boldsymbol{CNOT}; \boldsymbol{U}_2 = \boldsymbol{U}_1 \times \boldsymbol{U}_1 \\
&= (\boldsymbol{CNOT} \otimes \boldsymbol{CNOT}) \times (\boldsymbol{CNOT} \otimes \boldsymbol{CNOT})
\end{aligned}
\tag{B.101}
$$

$$
\boldsymbol{CNOT} = \begin{bmatrix} 1 & 0 & 0 & 0 \\ 0 & 1 & 0 & 0 \\ 0 & 0 & 0 & 1 \\ 0 & 0 & 1 & 0 \end{bmatrix}
\tag{B.102}
$$

$$
\boldsymbol{CNOT} \otimes \boldsymbol{CNOT} = \begin{bmatrix}
1 & 0 & 0 & 0 & 0 & 0 & 0 & 0 & 0 & 0 & 0 & 0 & 0 & 0 & 0 & 0 \\
0 & 1 & 0 & 0 & 0 & 0 & 0 & 0 & 0 & 0 & 0 & 0 & 0 & 0 & 0 & 0 \\
0 & 0 & 0 & 1 & 0 & 0 & 0 & 0 & 0 & 0 & 0 & 0 & 0 & 0 & 0 & 0 \\
0 & 0 & 1 & 0 & 0 & 0 & 0 & 0 & 0 & 0 & 0 & 0 & 0 & 0 & 0 & 0 \\
0 & 0 & 0 & 0 & 1 & 0 & 0 & 0 & 0 & 0 & 0 & 0 & 0 & 0 & 0 & 0 \\
0 & 0 & 0 & 0 & 0 & 1 & 0 & 0 & 0 & 0 & 0 & 0 & 0 & 0 & 0 & 0 \\
0 & 0 & 0 & 0 & 0 & 0 & 0 & 1 & 0 & 0 & 0 & 0 & 0 & 0 & 0 & 0 \\
0 & 0 & 0 & 0 & 0 & 0 & 1 & 0 & 0 & 0 & 0 & 0 & 0 & 0 & 0 & 0 \\
0 & 0 & 0 & 0 & 0 & 0 & 0 & 0 & 0 & 0 & 0 & 0 & 1 & 0 & 0 & 0 \\
0 & 0 & 0 & 0 & 0 & 0 & 0 & 0 & 0 & 0 & 0 & 0 & 0 & 1 & 0 & 0 \\
0 & 0 & 0 & 0 & 0 & 0 & 0 & 0 & 0 & 0 & 0 & 0 & 0 & 0 & 0 & 1 \\
0 & 0 & 0 & 0 & 0 & 0 & 0 & 0 & 0 & 0 & 0 & 0 & 0 & 0 & 1 & 0 \\
0 & 0 & 0 & 0 & 0 & 0 & 0 & 0 & 1 & 0 & 0 & 0 & 0 & 0 & 0 & 0 \\
0 & 0 & 0 & 0 & 0 & 0 & 0 & 0 & 0 & 1 & 0 & 0 & 0 & 0 & 0 & 0 \\
0 & 0 & 0 & 1 & 0 & 0 & 0 & 0 & 0 & 0 & 0 & 1 & 0 & 0 & 0 & 0 \\
0 & 0 & 0 & 0 & 0 & 0 & 0 & 0 & 0 & 0 & 1 & 0 & 0 & 0 & 0 & 0
\end{bmatrix}
\tag{B.103}
$$

$$(\boldsymbol{CNOT}\otimes\boldsymbol{CNOT})\times(\boldsymbol{CNOT}\otimes\boldsymbol{CNOT})=\begin{bmatrix}1&0&0&0&0&0&0&0&0&0&0&0&0&0&0&0\\0&1&0&0&0&0&0&0&0&0&0&0&0&0&0&0\\0&0&1&0&0&0&0&0&0&0&0&0&0&0&0&0\\0&0&0&1&0&0&0&0&0&0&0&0&0&0&0&0\\0&0&0&0&1&0&0&0&0&0&0&0&0&0&0&0\\0&0&0&0&0&1&0&0&0&0&0&0&0&0&0&0\\0&0&0&0&0&0&1&0&0&0&0&0&0&0&0&0\\0&0&0&0&0&0&0&1&0&0&0&0&0&0&0&0\\0&0&0&0&0&0&0&0&1&0&0&0&0&0&0&0\\0&0&0&0&0&0&0&0&0&1&0&0&0&0&0&0\\0&0&0&0&0&0&0&0&0&0&1&0&0&0&0&0\\0&0&0&0&0&0&0&0&0&0&0&1&0&0&0&0\\0&0&0&0&0&0&0&0&0&0&0&0&1&0&0&0\\0&0&0&0&0&0&0&0&0&0&0&0&0&1&0&0\\0&0&0&0&0&0&0&0&0&0&0&0&0&0&1&0\\0&0&0&0&0&0&0&0&0&0&0&0&0&0&0&1\end{bmatrix} \tag{B.104}$$

练习 7.2.3 经观察,$\boldsymbol{U}$ 可以分为四个正方形:左上角不是 2×2 的单位矩阵,但右下角的相移矩阵 $\boldsymbol{R}_\pi$ 是单位矩阵。右上角和左下角都是 2×2 的零矩阵。因此,$\boldsymbol{U}=\boldsymbol{I}_2\otimes\boldsymbol{R}_\pi$,它作用于 2 个量子位,第一个保持不变,且第二个的相位移动 180°。

第 8 章

练习 8.1.2 $n=1417122$

练习 8.1.3 展示这一点的最好方法是用一系列树展示在每一步如何分开。如果在某一时刻图灵机分裂为 $n>2$ 个状态,那么执行类似以下替换的操作。如果 $n=5$,则将其分为以下四个步骤。

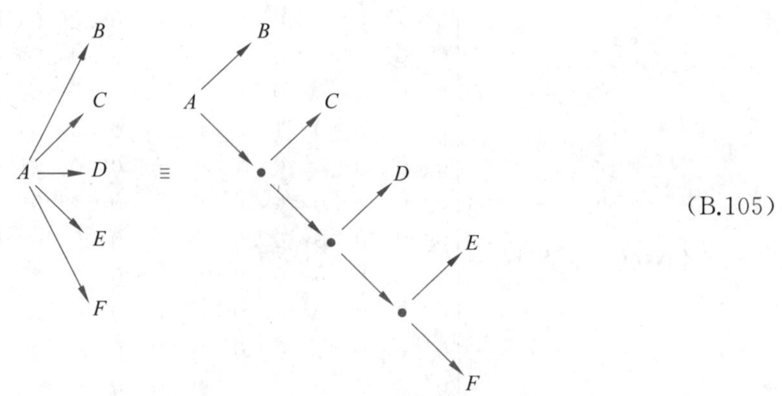

(B.105)

如果 $n=2$,则无须进行任何更改。如果 $n=1$,则进行以下替换:

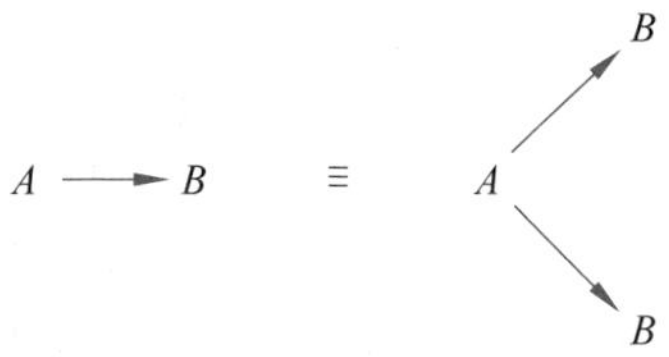

$$A \longrightarrow B \quad \equiv \quad A \begin{cases} \nearrow B \\ \searrow B \end{cases} \tag{B.106}$$

最后，如果 $n=0$，则进行以下替换：

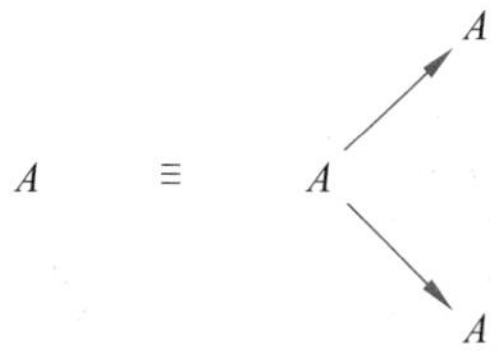

$$A \quad \equiv \quad A \begin{cases} \nearrow A \\ \searrow A \end{cases} \tag{B.107}$$

练习 8.2.1　在练习 8.1.3 之后，每台图灵机都可以设置成这样一台机器，它在每一步都分为两种配置。当生成一个实数来确定概率图灵机应该执行哪个行动时，转换那个实数到二进制。让那个展开的二进制数决定要采取的行动。如果为“0”，则上升；如果为“1”，则下降。

练习 8.3.1　对于可逆图灵机，矩阵 $\boldsymbol{U}$ 的每一行都需要有一个 1，其余元素为 0。对于概率图灵机，矩阵 $\boldsymbol{U}$ 的每一列都需要求和后为 1。

练习 8.3.3　从文中的表格看到，Grover 算法在 10～15 的某个地方开始变得更快。稍微分析一下，就可以得到以下表格中的信息。

	经典蛮力搜索		量子 Grover 算法	
n	2^n 操作	时间/s	$\sqrt{2^n}$ 操作	时间/s
10	1024	0.01024	32	0.032
11	2048	0.02048	45.254834	0.045254834
12	4096	0.04096	64	0.064
13	8192	0.08192	90.50966799	0.090509668
14	16384	0.16384	128	0.128
15	32768	0.32768	181.019336	0.181019336

(B.108)

$n=14$ 时，Grover 算法的执行速度更快。

练习 8.3.4

	经典蛮力搜索		量子 Grover 算法搜索	
n	$n!$ 操作	时间	$\sqrt{n!}$ 操作	时间
5	120	0.0012 秒	10.95445115	0.010954451 秒
10	3628800	36.288 秒	1904.940944	1.904940944 秒
15	1.30767E+12	151.3512 天	1143535.906	0.013235369 天
20	2.4329E+18	770940.1248 年	1559776269	18.05296607 天

续表

	经典蛮力搜索		量子 Grover 算法搜索	
25	1.55112E+25	4.91521E+12 年	3.93843E+12	124.8012319 年
30	2.65253E+32	8.40536E+19 年	1.62866E+16	516090.7443 年
40	8.15915E+47	2.58548E+35 年	9.0328E+23	2.86232E+13 年
50	3.04141E+64	9.63764E+51 年	1.74396E+32	5.52629E+21 年
60	8.32099E+81	2.63676E+69 年	9.12194E+40	2.89057E+30 年
70	1.1979E+100	3.79578E+87 年	1.09447E+50	3.46816E+39 年
100	9.3326E+157	2.9573E+145 年	9.66055E+78	3.06124E+68 年
125	1.8827E+209	5.9658E+196 年	4.339E+104	1.37494E+94 年

(B.109)

第 9 章

练习 9.1.1 否。这意味着 $ENC(-,K_E)$是单射的(一对一)且 $DEC(-K_D)$是满射的(onto)。

练习 9.1.2 "量子密码学很有趣。"

练习 9.2.1

- $|\leftarrow\rangle$相对于+将是$-1|\rightarrow\rangle$
- $|\downarrow\rangle$相对于+将是$-1|\uparrow\rangle$
- $|\swarrow\rangle$相对于+将是$-\frac{1}{\sqrt{2}}|\uparrow\rangle-\frac{1}{\sqrt{2}}|\rightarrow\rangle$
- $|\searrow\rangle$相对于+将是$-\frac{1}{\sqrt{2}}|\uparrow\rangle+\frac{1}{\sqrt{2}}|\rightarrow\rangle$
- $|\leftarrow\rangle$相对于×将是$-\frac{1}{\sqrt{2}}|\nearrow\rangle+\frac{1}{\sqrt{2}}|\nwarrow\rangle$
- $|\downarrow\rangle$相对于×将是$-\frac{1}{\sqrt{2}}|\nearrow\rangle-\frac{1}{\sqrt{2}}|\nwarrow\rangle$
- $|\swarrow\rangle$相对于×将是$-1|\nearrow\rangle$
- $|\searrow\rangle$相对于×将是$-1|\nwarrow\rangle$

第 10 章

练习 10.1.1 所有概率 p_i 都是介于 0～1 的正数。因此,所有对数 $\log_2(p_i)$都为负数或零,所有项 $p_i\log_2(p_i)$也是如此。它们的总和为负或为零,因此香农熵始终为正(仅当其中一个概率是 1,它达到零)。

练习 10.1.3 选择 $p(\mathrm{A})=3/4$,$p(\mathrm{B})=1/4$ 和 $p(\mathrm{C})=p(\mathrm{D})=0$。我们得到 $\boldsymbol{H}(\boldsymbol{S})=0.81128$。

练习 10.2.1 在式(10.14)中,D 被定义为投影$|w_i\rangle\langle w_i|$的加权和,权值由它们的概率

决定。如果 Alice 总是发送一个状态，比如说 $|w_1\rangle$，那么，表示所有的 $p_i=0$，除了 $p_1=1$。将它们替换在 D 中，你会发现 $D=1|w_1\rangle\langle w_1|$。

练习 10.2.3 首先写下密度算子：

$$D=\frac{1}{2}|0\rangle\langle 0|+\frac{1}{6}|1\rangle\langle 1|+\frac{1}{6}\left(\frac{1}{\sqrt{2}}|0\rangle+\frac{1}{\sqrt{2}}|1\rangle\right)\left(\frac{1}{\sqrt{2}}\langle 0|+\frac{1}{\sqrt{2}}\langle 1|\right)+\frac{1}{6}\left(\frac{1}{\sqrt{2}}|0\rangle-\frac{1}{\sqrt{2}}|1\rangle\right)\left(\frac{1}{\sqrt{2}}\langle 0|-\frac{1}{\sqrt{2}}\langle 1|\right) \tag{B.110}$$

现在，计算 $D(|0\rangle)$ 和 $D(|1\rangle)$：

$$D(|0\rangle)=\frac{2}{3}|0\rangle;D(|1\rangle)=\frac{1}{3}|1\rangle \tag{B.111}$$

因此，标准基中的矩阵(我们将使用相同的字母 $\boldsymbol{D}$)是：

$$\boldsymbol{D}=\begin{bmatrix}\frac{2}{3} & 0\\ 0 & \frac{1}{3}\end{bmatrix} \tag{B.112}$$

练习 10.4.1 假设发送“000”(即“0”的代码)。有什么机会消息被错误解码？为此，必须至少翻转两次以发生“110”“011”“101”和“111”。现在，前 3 种情况发生的概率是 $(0.25)^2$，最后一种情况发生的概率为 $(0.25)^3$(假设翻转是独立发生的)。

因此，总概率为 $3\times(0.25)^2+(0.25)^3\approx 0.20313$。

同样，当发送“111”时，可以算出发生错误的概率。

第 11 章

练习 11.1.1 乍一看，纯粹的状态

$$|\psi\rangle=\frac{1}{\sqrt{2}}|0\rangle+\frac{1}{\sqrt{2}}|1\rangle \tag{B.113}$$

并且通过具有相等概率的 $|0\rangle$ 或 $|1\rangle$ 获得的混合状态似乎是无法区分的。如果在标准基上测量 $|\psi\rangle$，你将有 50% 的时间测到 $|0\rangle$ 和 50% 的时间测到 $|1\rangle$。然而，如果在由 $|\psi\rangle$ 本身及其正交 $|\psi\rangle$ 组成的基上测量 $|\psi\rangle$，你将始终检测到 $|\psi\rangle$。但是，在那个基上测量混合状态，你会有 50% 的时间得到 $|\psi\rangle$ 和 50% 的时间得到 $|\varphi\rangle$。基的变化区分两个状态。

$$|\varphi\rangle=\frac{1}{\sqrt{2}}|0\rangle-\frac{1}{\sqrt{2}}|1\rangle \tag{B.114}$$

练习 11.1.2 计算平均 $\boldsymbol{A}$。在标准基上，$|\psi\rangle$ 是列向量 $[1,e^{i\theta}]^T$。因此，平均值为

$$\boldsymbol{A}=\frac{1}{\sqrt{2}}[1,e^{-i\theta}]\frac{\hbar}{2}\begin{bmatrix}0 & 1\\ 1 & 0\end{bmatrix}\frac{1}{\sqrt{2}}[1,e^{i\theta}]^T \tag{B.115}$$

相乘，得到

$$\boldsymbol{A}=\frac{\hbar}{4}(e^{-i\theta}+e^{i\theta}) \tag{B.116}$$

简化后为

$$\boldsymbol{A}=\frac{\hbar}{2}\cos(\theta) \tag{B.117}$$

$\boldsymbol{A}$ 确实取决于 θ，并在 $\theta=0$ 时达到最大值。

练习 11.1.3 先计算 $\boldsymbol{S}_x$ 与其自身的张量积$\left(这里将忽略因素\frac{\hbar}{2}\right)$：

$$\boldsymbol{S}_x \otimes \boldsymbol{S}_x = \begin{bmatrix} 0 & 0 & 0 & 1 \\ 0 & 0 & 1 & 0 \\ 0 & 1 & 0 & 0 \\ 1 & 0 & 0 & 0 \end{bmatrix} \tag{B.118}$$

现在，可以计算平均值了：

$$\frac{1}{2}(\mathrm{e}^{-\mathrm{i}\theta} + \mathrm{e}^{\mathrm{i}\theta}) = \cos(\theta) \tag{B.119}$$

（使用欧拉公式）。我们确实已经恢复了隐藏相位 θ！

附录 C

量子计算 MATLAB 实验

C.1　玩转 MATLAB

没有比玩更好的学习方法了。毕竟,孩子就是这样学习的。在本附录,我们将提供一个基本指南,在 MATLAB 环境的帮助下来玩“量子计算游戏”。

这不是完整的 MATLAB 教程。假设一个功能齐全的 MATLAB 已经安装在你的机器上了,并且你知道如何开始对话、执行一些基本计算、保存和退出。你还应该知道什么是 M-文件,以及如何加载它们。如果你需要一个全新的回顾,可以阅读 MathWorks 的在线教程(https://matlabacademy.mathworks.com/cn/)。

C.2　复数和矩阵

本书开头说复数是量子力学和量子计算的基础,所以我们要熟悉使用 MATLAB 处理复数的方式。

首先需要声明复数变量。这很简单:一个复数有一个实部和一个虚部,都是双精度的。虚部使用“i”或“j”字符来声明[①]。例如,声明复数变量 c=5+i,只需输入:

```
>c=5+5i
```

并且计算机将响应:

```
c=5.000+5.000i
```

或,等价地表示为

```
>c=5+5j
c=5.000+5.000 j
```

① 信号处理工程师倾向使用“j”表示虚数单位,因此这里的“j”也可以作为虚部符号。

复数的加法和乘法非常简单：

```
>d=3 -2i
d=3 -2i
>s=c+d
s=8+3i
>p=c * d
p=25+5i
```

还有一个方便的共轭复数：

```
>c1=conj(c)
c1=5.000 -5.000i
```

你可以获得复数的实部和虚部，通过输入：

```
>re=real(c)
re=5
>im=imag(c)
im=5
```

可以从笛卡儿坐标表示切换到极坐标表示：

```
>r=abs(c)
r=7.0711
>a=angle(c)
a=0.78540
```

且可以从极坐标表示转换到笛卡儿坐标表示：

```
>c1=r * exp(i * a)
c1=5.0000+5.0000i
```

绘制复数非常有用。MATLAB 有很多工具可用于数学可视化。我们在这里只提供一个选项：

```
罗盘函数
>compass(re,im)
```

计算机会以箭头的形式输出复数的图片，如在图 1.1 中显示的箭头。罗盘函数将复数图示为一个从原点出发的向量。该函数可以一次获取多个复数向量（请参阅在线 MathWorks 文档）。

第二个我们要讨论的部分是复数矩阵。MATLAB 在处理矩阵方面非常强大；事实上，MATLAB 这个名字的意思是 MATrix LABoratory。向量将如何处理呢？向量就是矩阵[①]。然而，首先让我们从行向量和列向量开始：

① 一个重要的警告：在 MATLAB 中，矩阵和向量从 1 开始，而不是从 0 开始！

```
>bra=[1,2 -i,3i]
bra=1+0i,2 -1i,0+3i
>ket=bra'
1+0i
2+1i
0 -3i
```

可见,复矩阵 ***M*** 上的运算符'是它的伴随(如果矩阵是实数,则它只是转置)。

对于点积(bra-ket),只需将它们相乘(但是,有一个 dot( )函数):

```
>bra * ket
ans=15
```

norm 函数是内置的:

```
>norm(ket)
ans=3.8730
```

这么多向量。下面声明一个矩阵,如 Hadamard 矩阵:

```
>H=1/sqrt(2) * [1 1; 1 -1]
H=
0.70711 0.70711
0.70711 -0.70711
```

现在,可以计算它的逆(正如我们已经发现的那样,H 恰好是它自己的逆:

```
>inv(H)
ans=
0.70711 0.70711
0.70711 -0.70711
```

MATLAB 提供了一个跟踪(trace)函数:

```
>trace(H)
ans=0
```

MATLAB 很简单。(警告:如果造成尺寸不匹配,则 MATLAB 将返回错误!)

```
>H * I
ans=
0.70711 0.70711
0.70711 -0.70711
```

在整个文本中,我们已经多次遇到张量积。幸运的是,它有一个原语,被称为 kron,因为矩阵的张量积通常被称为克罗内克积(**Kronecker product**):

```
>kron(H,I)
ans=
0.70711 0.00000 0.70711 0.00000
0.00000 0.70711 0.00000 0.70711
0.70711 0.00000 -0.70711 -0.00000
0.00000 0.70711 -0.00000 -0.70711
```

我们在整个文本中使用了特征值和特征向量。如何计算它们？不用担心！MATLAB可以帮助你。命令[$\boldsymbol{E}$,$\boldsymbol{V}$]=eig($\boldsymbol{M}$)返回两个矩阵：$\boldsymbol{E}$,其列是 $\boldsymbol{M}$ 的特征向量;$\boldsymbol{V}$,一个对角线矩阵,其对角元素是 $\boldsymbol{M}$ 的特征值。

```
>[V,D]=eig(H)
V=
 0.38268  -0.92388
-0.92388  -0.38268
D=
-1  0
 0  1
```

在复数代数中还有很多可以帮到你的信息。快速谷歌搜索将展示大量关于复数矩阵操作的教程。也可以通过在提示符下输入 HELP 来查找更多的信息。

C.3 量子计算

我们现在准备好进行量子计算了。在这里,有两个选择：第一个选择是按照 7.4 节的指示逐步实现一个量子计算机仿真器。

第二个选择是学习如何使用现有的模拟器,并阅读源代码(MATLAB 应用程序是 M 文件的集合,很容易检查它们并根据我们认为合适的方式修改代码)。在 MATLAB 中有几个量子模拟器。Quack 是一个非常优秀且文档齐全的库,是由澳大利亚昆士兰大学物理系的 Peter Rohde 开发的。

下面展示 Quack 可以做的一些事情,然后就轮到你玩这个游戏了：你可以下载它,学习几个例子,然后马上开始玩①。

首先要做的事情是初始化 Quack：

```
>quack
Welcome to Quack! version pi/4 f or MATLAB
by Peter Rohde
Centre f or Quantum Computer Technology,Brisbane,Australia
```

http://www.physics.uq.edu.au/people/rohde/

现在,将一个双量子位寄存器初始化为基态($|00\rangle$)：

① 虽然 Quack 目前不是一个庞大的库,但它也不是一个玩具。它包含许多量子计算的函数,已超出本书范围。但不要被吓倒：你可以使用你所需要的,也许随着你的进展,你会学到更多的知识。

```
>init state(2)
```

只是为了好玩，改变第一个量子比特：

```
>prepare one(1)
```

要查看会发生什么，请打印电路历史记录：

```
>print hist
{
[1,1]=|1 >-
[2,1]=|0 >-
}
```

注意：忽略电路的左侧（它只是为了跟踪那些包含信息的单元格）。等式的右侧包含入口点电路（在本例中为两个量子位，分别初始化为 $|1\rangle$ 和 $|0\rangle$）。正如我们马上就会看到，电路通过连接门和测量增长。下面我们测量第一个量子比特：

```
>Z_measure(1)
ans=-1
```

现在测量第二个：

```
>Z_measure(2)
ans=1
```

注意，状态 $|1\rangle$ 的答案是 -1，状态 $|0\rangle$ 的答案是 1。这起初可能有点令人困惑，但与自旋符号一致：$|1\rangle$ 仅表示绕 z 轴旋转。

```
>print hist
{
[1,1]=|1 〉-<Z|-----
[2,1]=|0 〉-----<Z| -
}
```

使用第一个量子比特作为控制来应用一个受控-非门怎么样？

```
>cnot(1,2)
```

最好检查一下发生了什么…

```
>print hist
{
[1,1]=|1 〉-<Z|-----o-
[2,1]=|0 〉-----<Z| -X-
}
```

并且，在第二个量子位上应用 Hadamard 矩阵：

```
>H(2)
>print hist
{
[1,1]=|1 〉-<Z|-----o---
[2,1]=|0 〉-----<Z| -X-H -
}
```

如果想改变第一个量子比特的相位怎么办？T 函数可以帮你(见 5.4 节)：

```
>T(1)
>print hist
{
[1,1]=|1 〉-<Z|-----o---T -
[2,1]=|0 〉-----<Z| -X-H---
}
```

下面进行一些测量。这次要测量第二个量子比特，再次沿 z 轴(即在标准基础上)：

```
>Z_measure(2)
ans=1
```

提示：停顿片刻，记下步骤，然后试着理解发生的事情。至此，我们已经编写了一个简单的电路，提供了一个输入，并测量了结果。

现在一切都取决于你：还有很多其他的门、初始化例程和 Quack 中的测量选项，通过阅读文档，可以进一步挖掘这些选项。

研究已经存在的内容并玩转它们。(顺便说一句，Quack 可以很容易地以多种方式扩展。例如，你可以提供一个简单的 GUI 用于设计电路。你可能想开始一个迷你项目并创建你的个性化量子计算实验室)。

玩得开心！

附录 D

及时了解量子新闻：网络上的和文献中的量子计算

吉尔・西拉塞拉(Jill Cirasella)

本书涵盖量子计算的许多重大发展,但该领域还很年轻,未来无疑会有更多的发展。这些未来的发展将包括研究发现,但它们也将包括行业趋势、媒体报道的激增和公众利益的浪潮。本附录描述了可以帮助你跟踪所有类型的量子发展的工具。

D.1 及时了解热门新闻

有许多报纸、杂志和其他流行的新闻来源,任何其中一个都可能讲述有关最新量子发展的故事。你将如何知道呢？可以关注你最喜欢的新闻来源,但你这样会错过很多故事。更好的策略是使用新闻聚合器,例如作为 Google 新闻(http://news.google.com/),它允许搜索当前和来自众多新闻来源的故事。可以将 Google 新闻添加到你经常访问的网站,但使用它的最有效方法是设置一个警报或 RSS 提要,让新闻来找你。执行 Google 新闻后,搜索产生良好结果,只需单击"警报"设置一个警报,让它通过电子邮件发送满足你需要的新故事。或者,单击"RSS"设置一个 RSS 提要,将这些故事直接发送到你的 RSS 阅读器。

除主流新闻,专门讨论量子话题的博客也是优秀的信息来源。事实上,一个与你的兴趣重叠的博客可以作为导航量子新闻的指南针。因为新博客一直在启动,现有的博客经常被搁置,几乎没有重点推荐个人博客。使用 Technorati(http://www.technorati.com/)和 Google 博客搜索(http://blogsearch.google.com/)搜索感兴趣的博客文章,并确定值得定期阅读的博客。寻找提供对新闻故事的深刻分析和对科学发现易于理解提炼的博客。

有时需要退出新闻并重新了解背景信息。最好的复习网站是 Quantiki (http://www.quantiki.org/),一个包含有关量子信息的教程和维基百科。与所有 wiki 一样,任何人都可以编辑 Quantiki 条目,这意味着任何人都可以(有意或无意地)插入错误、不一致和废话。所以,虽然 Quantiki 充满了有效和有价值的信息,但你不能假设那里写的一切都是正确的。换句话说,Quantiki 是一个美妙而信息丰富的网站,但如果你需要绝对确定某事,则请查看其他网站。流行的全学科维基百科(http://en.wikipedia.org/)也是如此,它充满了错误和破坏行为,但尽管如此,仍有些关于量子计算的优秀作品。

D.2 与科学文献保持同步

新闻文章、维基条目和博客文章是否足以满足你的好奇心？或者你想更密切地跟踪某个主题并了解研究人员用自己的语言描述的发展？如果是后者，请熟悉其中一项或多项工具，用于跟踪量子计算的学术文献。（提示：有关如何阅读科学文章的信息，请参阅附录A。）关于量子计算的最新信息的唯一最佳来源是 arXiv（http://arxiv.org/），一个在线数十万篇科学文章的存档。在量子计算的研究人员中有一种强烈的文化，完成研究后尽快在 arXiv 上分享文章，通常是几个月（有时是几年），然后才能在期刊或会议学报上发表。

有几种方法可以使用 arXiv 跟上量子计算的潮流。可以定期访问 arXiv 并搜索与你的兴趣相关的文章。或者，可以浏览最近添加到 arXiv 的量子物理档案 quant-ph，其中包括有关量子计算的文章。如果你更喜欢自动通知，则可以注册 arXiv 的电子邮件列表服务或订阅 RSS 新的 quant-ph 提交提要。

因为 arXiv 上的文章是由作者发布的，所以这些文章没有被同行评审员审查或由编辑整理。也就是说，arXiv 有一个认可作者的系统，因此可以保证 arXiv 上的文章是由可靠的研究人员写的。

向 arXiv 发帖是自愿的，有些研究人员不这样做，或者并不总是在 arXiv 发表他们的文章。因此，arXiv 并不是量子计算研究的全面记录；事实上，没有任何单一资源是该领域的全面记录。也就是说，存在索引所有发表在高质量科学文章中的数据库期刊。这些数据库可以提供很好的资源，帮助我们系统地了解信息，跟踪某个主题的研究，或关注已通过严格审查的研究发现。此类最大和最好的两个数据库是 Scopus 和 Web of Science，两者都非常昂贵，因此通常只通过学术图书馆提供。如果可以访问 Scopus 或 Web of Science，则可以定期访问并执行搜索，或者可以执行一次搜索，然后将该搜索转换为电子邮件警报或 RSS 提要。如果对多个主题感兴趣，则可以设置多个电子邮件警报或 RSS 提要。

如果无权访问这些数据库中的任何一个，最好的选择是 Google Scholar（http://scholar.google.com/），用于搜索期刊的文章和其他类型的学术文献的免费的 Google 工具。Google Scholar 的覆盖有差距，而且它的搜索功能不是很强，但它仍然非常出色，功能强大且易于使用。

一旦发现一篇文章，你如何找到文章本身？有时，使你发现文章存在的工具也会将你带到文章原文的地方。例如，arXiv 不仅包含有关文章的信息，而且还有文章原文。但情况并非总是如此。例如，虽然 Scopus 和 Web of Science 包含大量关于文章的信息，但它们确实不包含实际文章。换句话说，它们是索引数据库，而不是全文数据库。同时，Google Scholar 是一个混合体：一些结果链接到文章全文，一些结果链接到摘要，还有一些没有链接的引用。

幸运的是，许多图书馆订阅了大量的全文数据库，并使用了从文章引用链接到文章本身的工具。结果，一篇文章全文往往只在 Scopus、Web of Science 或 Google Scholar 单击几下就可以获得。当然，不同的图书馆订阅了不同的数据库，并选择不同的技术链接不同的数据库；向你的图书馆了解你可以使用的工具。另外，请记住，大多数期刊都提供电子版和印刷版。如果你的图书馆对你想要的文章没有电子访问权限，则它可能有一个打印副本；再次，与你的图书管理员交谈关于如何明确确定你的图书馆是否有某篇文章。不可避免地，你的图书馆不会拥有你想要的每篇文章——然后呢？也许文章（或某一版）在 arXiv 上，或在作者主页、学院的存储库或其他地方免费获得。一般来说，搜索 Google 和 Google Scholar 足以确定一篇文章是否可以在线免费获得。

如果没有找到该文章，但确实找到了向你出售的出版商页面文章，则不要付钱！相反，通过馆际互借请求文章，许多图书馆都提供这种免费服务。

D.3 与时俱进的最佳方式

没有任何一种工具足以让你全面了解量子计算。不同的工具有不同的优势，你应该熟悉那些最能满足你的需求和好奇心的工具。例如，如果你正在跟踪一个特定的问题或技术，科学文章是最好的。此外，如果你在新研究发布后立即看到它，则请密切关注 arXiv。如果你是好奇哪些发展会引起轰动，以及它们如何融入科学和社交环境，则请关注热门新闻故事和量子博客。

如果你对量子计算的兴趣是偶然的，那么你无论何时何地都需要与时俱进。但是，如果量子计算是你的热情或专长，则请广泛阅读。你永远不知道什么会激发你的好奇心、提供洞察力或激发一个独特的想法。

附录 E

选定的学生演讲主题

尽管量子计算的历史相对较晚，但从所有标准来看，它已经是一个非常广泛的研究领域。我们无法涵盖所有内容，这里仅是其有趣主题的一小部分。也有很多引人入胜的主题本身并不完全是量子计算的一部分，但却与之密切相关。

本附录列出一些进一步探索的建议，包括我们从文本中省略的一些项目。真诚希望学生们能够发现这些对他们的演讲很有用，或者可以激励他们选择自己发现的其他主题。

学生注意：真正学习东西的最好方法是展示它。没有什么可以替代花费数小时准备讲座并获得直截了当的想法，以便你可以展示它们。知道别人会问你问题和向你学习将迫使你在一个更深的层次理解材料。

你被鼓励从你认为感兴趣的领域中选择一个主题。你将要花费很多时间和精力在学习、理解和准备上，所以不妨从一开始就享受你的选择。

对于这些主题中的每一个，你都可以深入不同的级别进行演示。你可以做一个肤浅的演讲，其中简单的思想概括需要讨论，或者你可以深入了解技术的"本质"细节。显然，表面的路线是更容易的，但从这样的练习中你不会收获太多。我们鼓励你理解一个主题，并以最多的细节和最大的深度演讲这个主题。一个带有许多挥手的演示文稿显然是不足的。相比之下，一个有方程和漂亮图表的演示文稿则展示了演讲者的理解和知识。不要只在黑板上扔几个方程式：展示它们是如何衍生的。要开发图表和流图。显然，演讲将在课堂环境中完成，我们也有时间考虑。

如何准备这样一个任务呢？首先要做的就是寻找该主题的流行账户。这可以在非技术杂志或网络上找。有些主题是历史的；因此，查看一些百科全书可能有所帮助。许多非技术性文章都有进一步阅读的建议。一旦了解介绍性文章后，就应该继续深入阅读更多详细的材料。这是你深入研究最安全、最有效的方式。

老师注意：如果坚持让学生演讲，建议他们在学期中尽早选择主题。他们准备的时间越多，演讲就会越好。一种安排方法是让你的学生在学期末演讲。然而，还有另一种方式，你可以让学生的演讲分散在整个学期的适当时间。例如，当第 4 章完成后，可能会有一个学生讲座来讨论用不同方法解释量子理论（演讲 E.4.1）。在开始 Shor 算法之前，学生可以有一个关于 RSA 的演讲（演讲 E.6.4），或一个关于经典因式分解算法的演讲（演讲 E.6.3）。这将解释 Shor 算法的重要性，并将其置于其历史背景中。在整个学期过程中安排演讲，尽管需要有很大的灵活性，以及兼顾老师和学生（学生必须在你喜欢的时间演讲），但还是可以做到的。

我们发现，有些学生迷失在某个学科的文献泥潭中(遗憾的是，在这个以网络为中心的世界里，对于许多“做研究”的学生来说意味着去 Google 的主页)。建议学生选择他们的主题后，与每个人举行一次私人会议，在会议期间展示他们计划使用的文章。在会议上，他们也可以被告知他们的演讲预计要有怎样的深度。

演讲注意：对于讨论的每个主题，我们要求简要说明主题是什么，以及它与量子计算的关系(当它不明显时)；提供一个简短的、可能的子主题列表，包含在你的演示文稿中，并推荐一些起始位置来查找有关该主题的信息。我们的列表是按照正文的章节安排的。然而，有很多内容也可以轻松放入其他地方。认识到这一点很重要，我们的清单并不全面。还有许多其他领域我们可以但没有提到。你可以随意找到自己感兴趣的主题。

E.1 复数

E.1.1 复数的历史

通常使用复数帮助我们描述量子理论的各部分。然而，复数有着悠久而杰出的历史(它们可以追溯到 16 世纪)。起初他们只是出于对数学的好奇，但随着时间的推移，研究人员逐渐意识到复数无处不在且很重要。确保你的演讲包含有关该领域中的一些主要参与者的基本事实，以及他们的贡献。

一个好的起点是许多数学史教科书中的任何一本，例如 Eves[123]。我们也可以推荐 Mazur[9] 和 Nahin[8]。

E.1.2 复平面几何

1.3 节简要介绍了一些基本的复函数，例如指数函数和多项式。从复平面到自身的映射有一个几何特征：例如，映射 $x \mapsto x + c_0$，其中 c_0 是一个常数复数，表示一个平面转移。

在演讲中，应该详细描述(通过示例)简单的复数的几何映射，例如平方函数、指数和逆。一些可以通过计算机图形演示很好地呈现。

任何复数分析的基本教科书都可以采用，但 Schwerdtfeger 的经典的几何复数集[6] 可能是最好的切入点。

E.1.3 黎曼球体和莫比乌斯变换

复平面可以变成球体！事实上，通过在无穷远处添加一个点，可以用所谓的黎曼球识别平面。这是一个在思考复数域时既普遍又卓有成效的代表。黎曼球模型不是静态的：一些特殊的复数映射变成了球体的旋转。我们在第 1 章末尾简要讨论过这样的映射：莫比乌斯(Mobius)转变。

在这个主题演讲中，你应该从清晰地描述复平面扩展到球体映射的细节，然后继续说明球体的基本旋转(使用示例)。

前一主题参考书在这里也适用(实际上，演讲 E.1.2 和 演讲 E.1.3 可以按顺序完成)。

E.2 复向量空间

E.2.1 计算机图形学中的矩阵

量子计算所需的许多线性代数的想法也用于计算机图形学。表示图形系统的状态有向量,且二维和三维变换表示为矩阵。

第2章中介绍的线性代数提供了一个很好的方法使用矩阵描述计算机图形学。一个漂亮的计算机演示总是令人愉快的。

任何全面的计算机图形学教科书都是一个很好的起点。

E.2.2 向量空间的历史

尽管向量空间和线性代数的思想通常看起来很简单,但它们的发展经历了一条漫长而曲折的道路。高维向量的思想遭到质疑和嘲笑。最终,数学和物理学界看到了这些想法的重要性,并完全接受了他们。

一个好的演讲应该包括一些主要参与者的迷你传记以及他们取得的成就。演讲应包括威廉·罗文爵士的工作,以及汉密尔顿、赫尔曼·格拉斯曼、乔西亚·吉布斯和其他几个人的工作。

一个好的起点是许多有用的数学历史教科书之一,例如 Eves[123]。这个主题还有一段引人入胜的历史,由 Michael J. Crowe[17] 撰写,绝对值得一读。

E.3 从经典到量子的飞跃

E.3.1 惠更斯原理和波动力学

干扰的概念由来已久。1678年,荷兰物理学家克里斯蒂安惠更斯提出光的波动理论,这是一种模型主导光学到量子的发现。惠更斯在他的革命性论文中描述了波前向传播的方式——所谓的惠更斯原理。20世纪初期,英国物理学家托马斯·杨介绍了双缝实验,我们在第3章中讨论过。这个开创性的实验验证了光的波模型。

在这个主题演讲中,应该清楚地阐明波的动力学从惠更斯到薛定谔的演变,并用图示说明它是如何解释已知的折射和干涉等光学现象的。

有大量的参考书可用。任何好的物理课本都可以。但是,如果不得不推荐一本书,也许是 D.H. Towne 的 Wave Phenomena[124]。

E.3.2 量子橡皮擦

随着对双缝实验的理解,我们可以继续进行其中之一处于研究前沿的最引人入胜的实验。在双缝实验中,光子同时通过两个狭缝。现在考虑一个“标记”光子的方式,以便我们知道光子穿过了哪个狭缝。这样的“标记”将消除干扰现象。现在考虑一旦光子通过狭缝,如果我们有某种方式来“擦除”或移除“标签”会发生什么?在这种情况下,光子会产生干涉现象。令人惊奇的是,光子是否进入两个狭缝将取决于光子通过狭缝后,“橡皮擦”是否存在。

这个主题演讲应说明使用的标签和橡皮擦的类型。使用一些精制的图表是一个好主意。这个实验也有许多变化和改进,应该讨论。这也与 Elitzur-Vaidman 的弹珠测试实验有关。

科普杂志上有很多文章,可以引导你看更多的技术文章。

E.4 基本量子理论

E.4.1 解释量子理论

对于一些非经典量子理论,有许多不同思想流派的解释。一些比较流行学派的例子包括玻尔的哥本哈根诠释、埃弗雷特的多世界诠释和玻姆的波函数解释(仅举几例)。很多问题在量子理论的基础可归结为询问什么是真正存在的以及什么不存在,这也就是所谓的本体论问题。其他问题有测量问题以及应该如何解释非定域性。

这个主题演讲应包括其中几个不同的以及他们如何处理一些量子力学的基本问题。

有许多关于该主题的流行书籍,例如 Herbert 的文献[125]或 Pagels 的文献[126]。斯坦福哲学百科全书的网络上也有一些很棒的文章。这些文章应该会引导你获得更详细的文章。任何一本 Roger Penrose[10,103,3]的书都值得一看。

E.4.2 EPR 悖论

1935 年,阿尔伯特·爱因斯坦和两位年轻的同事写了一篇论文,题为"物理现实的量子力学描述可以被认为是完备的吗?"[127]。在这篇简短的论文中,作者给出一个简单的思想实验,他们试图证明我们的量子力学是不完备的。因此,他们考虑两个"纠缠"的粒子并且关闭两个方向。通过测量一个粒子,可以确定关于另一个粒子而不干扰它。

这个主题演讲应包括思想实验的历史背景(薛定谔对纠缠的观察);动量守恒;玻姆版本的思想实验(自旋守恒);EPR 如何关联两个希尔伯特空间的张量积;隐藏变量的讨论;悖论的可能解决方案。

一个好的起始点是斯坦福哲学百科全书上(*Stanford Encyclopedia of Philosophy*)的一篇论文,由 Arthur Fine 撰写,非常易读。另外,Pagels 的文献[126]也值得一读。原来的 EPR 论文不是太难。

E.4.3 贝尔定理

1964 年,John Bell 写了一篇论文([128],重印版为[129]),使得 EPR 悖论更进一步。贝尔表明,通过对测量两个纠缠粒子的统计分析,可以证明量子力学基本上是非本地的。

这个主题演讲应包括对本地、非本地术语的解释;什么是不等式;不等式的一些变化;条款和实验;实验的变化。

9.4 节对贝尔定理进行了简短的讨论。有很多受欢迎的关于这个主题的文献。其中大部分都是愚蠢的,并诉诸廉价的"神秘主义"。

你可以参考两个演讲例子(Pagels[126]和 Gribbin[130])开始你的探索。

E.4.4 Kochen-Specker 定理

这是量子基础中最强大、最令人震惊的定理。量子力学说，在测量之前，一个属性是在基本状态的叠加。只有在测量之后才会坍塌到基本状态。有人可能会说，一个属性其实是测量前处于一个未知的基本状态，观察者测量后发现它处于什么基本状态。Kochen-Specker 定理表明这不可能是真的。在测量之前，粒子的自旋处于叠加状态，直到它被测量。

首先解释为什么这个定理很重要。该定理可以通过看一个图形着色问题来证明。该定理的正式证明过于复杂。然而，给出漂亮的几何直观图片会很有帮助，表明我们可以在二维空间中为图形着色，然后显示如何在三个维度空间中“空间不够”。Kernaghan 的文献[131]证明了对于 20 个向量是相当容易呈现的。

不幸的是，关于这个重要定理的简单文献很少。一个好的开始的地方是 Carsten Held 在斯坦福哲学百科全书中(*Stanford Encyclopedia of Philosophy*)的一篇不错的文章。

E.4.5 薛定谔的猫

这是一个思想实验，表明微观世界的量子怪异可以穿越到宏观世界。通过看一个相当淘气的装置：一只猫被放在一个盒子里，盒子里装有一个处于叠加状态的放射性粒子，由于猫的存活状态由粒子的状态决定，那么如果粒子处于叠加态，猫也一定处于半生和半死的叠加态。

这个主题演讲应包括基本结构；这个思想实验的一些历史；这个想法的一些变化；关于“维格纳的朋友”的讨论；以及关于这个谜题的一些答案。当你作这个演讲时，不要伤害任何动物！

有许多受欢迎的文章和书籍，例如 Herbert 的文献[125]和 Gribbin 的文献[130]。

E.5 架构

E.5.1 麦克斯韦妖、朗道尔原理和信息物理学

这些是信息论和统计力学十字路口的几个想法。

麦克斯韦妖是一个看似悖论的原理，表明一个人可以用信息创造能量。朗道尔原理关注的是它本身与能量和擦除信息的关系。这两个想法都是一个领域的起点，这就是所谓的信息物理学。这个领域的基本主题是从物理的角度研究信息，从信息的角度研究物理。他们经常引用的座右铭之一是“It from bit”，即物理世界是由信息创造的。David Deutsch 将这个想法更进一步实践并写了一篇题为“It from qubit”的论文。

这个主题演讲可以是历史性的，介绍这个故事中的主要参与者，以及他们取得的进展。

Charles H. Bennett 和 Rolf Landauer 的几篇论文免费提供在 Web 上，例如 Bennett 的文献[37]和 Landauer 的文献[38]。David Deutsch 的“It from qubit”[132]也是有效的。还有一本很棒的书，名为《语法人：信息、熵、语言和生活》，由 Jeremy Campbell[133]撰写。这是一个受欢迎的信息论史，绝对值得一读！

E.5.2 经典可逆计算

有了关于能源使用和信息丢失的想法,几位研究人员开始开发可逆且理论上不使用能源的机器。这个主题演讲可以展示一些基本电路;一些可逆算法;一个讨论可逆计算的实际物理实现和他们遇到的一些问题。

有许多受欢迎的文章,可作为很好的起点。另见贝内特撰写的可逆计算的历史[37]。

E.5.3 更多量子门和通用量子门

在正文中,我们讨论了几种不同的量子门(如 Toffoli、受控-非门、泡利等)。然而,还有很多其他的门。

一个全面的主题演讲应该包括一个新的量子门列表,以及它们的功能。对于单量子比特门,它们在 Bloch 球体上的几何作用应该清楚地展示出来(对于这个演讲,一个大的儿童球和一个魔法标记是必需的!)。

还有许多关于哪些门集可以形成通用集的其他结果。在这里,你应该确定一两个通用集,并明确说明如何可以从这些门获得熟悉的门。例如,你怎么能从你选择的通用集合中获得最大纠缠的量子比特?

最好的起点是阅读 Nielsen 和 Chuang[1] 的书。

E.6 算法

E.6.1 概率算法

我们文本中给出的一些算法对它们具有概率的风格。许多学生可能不熟悉这种编程范式。事实证明,对于某些问题,如果一个人做了一些聪明的猜测,就有多种解决算法问题的方式。

这个主题演讲应包含几种不同的算法;它们解决了什么问题;什么是解决同一问题的经典确定性算法;复杂性比较问题。一些计算机模拟很容易。

Corman 等的著作[42]第 5 章是开始寻找此类算法的好地方。Sipser 的著作[65]的第 10 章有更多的理论讨论。

E.6.2 隐藏子群问题

本书中介绍的所有算法,除 Grover 算法,都可以表述为作为单个计算问题的示例。掌握基本的群理论对于这个问题的陈述是必要的。

定义 E.6.1(隐藏子群问题)。给定一个群 G、一个集合函数 $f:G\to S$,使得我们确信存在一个子群 $H\subseteq G$,使得 f 可以通过商 G/H 来分解,即

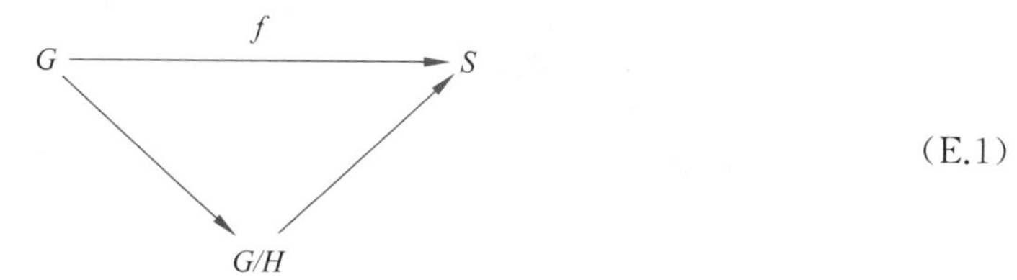

(E.1)

或者换句话说,f 在 G 的不同陪集上是常数,目标是找到 H。注意,这是一个计算问

题，而不是真正的数学问题。在数学上，H 就是 $f^{-1}(f(e))$。

这个主题演讲应包括对问题的陈述和解释；

第 6 章中的每个算法（除 Grover 算法）如何被视为一个实例，用于解决一般问题的方法？

Nielsen 与 Chuang 的文献[1]和 Hirvensalo 的文献[51]是准备这个演讲一个很好的起点。

E.6.3 经典因式分解算法

Shor 算法是第一个可以在多项式时间内分解数字的算法。但是，有些经典的分解大数的算法。算法之一是 Pollard 的 rho 启发式算法。还有其他几个。

这个主题演讲应该包含很好的问题陈述；通过一些所需的数学预备知识的铺垫来帮助理解算法；算法本身；算法的预期运行时间。还应该有一个算法来探讨可以成功分解的数字有多大。一个计算机实现会很好。

Corman 等的著作[42]的 31.9 节是开始寻找材料的好地方。

E.6.4 傅里叶变换

在正文中，我们提到傅里叶变换及其在 Shor 算法中的应用。然而，傅里叶变换在计算机科学中还有许多其他用途。它们用于更有效的乘法、寻找模式和许多其他任务。

这个主题演讲应该探讨不同版本的傅里叶变换，例如离散傅里叶变换、快速傅里叶变换、量子傅里叶变换。对复杂性问题的讨论也很重要。提及那些使用傅里叶变换的算法，一种或多种算法的计算机模拟并不难。

一些不错的起点读物包括 Baase 的著作[134] 的第 7 章，以及 Dasgupta、Papadimitriou 和 Vazirani 的著作[43]的第 2 章。

E.7 编程语言

E.7.1 SQRAM：成熟的量子汇编器

正如我们在第 7 章中所写的，我们的 q-assembler 只是一种玩具语言，用于介绍 q-编程的基本概念。然而，至少有一种尝试来描述一个具体的、成熟的量子汇编器，可以在特殊类型的 QRAM 上运行，即所谓的顺序 QRAM 或 SQRAM。

在仔细阅读 Nagarajan、Papanikolaou 和 Williams 的著作[57]之后，你应该详细介绍 SQRAM 模型，以及它支持的语言。

你可以写一些简单的程序来做例证，并描述 SQRAM 机器如何执行它们。

你能想到额外的吸引人的特点吗？

E.7.2 QCL 和 Q：比较

Ömer 和 Bettelli 设计的语言是一种命令式量子语言的两次成功的尝试。它们有许多相似之处，但在基本的设计理念中也有一些不同之处。

这个主题演讲应该清楚地描述这两个方案的基本特征，并明确它们的意图。

主要参考文献包括 Ömer 的文献[135]及 Bettelli、Calarco 和 Serafini 的文献[64]。在 Rüdiger 的文献[60]的一次采访中，Ömer 和 Bettelli 发表了他们对设计一种量子编程语言的观点。

E.7.3 函数式量子编程：QML

正如在 7.3 节中提到的，有一个量子函数语言新提案，称为 QML，它试图提供量子控制结构。尝试呈现它的语法并讨论它的量子控制特征，尤其是“量子如果”。这些构造是否有资格获得量子控制？

这个主题演讲应该由以前有过一些函数式编程经验的学生进行，可能接触过 Haskell——一种通用的、静态类型的、纯函数式的编程语言。

有一个专门针对这种语言的网站（http://sneezy.cs.nott.ac.uk/QML），可以在其中找到所有必要的参考资料。

E.8 理论计算机科学

E.8.1 素性测试

素性测试涉及判断给定的正整数是否为素数或合数。有了在 8.1 节和 8.2 节中提到的复杂性类别知识，令人感兴趣的是看看如何在过去的几十年里在解决这个问题方面取得进展。虽然这个问题与因式分解问题有关，但不应与它混淆。显然，如果一个数是素数，就不会有任何非平凡因数。然而，素数测试是一个决策问题，而因式分解是一个搜索问题。

这个主题演讲应包括素性测试的一些早期结果，即它在 coNP（明显）和 NP（普拉特证书）中，至少说明一些算法，它们展示这个问题具有概率的多项式时间复杂度。

Corman 等的文章[42]给出了一些早期的结果。Papadimitriou 的文章[66]和西普瑟（2005）有一个关于概率复杂性和素性测试的很好的讨论。PRIMES 属于 **P** 问题的结论在 Agrawal、Kayal 和 Saxena 的文章中讨论了[41]。

E.8.2 量子有限自动机

最简单的计算机类型之一是有限自动机。这些是可以识别常规语言的简单（虚拟）设备。就像有一个概括从经典图灵机到量子图灵机，因此也有一个一般化的概念，将经典有限自动机的概念推广到量子有限自动机（QFA）。

这个主题演讲应包括对 QFA 的明确定义；不同类型的 QFA 的讨论；它们识别什么类型的语言；它们与量子图灵机、量子下推自动机和经典双向有限自动机的关系。

此类信息的研究文章在 xxx.lanl.gov 上很容易找到。

E.8.3 量子 Oracle 计算

理论计算机科学中更高级的主题之一是 Oracle 计算。也就是说，研究一种计算“相对于”另一种计算。Oracle 提供的额外的知识改变了关于复杂性类别的基本事实。给定复杂度类 C 和 Oracle A，构造复杂度类 CA。如果 A 是复杂性类 **A** 的一般成员，那么可以讨论复杂性类 **CA**。这些新的复杂性类别有助于讨论相对强的复杂性类别。

这个主题演讲应该以 Oracle 计算的一些经典结果开始。例如，存在集合 A 和 B，使得

$$\text{PA} = \text{NPA} \text{ 和 } \text{PB} = \text{NPB} \tag{E.2}$$

并继续定义量子图灵机有一个 Oracle 的含义。继续列出并可能证明一些结果。解释什么是随机 Oracle，以及为什么它们很重要。

一个好的起点读物是综述论文，如 Cleve 的文献[75]；Fortnow 的文献[76]；Vazirani 的文献[77]。

E.9 密码学

E.9.1 RSA

最早的公钥加密协议之一是 RSA。该协议被万维网广泛使用，是当前的公钥密码学标准系统。RSA 利用这个事实，乘法在计算上是“简单”的，而因式分解在计算上是“困难”的。

这个主题演讲应包含一个陈述来说明 RSA 协议功能；理解协议所需的数学预备知识；协议如何工作；如果一个有效的多项式算法被发现，则这个协议如何被毁掉；目前的实施方式。一个计算机模拟既简单又好。

很多算法课本和离散数学课本都有关于 RSA 协议的章节。

E.9.2 量子认证

如何确定刚刚收到的消息确实是发送者发送的？事实证明，量子密码学可以提供帮助。再次，就像在其他领域，量子纠缠的魅力起着主要作用。

可以使用 NIST 的 D.Richard Kuhn 的一篇有趣的论文[136]，它既可以作为基准，也可以作为对相关工作的良好参考。

E.10 信息论

E.10.1 量子游戏

量子博弈是一个跨越博弈论和量子计算的新领域。它是由大卫·迈耶于 1999 年创立的进取号飞船的皮卡德船长和他的“量子对手”Q 之间的抛硬币游戏。问题是量子比特被用作量子硬币，而皮卡德船长只允许应用经典掷币，Q 拥有全方位的量子策略。Q 总是赢。

对于动手实践的读者，这个演讲也可能是写一段量子代码的机会。实现 Meyer 游戏的模拟器，怎么样？

可以先阅读令人愉快的在线文章《物理世界》[137]，最后你会找到一些参考资料以进一步了解。

E.10.2 复合系统的量子熵

在第 10 章中，我们看到量子熵是如何测量给定量子系统的有序量的。假设现在你正在

查看复合量子系统 S,如果 S 是已知的,则有一种方法可以定义子系统的熵。它们被称为剩余熵。有趣的是,不像在经典情况下,S 的熵可以小于它的部分熵的总和。这是因为纠缠,一种新的量子世界秩序形式。

你的演讲应该清楚地阐明剩余熵的概念和显示上述示例。

一个很好的参考文献是 Wilde 的"量子信息理论"[138],其中第四部分关于量子香农理论的工具特别值得一读。

E.10.3　量子纠错码

第 10 章的最后一部分只是为了激发读者的兴趣。有很多关于量子纠错和错误检测的主题,因此这里给你一个机会来做演讲。

从 Knill 等[93]的综述论文开始,虽然文章的格调是非正式的,但它充满了好东西。一个建议是先回顾前 3 部分,然后继续第 6 部分,这一部分提供了构建代码的技术,特别是稳定器代码。

E.11　硬件

E.11.1　退相干和经典世界的出现

第一节介绍了退相干,其是我们追求量子硬件的一个强大的对手。

退相干是生活的一部分,它也有光明的一面:这或许是宏观物理世界出现的关键。

在这个主题演讲中,可以展示 Zurek 出色的综述论文[94]。带有关键词"退相干"+"经典世界"的 Google 搜索将提供其他有用的参考资料(特别是一个很好的网站:www.decoherence.info)。

E.11.2　现有量子硬件方法的比较

第 11 章简要展示了量子硬件的一些方法。如果这个话题让你着迷,那么值得准备一个演讲来比较迄今为止已知的所有建议。正如在 11.4 节末尾提到的,NIST 一直在努力实现量子设备,并且已经提供一个量子路线图(http://qist.lanl.gov/qcomp map.shtml),具体分为几部分,每部分专门针对一个特定的提案。我们引入的核磁共振充其量只是一个粗略的框架,这也许是你的起点(你应突出其优点和缺点)。

E.11.3　量子密码学的当前实现

在第 9 章中,我们熟悉了一些量子密码协议。但是,在现实生活中我们在哪里?事实证明,已经进行了许多实验。目前市面上有一些可商用的量子密码通信设备。

在这个主题演讲中,应该展示一些里程碑和量子密码学未来路线图。

从哪儿开始?一个很好的切入点是量子密码学路线图,可在洛斯阿拉莫斯(Los Alamos)实验室的网站上获得:http://qist.lanl.gov/qcryptmap.shtml。它分为几部分,每部分解决一个核心方法——QKD(量子密钥分发)。

参考文献

前言

[1] Nielsen M A, Chuang I L. *Quantum Computation and Quantum Information*[M]. Cambridge University Press, Cambridge, UK, 10th ed. 2010.

[2] Bass H, Cartan H, Freyd P, et al. Samuel Eilenberg (1913-1998)[J]. *Notices of American Mathematical Society*, 1998, 45(10): 1344-1352.

第 1 章

[3] Penrose R. *The Road to Reality: A Complete Guide to the Laws of the Universe*[M]. Vintage, New York, United States, 2005.

[4] Bak J, Newman D J. *Complex Analysis*[M]. 2nd ed. Springer, New York, United States, 1996.

[5] Needham T. *Visual Complex Analysis* [M]. Oxford University Press, New York, United States, 1999.

[6] Schwerdtfeger H. *Geometry of Complex Numbers*[M]. Dover Publications, Mineola, New York, United States, 1980.

[7] Silverman R A. *Introductory Complex Analysis* [M]. Dover Publications, Mineola, New York, United States, 1984.

[8] Nahin P J. *An Imaginary Tale: The Story of i (The Square Root of Minus One)* [M]. Princeton University Press, Princeton, New Jersey, United States, 1998.

[9] Mazur B. *Imagining Numbers (Particularly the Square Root of Minus Fifteen)* [M]. Farrar, Straus and Giroux, New York, United States, 2002.

[10] Penrose R. *Shadows of the Mind: A Search for the Missing Science of Consciousness* [M]. Oxford University Press, Oxford, UK, 1994.

第 2 章

[11] Gilbert J, Gilbert L. *Linear Algebra and Matrix Theory*[M]. 2nd ed. Thomson, Brooks/Cole, San Diego, United States, 2004.

[12] Lang S. *Introduction to Linear Algebra*[M]. 2nd ed. Springer, New York, United States, 1986.

[13] Penney R C. *Linear Algebra, Ideas and Applications*[M]. John Wiley & Sons, New York, United States, 1998.

[14] Nicholson W K. *Linear Algebra with Applications* [M]. 3rd ed. PWS Publishing Company, Boston, United States, 1994.

[15] O'Nan M. *Linear Algebra* [M]. 2nd ed. Harcourt Brace Jovanovich, Inc., New York, United States, 1976.

[16] Lang S. *Algebra* [M]. 3rd ed. Addison-Wesley, Reading, Mass., United States, 1993.

[17] Crowe M J. *A History of Vector Analysis: The Evolution of the Idea of a Vectorial System*[M]. Dover Publications, Mineola, New York, United States, 1994.

第 3 章

[18] Feynman R P. *Feynman Lectures on Physics (3 Volume Set)*[M]. Addison-Wesley, Boston, United

States, 1963.

[19] Feynman R P. Simulating physics with computers[J]. *International Journal of Theoretical Physics*, 1982, 21(6/7): 467-488. https://doi.org/10.1007/BF02650179.

[20] Grimaldi R P. *Discrete and Combinatorial Mathematics: An Applied Introduction* [M], Fifth Edition. Addison-Wesley, Boston, United States, 2003.

[21] Ross K A, Wright C R B. *Discrete Mathematics* [M]. Fifth Edition. Prentice-Hall, Upper Saddle River, New Jersey, United States, 2003.

[22] Rosen K H. *Discrete Mathematics and Its Applications*[M]. 5th ed. McGraw-Hill, Boston, United States, 2003.

第 4 章

[23] Rodgers P. The double-slit experiment[J]. *Physics World*, 1st Sept 2002. https://physics world.com/a/the-double-slit-experiment/. Accessed on 17th Nov 2022.

[24] Aharonov Y, Rohrlich D. *Quantum Paradoxes: Quantum Theory for the Perplexed* [M]. Wiley-VCH, Weinheim, Germany, 2005.

[25] Ni G J, Chen S Q, *Advanced Quantum Mechanics*[M]. Rinton Press, Princeton, New Jersey, United States, 2003.

[26] Gillespie D T. *A Quantum Mechanics Primer: An Introduction to the Formal Theory of Non-relativistic Quantum Mechanics*[M]. John Wiley&Sons, New York, United States, 1974.

[27] Martin J L. *Basic Quantum Mechanics (Oxford Physics Series)*[M]. Oxford University Press, New York, United States, 1982.

[28] Polkinghorne J. *Quantum Theory, A Very Short Introduction* [M]. Oxford University Press, Oxford, UK, 2002.

[29] White R L. *Basic Quantum Mechanics* [M]. McGraw-Hill, New York, United States, 1966.

[30] Dirac P A M. *The Principles of Quantum Mechanics* [M] (The International Series of Monographs on Physics). Oxford University Press, Oxford, UK, 1982.

[31] Hannabuss K. *An Introduction to Quantum Theory* [M]. Oxford University Press, New York, United States, 1997.

[32] Sakurai J J. Mod*ern Quantum Mechanics* [M]. Revised edition, Addison-Wesley Publishing Company, Reading, Mass., United States, 1994.

[33] Chester M. *Primer of Quantum Mechanics* [M]. Dover Publications, Mineola, New York, United States, 2003.

[34] Sudbery A. *Quantum Mechanics and the Particles of Nature: An Outline for Mathematicians* [M]. Cambridge University Press, Cambridge, UK, 1986.

[35] Gamow G. *Thirty Years That Shook Physics: The Story of Quantum Theory* [M]. Dover Publications, Mineda, New York, United States,1985.

第 5 章

[36] Deutsch D. Quantum computational networks. Proceedings of the Royal Society of London[J], Series A, 425(1868): 73-90, 1989. https://doi.org/10.1098/rspa.1989.0099.

[37] Bennett C H. Notes on the history of reversible computation[J]. *IBM Journal of Research and Development*, 1988, 32(1): 16-23. https://doi.org/10.1147/rd.321.0016.

[38] Landauer R. Information is physical[J]. *Physics Today*, 1991, 44: 23-29. DoI: 10.1063/1.881299.

[39] Dieks D. Comunicating by EPR devices[J]. *Physical Letters A*, 1982, 92(6): 271-272. https://doi.org/10.1016/0375-9601(82)90084-6.

[40] Wootters, W., Zurek, W. A single quantum cannot be cloned[J]. *Nature*, 1982, 299: 802-803. https://doi.org/10.1038/299802a0 .

第6章

[41] Agrawal M, Kayal N, Saxena N. PRIMES in P[J]. *Annals of Mathematics*, 2004, 160(2): 781-793, 2004. https://doi.org/10.4007/annals.2004.160.781.

[42] Corman T H, Leiserson C E, Rivest R E, et al. *Introduction to Algorithms*[M], Second Edition. The MIT Press, Cambridge, Mass., United States, 2001.

[43] Dasgupta S, Papadimitriou C H, Vazirani U. *Algorithms* [M]. McGraw-Hill Science/Engineering/Math, New York, United States, 2006.

[44] Deutsch D. Quantum theory, the Church-Turing principle and the universal quantum computer[C]. *Proceedings of the Royal Society of London, Series A*, 1985, 400(1818): 97-117. https://doi.org/10.1098/rspa.1985.0070.

[45] Deutsch D, Jozsa R. Rapid solution of problems by quantum computation[J]. *Proceedings of the Royal Society of London, Series A*, UK, 1992, 439(1907): 553-558. https://doi.org/10.1098/rspa.1992.0167 .

[46] Simon D R. On the power of quantum computation[C]. *In Proceedings of the 35th Annual Symposium on Foundations of Computer Science*, Institute of Electrical and Electronic Engineers Computer Society Press, Los Alamitos, Calif., United States, 1994, pp. 116-123. https://doi.org/10.1109/SFCS.1994.365701.

[47] Grover L K. Quantum mechanics helps in searching for a needle in a haystack. Physical Review Letters, 1997, 79(2): 325-328. https://doi.org/10.1103/PhysRevLett.79.325.

[48] Cirasella J. *Classical and quantum algorithms for finding cycles*[D]. MSc Thesis, Universiteit van Amsterdam, 2006. The graduate centre, City University of New York (CUNY), United States. https://academicworks.cuny.edu/gc_pubs/169.

[49] Shor P W. Algorithms for quantum computation: Discrete logarithms and factoring[C]. In S. Goldwasser, editor, *Proceedings of the 35th Annual Symposium on the Foundations of Computer Science*, IEEE Computer Society, Los Alamitos, Calif., United States, 1994, pp. 124-134. https://doi.org/10.1109/SFCS.1994.365700.

[50] Shor P W. Polynomial-time algorithms for prime factorization and discrete logarithms on a quantum computer[J]. *SIAM Journal Computing*, 1997, 26(5): 1484-1509. https://doi.org/10.1137/S0097539795293172.

[51] Hirvensalo M. *Quantum Computing* (*Natural Computing Series*)[M]. 2nd ed. Springer, New York, United States. Dec. 2003.

[52] Kitaev A Y, Shen A H, Vyalyi M N. *Classical and Quantum Computation*[M]. Graduate Studies in Mathematics, American Mathematical Society, 2002.

[53] Shor, Peter W. Introduction to quantum algorithms. Quantum computation: a grand mathematical challenge for the twenty-first century and the millennium (Washington, DC, 2000), Proc. Sympos. Appl. Math., AMS Short Course Lecture Notes, Amer. Math. Soc., Providence, Rhode Island, United States, 2002, 58: 143-159.

[54] Aharonov D. *Quantum computation* [J]. Annual Reviews of Computational Physics VI, 1999, 259-346. https://doi.org/10.1142/9789812815569_0007.

[55] Shor P W. Why haven't more quantum algorithms been found[J]. *Journal of the ACM*, 2003, 50(1): 87-90. https://doi.org/10.1145/602382.602408.

第7章

[56] Raussendorf R, Briegel H J. A one-way quantum computer[J]. Physical Review Letters, May 2001, 86(22): 5188-5191. https://doi.org/10.1103/PHYSREVLETT.86.5188.

[57] Nagarajan R, Papanikolaou R, Williams D. Simulating and compiling code for the sequential quantum random access machine, Electronic Notes in Theoretical Computer Science, Mar 6 2007, 170(6): 101-124. https://doi.org/10.1016/j.entcs.2006.12.014.

[58] Selinger P. A brief survey of quantum programming languages[C]. In Y. Kameyama and P. J. Stuckey, editors, *Functional and Logic Programming*, *the 7th International Symposium*, FLOPS 2004, Nara, Japan, April 7-9, 2004, LNCS 2998: 1-6. Springer, New York, United States. https://doi.org/10.1007/978-3-540-24754-8_1.

[59] Gay S J. *Quantum programming languages*: *Survey and bibliography* [J]. Mathematical Structures in Computer Science, Aug. 2006, 16(4): 581-600. https://doi.org/10.1017/S0960129506005378.

[60] Rüdiger R. *Quantum programming languages*: *An introductory overview*[J]. in *The Computer Journal*, March 2007, 50(2): 134-150, https://doi.org/10.1093/comjnl/bxl057.

[61] Selinger P. Towards a quantum programming language[J]. *Mathematical Structures in Computer Science*, 2004, 14(4): 527-586, https://doi.org/10.1017/S0960129504004256.

[62] Grattage J, Altenkirch T. QML: Quantum data and control. February 2005 (Accessed on Nov. 19, 2022), https://www.cs.nott.ac.uk/~psztxa/publ/jqpl.pdf.

[63] Knill E. Conventions for quantum pseudocode[R]. *Los Alamos National Laboratory Technical Report*, LAUR-96-2724, United States, 1996. https://doi.org/10.2172/366453.

[64] Bettelli S, Calarco T, Serafini L. Toward an architecture for quantum programming[J]. *The European Physical Journal D-Atomic*, *Molecular*, *Optical and Plasma Physics*, 2003, 25: 181-200. https://doi.org/10.1140/epjd/e2003-00242-2.

第8章

[65] Sipser M. *Introduction to the Theory of Computation*[M]. 2nd ed. Thomson Course Technology, Boston, United States, 2005.

[66] (Papadimitriou 1994) C. H. Papadimitriou. *Computational Complexity* [M]. Addison-Wesley, Reading, Mass., United States, 1994.

[67] Zachos S. Robustness of probabilistic computational complexity classes under definitional perturbations[J]. *Information and Control*, 1982, 54(3): 143-154. https://doi.org/10.1016/S0019-9958(82)80019-3.

[68] Adleman L M, DeMarrais J, Huang M D A. Quantum computability[J]. *SIAM Journal on Computing*, 1997, 26(5): 1524-1540. https://doi.org/10.1137/S0097539795293639.

[69] Bernstein E, Vazirani U. Quantum complexity theory[J]. *SIAM Journal on Computing*, 1997, 26(5): 1411-1473. https://doi.org/10.1137/S0097539796300921.

[70] Yao A C C. Quantum circuit complexity[C]. *In Proceedings of 34th IEEE Symposium on*

Foundations of Computer Science, 1993, 352-361. https://doi.org/10.1109/SFCS.1993.366852.

[71] Bennett C H, Bernstein E, Brassard G, et al. Strengths and weaknesses of quantum computing[J]. *SIAM Journal on Computing*, 1997, 26(5): 1510-1523. https://doi.org/10.1137/S0097539796300933.

[72] Watrous J. On quantum and classical space-bounded processes with algebraic transition amplitudes [C]. *In IEEE Symposium on Foundations of Computer Science*, 1999, 341-351. https://doi.org/10.1109/SFFCS.1999.814605.

[73] Davis M D, Weyuker E J, Sigal R. *Computability, Complexity, and Languages: Fundamentals of Theoretical Computer Science* [M]. Morgan Kaufmann, Boston, United States, 1994.

[74] Garey M R, Johnson D S. *Computers and Intractability: A Guide to the Theory of NP-Completeness* [M]. WH Freeman & Co., New York, United States, 1979.

[75] Cleve R. An introduction to quantum complexity theory[J]. arXiv: Quantum Physics, 1999. http://arxiv.org/abs/quant-ph/9906111.

[76] Fortnow L. One complexity theorist's view of quantum computing [J]. *Theoretical Computer Science*, 2003, 292(3): 597-610, 2003. https://doi.org/10.1016/S0304-3975(01)00377-2.

[77] Vazirani U V. A survey of quantum complexity theory[G]. In S. Lomonaco, Jr., editor, *Quantum Computation: A Grand Mathematical Challenge for the Twenty-First Century and the Millennium*, American Mathematical Society, United States, 2002, 193-217.

第 9 章

[78] Rivest R L, Shamir A, Adleman L. A method for obtaining digital signatures and public-key cryptosystems[J]. *Communications of the ACM*, 1978, 21(2): 120-126. https://doi.org/10.1145/359340.359342.

[79] Koblitz N. *A Course in Number Theory and Cryptography* [M]. Second Edition. Springer, New York, United States, 1994.

[80] Bennett C H, Brassard G. Quantum cryptography: Public key distribution and coin tossing[J]. *Theoretical Computer Science*, 2014, 560: 7-11. https://doi.org/10.1016/j.tcs.2014.05.025.

[81] Ekert A K. *Quantum cryptography based on Bell's theorem* [J]. *Physical Review Letters*, 1991, 67: 661-663. https://doi.org/10.1103/PhysRevLett.67.661.

[82] Pitowsky I. George Boole's "conditions of possible experience" and the quantum puzzle[J]. *The British Journal for the Philosophy of Science*, 1994, 45(1): 95-125. https://doi.org/10.1093/bjps/45.1.95.

[83] Schneier B. *Applied Cryptography: Protocols, Algorithms, and Source Code in C* [M]. Second Edition. John Wiley, & Sons, New York, United States, 1995.

[84] Lomonaco S J. A talk on quantum cryptography or how Alice outwits Eve[G]. In: Joyner, D. (eds) *Coding Theory and Cryptography*. 2001, Springer, Berlin, Heidelberg. https://doi.org/10.1007/978-3-642-59663-6_8.

[85] Bennett C H. Quantum cryptography using any two nonorthogonal states[J]. *Physical Review Letters*, 1992, 68 (21): 3121. https://doi.org/10.1103/PhysRevLett.68.3121.

[86] Brassard G, Crépeau C. 25 years of quantum cryptography[J]. *ACM SIGACT News*, 1996, 27(3): 13-24. https://doi.org/10.1145/235666.235669.

[87] Buchmann J, Braun J, Demirel D, et al. Quantum cryptography: a view from classical cryptography [J], *Quantum Science and Technology*, IOP Publishing Ltd, 25 May 2017, 2(2): 020502. https://doi.org/10.1088/2058-9565/aa69cd.

[88] Bennett C H, Brassard G, Crépeau C, et al. Teleporting an unknown quantum state via dual classical and Einstein-Podolsky-Rosen channels[J]. *Physical Review Letters*, March 1993, 70(13): 1895-1899. https://doi.org/10.1103/PhysRevLett.70.1895.

第 10 章

[89] Shannon C E. A mathematical theory of communication[J]. *Bell System Technical Journal*, 1948, 27(3): 379-423. https://doi.org/10.1002/j.1538-7305.1948.tb01338.x.

[90] Ash R B. *Information Theory*[M]. Dover Publications, New York, United States, 1990.

[91] Sayood K. *Introduction to Data Compression* [M]. s Third Edition. Morgan Kaufmann, Amsterdam, Netherlands, 2005.

[92] Schumacher B W. *Sending entanglement through noisy quantum channels*[J]. Physical Review A, 1996, 54: 2614. https://doi.org/10.1103/PhysRevA.54.2614.

[93] Knill E, Laflamme R, Ashikhmin A, et al. Introduction to quantum error correction[J]. *arXiv: Quantum Physics*, 2002. http://arxiv.org/abs/quant-ph/0207170.

第 11 章

[94] Decoherence and the Transition from Quantum to Classical — Revisited[G]. In: Duplantier, B., Raimond, JM., Rivasseau, V. (eds) *Quantum Decoherence. Progress in Mathematical Physics*, 48. Birkhäuser Basel. https://doi.org/10.1007/978-3-7643-7808-0_1.

[95] Collins, G P. Quantum bug: Qubits might spontaneously decay in seconds[J]. *Scientific American*, Oct. 2005, 293(4): 28. https://doi.org/10.1038/scientific American1005-28.

[96] DiVincenzo D P. The physical implementation of quantum computation[J]. *Progress of Physics*, Sept 2000, 48(9-11): 771-783. https://doi.org/10.1002/1521-3978(200009)48: 9/11%3c771: : AID-PROP771%3e3.0.CO;2-E.

[97] Monroe C, Meekhof D M, King B E, et al. Demonstration of a Fundamental Quantum Logic Gate [J]. *Physical Review Letters*, Dec 1995, 75: 4714. https://doi.org/10.1103/PhysRevLett.75.4714.

[98] Cirac J I, Zoller P. Quantum computations with cold trapped ions[J]. *Physical Review Letters*, 1995, 74: 4091-4094. https://doi.org/10.1103/PhysRevLett.74.4091.

[99] Holzscheiter M H. Ion-trap quantum computation[J]. *Los Alamos Science*, 2002, 27: 264-283. Available at https://sgp.fas.org/othergov/doe/lanl/pubs/00783367.pdf.

[100] Pittman T B, Jacobs B C, Franson J D. Quantum computing using linear optics[J]. *Johns Hopkins APL Technical Digest*, 2004, 25(2): 84-90. Available at https://www.jhuapl.edu/content/techdigest/pdf/V25-N02/25-02-Pittman.pdf.

[101] Berggren K K. Quantum computing with superconductors[J]. *Proceedings of the IEEE*, 2004, 92(10): 1630 - 1638. https://doi.org/10.1109/JPROC.2004.833672.

[102] Zizzi P A. Emergent consciousness: from the early universe to our mind[J]. *NeuroQuantology*, 2003, 3: 295-311. https://doi.org/10.14704/nq.2003.1.3.18.

[103] Penrose R. *The Emperor's New Mind: Concerning Computers, Minds, and the Laws of Physics (Popular Science)*[M]. Oxford University Press, Oxford, UK, 1999.

[104] Egan G. *Schild's Ladder*[M]. Harper Collins Publishers, New York, 2002.

[105] Vandersypen L M K, Breyta G, Steffen M, et al. Experimental realization of Shor's quantum factoring algorithm using nuclear magnetic resonance[J]. *Nature*, 2001, 414(6866): 883-887.

https://doi.org/10.1038/414883a.

Appendix A

[106] Benioff P Quantum mechanical models of Turing machines that dissipate no energy[J]. *Physical Review Letters*, 1982, 48(23): 1581-1585. https://doi.org/10.1103/PhysRevLett.48.1581.

[107] Bernstein E, Vazirani U. Quantum complexity theory[C]. *In STOC'93: Proceedings of the Twenty-Fifth Annual ACM Symposium on Theory of Computing*, ACM, New York, United States, 1993, pp. 11-20. https://doi.org/10.1137/S0097539796300921.

[108] Barenco A, Bennett C H, Cleve R, et al. Elementary gates for quantum computation[J]. *Physical Review A*, 1995, 52(5): 3457-3467. https://doi.org/10.1103/PhysRevA.52.3457.

[109] DiVincenzo D P. Two-bit gates are universal for quantum computation[J]. *Physical Review A*, 1995, 51(2): 1015-1022. https://doi.org/10.1103/PhysRevA.51.1015.

[110] Barenco A, Deutsch D, Ekert A, et al. Conditional quantum dynamics and logic gates. *Physical Review Letters*, 1995, 74(20): 4083-4086. https://doi.org/10.1103/PhysRevLett.74.4083.

[111] Lloyd S. Almost any quantum logic gate is universal[J]. *Physical Review Letters*, 1995, 75 (2): 346-349. https://doi.org/10.1103/PhysRevLett.75.346.

[112] Chuang I L, Vandersypen L M K, Zhou X, et al. Experimental realization of a quantum algorithm. *Nature*, 1998, 393: 143-146. https://doi.org/10.1038/30181.

[113] Simon D R. On the power of quantum computation[J]. *SIAM Journal Computing*, 1997, 26(5): 1474-1483. https://doi.org/10.1137/S0097539796298637.

[114] Grover L K. A fast quantum mechanical algorithm for database search[C]. *In STOC' 96: Proceedings of the Twenty-Eighth Annual ACM Symposium on Theory of Computing*, ACM, New York, United States, 1996, 212-219. https://doi.org/10.1145/237814.237866.

[115] Chuang I L, Gershenfeld N, Kubinec M. Experimental implementation of fast quantum searching [J]. *Physical Review Letters*, 1998, 80 (15): 3408-3411. https://doi.org/10.1103/PhysRevLett.80.3408.

[116] Wiesner S. Conjugate coding[J]. *ACM SIGACT News*, 1983, 15(1): 78-88. https://doi.org/10.1145/1008908.1008920.

[117] Shor P W. Scheme for reducing decoherence in quantum computer memory[J]. *Physical Review A*, 1995, 52(4): R2493-R2496. https://doi.org/10.1103/PhysRevA.52.R2493.

[118] Steane A. The ion trap quantum information processor[J]. *Applied Physics B*, 1997, 64: 623-643. https://doi.org/10.1007/s003400050225.

[119] Calderbank A R, Shor P W. Good quantum error-correcting codes exist[J]. *Physical Review A*, Aug. 1996, 54(2): 1098-1105. https://doi.org/10.1103/PhysRevA.54.1098.

[120] Schumacher B. Quantum coding[J]. *Physical Review A*, 1995, 51(4): 2738-2747. https://doi.org/10.1103/PhysRevA.51.2738.

[121] Jozsa R, Schumacher B. A new proof of the quantum noiseless coding theorem[J]. *Journal of Modern Optics*, 1994, 41(12): 2343-2349. https://doi.org/10.1080/09500349414552191.

[122] Bouwmeester D, Pan J W, Mattle K, et al. Experimental quantum teleportation[J]. *Nature*, 1997, 390: 575-579. https://doi.org/10.1038/37539.

Appendix E

[123] Eves H. *An Introduction to the History of Numbers* [M], Fourth Edition. Holt, Rinehart and

Winston, New York, United States, 1976.

[124] Towne D H. *Wave Phenomena* [M]. Dover Publications, Mineola, New York, United States, 1989.

[125] Herbert N. *Quantum Reality: Beyond the New Physics* [M]. Anchor, Garden City, New York, United States, 1987.

[126] Pagels, H R. *The Cosmic Code: Quantum Physics as the Language of Nature* [M]. Simon & Schuster, New York, United States, 1982.

[127] Einstein A, Podolsky B, Rosen N. Can quantum-mechanical description of physical reality be considered complete? [J]. *Physical Review*, May 1935, 47: 777-780. https://doi.org/10.1103/PhysRev.47.777.

[128] Bell J S. On the Einstein-Podolsky-Rosen paradox[J]. Physics, 1964, 1: 195-200. https://doi.org/10.1103/PhysicsPhysiqueFizika.1.195.

[129] Bell J S. *Speakable and Unspeakable in Quantum Mechanics* [M]. Cambridge University Press, Cambridge, UK, 1987.

[130] Gribbin J. *In Search of Schrodinger's Cat: Quantum Physics and Reality* [M]. Bantam, New York, United States, 1984.

[131] Kernaghan. Bell-Kochen-Specker theorem for 20 vectors. *Journal of Physics A*, 1994, 27: L829-L830. https://doi.org/10.1088/0305-4470/27/21/007.

[132] Deutsch D, It from Qubit[G]. *in Science & Ultimate Reality*, John Barrow, Paul Davies, Charles Harper, Eds. Cambridge University Press, UK, 2003.

[133] Campbell J. *Grammatical Man: Information, Entropy, Language and Life* [M]. Simon & Schuster, New York, United States, July 1982.

[134] Baase S. *Computer Algorithms: Introduction to Design and Analysis* [M]. Second Edition. Addison-Wesley, Reading, Mass, United States, 1988.

[135] Ömer B. Quantum programming in QCL[M]. 2000 (Accessed on Nov. 19, 2022). http://tph.tuwien.ac.at/~oemer/doc/quprog.pdf.

[136] Kuhn D. A Hybrid Authentication Protocol Using Quantum Entanglement and Symmetric Cryptography [R]. -6741, National Institute of Standards and Technology, Gaithersburg, Maryland, United States, 2001. (Accessed Nov. 19, 2022). [online] https://tsapps.nist.gov/publication/get_pdf.cfm? pub_id=151242.

[137] Lee C F, Johnson N F. Let the quantum games begin[J]. *Physics World*, 2002. 15(10): 25-29. http://physicsworld.com/cws/article/print/9995.

[138] Wilde M M. *Quantum Information Theory* [M]. 2nd ed, Cambridge University Press. Feb. 16 2017. https://doi.org/10.1017/9781316809976.